# 广西红树林资源及其经济价值

梁士楚　赵丰丽　伍淑婕 等　著

科学出版社

北京

# 内 容 简 介

本书概述了广西红树林资源的现状、经济价值及其开发利用。总结了23种红树林植物在食用、药用、材用、薪柴、养蜂、绿肥、饲用、染料方面，以及104种红树林动物在食用、药用、饲用方面的传统利用。探讨了红树植物木榄、红海榄、秋茄树、海榄雌、蜡烛果叶或胚轴生物活性成分的提取、分离和纯化工艺，并对生物活性成分的理化性质进行了分析。研究了木榄根和红海榄树皮内生菌，以及红树林土壤和海水微生物的分离方法，并对代谢产物的发酵条件及其生物活性成分的提取、分离、纯化工艺和生物活性进行了研究。同时，论述了广西红树林生态系统服务的分类体系、价值体系、价值评估，以及人类活动对红树林生态系统服务的影响。

本书可供湿地学、生态学、环境科学、海洋科学等学科的研究人员，以及自然保护区管理人员和大专院校相关专业师生阅读与参考。

**图书在版编目(CIP)数据**

广西红树林资源及其经济价值/ 梁士楚等著. —北京：科学出版社，2019.11

ISBN 978-7-03-062791-9

Ⅰ. ①广⋯　Ⅱ. ①梁⋯　Ⅲ. ①红树林－森林资源－概况－广西　Ⅳ. ①S718.54

中国版本图书馆 CIP 数据核字(2019)第 240294 号

责任编辑：张会格　白　雪　陈　倩/责任校对：郑金红
责任印制：吴兆东/封面设计：刘新新

科学出版社 出版
北京东黄城根北街 16 号
邮政编码：100717
http://www.sciencep.com

北京虎彩文化传播有限公司 印刷
科学出版社发行　各地新华书店经销

\*

2019 年 11 月第　一　版　　开本：787×1092 1/16
2019 年 11 月第一次印刷　　印张：19
字数：457 000

定价：158.00 元
（如有印装质量问题，我社负责调换）

# 前　言

红树林是热带亚热带海岸潮间带的木本植物群落，具有高生产力、高归还率、高分解率的特点。红树林软质的土壤环境，茂密的林冠，错综复杂的支柱根、呼吸根、板状根和表面根，大量的枯枝落叶和碎屑物质，为许多动物提供了良好的生长发育、歇息、觅食、繁殖和躲避敌害的场所。红树林区的生物类群主要有浮游植物、红树植物、半红树植物、伴生植物、浮游动物、底栖动物、鱼类、昆虫、鸟类等，许多种类不仅个体数量多，而且具有较高的开发利用价值，是非常重要的生物资源。红树林素有"海上森林""地球之肾""天然养殖场"等美誉，其价值是多方面的，既有植物资源、动物资源、科学研究、科普教育、生态旅游、景观美学、文化、精神和宗教信仰、保护土壤、促淤造陆、护堤减灾、固定二氧化碳、释放氧气、净化污染物、气候调节、养分循环、维持生物多样性、传粉、近海渔业、病虫害防治、维护海岸景观等方面的使用价值，也有选择、存在、遗产等方面的非使用价值。红树林沿岸居民在长期生产和生活实践中，对红树林资源的利用已经积累了丰富的经验，直接被用作食物、药物、饲料、薪柴、原料等，同时红树林区还是生态旅游、近海渔业、海水养殖的重要场所。

广西红树林分布在北海市、钦州市和防城港市的沿海地区，资源类型丰富多样，对当地的经济社会发展和生态环境建设具有重要的推动作用。目前，对于广西红树林的研究涉及生境条件、种类组成、结构与动态、物质与能量、生态功能、病虫害、污染、孢粉学、恢复与重建、开发利用、保护管理等方面，以理论方面的研究为主，应用方面的研究相对比较少。近年来，广西师范大学湿地研究所科研人员开展了广西红树林资源开发利用方面的研究，现将有关成果进行总结，其目的在于抛砖引玉，以促进广西红树林资源的可持续利用。本书共分为 6 章，其中第一章至第三章由梁士楚撰写；第四章的第一节由叶日娜、庞冠兰、刘英、李文静撰写，第二节由赵丰丽和蒙爱玲撰写，第三节由赵丰丽和吴惠霜撰写，第四节由孙国强撰写，第五节由赵丰丽、张长青和张秋秋撰写；第五章的第一节由赵丰丽和施明霞撰写，第二节由赵丰丽、林英兰和向迪撰写，第三节由赵丰丽和蒙金葵撰写，第四节由赵丰丽和吴玉芳撰写，第五节由赵丰丽和韦春娥撰写，第六节由苏照环撰写，第七节由戴旭青撰写；第六章由伍淑婕和梁士楚撰写。全书由梁士楚统稿。

本书的研究及出版得到广西自然科学基金重点项目(桂科自 0991022Z)、珍稀濒危动植物生态与环境保护教育部重点实验室、广西高校野生动植物生态学重点实验室等联合资助。广西沿海各地自然保护区工作人员协助野外采样和样地调查，李丽香、张庆宁、涂洪润、丁月萍、盘远方、林红玲等协助部分样品测定和资料整理，在此一并衷心感谢！

由于作者水平所限，不足之处在所难免，恳请同行和读者批评指正。

梁士楚

2018 年 10 月于广西桂林

# 目　　录

# 第一章 广西红树林概况

红树林是生长在热带亚热带海岸潮间带、受周期性潮水浸淹、以红树植物为建群种的木本植物群落。全世界的红树林面积约为 1.5 亿 hm², 主要分布在南北回归线之间, 因暖流的影响可达北纬32°至南纬44°(Spalding et al., 2010)。红树林具有丰富的物种多样性和复杂的食物网结构, 被认为是生产力最高的海洋自然生态系统之一。红树林生长在陆地与海洋之间的交错地带, 不仅具有防风消浪、保护堤岸、促淤造陆、净化环境、维护生物多样性等生态功能, 而且具有提供原材料, 用作木材、食物、药物, 旅游等经济功能。

## 第一节 生 态 环 境

### 一、地理位置

广西地处北纬 20°54′~26°24′, 东经 104°28′~112°04′, 北回归线横贯其中部; 东连广东, 南临北部湾并与海南隔海相望, 西与云南毗邻, 东北接湖南, 西北靠贵州, 西南与越南接壤。广西的滨海地区东起广东、广西交界的洗米河口, 西至中国与越南交界的北仑河口, 全长 1628.59km(孟宪伟和张创智, 2014); 在行政区划上, 从东到西分别属于北海市、钦州市和防城港市管辖, 土地面积 2.04 万 km², 海域面积 12.93 万 km²(胡宝清和毕燕, 2011)。

### 二、地形地貌

根据地形地貌的差异, 广西红树林可以划分为海岸红树林和海岛红树林两大类群。受地质构造、地壳升降运动、海水侵蚀、海水顶托等作用, 以及入海河流的切割, 广西海岸迂回曲折, 港湾众多, 其中的铁山港、大风江口、钦州港、防城港、珍珠港等为典型的溺谷湾, 湾内潮滩面积大, 淤泥深厚, 是广西红树林的主要分布区。整个广西地势北高南低, 许多河流独流入海, 在河流入海口附近, 河面变宽, 水流速度减缓, 加上海水对河水的顶托作用, 导致河水和海水携带的泥沙、碎屑物等在河流入海口沉积而逐渐形成适宜于红树林生长的滩涂。广西沿海的岛屿有 709 个, 其中的龙门岛、西村岛、渔沥岛、巫头岛、山心岛、沥尾岛等因修建桥梁、海堤或者围垦而与大陆连通。广西的海岛红树林主要见于离岸比较近的或者河口区的岛屿。

### 三、气候

广西红树林分布区气候属南亚热带海洋气候, 季风明显, 海洋性强, 干湿季分明; 雨量充沛, 但分布不均匀, 自东向西降水量逐渐增大, 年平均降水量 1570~2470mm, 多集中在 6~8 月; 年平均气温为 22.0~23.4℃, 年日照时间 1800~2280h; 冬季因受北方冷气流入侵影响, 1 月平均气温 13.4~18.2℃, 低于世界其他同纬度地区, 极端最低气温−1.8℃。

## 四、水文

广西沿岸的入海河流主要有那交河、南流江、大风江、钦江、防城河、茅岭江、北仑河等,其中北仑河为中越两国的界河。沿岸的潮差比较大,如东部沿岸的平均潮差为2.42m,最大潮差为6.25m(铁山港),西部沿岸的平均潮差为2.48m,最大潮差为5.52m(龙门港);沿岸海水表层的年平均温度23.1～23.8℃,海水盐度18～31。

## 五、土壤

广西红树林底质多为软底型,沉积物以粉砂质黏土、砂-粉砂质黏土为主,主要分布在溺谷湾及三角洲海岸的潮间带上部(梁文和黎广钊,2002)。在广西海岸典型的红树林滩面,从外滩经中滩到内滩,土壤依次为沙质、半泥沙、淤泥、半硬化淤泥,海水盐度由高到低。土体中<0.01mm的物理性黏粒在低潮带附近占13.6%,在中潮带占30.7%,在高潮带淤泥滩占88.9%(李信贤等,1991)。而在硬底质海滩中,如北海市大冠沙,其海榄雌林沉积物中的砂和砾含量占80%以上。红树林沉积物通常由分解不完全的红树林有机碎屑组成,以粉砂及黏土组分为主,质地松软,富含有机质和硫化氢气体。英罗港红树林表层沉积物以粉砂淤泥质沉积为主,粒径不大于0.05mm的颗粒含量所占比例在71%以上(梁士楚等,2003)。红树林通过旺盛的生物累积和循环、强烈的生物积盐与严重的酸化作用等,对其生长的基质土壤的理化性质产生较大影响,明显有别于无红树林生长的潮滩土壤(蓝福生等,1994)。

# 第二节　红树林主要类型及其分布

## 一、红树林主要类型

根据种类组成、外貌、结构、演替等特征,广西红树林可以划分为18个群系26个群丛(表1-1)(梁士楚,2018)。

**表1-1　广西红树林的主要类型**

| 群系 | 群丛 | 群系 | 群丛 |
|---|---|---|---|
| 木榄群系 | 木榄群丛 | 蜡烛果群系 | 蜡烛果群丛 |
| | 木榄-蜡烛果群丛 | 蜡烛果+老鼠簕群系 | 蜡烛果+老鼠簕群丛 |
| | 木榄-秋茄树群丛 | 海榄雌群系 | 海榄雌群丛 |
| 木榄+红海榄群系 | 木榄+红海榄群丛 | | 海榄雌-蜡烛果群丛 |
| 红海榄群系 | 红海榄群丛 | 海榄雌+蜡烛果群系 | 海榄雌+蜡烛果群丛 |
| | 红海榄-蜡烛果群丛 | 海漆群系 | 海漆群丛 |
| | 红海榄-海榄雌群丛 | | 海漆-蜡烛果群丛 |
| 红海榄+秋茄树群系 | 红海榄+秋茄树群丛 | 海漆+蜡烛果群系 | 海漆+蜡烛果群丛 |
| | 红海榄+秋茄树-蜡烛果群丛 | 无瓣海桑群系 | 无瓣海桑群丛 |

续表

| 群系 | 群丛 | 群系 | 群丛 |
|---|---|---|---|
| 秋茄树群系 | 秋茄树群丛 | 无瓣海桑群系 | 无瓣海桑-蜡烛果群丛 |
| | 秋茄树-蜡烛果群丛 | 拉关木群系 | 拉关木群丛 |
| 秋茄树+蜡烛果群系 | 秋茄树+蜡烛果群丛 | 老鼠簕群系 | 老鼠簕群丛 |
| 秋茄树+海榄雌群系 | 秋茄树+海榄雌群丛 | 老鼠簕+卤蕨群系 | 老鼠簕+卤蕨群丛 |

注：木榄（*Bruguiera gymnorrhiza*）、秋茄树（*Kandelia obovata*）、红海榄（*Rhizophora stylosa*）、海漆（*Excoecaria agallocha*）、蜡烛果（*Aegiceras corniculatum*）、海榄雌（*Avicennia marina*）、老鼠簕（*Acanthus ilicifolius*）、无瓣海桑（*Sonneratia apetala*）、拉关木（*Laguncularia racemosa*）、卤蕨（*Acrostichum aureum*）

## 二、红树林面积及其分布

广西现有红树林总面积 8374.9hm$^2$，分布面积大小不等，一般为 3～7hm$^2$，连片分布面积在 60hm$^2$ 以上的红树林见于北海市的英罗港、单兜湾、大冠沙、南流江口，钦州市的茅尾海，以及防城港市的珍珠港等地(李春干，2004)。不同类型的红树林中，海榄雌（*Avicennia marina*）林和蜡烛果（*Aegiceras corniculatum*）林分布普遍，而且连片面积比较大；秋茄树（*Kandelia obovata*）林除防城港市贵明附近有较大面积连片分布外，其他滩段多为小块零星分布；红海榄（*Rhizophora stylosa*）林在英罗港成片面积约 80hm$^2$，此外，单兜湾等地见有零星分布；木榄（*Bruguiera gymnorrhiza*）林仅在防城港和英罗港等地有小面积分布；海漆（*Excoecaria agallocha*）林见于英罗港、钦州港、防城港等地，分布面积一般较小(梁士楚，1996)。广西红树林以蜡烛果林、海榄雌林、秋茄树+蜡烛果林、海榄雌+蜡烛果林最为常见，面积分别占红树林总面积的 33.5%、27.1%、14.3%和 10.7%；而红海榄林、木榄林、秋茄树-蜡烛果林等面积较少(李春干，2004)。红树林生长在海岸潮间带，通常呈现与海岸平行的块状或者带状分布，主要是在中潮滩面上，个别延伸到低潮滩和高潮滩面上。一些岸段从外滩、中滩、内滩到陆缘地带，红树林出现明显的群落交替现象。例如，英罗港从外滩、中滩至内滩，红树林分布依次为：①海榄雌林→海榄雌+蜡烛果林或海榄雌+秋茄树林→红海榄+秋茄树林→红海榄林→红海榄+木榄林→木榄林；②海榄雌林→海榄雌+秋茄树林→秋茄树林；③蜡烛果林→木榄+蜡烛果林→木榄林；④蜡烛果林→秋茄树+蜡烛果林→秋茄树林→红海榄+秋茄树林→红海榄林→红海榄+木榄林→木榄林；这些分布系列实质上反映了红树林演替的进程(梁士楚，1996)。

# 第三节　广西红树林区的生物类群

## 一、红树植物

红树植物是指专一性生长在热带亚热带海岸潮间带的木本植物，它不包括草本植物、藤本植物、附生植物和半红树植物。广西的红树植物有 7 科 10 属 10 种，它们分别是木榄、秋茄树、红海榄、榄李（*Lumnitzera racemosa*）、海漆、蜡烛果、海榄雌、老鼠簕（*Acanthus ilicifolius*）、无瓣海桑（*Sonneratia apetala*）、拉关木（*Laguncularia racemosa*），其中无瓣海桑、拉关木为人工引种栽培的种类。

## 二、半红树植物

半红树植物是指那些和红树林相关的、通常生长在红树林向陆边缘，或者在特大高潮和风暴潮时才被海水淹没的潮上带的木本植物。广西海岸常见的半红树植物有 6 科 8 属 8 种，它们分别是银叶树（*Heritiera littoralis*）、黄槿（*Hibiscus tiliaceus*）、桐棉（*Thespesia populnea*）、水黄皮（*Pongamia pinnata*）、海杧果（*Cerbera manghas*）、苦郎树（*Clerodendrum inerme*）、伞序臭黄荆（*Premna serratifolia*）、阔苞菊（*Pluchea indica*）。

## 三、伴生植物

红树林伴生植物是指那些出现在红树林中的植物，它们既不是红树植物或者半红树植物，也不是红树林中的木本植物优势种。广西红树林伴生植物常见的种类有卤蕨（*Acrostichum aureum*）、尖叶卤蕨（*Acrostichum speciosum*）、盐角草（*Salicornia europaea*）、南方碱蓬（*Suaeda australis*）、海马齿（*Sesuvium portulacastrum*）、海刀豆（*Canavalia maritima*）、鱼藤（*Derris trifoliata*）、厚藤（*Ipomoea pes-caprae*）、单叶蔓荆（*Vitex rotundifolia*）、苦槛蓝（*Pentacoelium bontioides*）、小草海桐（*Scaevola hainanensis*）、草海桐（*Scaevola taccada*）、文殊兰（*Crinum asiaticum* var. *sinicum*）、露兜树（*Pandanus tectorius*）、茳芏（*Cyperus malaccensis*）、短叶茳芏（*Cyperus malaccensis* var. *brevifolius*）、粗根茎莎草（*Cyperus stoloniferus*）、细叶飘拂草（*Fimbristylis polytrichoides*）、海雀稗（*Paspalum vaginatum*）和盐地鼠尾粟（*Sporobolus virginicus*），隶属 12 科 16 属。

## 四、藻类植物

广西红树林区藻类植物可以划分为浮游藻类和底栖藻类两大类群。其中，浮游藻类现已知的种类有 97 种，包括硅藻 93 种、甲藻 3 种和蓝藻 1 种，主要种类有窄隙角毛藻威尔变种（*Chaetoceros affinis* var. *willei*）、短孢角毛藻（*Chaetoceros brevis*）、扁面角毛藻（*Chaetoceros comperssus*）、拟旋链角毛藻（*Chaetoceros pseudocurvisetus*）、距端根管藻（*Rhizosolenia calcar-avis*）、覆瓦根管藻（*Rhizosolenia imbricata*）、菱形海线藻（*Thalassionema nitzschioides*）、伏氏海毛藻（*Thalassiothrix frauenfeldii*）等（陈坚等，1993a）；底栖硅藻有 39 属 159 种，以菱形藻属（*Nitzschia*）、舟形藻属（*Navicula*）、双壁藻属（*Diploneis*）、双眉藻属（*Amphora*）、圆筛藻属（*Coscinodiscus*）的种类较多（范航清等，1993）。

## 五、浮游动物

广西红树林区浮游动物现已知的种类有 26 种，其中水母类的种类最多，有 11 种；其次是桡足类，有 7 种；再次为樱虾类和毛颚类，各有 2 种；其他有 4 种。主要的种类为球型侧腕水母（*Pleurobrachia globosa*）、拟细浅室水母（*Lensia subtiloides*）、汉森莹虾（*Lucifer hanseni*）等（陈坚等，1993b）。

## 六、底栖动物

广西红树林区底栖动物现已知的种类有 184 种,隶属 10 门 16 纲 30 目 72 科 124 属。其中,沙蚕科的种类最多,有 8 属 13 种,分别占总属数和总种数的 6.45% 和 7.07%;其次是对虾科,有 7 属 8 种,分别占 5.65% 和 4.35%。常见的种类为裸体方格星虫(*Sipunculus nudus*)、弓形革囊星虫(*Phascolosoma arcuatum*)、泥蚶(*Tegillarca granosa*)、文蛤(*Meretrix meretrix*)、青蛤(*Cyclina sinensis*)、杂色蛤仔(*Ruditapes variegata*)、缢蛏(*Sinonovacula constricta*)、大竹蛏(*Solen grandis*)、尖齿灯塔蛏(*Pharella acutidens*)、红树蚬(*Gelonia coaxans*)、短指和尚蟹(*Mictyris brevidactylus*)、锯缘青蟹(*Scylla serrata*)、乌塘鳢(*Bostrichthys sinensis*)、杂食豆齿鳗(*Pisoodonophis boro*)、弹涂鱼(*Periophthalmus cantonensis*)、大弹涂鱼(*Boleophthalmus pectinirostris*)、青弹涂鱼(*Scartelaos viridis*),以及鰕虎鱼科(Gobiidae)、牡蛎属(*Ostrea*)、藤壶属(*Balanus*)、蜑螺属(*Nerita*)、对虾属(*Penaeus*)、鼓虾属(*Alpheus*)、招潮属(*Uca*)等种类,其中不少种类具有比较高的经济价值。

## 七、鱼类

广西红树林区鱼类现已知的种类有 125 种,隶属 12 目 41 科 81 属。其中,鰕虎鱼科的种类最多,有 12 属 21 种,分别占总属数和总种数的 14.81% 和 16.80%;其次是鯻科,有 2 属 10 种,分别占 2.47% 和 8.00%;再次是鲱科和鯵科,其中鲱科有 7 属 9 种,分别占 8.64% 和 7.20%,鯵科有 4 属 8 种,分别占 4.94% 和 6.40%。常见的种类为斑鰶(*Konosirus punctatus*)、中华小公鱼(*Stolephorus chinensis*)、棘背小公鱼(*Stolephorus tri*)、四点青鳞(*Herklotsichthys quadrimaculatus*)、边鱵(*Hyporhamphus limbatus*)、黑斑鲾(*Leiognathus daura*)、黑背圆颌针鱼(*Tylosurus melanotus*)、白氏银汉鱼(*Allanetta bleekeri*)等。

## 八、昆虫

广西红树林区昆虫现已知的种类有 13 目 98 科 222 属 297 种。其中,弹尾目有 1 科 1 属 1 种,蜻蜓目有 2 科 5 属 5 种,蜚蠊目有 1 科 1 属 1 种,螳螂目有 1 科 3 属 3 种,竹节虫目有 1 科 1 属 1 种,直翅目有 12 科 27 属 32 种,同翅目有 10 科 16 属 18 种,半翅目有 9 科 19 属 23 种,鞘翅目有 14 科 29 属 33 种,脉翅目有 2 科 2 属 3 种,鳞翅目有 21 科 67 属 94 种,膜翅目有 13 科 32 属 54 种,双翅目有 11 科 19 属 29 种;以鳞翅目种类最多,占总种数的 31.65%,其次是膜翅目,占 18.18%。

## 九、鸟类

广西红树林区鸟类现已知的种类有 16 目 58 科 161 属 346 种。其中,䴙䴘目有 1 科 2 属 2 种,鹈形目有 3 科 3 属 5 种,鹳形目有 3 科 13 属 22 种,雁形目有 1 科 8 属 24 种,隼形目有 3 科 13 属 26 种,鸡形目有 1 科 2 属 3 种,鹤形目有 3 科 10 属 17 种,鸻形目有 10 科 32 属 77 种,鸽形目有 1 科 2 属 4 种,鹃形目有 1 科 6 属 11 种,鸮形目有 1 科 4 属 7 种,夜鹰目有 1 科 1 属 2 种,雨燕目有 1 科 1 属 2 种,佛法僧目有 3 科 5 属 7 种,䴕形目有 1 科 1 属 1 种,雀形目有 24 科 58 属 136 种。国家级保护种类有 52 种,其中国家一级保护种类有 3 种，国家二级保护种类有 49 种，列入《世界自然保护联盟濒危物种红色名录》的种类有 22 种，其中极危种有 1 种，濒危种有 5 种，易危种有 10 种，近危种有 6 种。斑嘴鹈鹕（*Pelecanus philippensis*）、卷羽鹈鹕（*Pelecanus crispus*）、海鸬鹚（*Phalacrocorax pelagicus*）、黄嘴白鹭（*Egretta eulophotes*）、黑鹳（*Ciconia nigra*）、黑头白鹮（*Threskiornis melanocephalus*）、白琵鹭（*Platalea leucorodia*）、黑脸琵鹭（*Platalea minor*）、中华秋沙鸭（*Mergus squamatus*）、灰鹤（*Grus grus*）、铜翅水雉（*Metopidius indicus*）等种类为国家重点保护动物。

# 第二章　广西红树林植物的民间传统利用

红树林沿岸居民对于红树林植物利用历史悠久，积累了丰富的经验，创造了独特的民族植物学文化，促进了当地的自然生态保护、社会经济发展。然而，由于民族植物学知识通常都是口传心授，受当地居民文化水平和交通条件的限制，红树植物民间传统利用知识和经验的传承受到威胁并有被遗忘的危险。因此，系统地掌握红树林资源的价值及其民间传统利用现状，强化社会公众对红树林资源的保护意识，对红树林资源的可持续发展和利用具有重要意义。

## 第一节　食　　用

红树林中，许多种类具有食用价值。例如，海榄雌果实的淀粉含量较高，民间普遍采集食用，俗称"榄钱""海豆"。广西沿海地区居民在海榄雌果实成熟时将其采集作为蔬菜在市场上出售，其为当地的特色菜肴。利用榄钱与文蛤等贝类一起煮汤，味美爽口，具有降火解暑等功效；以海榄雌果实为主要原料，加工成的甜酥榄钱果和五香榄钱果具有潜在开发价值（郑瑞生等，2010）。将木榄、秋茄树、红海榄等的胚轴去涩后，与米饭或者面粉一起混合制成蒸糕，过去用作救荒粮食（梁士楚，1993，1999）。银叶树为半红树植物，其种子既可食用，又可以榨油，在食品开发方面有很好的前景（韩维栋和王秀丽，2013）。红树林植物中，卤蕨的嫩叶、黄槿的嫩枝、厚藤的嫩茎叶等可作为蔬菜食用（莫竹承，1998；王清吉等，2010）。露兜树的嫩芽和果实可食用。因此，基于红树林植物的食用价值，可以开发红树林旅游的特色食品。此外，红树林植物含有多种氨基酸和微量元素，可以作为食品添加剂或者保健食品。例如，红海榄果实中的氨基酸有精氨酸、赖氨酸、丙氨酸、苏氨酸、甘氨酸、缬氨酸、丝氨酸、异亮氨酸、亮氨酸、组氨酸、苯丙氨酸、谷氨酸和天冬氨酸 13 种，其中赖氨酸、苏氨酸、缬氨酸、异亮氨酸、亮氨酸、苯丙氨酸都是人体的必需氨基酸，占氨基酸总量的 46.15%；微量元素有 Al、As、Ba、Cd、Cr、Cu、Fe、Mn、Ni、Pb、Sr、Ti、Zn 13 种（宋文东等，2008a）。

## 第二节　药　　用

广西红树林中，民间传统利用的药用植物种类有 17 科 23 属 23 种，主要种类有木榄、秋茄树、红海榄、榄李、海漆、蜡烛果、海榄雌、老鼠簕、银叶树、海杧果、黄槿、桐棉、水黄皮、苦郎树、阔苞菊等（表 2-1），这些药用植物的应用具有 3 个显著特点：①药用部位多样，包括叶、花、果、胚轴、种子或种仁、根或根皮、茎或树皮，甚至全株；②既有植株自然部位的应用，也有加工提取物的应用；③治疗的病症广泛，如皮肤病、跌打外伤、代谢性疾病、免疫性疾病，可解毒、镇痛等（宁小清等，2013）。

表 2-1 广西红树林主要药用植物种类及其利用

| 科名 | 种名 | 植物类型 | 药用部位 | 适用病症及功效 | 参考文献 |
|---|---|---|---|---|---|
| 红树科 Rhizophoraceae | 木榄 *Bruguiera gymnorrhiza* | 红树植物 | 根皮 | 咽喉肿痛、发炎；止血 | 邵长伦等，2009；杜钦等，2016 |
| | | | 树皮 | 腹泻、脾虚、肾虚、咽喉肿痛、热毒泻痢、内出血、疮肿；止血消炎 | 尚随胜和龙盛京，2005；刘育梅，2010；叶日娜，2012；吴湛霞和范润珍，2012 |
| | | | 枝条 | 清热解毒、去火 | 杜钦等，2016 |
| | | | 叶 | 发烧、疟疾、高血压、腹泻、动脉粥样硬化；止血、消除咽喉肿痛 | Durgam and Fernandes，1997；李昉，2008；范润珍等，2008 |
| | | | 果实 | 眼疾、腹泻 | Bandaranayake，1998；李昉，2008；杜钦等，2016 |
| | | | 果实、叶 | 腹泻、疟疾、高血压、糖尿病、便秘 | 莫竹承，1998 |
| | | | 胚轴 | 腹泻、脾虚、肾虚、糖尿病 | 林鹏和傅勤，1995；林鹏等，2005；范润珍等，2009；易湘茜等，2013 |
| | 秋茄树 *Kandelia obovata* | 红树植物 | 根 | 风湿性关节炎 | 王友绍等，2004；张蕾，2011 |
| | | | 树皮 | 外伤出血、水火烫伤 | 王友绍等，2004；陈铁寓和龙盛京，2006 |
| | | | 叶 | 动脉硬化；降血压 | 陈铁寓和龙盛京，2006；杜钦等，2016 |
| | | | 果实、胚轴 | 心血管疾病 | 杜钦等，2016 |
| | | | 树皮、叶、果实、胚轴 | 糖尿病 | Bandaranayake，1998 |
| | 红海榄 *Rhizophora stylosa* | 红树植物 | 树皮 | 血尿、肺虚久咳 | 邵长伦等，2009 |
| | | | 树皮、叶 | 咽喉肿痛、咳嗽、跌打损伤；解毒利咽、清热利湿 | 杜钦等，2016 |
| | | | 叶 | 麻风病；止痛、止痢、止血、退热 | 朱秋燕等，2010 |
| | | | 根、叶 | 海中毒物或动物创伤的外敷药 | 朱秋燕等，2010 |
| 使君子科 Combretaceae | 榄李 *Lumnitzera racemosa* | 红树植物 | 树汁 | 鹅口疮、湿疹、皮肤瘙痒 | 邵长伦等，2009 |
| | | | 叶 | 口腔疾病、皮肤瘙痒；降血压 | 林鹏和傅勤，1995；邵长伦等，2009；杜钦等，2016 |
| | | | 果实 | 哮喘、糖尿病、毒蛇咬伤；避孕 | Bandaranayake，1998 |
| 大戟科 Euphorbiaceae | 海漆 *Excoecaria agallocha* | 红树植物 | 根 | 四肢肿胀 | Jayaweera，1980 |
| | | | 树皮 | 胃气胀 | Karalai et al.，1994 |
| | | | 叶 | 皮肤溃疡 | 杜钦等，2016 |
| | | | 叶、树汁 | 癫痫、便秘 | Bandaranayake，1998 |
| | | | 树汁、木材 | 通便 | 邵长伦等，2009 |
| | | | 茎、根栓皮 | 壮阳 | 邵长伦等，2009 |
| | | | 叶、树汁、树干 | 血尿、皮炎、结膜炎、麻风病 | Bandaranayake，1998 |
| | | | 树汁 | 牙痛、腹泻、毒蛇咬伤 | Bandaranayake，1998；林鹏和傅勤，1995 |
| | | | 种子 | 腹泻 | 田敏卿，2007 |

续表

| 科名 | 种名 | 植物类型 | 药用部位 | 适用病症及功效 | 参考文献 |
|---|---|---|---|---|---|
| 紫金牛科 Myrsinaceae | 蜡烛果 Aegiceras corniculatum | 红树植物 | 树皮、叶 | 哮喘、糖尿病、风湿病 | Bandaranayake, 1998；徐佳佳和龙盛京, 2006 |
| | | | 叶 | 镇痛 | 杜钦等, 2016 |
| 马鞭草科 Verbenaceae | 海榄雌 Avicennia marina | 红树植物 | 树干 | 风湿病、天花、溃疡 | Bandaranayake, 1998 |
| | | | 树皮 | 皮肤瘙痒；避孕 | 杨维, 2011；宁小清等, 2013；杜钦等, 2016 |
| | | | 叶 | 脓肿；止血消炎 | Fauvel et al., 1993；李海生等, 2007；杜钦等, 2016 |
| | | | 果实 | 高血压、刀伤、感冒、喉痛、痢疾 | 黄丽莎等, 2009；杨维, 2011；杜钦等, 2016 |
| | 苦郎树 Clerodendrum inerme | 半红树植物 | 根 | 性病、疟疾；清热解毒、舒筋活络、祛风除湿 | 傅立国等, 1999；Nadkarni et al., 1996；杜钦等, 2016 |
| | | | 叶 | 皮肤病、水肿、肌肉疼痛、风湿疼痛、跌打肿痛、疥癣；止血、兴奋药 | Nadkarni et al., 1996；Kanchanapoom et al., 2001；杜钦等, 2016 |
| | | | 枝 | 肝炎 | 杜钦等, 2016 |
| | | | 叶、树皮、树汁 | 哮喘、肝炎、癣菌病、胃疼 | Bandaranayake, 1998 |
| | 单叶蔓荆 Vitex rotundifolia | 伴生植物 | 叶 | 风热、风寒头痛、肠炎、泄泻、蚊虫叮咬 | 曹泽民和刀云莲, 2000 |
| | | | 果实 | 感冒、神经性头痛、风湿骨痛、牙龈肿痛、目赤多泪、目暗不明、头晕目眩 | 国家药典委员会, 2010 |
| 爵床科 Acanthaceae | 老鼠簕 Acanthus ilicifolius | 红树植物 | 全株 | 淋巴结肿大、急慢性肝炎、肝脾肿大、神经痛、腰肌劳损、胃痛、咳嗽、哮喘、瘰疬、皮肤病 | 广东省植物研究所, 1974；霍长虹等, 2005；杨力龙等, 2014 |
| | | | 根 | 男性不育症、乙型肝炎、神经痛、腰肌劳损、腹泻、发热；祛痰、消炎 | 林鹏和傅勤, 1995；杜钦等, 2016 |
| | | | 根、叶 | 毒蛇咬伤 | 霍长虹等, 2005 |
| | | | 茎、叶 | 急慢性肝炎、失眠；消肿 | 林鹏和傅勤, 1995；杜钦等, 2016 |
| | | | 叶 | 风湿病、毒蛇咬伤、麻痹、哮喘 | Aksornkoae, 1985；崔长虹等, 2004 |
| | | | 果实 | 哮喘；壮阳、净化血液 | Bandaranayake, 1998 |
| | | | 种子 | 脓肿 | 吴其濬, 1959 |
| 梧桐科 Sterculiaceae | 银叶树 Heritiera littoralis | 半红树植物 | 根 | 口腔感染、牙痛 | 江纪武, 2003 |
| | | | 树干 | 腹泻 | Bandaranayake, 1998 |
| | | | 树皮 | 血尿、腹泻、赤痢 | 国家中医药管理局《中华本草》编委会, 1999；张艳军等, 2013 |
| | | | 枝 | 创伤灼伤、牙龈出血 | 杜钦等, 2016 |
| | | | 种子 | 腹泻、痢疾 | 宋文东等, 2008b；张艳军等, 2013 |

续表

| 科名 | 种名 | 植物类型 | 药用部位 | 适用病症及功效 | 参考文献 |
|---|---|---|---|---|---|
| 豆科 Fabaceae | 水黄皮 *Pongamia pinnata* | 半红树植物 | 全株 | 创伤、溃疡 | Bandaranayake，1998 |
| | | | 根 | 痔疮、脚气病、糖尿病 | 江苏新医学院，1977；Singh and Pandey，1996 |
| | | | 树皮 | 痔疮出血、鼻窦炎、皮肤病、胃疼、肠内失调 | 尹浩等，2004 |
| | | | 叶、树皮、茎 | 皮肤和生殖器损伤 | Bandaranayake，1998 |
| | | | 叶 | 痔疮、发烧、风湿病、疥疮；伤口消炎、催吐 | Dey and Mair，1973；Bandaranayake，1998；尹浩等，2004；杜钦等，2016 |
| | | | 花 | 糖尿病 | 马建等，2014 |
| | | | 种子 | 瘙痒、疥癣、脓疮、疱疹、白斑病、麻风病、风湿病 | Dey and Mair，1973；江苏新医学院，1997；黄欣碧和龙盛京，2004 |
| | 鱼藤 *Derris trifoliata* | 伴生植物 | 根 | 疥癣、脚癣、疥疮、肿胀、麻风病 | 李承祜，1953；福建省中医研究所草药研究室，1959；娄予强等，2010 |
| | | | 茎、叶 | 跌打肿痛、肾炎、膀胱炎、尿道炎、咳嗽 | 广州部队后勤部卫生部，1969 |
| 锦葵科 Malvaceae | 黄槿 *Hibiscus tiliaceus* | 半红树植物 | 根 | 腮腺炎 | 林桢文，1987 |
| | | | 树皮 | 痢疾、疮疖、木薯中毒；利尿、止咳 | Ali et al.，1980；林鹏等，2005；杜钦等，2016 |
| | | | 叶 | 祛痰、利尿、退烧、平喘、镇痛、散瘀 | Ali et al.，1980；《全国中草药汇编》编写组，1996a；Narender et al.，2009；杜钦等，2016 |
| | | | 花 | 中耳炎 | Ali et al.，1980；Bandaranayake，1998 |
| | 桐棉 *Thespesia populnea* | 半红树植物 | 根 | 高血压；滋补品 | Peter and Sivasothi，1999 |
| | | | 树皮 | 痢疾、痔疮、皮肤病 | 林鹏和傅勤，1995；田艳等，2003 |
| | | | 叶 | 头痛、疥癣；消炎消肿 | 林鹏和傅勤，1995；田艳等，2003 |
| | | | 花 | 皮肤瘙痒、跌打扭伤 | 杜钦等，2016 |
| | | | 花梗 | 皮肤病、跌打损伤 | 邵长伦等，2009 |
| | | | 果实 | 皮癣；去虱 | 林鹏和傅勤，1995；田艳等，2003 |
| 夹竹桃科 Apocynaceae | 海杧果 *Cerbera manghas* | 半红树植物 | 树皮 | 便秘 | Bandaranayake，1998 |
| | | | 叶、树皮、树汁 | 催吐、下泻、堕胎 | 杜士杰和朱文，2006 |
| | | | 果实、种子 | 风湿病；止痒、强心、扭伤止疼 | 阎应举，1974；Laphookhieo et al.，2004；杜士杰和朱文，2006；田敏卿，2007；陈若华等，2011；曹雷雷等，2013 |

续表

| 科名 | 种名 | 植物类型 | 药用部位 | 适用病症及功效 | 参考文献 |
|---|---|---|---|---|---|
| 菊科 Asteraceae | 阔苞菊 *Pluchea indica* | 半红树植物 | 根、茎 | 风湿骨痛、坐骨神经痛、筋骨酸痛、抽痛、月经疼痛；解热发汗 | 邱蕴绮等，2008 |
| | | | 根、叶 | 腰痛、痢疾、发汗发烧、坏疽性溃疡；解热镇痛、兴奋药 | Bandaranayake，1998；Sen et al.，2002 |
| | | | 茎、叶 | 瘰疬 | 萧步凡，1932；王健等，2008 |
| | | | 茎、皮 | 鼻窦炎 | Bandaranayake，1998 |
| | | | 枝、叶 | 风湿病、疥疮 | Bandaranayake，1998 |
| | | | 叶 | 解毒、消肿、暖胃去积 | 邱蕴绮等，2008 |
| | | | 根 | 消炎、抗溃疡 | Sen et al.，2002 |
| 凤尾蕨科 Pteridaceae | 卤蕨 *Acrostichum aureum* | 伴生植物 | 根状茎 | 疔疮、创伤 | Bandaranayake，1998 |
| | | | 叶 | 风湿病；清热、排毒、去火 | 杜钦等，2016；Bandaranayake，1998 |
| 旋花科 Convolvulaceae | 厚藤 *Ipomoea pes-caprae* | 伴生植物 | 全株 | 风寒感冒、风湿性腰腿痛、腰肌劳损、疮疖肿痛 | 广西壮族自治区中医药研究所，1986 |
| | | | 根 | 风火牙痛、关节风湿痛、流火、湿疹 | 南京中医药大学，2006 |
| | | | 叶 | 瘙痒、疮疖、痔疮；止痛 | 赵可夫和冯立田，2001；王国强，2016 |
| 苦槛蓝科 Myoporaceae | 苦槛蓝 *Pentacoelium bontioides* | 伴生植物 | 根、茎 | 肺病、风湿病、跌打损伤 | 李显珍等，2011 |
| | | | 叶 | 头疼、风湿病、性病、溃疡、疱疹、肺结核 | Deng et al.，2008 |
| 草海桐科 Goodeniaceae | 草海桐 *Scaevola taccada* | 伴生植物 | 全株 | 刀伤、动物咬伤、白内障、鳞状皮肤病、癣、胃病 | 李敏等，2015 |
| | | | 叶 | 扭伤、风湿骨痛 | 广西壮族自治区中医药研究所，1986 |
| 石蒜科 Amaryllidaceae | 文殊兰 *Crinum asiaticum* var. *sinicum* | 伴生植物 | 鳞茎、叶 | 咽喉肿痛、跌打损伤、痈疽疔疮、毒蛇咬伤 | 《全国中草药汇编》编写组，1996b |
| | | | 叶 | 跌打损伤、骨折、脱臼、关节酸痛、腰疼 | 广西壮族自治区中医药研究所，1986；王国强，2016 |
| | | | 果 | 跌打肿痛 | 南京中医药大学，2006 |
| 露兜树科 Pandanaceae | 露兜树 *Pandanus tectorius* | 伴生植物 | 根 | 感冒发热、肾炎水肿、泌尿系感染、尿路结石、肝炎、肝硬化腹水、风湿痹痛、角膜炎、疝气 | 《全国中草药汇编》编写组，1996b；谭业华和陈珍，1999 |
| | | | 叶芽 | 麻疹、发斑、丹毒、暑热症、牙龈出血、恶疮、烂脚 | 谭业华和陈珍，1999 |
| | | | 花 | 感冒、咳嗽 | 谭业华和陈珍，1999 |
| | | | 果 | 痢疾、咳嗽 | 《全国中草药汇编》编写组，1996b；谭业华和陈珍，1999 |
| | | | 果核 | 痢疾、目生翳障、睾丸炎、痔疮；解暑 | 《全国中草药汇编》编写组，1996b；谭业华和陈珍，1999 |

## 一、木榄

木榄（*Bruguiera gymnorrhiza*），俗名包罗剪定、鸡爪浪、剪定、柳定、大头榄、鸡爪榄、五脚里、五梨蛟等，隶属红树科（Rhizophoraceae）木榄属（*Bruguiera*），为常绿乔木，国外主要分布在柬埔寨、印度、印度尼西亚、日本、马来西亚、缅甸、菲律宾、斯里兰卡、泰国、越南及非洲东部、大洋洲北部、马达加斯加、太平洋群岛等，我国见于海南、广西、广东、福建、香港和台湾。

木榄具有清热解毒、止泻、收敛、止血及截疟等功效，其根皮、树皮、枝条、叶、果实、胚轴均可入药。药理研究表明，木榄的提取物具有抗炎、抗菌、抗病毒、预防和治疗心脑血管疾病、防治糖尿病等活性（Sarkar，1978；Ghosh et al.，1985；Weissmann，1985；Aburaihan，1995；Belury et al.，1996；Ip and Scimeca，1997；吴立军，2003；赵炎成，2006），开发应用前景良好。

## 二、秋茄树

秋茄树（*Kandelia obovata*），俗名水笔仔、笔榄、茄行树、红浪、浪柴等，隶属红树科秋茄树属（*Kandelia*），常绿灌木或乔木，国外主要分布在印度、泰国、越南、马来西亚、琉球群岛南部，我国见于海南、广西、广东、福建、香港、澳门和台湾。

秋茄树具有抗氧化、止血、抑菌、降血脂等功效，其根、树皮、叶、果实等均可入药。药理研究表明，从其树叶、树枝和果实中可分离获得三萜、黄酮、鞣质类等化合物，对冠心病、高血压及动脉硬化具有辅助疗效，另外还具有抗炎、抗氧化、抗菌等作用（李宝才和董玉莲，2002；陈铁寓和龙盛京，2006；唐岚等，2016）。

## 三、红海榄

红海榄（*Rhizophora stylosa*），俗名红海兰、鸡爪榄、厚皮、长柱红树、鸡笼罩等，隶属红树科红树属（*Rhizophora*），常绿大灌木或乔木，国外主要分布在柬埔寨、印度尼西亚、日本、马来西亚、菲律宾、越南、新西兰及大洋洲北部、太平洋群岛等地，我国见于海南、广西和广东。

红海榄具有解毒利咽、清热利湿、凉血止血、敛肺止咳、涩肠止泻等功效，其根、树皮、叶等均可入药，在我国民间已有很长的药用历史。药理学研究表明，红海榄的提取物具有抗病毒、抗菌、清除氧自由基、保护线粒体等作用（林海生等，2010；周婧等，2017）。

## 四、榄李

榄李（*Lumnitzera racemosa*），俗名滩疤树、疤榄等，隶属使君子科（Combretaceae）榄李属（*Lumnitzera*），为常绿灌木或小乔木，国外主要分布在东非热带、马达加斯加、亚洲热带、大洋洲北部和波利尼西亚至马来西亚等地，我国见于海南、广东、广西、香港和台湾。

榄李具有解毒、燥湿、止痒等功效，其树汁、叶、果实等可入药。药理学研究表明，榄李的化学成分主要有三萜类、无环单萜类、脂肪酸类、固醇类、类黄酮类和鞣质类，具有明显的抗炎、抗菌、抗高血压等生物活性(黄梁绮龄等，1994；张秋霞和龙盛京，2006)。

## 五、海漆

海漆(*Excoecaria agallocha*)，俗名土沉香、水贼仔等，隶属大戟科(Euphorbiaceae)海漆属(*Excoecaria*)，为半落叶灌木或乔木，国外主要分布在印度、斯里兰卡、泰国、柬埔寨、越南、菲律宾、澳大利亚等地，我国见于海南、广西、广东、福建、香港、澳门和台湾。

海漆具有泻下、攻毒等功效，其根、根栓皮、树皮、树汁、木材、叶、种子等均可入药。药理学研究表明，海漆含有大量的二萜类和三萜类化合物，而二萜类具有良好的药用功效(Konoshima et al.，2001；曾涌等，2015)。

## 六、蜡烛果

蜡烛果(*Aegiceras corniculatum*)，俗名黑枝、黑榄、浪柴、红蒴、黑脚梗、水萎等，隶属紫金牛科(Myrsinaceae)蜡烛果属(*Aegiceras*)，为常绿灌木或小乔木，国外主要分布在印度、中南半岛至菲律宾及澳大利亚南部等地，我国见于海南、广西、广东、福建、香港、澳门和台湾。

蜡烛果是传统的中药植物，其树皮、叶等均可入药。药理学研究表明，蜡烛果的提取物具有抗真菌、抗炎及降脂作用(徐佳佳和龙盛京，2006；李勇和李青山，2010)。

## 七、海榄雌

海榄雌(*Avicennia marina*)，俗名灰榄、白榄、海茄苳、咸水矮让木、榄钱、海豆等，隶属马鞭草科(Verbenaceae)海榄雌属(*Avicennia*)，为常绿灌木或乔木，国外主要分布在非洲东部至印度、马来西亚、澳大利亚、新西兰等地，我国见于海南、广西、广东、福建、香港、澳门和台湾。

海榄雌在民间被用来治病的历史悠久，其树干、树皮、叶、果实等均可入药。药理学研究表明，海榄雌主要化学成分为萘醌类、三萜、甾体、黄酮等，具有免疫调节、抗菌等作用(方旭波等，2006；孙国强等，2010；易湘茜等，2014)。

## 八、老鼠簕

老鼠簕(*Acanthus ilicifolius*)，俗名老鼠怕、软骨牡丹、蚧瓜簕，隶属爵床科(Acanthaceae)老鼠簕属(*Acanthus*)，为常绿亚灌木，国外主要分布在柬埔寨、印度、印度尼西亚、马来西亚、缅甸、巴布亚新几内亚、菲律宾、斯里兰卡、泰国、越南、澳大利亚等地，我国见于海南、广西、广东、福建、香港、澳门和台湾。

老鼠簕具有清热解毒、消肿散结、止咳平喘等功效，其根、茎、叶、果实或种子等均可入药。药理学研究表明，老鼠簕主要化学成分有固醇、生物碱、黄酮、三萜及三萜皂苷、木脂素、苯乙醇类等，具有抗病毒、抗菌、抗氧化、保肝、抗炎、抗溃疡等作用(Kokpol et al.，1984；Babu et al.，2002)。

## 九、银叶树

银叶树（*Heritiera littoralis*），俗名银叶板根、大白叶仔，隶属梧桐科（Sterculiaceae）银叶树属（*Heritiera*），为常绿乔木，国外主要分布在印度、越南、柬埔寨、斯里兰卡、菲律宾及非洲东部、大洋洲等地，我国见于海南、广西、广东、香港和台湾。

银叶树的根、树皮、树干、叶、种子等具有较高的药用价值。药理学研究表明，银叶树具有独特的黄酮类、三萜类、甾体类、倍半萜类化合物及内生菌，使其成为前景广阔的抗菌药物的原植物资源（徐桂红等，2014）。

## 十、海杧果

海杧果（*Cerbera manghas*），俗名海檬果、黄金茄、牛金茄、牛心茄子、牛心果、牛心荔、黄金调、山杧果、香军树、山样子、猴欢喜等，隶属夹竹桃科（Apocynaceae）海杧果属（*Cerbera*），为常绿乔木，国外主要分布在柬埔寨、印度尼西亚、日本、老挝、马来西亚、泰国、越南、澳大利亚、太平洋群岛等地，我国见于海南、广东、广西、香港、澳门和台湾。

海杧果为有毒植物，其果实含有氢氰酸、海杧果碱、毒性苦味素等毒性化合物，人、畜误食会致死。例如，印度当地人称海杧果为"自杀树"（杜士杰和朱文，2006）；《本草纲目拾遗》记载"牛心茄子，产琼州，一核者入口立死"，牛心茄子是海杧果的种仁。但是，海杧果也具有药用价值，其根、树皮、树汁、叶、种子等均可入药。药理学研究表明，海杧果具有抗惊厥、镇痛、强心、降血压、催眠等作用（Norton et al.，1973；Hiên et al.，1991；Laphookhieo et al.，2004）；海杧果苷具有强心作用，可用于治疗心力衰竭等急性病症（阎应举，1974）。

## 十一、黄槿

黄槿（*Hibiscus tiliaceus*），俗名黄木槿、披黄、铜麻、山加半、港麻、海麻、右纳、桐花、弓背树、海南木、万年春、盐水面头果、糕仔树等，隶属锦葵科（Malvaceae）木槿属（*Hibiscus*），为常绿灌木或乔木，国外主要分布在柬埔寨、越南、泰国、老挝、缅甸、印度、印度尼西亚、马来西亚、菲律宾等地，我国见于海南、广东、广西、福建、香港、澳门、台湾。

黄槿具有清热解毒、散瘀消肿等功效，其根、树皮、叶、花等均可入药，印度、菲律宾和我国民间常作为药用（中国科学院华南植物研究所，1965；Ali et al.，1980；林鹏等，2005）。药理学研究表明，黄槿主要含二萜、甾体、黄酮等化合物，其提取物具有抗氧化、抗诱变、抑制酪氨酸酶等作用（邵长伦等，2009）。

## 十二、桐棉

桐棉（*Thespesia populnea*），俗名杨叶肖槿、伞杨、杯仔树等，隶属锦葵科桐棉属（*Thespesia*），为常绿乔木，国外主要分布在柬埔寨、日本、斯里兰卡、越南、泰国、印度、菲律宾及非洲等地，我国见于海南、广东、广西、香港和台湾。

桐棉具有消炎止痛等功效，其根、树皮、叶、花、花梗、果实等均可入药。药理学研究表明，从桐棉得到的化合物主要是曼宋酮类化合物（mansonones）、黄酮和三萜（张道敬等，2007），它们具有多种药理和生理活性（袁婷等，2012）。

## 十三、水黄皮

水黄皮（*Pongamia pinnata*），俗名水流豆、水流兵、水罗豆、水刀豆、野豆、印度鱼藤等，隶属豆科（Fabaceae）水黄皮属（*Pongamia*），为半落叶乔木，国外主要分布在孟加拉国、印度、印度尼西亚、日本、马来西亚、缅甸、巴布亚新几内亚、菲律宾、斯里兰卡、泰国、越南及非洲、大洋洲、中美洲等地，我国见于海南、广东、广西、福建、香港、澳门和台湾。

水黄皮是一种民间传统的药用植物，其根、树皮、树干、叶、花、种子等均可入药。药理学研究表明，水黄皮主要含有三萜类、固醇类、黄酮类成分，其提取物具有抗菌、抗炎镇痛、抗溃疡、抗氧化、降血糖、降血脂等作用（黄欣碧和龙盛京，2004；马建等，2014）。

## 十四、苦郎树

苦郎树（*Clerodendrum inerme*），俗名苦蓝盘、白花苦蓝盘、许树、假茉莉、海常山等，隶属马鞭草科大青属（*Clerodendrum*），为常绿灌木，国外主要分布在印度、东南亚至大洋洲北部等地，我国见于海南、广东、广西、福建、香港、澳门和台湾。

苦郎树具有散瘀逐湿、通经祛痹、清热消肿、止痛、除湿、杀虫、截疟等功效，其根、树皮、树汁、枝、叶等均可入药，具有较高的药用价值。药理学研究表明，苦郎树化学成分主要含有三萜、甾体、黄酮、生物碱等化合物，它们的生物活性作用明显（方笑等，2017）。

## 十五、阔苞菊

阔苞菊（*Pluchea indica*），俗名格杂树、栾樨、冬青菊等，隶属菊科（Asteraceae）阔苞菊属（*Pluchea*），为常绿灌木或亚灌木，国外主要分布在印度、缅甸、马来西亚、印度尼西亚、菲律宾等地，我国见于海南、广东、广西、福建、香港和台湾。

阔苞菊具有暖胃去积、软坚散结、祛风除湿等功效，作为民间用药已被广泛使用。药理学研究表明，阔苞菊化学成分有倍半萜、三萜类化合物等，其提取物具有抗炎、抗氧化、抗菌、抗病毒、抗溃疡、保肝等作用，且在神经药理学方面具有一定调节作用（Thongproditchote et al.，1996；Sen et al.，2002；Barros et al.，2006；谭红胜等，2010）。

## 十六、卤蕨

卤蕨（*Acrostichum aureum*），俗名金蕨等，隶属凤尾蕨科（Pteridaceae）卤蕨属（*Acrostichum*），为多年生大型草本植物，国外主要分布在亚洲、非洲及美洲热带地区，我国见于海南、广东、广西、福建、香港和台湾。

卤蕨具有良好的药效，其根状茎、叶等均可入药。药理学研究表明，卤蕨的主要化学成分有甾体类、三萜类、黄酮类、苷类、单糖、氨基酸、硫酸酯类等化合物，其提取物具有抗菌、抗炎、抗氧化、抑制酪氨酸酶等作用（钟晓等，2012）。

## 十七、鱼藤

鱼藤(*Derris trifoliata*)，俗名毒鱼藤、篓藤等，隶属豆科鱼藤属(*Derris*)，为木质藤本或攀援状灌木，国外主要分布在柬埔寨、印度、印度尼西亚、日本、马来西亚、巴布亚新几内亚、斯里兰卡、泰国、越南、东非、澳大利亚等地，我国见于海南、广东、广西和台湾。

鱼藤为有毒植物，民间常用作捕鱼或杀虫剂(徐鲁荣等，2007)。但是，鱼藤的根、茎、叶等也可入药。药理学研究表明，鱼藤的主要化学成分有黄酮类、香豆素类、芪类、三萜类、生物碱类等化合物，其提取物具有抗氧化、抗菌、抗炎、降血糖等作用(袁金金等，2013；杨巡纭等，2013)。

## 十八、厚藤

厚藤(*Ipomoea pes-caprae*)，俗名二叶红薯、鲎藤、海滩牵牛、马蹄莲、马蹄藤、马鞍藤、狮藤、海薯、走马风、海薯藤、沙灯心、马六藤、白花藤、沙藤等，隶属旋花科(Convolvulaceae)番薯属(*Ipomoea*)，为多年生草本植物，国外主要分布在柬埔寨、印度尼西亚、日本、马来西亚、缅甸、巴基斯坦、菲律宾、斯里兰卡、泰国、越南及非洲、大洋洲、北美洲、太平洋群岛、南美洲等地，我国见于海南、广东、广西、浙江和台湾。

厚藤具有祛风除湿、拔毒消肿等功效，全草入药(广西壮族自治区中医药研究所，1986；赵可夫和冯立田，2001；南京中医药大学，2006；王国强，2016)。药理学研究表明，厚藤主要含有香豆素、萜类、黄酮、生物碱、奎尼酸等成分，具有明显的生物活性(葛玉聪等，2016)。

## 十九、单叶蔓荆

单叶蔓荆(*Vitex rotundifolia*)，俗名蔓荆子、沙荆等，隶属马鞭草科牡荆属(*Vitex*)，为落叶灌木，国外主要分布在日本及东南亚、太平洋群岛等地，我国见于安徽、福建、广东、广西、海南、云南、河北、江苏、江西、辽宁、山东、浙江、台湾等地。

单叶蔓荆的果实在中药上称为蔓荆实或蔓荆子。《神农本草经》上记载"蔓荆实味苦微寒，主筋骨间寒热痹，拘挛，明目坚齿，利九窍，去白虫"。蔓荆实具有疏散风热、清利头目等功效(国家药典委员会，2010)。药理学研究表明，单叶蔓荆果实中富含二萜类、黄酮类、木脂素类等化合物(高雪和陈刚，2015)，其中黄酮类是蔓荆子镇痛、抗菌、消炎等药理作用的主要药效成分(刘红燕等，2006)。

## 二十、苦槛蓝

苦槛蓝(*Pentacoelium bontioides*)，俗名苦槛盘、叉蓝盘、海菊花、塘霸、海生夹竹桃等，隶属苦槛蓝科(Myoporaceae)苦槛蓝属(*Pentacoelium*)，为常绿的灌木或小乔木，国外主要分布在日本、越南北部等地，我国见于海南、广东、广西、福建、浙江、香港和台湾。

苦槛蓝具有重要药用价值，其根、茎、叶均可入药(Deng et al.，2008；李显珍等，

2011)。药理学研究表明，苦槛蓝的主要生物活性成分是黄酮类化合物，其具有抗氧化、抗炎、抗凝血、改善糖和脂类代谢、保护心血管系统、肝组织等作用（何庭玉等，2005；李结雯等，2012）。

## 二十一、草海桐

草海桐（*Scaevola taccada*），俗名大网梢等，隶属草海桐科（Goodeniaceae）草海桐属（*Scaevola*），为直立或铺散的灌木，国外主要分布在印度、印度尼西亚、日本、马来西亚、缅甸、巴基斯坦、菲律宾、斯里兰卡、泰国、越南及非洲东部、大洋洲南部、马达加斯加、太平洋群岛等地，我国见于海南、广东、广西、福建和台湾。

草海桐具有重要的药用价值，全株入药。药理学研究表明，草海桐的化学成分有香豆素、二萜、三萜、苷类等，其中香豆素类化合物药理作用最为重要，其抗炎、抗氧化、抗艾滋病病毒、抗菌及免疫调节等作用显著（李敏等，2015）。

## 二十二、文殊兰

文殊兰（*Crinum asiaticum* var. *sinicum*），俗名文珠兰、罗裙带、水蕉、朱兰叶、海蕉、金腰带、十八学士、白花石蒜等，隶属石蒜科（Amaryllidaceae）文殊兰属（*Crinum*），为多年生草本植物，我国见于海南、广东、广西、福建和台湾。

文殊兰性味苦、辛、凉，有小毒；具有活血散瘀、消肿止痛、清火解毒的功效，其鳞茎、叶、果均入药。药理学研究表明，文殊兰全植株含有生物碱（主要是石蒜碱）、氨基酸、多糖、黄酮类等多种化学成分（于淼，2014），其中生物碱为主要活性成分，具有抗病毒、抗菌、镇痛、消炎、抑制乙酰胆碱酯酶、保护心脑血管等作用（沙美和丁林生，2001；陈建荣等，2010；于淼等，2013）。

## 二十三、露兜树

露兜树（*Pandanus tectorius*），俗名林投、露兜簕、假菠萝根、婆锯簕、簕古、簕菠萝、山菠萝、野菠萝、猪母锯、老锯头等，隶属露兜树科（Pandanaceae）露兜树属（*Pandanus*），为常绿的灌木或小乔木，国外主要分布在东南亚、大洋洲南部、太平洋群岛等地，我国见于海南、广东、广西、福建、台湾等地。

露兜树在民间作为药用植物已有相当长的历史，其根、叶芽、花、果、果核等均可入药。药理学研究表明，露兜树主要含有生物碱、萜类、固醇、有机酸类等成分，具有抑菌、降血糖、防治感冒、止血等功效（钟惠民和冯献起，2009；彭丽华等，2010）。

# 第三节　材　　用

红树植物木材富含鞣质，具有涩味和毒性，能够有效地阻碍动物啃咬。鞣质在空气中容易氧化，在木材表面形成致密的保护层；同时，鞣质能够使蛋白质变性失活，对微生物的活动产生抑制作用，从而有效地减缓微生物引起的腐化变朽，延长木材的使用寿命。在马来西亚、菲律宾、泰国等国家的红树林沿岸地区，至今仍有人使用红树林木材来建筑住房,木材主要来源于红树属、角果木属(*Ceriops*)、木榄属、海漆属、海桑属(*Sonneratia*)、木果楝属(*Xylocarpus*)等种类(林鹏和傅勤,1995)。不同种类的木材用于房屋的不同部位,如红树属、木榄属、木果楝属等木材用作房柱、檩条、窗框和屋顶架,红树属、木榄属等木材用作平台和地板。一些红树林木材因具有材质坚硬、耐腐蚀等特点,而被用来制造各种生产工具,如渔船、木筏或者船的尾舵和桅杆。木榄经常被用来制造独轮车(20世纪初中期农村流行的运输工具,沿海称为"鸡公车")的车轮;还因其树干高大、挺直而被用作电线杆等。

## 第四节 薪 柴

红树植物过去在红树林沿岸居民的日常生活中是主要的薪柴来源之一。大部分红树植物的枝干或根系被收集晒干后直接用作薪材,而质地较致密且坚硬的红树属植物常被用来加工成木炭,并作为商品燃料在市场上销售。海漆木材由于易着火且燃烧性能良好,常被用作火柴梗。然而,由于红树林资源日趋减少,各国政府加强了对红树林资源的保护,红树植物作为燃料的利用已经受到相当程度的限制,甚至被禁止。

## 第五节 养 蜂

红树植物是重要的蜜源植物。红树林养蜂在印度、孟加拉国等国已有悠久的历史。红树林养蜂不仅对红树林没有不良影响,还会促进红树植物虫媒传粉过程,有利于红树植物的繁殖,并且通过生产蜂蜜和蜂蜡产生经济效益。自20世纪70年代以来,广西沿海地区都有商品红树林蜜(也称海榄蜜)出产,一般年景可取蜜2~3次,丰年可取蜜4~5次。其中,蜡烛果蜜、粉丰富,中蜂和意蜂均喜爱采集,可出产商品蜂蜜,是重要的特色蜜源植物。在北海、钦州、防城港三市沿海地区,转地蜂场每年有2~3次采集蜡烛果花蜜的机会;据不完全统计,每年到蜡烛果场地的蜂农有20多家,蜜蜂约2500群/次,年产蜂蜜30~50t(秦汉荣等,2016)。

## 第六节 绿 肥

红树林沿岸居民过去有砍伐红树林植物枝用来沤肥的习惯,例如,用海榄雌的叶子作为种植秋红薯的有机基肥,可使产量提高20%~30%(梁士楚,1999)。厚藤是红树林主要的伴生植物,分布广泛,数量多,也常被用来沤肥。

## 第七节 饲 用

红树植物生长在海水环境中,树叶中含有牲畜生长所需的盐和碘,而大多数非盐生植物的饲料往往缺少盐和碘。因此,用红树植物树叶作为饲料,牲畜不再需要专门去获取盐分,也不会因为缺碘而致病(林鹏和傅勤,1995)。红树植物叶可作为多种家畜的饲料，例如，印度、巴基斯坦、斯里兰卡等国家在红树林中饲养牛、羊、骆驼等，取得了很好的经济效益(郑德璋等，1995)。红树植物叶含有家畜生长所需的矿物质、维生素、蛋白质、脂肪、氨基酸、粗纤维等，对家畜的生长发育、产量提高和品质改善都具有促进作用。例如，奶牛喂以大红树(*Rhizophora mangle*)叶与喂普通树叶相比产奶量增加，羊喂以海榄雌叶后羊肉品质得到改善。海榄雌叶中粗蛋白、粗脂肪和粗纤维分别为干重的 10.8%、4.18%和 16.04%，灰分为 16.30%，可消化程度达 62.6%，是牛羊喜欢啃食的青饲料(Hamilton and Snedaker，1984)。沿岸居民有砍伐长满藤壶的海榄雌或蜡烛果枝来养殖蟹类的习惯。厚藤的嫩茎芽被用作猪饲料(席世丽等，2011)。

## 第八节　染　　料

木榄、秋茄、红海榄、蜡烛果、海漆等富含鞣质，而鞣质及其提取物的用途广泛，是重要的化工原料。鞣质主要存在于红树植物树皮中，以红树科树皮的鞣质含量最高，占皮重的 12.4%～30.8%(林鹏和傅勤，1995)。过去，红树植物鞣质常被提取用作染料，浸染渔网、船帆、衣料等。例如，20 世纪 70 年代以前，广西红树林区沿岸居民从木榄、红海榄树皮中提取鞣质作为染料染衣衫，可使衣衫靓丽且经久耐穿。

# 第三章　广西红树林动物的民间传统利用

红树林是海岸生态系统中有机碎屑最多的区域，为海洋动物提供了丰富的饵料；红树林的林冠、枯枝落叶、根系、土壤、潮沟、水体等是动物栖息的良好场所，例如，许多动物在红树林区躲避敌害、定居、索饵、繁殖等。红树林动物主要包括如下 5 种类型：①仅在红树林中生长和繁殖；②在红树林中繁殖，在其他生境中觅食；③在红树林中觅食或躲避敌害，在其他生境中繁殖；④既在红树林中又在其他生境中生长和繁殖；⑤仅在迁徙季节短暂停留在红树林中。红树林动物中，许多种类具有较高的经济价值而一直被民间开发利用。

## 第一节　食　　用

广西红树林及其附近滩涂中，具有较高食用价值且一直被民间利用的动物类群主要有星虫类、贝类、蟹类、虾类、鱼类等类型（梁士楚，1993，1999）。

### 一、星虫类

弓形革囊星虫和裸体方格星虫是沿海群众主要挖取的种类。弓形革囊星虫在当地称土钉、泥丁或泥虫，裸体方格星虫在当地称沙虫，它们味美可口，营养价值高，是市场上畅销的海水产品。沙虫干是广西沿海的名优特产，目前的市场售价为 700～1800 元/kg。

### 二、贝类

贝类是广西红树林动物的主要类群之一，绝大多数种类营底栖生活，其中一些种类营匍匐生活，为了觅食或产卵，它们只能进行短距离的爬行或移动，如马蹄螺属（*Trochus*）、蝾螺属（*Turbo*）、蜑螺属（*Nerita*）、荔枝螺属（*Thais*）、拟蟹守螺属（*Cerithidea*）等种类；一些种类营固着生活，它们的足部退化甚至完全消失，如藤壶科（Balanidae）、牡蛎科（Ostreidae）等种类；一些营附着生活，它们以足丝附着在外物上生活，如隔贻贝属（*Septifer*）、偏顶蛤属（*Modiolus*）等种类。少数种类营游泳生活，如头足纲（Cephalopoda）等种类。经济价值较高的种类有泥蚶、褐蚶（*Didimacar tenebrica*）、大竹蛏、小刀蛏（*Cultellus attenuatus*）、尖刀蛏（*Cultellus scalprum*）、缢蛏、尖齿灯塔蛏、红树蚬、薄片镜蛤（*Dosinia corrugata*）、文蛤、丽文蛤（*Meretrix lusoria*）、青蛤、突畸心蛤（*Cryptonema producta*）、栉江珧（*Atrina pectinata*）、广东毛蚶（*Scapharca guangdongensis*）、近江牡蛎（*Crassostrea ariakensis*）、团聚牡蛎（*Saccostrea glomerata*）等。腹足类的彩拟蟹守螺（*Cerithidea ornata*）味道鲜美，亦具有较高的商业价值。

### 三、蟹类

蟹类在广西红树林区大型底栖动物构成中占有较大比例，同时也是红树林中重要的海洋经济动物资源，主要种类有锯缘青蟹等，其他的有三疣梭子蟹 (*Portunus trituberculatus*)、短指和尚蟹、中华虎头蟹 (*Orithyia sinica*)、中华绒螯蟹 (*Eriocheir sinensis*)、合浦绒螯蟹 (*Eriocheir hepuensis*)、钝齿蟳 (*Charybdis hellerii*) 等。短指和尚蟹是广西沿海名土特产"沙蟹汁"的主要原料。

## 四、虾类

广西红树林区的虾类较为丰富，其中经济价值高的种类主要有斑节对虾 (*Penaeus monodon*)、刀额新对虾 (*Metapenaeus ensis*)、长毛明对虾 (*Fenneropenaeus penicillatus*)、宽沟对虾 (*Melicertus latisulcatus*)、脊尾白虾 (*Exopalaemon carinicauda*)、日本囊对虾 (*Marsupenaeus japonicus*)、哈氏仿对虾 (*Parapenaeopsis hardwickii*)、罗氏沼虾 (*Macrobrachium rosenbergii*) 等。

## 五、鱼类

红树林不仅为鱼类提供了良好的栖息环境，如呼吸根、支柱根、树干、树冠等，而且提供了丰富的饵料，如附着藻类、浮游生物、有机碎屑等。广西红树林区常见的经济鱼类有乌塘鳢、弹涂鱼、青弹涂鱼、大弹涂鱼、杂食豆齿鳗、斑鲦、花鲦 (*Clupanodon thrissa*)、尖吻鲈 (*Lates calcarifer*)、鲻 (*Mugil cephalus*)、鲛 (*Liza haematocheila*)、圆吻凡鲻 (*Valamugil seheli*)、多鳞鱚 (*Sillago sihama*)、四点青鳞、边鲻、黑斑鲬、黑背圆颌针鱼、矛尾复鰕虎鱼 (*Synechogobius hasta*) 等。这些鱼类中，除了乌塘鳢、弹涂鱼等主要是以红树林为栖息地外，多数种类是在涨潮时随潮水进入红树林觅食、产卵或躲避敌害，退潮时又返回浅水区。

# 第二节 药 用

广西红树林及其附近潮滩的药用动物主要有 104 种，隶属 7 门 12 纲 30 目 57 科 81 属，其药用部位、功效、适用病症等如表 3-1 所示。

表 3-1 广西红树林主要药用动物资源及其利用现状

| 动物类群 | 科名 | 种名 | 药用部位 | 功效 | 适用病症 | 参考文献 |
|---|---|---|---|---|---|---|
| 环节动物门 Annelida | 沙蚕科 Nereididae | 日本刺沙蚕 *Neanthes japonica*、全刺沙蚕 *Nectoneanthes oxypoda* | 全体 | 健脾益胃、补血养血、利水消肿 | 脾胃虚弱、贫血、肢体浮肿 | 邓家刚等，2008；李军德等，2013a |
| | 索沙蚕科 Lumbrineridae | 异足索沙蚕 *Lumbrineris heteropoda* | 全体 | 补脾益胃、补血养血、利水消肿 | 脾胃虚弱、贫血、肢体浮肿 | 李军德等，2013a |
| 星虫动物门 Sipuncula | 革囊星虫科 Phascolosomatidae | 弓形革囊星虫 *Phascolosoma arcuatum* | 全体 | 滋阴降火、清肺泻火、补虚活血、补肾养颜 | 气血虚弱、阴虚潮热、产后乳汁不足 | 李军德等，2013a；吴雅清和许瑞安，2018 |
| | 管体星虫科 Sipunculidae | 裸体方格星虫 *Sipunculus nudus* | 全体 | 滋阴降火、清肺补虚、活血强身、补肾养颜 | 骨蒸潮热、阴虚盗汗、胸闷、肺痨咳嗽、痰多、夜尿症、牙肿痛 | 刘晖，1996；邓家刚等，2008；董兰芳等，2013；李军德等，2013a |

续表

| 动物类群 | 科名 | 种名 | 药用部位 | 功效 | 适用病症 | 参考文献 |
|---|---|---|---|---|---|---|
| 软体动物门 Mollusca | 蝾螺科 Turbinidae | 节蝾螺 *Turbo brunerus* | 厴 | 清湿热、解疮毒、止泻痢、通淋 | 脘腹疼痛、肠风痔疾、疥癣、头疮、小便淋漓涩痛 | 林吕何，1991；李军德等，2013a |
| | 锥螺科 Turritellidae | 棒锥螺 *Turritella bacillum*、笋锥螺 *Turritella terebra* | 壳 | 平肝清热、解毒止痒 | 结膜炎、痔疮 | 邓家刚等，2008；李军德等，2013a |
| | | | 厴 | 清肝热、疗目疾 | 结膜炎 | |
| | 玉螺科 Naticidae | 微黄镰玉螺 *Euspira gilva*、斑玉螺 *Natica tigrina* | 壳 | 清热解毒、化痰消肿、制酸解痉 | 疮疖肿痛、瘰疬、胃酸过多、胃疡、四肢拘挛、滑精、气瘿 | 李军德等，2013a |
| | 冠螺科 Cassididae | 沟纹鬘螺 *Phalium flammiferum* | 壳 | 软坚散结、制酸止痛 | 瘰疬、胃酸过多、胃疡、胃脘痛 | 李军德等，2013a |
| | 骨螺科 Muricidae | 疣荔枝螺 *Thais clavigera*、蛎敌荔枝螺 *Thais gradata*、可变荔枝螺 *Thais lacerus* | 壳 | 软坚散结、清热解毒 | 瘰疬、疮疡 | 李军德等，2013a |
| | 阿地螺科 Atyidae | 泥螺 *Bullacta exarata* | 肉 | 补气、润肺、滋阴 | 咽喉肿痛、阴虚咳嗽、肺痨 | 李军德等，2013a |
| | 石磺科 Onchidiidae | 瘤背石磺 *Onchidium verruculatum* | 全体 | 滋补、壮阳、清凉、去火、祛湿、消除疲劳、明目 | 肝硬化、久病体虚、哮喘、脚气病 | 黄金田，2005；孙变娜等，2013；姜凤梧和张玉顺，1994 |
| | 蚶科 Arcidae | 毛蚶 *Scapharca kagoshimensis*、泥蚶 *Tegillarca granosa* | 壳 | 消痰化瘀、软坚散结、制酸止痛 | 顽痰积结、黏稠难咯、瘿瘤、瘰疬、症瘕痞块、胃痛泛酸、牙疳 | 李军德等，2013a；徐艳等，2014 |
| | | | 全体 | 补血温中、健脾和胃 | 血虚脾弱、胃病 | 李谦等，1998；邓家刚等，2008； |
| | 细纹蚶科 Noetiidae | 褐蚶 *Didimacar tenebrica* | 壳 | 消痰化瘀、软坚散结、制酸止痛 | 顽痰积结、黏稠难咯、瘿瘤、瘰疬、症瘕痞块、胃痛泛酸、牙疳 | 李军德等，2013a |
| | 贻贝科 Mytilidae | 凸壳肌蛤 *Musculus senhousia*、隔贻贝 *Septifer bilocularis*、黑荞麦蛤 *Xenostrobus atratus* | 肉 | 滋阴补血、益精、止痢、消瘿 | 虚热咳嗽、阴虚发热、无名肿痛 | 李军德等，2013a |
| | | 曲线索贻贝 *Hormomya mutabilis* | 肉 | 补肝肾、益精血、止痢、消瘿 | 虚劳羸瘦、眩晕、盗汗、阳痿、腰痛、吐血、崩漏带下、瘿瘤、疝瘕 | 李军德等，2013a |
| | 江珧科 Pinnidae | 栉江珧 *Atrina pectinata* | 壳 | 清热解毒、平肝息风、滋阴补肾、镇静 | 高血压、头痛、糖尿病、湿疮 | 刘晖，1996；邓家刚等，2008；李军德等，2013a |
| | 牡蛎科 Ostreidae | 近江牡蛎 *Crassostrea ariakensis*、褶牡蛎 *Alectryonella plicatula*、缘牡蛎 *Dendostrea crenulifesa*、团聚牡蛎 *Saccostrea glomerata*、猫爪牡蛎 *Talonostrea talonata* | 壳 | 重镇安神、潜阳补阴、滋阴清热、软坚散结 | 惊悸失眠、眩晕耳鸣、瘰疬痰核、症瘕痞块 | 邓家刚等，2008；李军德等，2013a |

续表

| 动物类群 | 科名 | 种名 | 药用部位 | 功效 | 适用病症 | 参考文献 |
|---|---|---|---|---|---|---|
| 软体动物门 Mollusca | 海月蛤科 Placunidae | 海月 *Placuna placenta* | 肉 | 消食、利肠 | 痰结、消化不良 | 林吕何，1991；李军德等，2013a |
| | | | 壳 | 解毒、消积 | 麻疹、疳积 | |
| | 不等蛤科 Anomiidae | 难解不等蛤 *Enigmonia aenigmatica* | 壳 | 解毒、消积 | 麻疹、疳积 | 李军德等，2013a |
| | 扇贝科 Pectinidae | 华贵类栉孔扇贝 *Mimachlamys nobilis* | 闭壳肌 | 滋阴、补肾、调中、消渴 | 小便频数、宿食不消 | 李军德等，2013a |
| | 蛤蜊科 Mactridae | 四角蛤蜊 *Mactra veneriformis* | 肉 | 滋阴补血、利水消肿 | 贫血、头晕、目眩、黄疸、水肿、小便不利 | 刘晖，1996；李军德等，2013a |
| | | | 壳 | 清热化痰、软坚散结、制酸止痛 | 痰多咳嗽、瘿瘤、胃疡、烫火伤、崩漏带下 | |
| | 樱蛤科 Tellinidae | 美女白樱蛤 *Macoma candida*、拟箱美丽蛤 *Merisca capsoides* | 壳 | 清热化痰、软坚散结 | 瘰疬、瘿瘤、脚气病、水肿、淋证、肺热咳嗽、痰黄稠 | 李军德等，2013a |
| | 紫云蛤科 Psammobiidae | 双线紫蛤 *Soletellina diphos* | 壳 | 软坚散结、滋阴清热、制酸止痛 | 瘰疬、潮热盗汗、胃酸过多、胃疡、痰饮、带下 | 李军德等，2013a |
| | 截蛏科 Solecurtidae | 缢蛏 *Sinonovacula constricta* | 肉 | 滋阴、清热、止痢、利尿、消肿 | 产后虚损、烦热口渴、湿热水肿、痢疾 | 邓家刚等，2008；李军德等，2013a |
| | | | 壳 | 消瘿、止带、通淋 | 气瘿、痰饮、淋证、妇女赤白漏下 | |
| | 竹蛏科 Solenidae | 大竹蛏 *Solen grandis* | 肉 | 滋阴、清热、止痢、利尿、消肿 | 产后虚损、烦热口渴、湿热水肿、痢疾 | 李军德等，2013a |
| | | | 壳 | 消瘿、止带、通淋 | 气瘿、痰饮、淋证、妇女赤白漏下 | |
| | 刀蛏科 Cultellidae | 小刀蛏 *Cultellus attenuatus*、尖刀蛏 *Cultellus scalprum* | 肉 | 滋阴、清热、止痢、利尿、消肿 | 产后虚损、烦热口渴、湿热水肿、痢疾 | 李军德等，2013a |
| | | | 壳 | 消瘿、止带、通淋 | 气瘿、痰饮、淋证、妇女赤白漏下 | |
| | | 小荚蛏 *Siliqua minima* | 肉 | 除热、明目、止渴 | 夜盲 | 邓家刚等，2008 |
| | | | 壳 | 消瘿、通淋、止带 | 甲状腺肿、妇女赤白带下 | |
| | 蚬科 Corbiculidae | 红树蚬 *Gelonia coaxans* | 肉 | 养颜美容、壮阳 | 尚未开发应用 | 张俊杰，2013 |
| | 帘蛤科 Veneridae | 文蛤 *Meretrix meretrix*、丽文蛤 *Meretrix lusoria*、伊萨伯雪蛤 *Clausinella isabellina*、突畸心蛤 *Cryptonema producta*、青蛤 *Cyclina sinensis*、等边浅蛤 *Gomphina aequilatera* | 壳 | 清热化痰、软坚散结、止咳、利湿、制酸止痛 | 痰多咳嗽、胸胁疼痛、痰中带血、瘰疬瘿瘤、胃疼吞酸、湿疹、烫伤 | 李军德等，2013a |
| | | 日本镜蛤 *Dosinia japonica*、薄片镜蛤 *Dosinia corrugata*、凸镜蛤 *Pelecyora derupla* | 壳 | 软坚散结、清热解毒 | 瘰疬、痰多咳嗽、疮肿 | 李军德等，2013a |
| | | 杂色蛤仔 *Ruditapes variegata* | 全体 | 清热解毒 | 臁疮、黄水疮 | 李军德等，2013a |

续表

| 动物类群 | 科名 | 种名 | 药用部位 | 功效 | 适用病症 | 参考文献 |
|---|---|---|---|---|---|---|
| 软体动物门 Mollusca | 绿螂科 Glauconomidae | 中国绿螂 *Glauconome chinensis* | 壳 | 滋阴清热、软坚散结、制酸止痛 | 潮热、盗汗、胃酸过多、瘰疬、胃疡 | 李军德等，2013a |
| | 耳乌贼科 Sepiolidae | 双喙耳乌贼 *Sepiola birostrata* | 全体 | 滋补强壮、祛风除湿、清热解毒 | 湿腰痛、下肢溃疡、腹泻、石淋、白带、痈疮疖肿、产后体虚、小儿疳积 | 邓家刚等，2008；李军德等，2013a |
| | 蛸科 Octopodidae | 长蛸 *Octopus variabilis*、短蛸 *Octopus fangsiao* | 全体 | 补气养血、收敛、生肌、通经下乳、解毒 | 气血虚弱、痈疽肿毒、久疮溃烂、产后乳汁不足 | 邓家刚等，2008；李军德等，2013a |
| 节肢动物门 Arthropoda | 海蟑螂科 Ligiidae | 海蟑螂 *Ligia exotica* | 全体 | 活血解毒、行滞消积 | 跌打损伤、小儿疳积、痈疽肿毒 | 邓家刚等，2008；李军德等，2013a |
| | 虾蛄科 Squillidae | 口虾蛄 *Oratosquilla oratoria* | 全体 | 止咳平喘、缩尿、收敛固涩 | 咳嗽、哮喘、遗尿 | 李军德等，2013a |
| | 对虾科 Penaeidae | 日本囊对虾 *Marsupenaeus japonicus*、长毛明对虾 *Fenneropenaeus penicillatus*、斑节对虾 *Penaeus monodon*、哈氏仿对虾 *Parapenaeopsis hardwickii* | 全体 | 补肾益阳、健胃补气 | 肾虚阳痿、遗精、阴虚风动、脑卒中、半身不遂、筋骨疼痛、乳汁不下、乳痈、脾胃虚弱、气虚、疮口不敛 | 李军德等，2013a |
| | 长臂虾科 Palaemonidae | 脊尾白虾 *Exopalaemon carinicauda* | 全体 | 补肾益阳、健胃补气 | 肾虚阳痿、遗精、阴虚风动、脑卒中、半身不遂、筋骨疼痛、乳汁不下、乳痈、脾胃虚弱、气虚、疮口不敛 | 李军德等，2013a |
| | 鼓虾科 Alpheidae | 鲜明鼓虾 *Alpheus distinguendus*、日本鼓虾 *Alpheus japonicus* | 全体 | 补肾壮阳、通乳、托毒 | 肾虚阳痿、产妇乳少、麻疹透发不畅、阴疽、恶核、丹毒、臁疮 | 李军德等，2013a |
| | 虎头蟹科 Orithyidae | 中华虎头蟹 *Orithyia sinica* | 蟹壳 | 理气止痛、活血化瘀、清热解毒 | 胸痛、跌打损伤、乳腺炎 | 李军德等，2013a |
| | | | 蟹黄 | 止痛消肿、清热解毒 | 乳腺炎、冻疮、肢癣 | |
| | 相手蟹科 Sesarminae | 无齿螳臂相手蟹 *Chiromantes dehaani* | 脂肪或肉 | 解毒消炎 | 湿癣、痈疮 | 李军德等，2013a |
| | 梭子蟹科 Portunidae | 三疣梭子蟹 *Portunus trituberculatus* | 蟹壳 | 活血化瘀、消食化滞 | 小儿食积、跌打损伤 | 邓家刚等，2008；李军德等，2013a |
| | | | 蟹黄 | 止痛消肿、清热解毒 | 急性乳腺炎初起、皮肤溃疡 | |
| | | 锯缘青蟹 *Scylla serrata* | 全体 | 化瘀止疼、利水消肿、滋补强身 | 产后腹痛、乳汁不足、水肿 | 邓家刚等，2008；李军德等，2013a |
| | 鲎科 Tachypleidae | 中国鲎 *Tachypleus tridentatus* | 肉 | 清热解毒、明目、杀虫止血 | 白内障、青光眼、痔疮 | 邓家刚等，2008；李军德等，2013a |
| | | | 壳 | 活血化瘀、化痰止嗽、散疲、解毒 | 喉中痰鸣、跌打损伤、创伤出血、烫伤、腰损伤、肺痨、疮疖肿毒 | |
| | | | 尾 | 止血、止痢 | 外伤出血、赤白久痢 | |
| | | | 胆 | 祛风杀虫 | 麻风病、疥疮 | |

| 动物类群 | 科名 | 种名 | 药用部位 | 功效 | 适用病症 | 参考文献 |
|---|---|---|---|---|---|---|
| 腕足动物门 Brachiopoda | 海豆芽科 Lingulidae | 鸭嘴海豆芽 Lingula anatina | 全体 | 补血、生津、润肠、通乳、养发 | 身体虚弱、头发早白、贫血、津液不足、大便秘结、头晕耳鸣 | 李军德等，2013b |
| 棘皮动物门 Echinodermata | 槭海星科 Astropectinidae | 单棘槭海星 Astropecten monacanthus | 全体 | 解毒散结、和胃止痛 | 气瘿、瘰疬、胃痛泛酸、腹泻、耳胀、耳闭 | 李军德等，2013b |
|  | 蛛网海胆科 Arachnoididae | 扁平蛛网海胆 Arachnoides placenta | 骨壳 | 软坚散结、化痰止咳、制酸止痛 | 瘰疬痰核、哮喘、胃痛、胸肋胀痛 | 李军德等，2013b |
| 脊索动物门 Chordata | 海鳗科 Muraenesocidae | 海鳗 Muraenesox cinereus | 鳔 | 滋补、祛湿、解毒 | 胃脘疼痛、痹症、咳嗽、遗精、疮疡、肿胀 | 李军德等，2013b |
|  |  |  | 头、卵巢 | 滋阴养血 | 虚弱、贫血、失眠健忘、肝胀 |  |
|  |  |  | 血 | 活血化瘀 | 口眼歪斜 |  |
|  |  |  | 胆 | 祛风明目、活血通络、解毒消炎 | 温热病、目赤肿痛 |  |
|  |  |  | 全体 | 解毒止痛 | 腰痛、关节肿痛 |  |
|  | 鲱科 Clupeidae | 鳓 Ilisha elongata | 全体 | 养心安神、健脾益胃、滋补强壮 | 腹泻、心悸、神经衰弱 | 邓家刚等，2008；李军德等，2013b |
|  |  | 中华小沙丁鱼 Sardinella nymphae | 肉 | 清热解毒 | 海蛇咬伤、丹毒 | 邓家刚等，2008；李军德等，2013b |
|  | 鳗鲶科 Plotosidae | 鳗鲶 Plotosus anguillaris | 肉 | 滋阴开胃、利尿下乳 | 虚损不足、水肿、乳汁不足、小便不利 | 李军德等，2013b |
|  |  |  | 眼 | 消肿解毒 | 刺伤、中毒 |  |
|  |  |  | 尾 | 通经活络 | 口眼歪斜 |  |
|  |  |  | 鳔 | 清热解毒 | 呕血、阴疮、瘘疮 |  |
|  | 鲻科 Mugilidae | 鲻 Mugil cephalus、棱鲮 Liza carinatus、鮻 Liza haematocheila | 肉 | 健脾益气、消食导滞 | 脾虚泄泻、消化不良、小儿疳积、贫血 | 李军德等，2013b |
|  | 鱵科 Hemiramphidae | 间下鱵 Hyporhamphus intermedius、瓜氏下鱵 Hyporhamphus quoyi | 全体 | 滋阴补气、清热解毒 | 阴虚内热、盗汗烦热、疮疡不收 | 李军德等，2013b |
|  | 鲾科 Leiognathidae | 细纹鲾 Leiognathus berbis、短吻鲾 Leiognathus brevirostris、杜氏鲾 Leiognathus dussumieri、长鲾 Leiognathus elongatus、鹿斑鲾 Leiognathus ruconius、黑边鲾 Leiognathus splendens | 肉 | 健脾益气 | 体虚、小儿疳积、肝炎 | 刘晖，1996；李军德等，2013b |
|  | 鲷科 Sparidae | 真鲷 Pagrosomus major、黄鳍鲷 Sparus latus、黑鲷 Sparus macrocephalus | 鳔 | 清热解毒 | 腮腺炎、气虚体弱、血虚、萎黄、食积 | 邓家刚等，2008；李军德等，2013b |
|  |  |  | 肉 | 健脾开胃、滋补强身 | 食欲不振、病后体虚 |  |

续表

| 动物类群 | 科名 | 种名 | 药用部位 | 功效 | 适用病症 | 参考文献 |
|---|---|---|---|---|---|---|
| 脊索动物门 Chordata | 塘鳢科 Eleotridae | 乌塘鳢 Bostrichthys sinensis | 肉 | 健脾开胃、利水消肿 | 脾虚水肿、腰膝酸痛 | 李军德等，2013b |
| | 鱚科 Sillaginidae | 多鳞鱚 Sillago sihama、少鳞鱚 Sillago japonica | 肉 | 健脾、利水、消肿 | 脾胃虚寒、营养不良性水肿、热淋 | 李军德等，2013b |
| | 鰕虎鱼科 Gobiidae | 孔鰕虎鱼 Trypauchen vagina | 肉 | 益气暖胃、补肾壮阳 | 虚寒腹痛、胃痛、疳积、泻泄、阳痿、遗精、早泄、小便淋漓 | 李军德等，2013b |
| | 弹涂鱼科 Periophthalmidae | 大弹涂鱼 Boleophthalmus pectinirostris | 肉 | 滋补肝肾、益气助阳 | 耳鸣、耳聋、眩晕、风眼、小儿遗尿、盗汗、阳痿 | 邓家刚等，2008；李军德等，2013b |
| | | 弹涂鱼 Periophthalmus cantonensis | 肉 | 滋补强壮、补肾益精 | 劳倦乏力、腰膝酸软、阳痿、遗精 | 李军德等，2013b |
| | 蓝子鱼科 Siganidae | 褐蓝子鱼 Siganus fuscescens、黄斑蓝子鱼 Siganus oramin | 胆 | 清热解毒 | 耳内疼痛、外感风热、耳闭、疥疮 | 刘晖，1996；邓家刚等，2008；李军德等，2013b |
| | | | 肉 | 滋补强壮 | 素体虚弱、久病乏力、不思饮食 | |
| | 鲈科 Serranidae | 花鲈 Lateolabrax japonicus | 肉 | 益脾胃、补肝肾 | 小儿消化不良、慢性结肠炎、慢性胃痛、脾虚泄泻、小儿疳积、消化不良、消瘦 | 邓家刚等，2008 |
| | | | 鳃 | 止咳化痰 | 小儿百日咳 | |
| | 舌鳎科 Cynoglossidae | 斑头舌鳎 Cynoglossus puncticeps | 肉 | 补气健脾、益气养血 | 久病体虚、血虚、四肢无力、脾虚泄泻、肺气不足 | 李军德等，2013b |
| | 鲀科 Tetraodontidae | 月腹刺鲀 Gastrophysus lunaris | 皮、鳔 | 健脾止痢、润肺止咳 | 脾胃虚弱、寒咳、赤痢 | 李军德等，2013b |
| | | 铅点东方鲀 Takifugu alboplumbeus、弓斑东方鲀 Takifugu ocellatus | 肉 | 滋补强壮 | 腰膝酸软无力 | 李军德等，2013b |
| | | | 肝、卵巢 | 清热解毒 | 疮疖、无名肿毒 | |
| | | | 血 | 软坚散结、解毒消肿 | 瘰疬、刺毒鱼类刺伤 | |

## 一、日本刺沙蚕

日本刺沙蚕（*Neanthes japonica*）隶属环节动物门（Annelida）多毛纲（Polychaeta）沙蚕目（Nereidida）沙蚕科（Nereididae）刺沙蚕属（*Neanthes*），俗名沙蚕、水百脚等，为中国和日本的特有种，是一种广盐性和广温性的蠕虫状无脊椎动物，见于日本海、太平洋沿岸，以及我国渤海、黄海、东海，分布在潮间带至潮下带，在河口也比较常见，栖息于淤泥质、泥沙质或沙质海底，营穴居生活。

日本刺沙蚕具有较高的经济价值，是鱼、虾、蟹类养殖种的天然饵料（马建新等，1998），是垂钓的优良钓饵，是提取海洋药物如沙蚕毒素的原料（滕瑜等，2004），也可供食用。日本刺沙蚕全体入药，鲜用或晒干；内服，5条或6条，煎汤（李军德等，2013a）。

日本刺沙蚕含有一种纤溶酶——日本刺沙蚕纤溶酶，它在体外有较强的溶解纤维蛋白和纤维蛋白原的作用，是一种具有潜在临床应用前景的新型溶栓剂(邓志会，2010)。

## 二、全刺沙蚕

全刺沙蚕(*Nectoneanthes oxypoda*)隶属环节动物门多毛纲沙蚕目沙蚕科全刺沙蚕属(*Nectoneanthes*)，俗名锐足沙蚕、黄金沙蚕等，国外主要分布在日本、韩国、澳大利亚、新西兰等地，我国见于河北、天津、山东、福建、广东、广西、海南、香港等地，分布在潮间带中区至潮下带，栖息于淤泥质或泥沙质海底，有时见于基岩海岸的岩石下。

全刺沙蚕全体入药，鲜用或晒干；内服，5～10条(李军德等，2013a)。

## 三、异足索沙蚕

异足索沙蚕(*Lumbrineris heteropoda*)隶属环节动物门多毛纲矶沙蚕目(Eunicida)索沙蚕科(Lumbrineridae)索沙蚕属(*Lumbrineris*)，俗名沙蚕等，我国沿海各地都有分布，栖息于潮间带泥沙质或沙质的海底，退潮时其钻于泥沙中。

异足索沙蚕全体入药，鲜用或晒干；内服，5～10条(李军德等，2013a)。

## 四、弓形革囊星虫

弓形革囊星虫(*Phascolosoma arcuatum*)，俗名泥丁、海丁、海蛆、海蚂蝗、沙虫、土笋、涂笋等，隶属星虫动物门(Sipuncula)革囊星虫纲(Phascolosomatidea)革囊星虫目(Phascolosomatiformes)革囊星虫科(Phascolosomatidae)革囊星虫属(*Phascolosoma*)，为我国特有种，广泛分布在海南、广东、广西、福建、浙江、台湾等地，栖息于有机质含量丰富、底质为泥沙质或沙质的潮间带上区,营穴居生活，主要摄食底栖硅藻和有机碎屑(周化斌等，2006；李德伟等，2008)。

弓形革囊星虫营养丰富、肉质脆嫩、味道鲜美，为著名食材，如是闽南地区传统风味小吃"土笋冻"的原料。弓形革囊星虫高蛋白质、低脂肪、无机元素丰富，其干物质中的蛋白质、脂肪、总糖和灰分的含量分别为70.68%、2.29%、5.51%和15.32%(周化斌等，2006)。弓形革囊星虫除可食用外，还可入药，其味甘、咸，性寒，归脾、肾经，主治气血虚弱、阴虚潮热、产后乳汁不足。民间用作治疗虚火上炎及滋阴补肾之食疗药物，被誉为"动物人参"、"海冬虫夏草"。内服，煮熟或煎服，10～20g(管华诗和王曙光，2009)。

## 五、裸体方格星虫

裸体方格星虫(*Sipunculus nudus*)，俗名裸体方格星虫、沙虫、沙肠子、海人参等，隶属星虫动物门方格星虫纲(Sipunculidea)方格星虫目(Sipunculiformes)管体星虫科(Sipunculidae)方格星虫属(*Sipunculus*)，是无节、蠕虫状海产体腔动物，为暖水性世界广布种，我国海南、广东、广西、福建、山东等地沿海均有分布(李凤鲁等，1990)，主要栖息在潮间带滩涂、浅海泥沙质或沙质海底，以低潮线附近最多，常以小型动物、藻类、泥沙中有机物为食物(沈先荣等，2008)。

　　裸体方格星虫个体较大，肉嫩味美，加工成品"沙虫干"是著名的海产珍品，营养价值高，在市场上十分畅销。裸体方格星虫是一种具有多种机体调节功能的药食佳品，我国多种药典都记载其食用和药用价值；自古以来，沿海居民不仅食用裸体方格星虫，而且把它作为治疗虚火上炎及滋阴补肾的食疗药物，有"海洋冬虫夏草"之称（陈细香等，2008）。裸体方格星虫全年可捕捉，数量以3～5月和9～11月中旬最多；全体入药，适量研服或泡酒服（李军德等，2013a）。

## 六、节蝾螺

　　节蝾螺（*Turbo brunerus*），俗名狗眼睛螺，隶属软体动物门（Mollusca）腹足纲（Gastropoda）中腹足目（Mesogastropoda）蝾螺科（Turbinidae）蝾螺属（*Turbo*），国外主要分布在琉球群岛、夏威夷群岛、新喀里多尼亚岛、马鲁古群岛、班达海、澳大利亚西部、苏拉威西岛、苏门答腊岛、斯里兰卡、塞舌尔群岛、马达加斯加岛海域、菲律宾等地，我国见于广东、广西、海南等地，主要栖息在潮间带中、下区岩礁间，在潮下带的泥沙质海底也见有分布。

　　节蝾螺肉鲜味美，深受沿海居民青睐，是一种重要的经济性螺类。节蝾螺的药用部位为厣；内服，5～15g；外用适量（李军德等，2013a）。

## 七、棒锥螺

　　棒锥螺（*Turritella bacillum*），俗名单螺、锥螺等，隶属软体动物门腹足纲中腹足目锥螺科（Turritellidae）锥螺属（*Turritella*），我国见于东海和南海，主要栖息在潮间带低潮线附近至潮下带泥沙质或淤泥质的海底。

　　棒锥螺的药用部位为壳和厣；内服，5～15g，壳煅灰煎水外洗痔疮（李军德等，2013a）。

## 八、笋锥螺

　　笋锥螺（*Turritella terebra*），俗名单螺、锥螺等，隶属软体动物门、腹足纲、中腹足目、锥螺科、锥螺属，国外主要分布在日本、菲律宾等地，我国见于浙江、福建、台湾、广东、广西、海南等地，主要栖息在泥沙质的海底。

　　笋锥螺肉可食用，贝壳可做装饰品或用于烧石灰，但产量不大。笋锥螺的药用部位为厣；内服，5～15g（李军德等，2013a）。

## 九、微黄镰玉螺

　　微黄镰玉螺（*Euspira gilva*），俗名香螺、福氏玉螺、福氏乳玉螺，隶属软体动物门腹足纲中腹足目玉螺科（Naticidae）镰玉螺属（*Euspira*），国外主要分布在朝鲜半岛、日本等地，我国广泛分布在南北沿海，栖息于潮间带及浅海淤泥质或泥沙质海底，主要以滩涂贝类为食，是蚶类、蛏类、蛤类养殖的敌害生物（王一农等，1995）。

　　微黄镰玉螺肉味鲜美、营养丰富，素有"香螺"之称，具有较高的食用价值，是海水增养殖的主要经济种类之一；蛋白质、脂肪、糖类含量分别占其干重的（75.08±1.51）%、（3.35±0.24）%、（5.48±0.23）%（张鹏等，2013）。微黄镰玉螺的药用部位为壳，俗称螺壳；

内服，10～15g，煎汤，打碎先煎(李军德等，2013a)。

## 十、斑玉螺

斑玉螺(*Natica tigrina*)，俗名花螺，隶属软体动物门腹足纲中腹足目玉螺科玉螺属(*Natica*)，为热带至温带的种类，国外主要分布在日本、中南半岛等地，我国南北沿海均有分布，栖息在潮间带至潮下带淤泥质、泥沙质或沙质的海底，为肉食性贝类，主要捕食软体双壳类，是滩涂贝类养殖常见的敌害种类。

斑玉螺味道鲜美，营养丰富，又有清热润肺功效，可鲜食，是人们较为喜爱的上等海味，是一种具有较大发展潜力和较高经济价值的经济贝类。斑玉螺的壳既可用于制作工艺品；也可入药，其用法和用量与微黄镰玉螺相同(李军德等，2013a)。

## 十一、沟纹鬘螺

沟纹鬘螺(*Phalium flammiferum*)隶属软体动物门腹足纲中腹足目冠螺科(Cassididae)鬘螺属(*Phalium*)，国外主要分布在朝鲜半岛、日本、菲律宾等地，我国见于江苏、浙江、福建、广东、广西、海南、香港等地，通常栖息在低潮线附近至潮下带、浅海水域细沙或泥沙质海底。

沟纹鬘螺的肉可食，壳光泽而美丽，不仅可供观赏，而且可以入药；内服，10～15g，煎汤，打碎先煎(李军德等，2013a)。

## 十二、疣荔枝螺

疣荔枝螺(*Thais clavigera*)，俗名辣玻螺、辣螺等，隶属软体动物门腹足纲新腹足目(Neogastropoda)骨螺科(Muricidae)荔枝螺属(*Thais*)，为广温广盐性种类，国外广泛分布在日本沿海地区，我国沿海各地均有分布，以黄海、渤海数量最多，主要栖息在潮间带至潮下带岩礁间或附着在牡蛎的空壳内。疣荔枝螺可短距离移动，喜群集生活，为肉食性种类，主要以藤壶、苔藓虫和牡蛎等固着性双壳贝类及一些行动缓慢的小型腹足类为食，同时还具有滤食的作用，是贝类养殖的敌害生物。

疣荔枝螺肉质鲜嫩，具有较高的经济价值，是渔民重要的捕捞对象之一。疣荔枝螺的药用部位为壳；内服，15～50g；外用，研磨成粉，适量(李军德等，2013a)。

## 十三、蛎敌荔枝螺

蛎敌荔枝螺(*Thais gradata*)，俗名蓼螺、辣螺、三角荔枝螺等，隶属软体动物门腹足纲新腹足目骨螺科荔枝螺属，国外主要分布在菲律宾、新加坡、缅甸、澳大利亚等地，我国见于福建、广东、广西、海南等地，主要栖息在潮间带及低潮线附近的岩石海底，或者在河口附近有附着物的泥沙质海底。蛎敌荔枝螺为肉食性动物，以藤壶、牡蛎等为食，尤喜食牡蛎的幼贝，是贝类养殖的敌害生物。

蛎敌荔枝螺的肉可食用，药用部位为壳，其用法和用量与疣荔枝螺相同(李军德等，2013a)。

## 十四、可变荔枝螺

可变荔枝螺(*Thais lacerus*)，俗名蓼螺、辣螺、三角荔枝螺等，隶属软体动物门腹足纲新腹足目骨螺科荔枝螺属，国外主要分布在日本、澳大利亚等地，我国见于广东、广西、海南等地，主要栖息于中低潮线附近的岩礁间。

可变荔枝螺的药用部位为壳；内服，10~20g；外用，煅研成粉，茶油调涂(李军德等，2013a)。

## 十五、泥螺

泥螺(*Bullacta exarata*)，俗名吐铁、黄泥螺、梅螺、泥板、泥蛳、泥糍、麦螺蛤、泥蚂等，隶属软体动物门腹足纲头楯目(Cephalaspidea)阿地螺科(Atyidae)泥螺属(*Bullacta*)，为西太平洋沿岸常见的种类，广泛分布在我国南北沿海各地，主要栖息于潮间带底栖硅藻丰富的海滩上，退潮时匍匐于滩面或潜于泥沙表层1~3cm处，背部覆盖着一层薄的泥沙，故名泥螺。泥螺是杂食性的后鳃类动物，能吞食泥沙，撕刮藻类，主要摄食底栖硅藻、小型甲壳类、无脊椎动物的卵及有机腐殖质等。

泥螺含有丰富的蛋白质、钙、磷、铁及多种维生素成分，肉味鲜美，营养丰富，腌制品畅销国内外市场，目前我国浙江沿海一带已大量进行人工养殖。泥螺肉入药，名泥螺肉；内服，煮食，适量(李军德等，2013a)。泥螺经过酶解后的多肽具有抗菌等活性(李晔等，2005)。

## 十六、瘤背石磺

瘤背石磺(*Onchidium verruculatum*)，俗名土海参、海蛤、海癞子、土鸡、蛤蟆石磺、涂龟、土龟等，隶属软体动物门腹足纲柄眼目(Stylommatophora)石磺科(Onchidiidae)石磺属(*Onchidium*)，国外主要分布在越南、泰国等东南亚国家，我国见于福建、广东、广西、海南、香港、台湾等地，主要栖息于潮间带或高潮带的岩礁、红树林、芦苇、互花米草等沿岸湿地(孙变娜等，2013)，以底栖硅藻、有机碎屑、腐殖质等为食。

瘤背石磺富含各种氨基酸和微量元素，具有重要的食用和药用价值(张媛溶等，1986)。瘤背石磺的可食部分主要是其外套膜和腹足，为特色海鲜或高档滋补品。瘤背石磺全体入药，鲜用或焙干研末。例如，沿海居民常用瘤背石磺蒸煮后的汁泡脚来治疗脚气病(黄金田，2005)；用冰糖炖瘤背石磺对治疗哮喘有特效(孙变娜等，2013)。

## 十七、毛蚶

毛蚶(*Scapharca kagoshimensis*)，俗名瓦楞子、麻蚶、毛蛤等，隶属软体动物门双壳纲(Bivalvia)蚶目(Arcoida)蚶科(Arcidae)毛蚶属(*Scapharca*)，主要分布在中国、朝鲜和日本沿海，栖息在潮间带至水深十多米的泥沙质海底，尤喜淡水流出的河口附近。

毛蚶肉味鲜美，具有高蛋白、低脂肪、维生素含量高等特点。其壳入药，名为瓦楞子；内服，9~15g，煎汤或入丸散；外用，研末调敷(李军德等，2013a)。毛蚶含有许多生命活性物质，如从中提取的牛磺酸对酒精性肝损伤有疗效，因此毛蚶具有很好的开发利用价值和广阔的市场前景(孙同秋等，2009)。

## 十八、泥蚶

泥蚶(*Tegillarca granosa*)，俗名花蚶、血蚶，隶属软体动物门双壳纲蚶目蚶科泥蚶属(*Tegillarca*)，国外广泛分布在印度洋和大西洋沿岸，我国常见于山东以南沿海一带，是山东、浙江、福建、广东、广西等地的主要养殖贝类。泥蚶喜栖息在淡水注入的内湾及河口附近的软泥滩涂上，在中潮区和低潮区的交界处数量最多，埋栖于底泥中。泥蚶为滤食性贝类，以硅藻类和有机碎屑为食。

泥蚶不仅肉味鲜美，营养丰富，而且有保健和药用功效。其壳入药，名瓦楞子，用法和用量与毛蚶相同(李军德等，2013a)。近年来的研究表明，泥蚶具有抗氧化及调节机体免疫活性等功效(温扬敏和高如承，2009)。

## 十九、褐蚶

褐蚶(*Didimacar tenebrica*)，俗名大土豆魁蛤，隶属软体动物门双壳纲蚶目细纹蚶科(Noetiidae)栉毛蚶属(*Didimacar*)，广泛分布在太平洋西部沿岸，我国南北沿海均有分布，栖息于潮间带中、下区至潮下带水深20m左右的泥沙石砾底。

褐蚶是广大群众喜食的贝类，用酱油等调味品浸制的褐蚶，味极鲜美。褐蚶的壳入药，名为瓦楞子，其用法和用量与毛蚶相同(李军德等，2013a)。

## 二十、凸壳肌蛤

凸壳肌蛤(*Musculus senhousia*)，俗名彩肌蛤、寻氏肌蛤、海瓜子、薄壳、乌鲇、海蛔、梅蛤、扁蛤，隶属软体动物门双壳纲贻贝目(Mytiloida)贻贝科(Mytilidae)肌蛤属(*Musculus*)，国外广泛分布在太平洋东西两岸，我国南北沿海各地都有分布，栖息于潮间带至潮下带泥沙质或淤泥质海底，主要以浮游硅藻为食，也有少量原生动物、六肢幼虫残体、有机碎屑等。

凸壳肌蛤肉质细嫩，味鲜美，营养丰富，是食用的贝类之一。凸壳肌蛤的肉入药；内服，25~50g(李军德等，2013a)。

## 二十一、隔贻贝

隔贻贝(*Septifer bilocularis*)隶属软体动物门双壳纲贻贝目贻贝科隔贻贝属(*Septifer*)，国外分布在北自日本房总、能登半岛，以南至马尼拉，西自桑给巴尔、塞舌尔、马达加斯加，经印度洋、马六甲、印度尼西亚、澳大利亚、新喀里多尼亚，东至土阿莫土群岛，我国广东、广西、海南等地有分布，常栖息于潮间带，营附着生活，以足丝附着在岩石等物体上。

隔贻贝肉质鲜美、营养丰富，可供食用；其贝壳色鲜艳美丽，刻纹细致，可作为贝雕等工艺品的原料，也可用来烧制石灰或做混合肥料等。隔贻贝的干燥肉入药，其用法和用量与凸壳肌蛤相同(李军德等，2013a)。

### 二十二、黑荞麦蛤

黑荞麦蛤（*Xenostrobus atratus*）隶属软体动物门双壳纲贻贝目贻贝科荞麦蛤属（*Xenostrobus*），国外日本、朝鲜、韩国等地，我国辽宁、河北、山东、浙江、福建、广东、广西、海南等地都有分布，栖息于潮间带中、上区，常附着在岩石上、岩石缝中、红树植物上等，营群栖生活。

黑荞麦蛤的个体小，无食用价值。但壳肉磨碎后，可用作鱼虾的饵料和家禽等的饲料，也可用作肥料。黑荞麦蛤的干燥肉入药，其用法和用量与凸壳肌蛤相同（李军德等，2013a）。

### 二十三、曲线索贻贝

曲线索贻贝（*Hormomya mutabilis*），俗名似云雀壳菜蛤，隶属软体动物门双壳纲贻贝目贻贝科索贻贝属（*Hormomya*），国外分布在日本房总半岛以南、菲律宾及澳大利亚等地，我国见于福建、广东、广西、海南、香港等地，以足丝附着在岩石、石块、贝壳等物体上，有群栖的习性。

曲线索贻贝的个体小，食用价值小，但可用作鱼虾的饵料、饲料等。其肉入药；内服，15～50g，煎汤或入丸散（李军德等，2013a）。

### 二十四、栉江珧

栉江珧（*Atrina pectinata*），俗名簸箕蛤蜊、牛角江珧蛤、牛角蛤、牛角蚶、江珧蛤、江瑶、玉珧，隶属软体动物门双壳纲贻贝目江珧科（Pinnidae）栉江珧属（*Atrina*），国外主要分布在新加坡、马来西亚、韩国等地，我国沿海各地都有分布，常栖息在潮间带到20m深的浅海的沙泥底质中，将背侧后方的尖端插入沙泥中生活，以过滤水中浮游生物为食。

栉江珧是一种高经济价值的贝类，其后闭壳肌发达，约占体长的1/4和体重的1/5，且味道鲜美，营养丰富。除鲜食外，可干制成"江珧柱"，为名贵的海产珍品，也可用于制作罐头。壳既可作贝雕原料，也可入药；内服，15～25g，可治疗湿疮、头痛等（李军德等，2013a）。

### 二十五、近江牡蛎

近江牡蛎（*Crassostrea ariakensis*），俗名大蚝、白肉蚝、海蛎子、蛎黄、牡蛎等，隶属软体动物门双壳纲珍珠贝目（Pterioida）牡蛎科巨牡蛎属（*Crassostrea*），我国见于福建、广东、广西、海南等地。近江牡蛎属于暖水性双壳类软体动物，以在有淡水入海的河口生长最繁盛而得名，多栖息于河口附近盐度较低的内湾、低潮线至水深约7m水域处，营固着生活；适温范围为10～33℃，适盐范围为5～25，滤食浮游生物等。

近江牡蛎肉中含有丰富的营养成分，特别是蛋白质含量比较高，素有"海底牛奶"之称，此外还含有牛磺酸、烟酸等多种氨基酸或维生素，以及钙、锌、铁、硒等多种营养成分（陈荣忠等，1999；汪何雅等，2003）。近江牡蛎的壳入药，名为牡蛎，生用或煅用；内服，9～30g，先煎（李军德等，2013a）。

## 二十六、褶牡蛎

褶牡蛎（*Alectryonella plicatula*），俗名蚝、白蚝、海蛎子、蛎黄、蚵，隶属软体动物门双壳纲珍珠贝目牡蛎科褶牡蛎属（*Alectryonella*），因其外形皱褶较多而得名，我国沿海各地都有分布，为潮间带固着型的贝类，通常固着于浅海物体、红树植物或海边礁石上，以开闭贝壳运动进行摄食、呼吸，为滤食性生物，以细小的浮游动物、硅藻和有机碎屑等为主要食料。

褶牡蛎肉味鲜美，营养丰富，为沿海地区重要养殖贝类，具有较高的经济价值；除鲜食外，还可速冻、制罐头、加工蚝豉和蚝油。壳入药，其用法和用量与近江牡蛎相同。

## 二十七、缘牡蛎

缘牡蛎（*Dendostrea crenulifesa*），俗名蛎黄等，隶属软体动物门双壳纲珍珠贝目牡蛎科齿缘牡蛎属（*Dendostrea*），国外主要分布在太平洋、红海、非洲东岸、马达加斯加、越南、澳大利亚等地，我国见于东海、南海等地，为暖水种，固着在岩石或红树植物上。

缘牡蛎的壳入药，其用法和用量与近江牡蛎相同（李军德等，2013a）。

## 二十八、团聚牡蛎

团聚牡蛎（*Saccostrea glomerata*），俗名蛎黄等，隶属软体动物门双壳纲珍珠贝目牡蛎科囊牡蛎属（*Saccostrea*），为暖水种类，国外分布在太平洋西岸、新西兰等地，我国见于浙江以南沿海，固着在潮间带岩石、红树植物等上。

团聚牡蛎个体小，虽供食用，但不及其他种类重要。壳入药，名为牡蛎，其用法和用量与近江牡蛎相同（李军德等，2013a）。

## 二十九、猫爪牡蛎

猫爪牡蛎（*Talonostrea talonata*），俗名蛎黄等，隶属软体动物门双壳纲珍珠贝目牡蛎科爪牡蛎属（*Talonostrea*），为暖水种类，国外分布在菲律宾等地，我国沿海各地都有分布，通常固着在潮间带岩石上。

猫爪牡蛎壳入药，名为牡蛎，其用法和用量与近江牡蛎相同（李军德等，2013a）。

## 三十、海月

海月（*Placuna placenta*），俗名窗贝、蠔蚬窗、明瓦等，隶属软体动物门双壳纲珍珠贝目海月蛤科（Placunidae）海月蛤属（*Placuna*），国外主要分布在菲律宾、印度、澳大利亚等地，我国见于广东、广西、海南、台湾等地，栖息于潮间带至20多米水深的沙质或泥沙质海滩的表面，左壳向上，右壳朝下，壳表常蘸有泥沙或藤壶、苔藓虫及藻类等附着物。

海月肉较少，可食用；贝壳大，且平、薄、透明并具光泽，常被用作工艺品的原料。海月的肉和壳均可入药（林吕何，1991；李军德等，2013a）。

### 三十一、难解不等蛤

难解不等蛤(*Enigmonia aenigmatica*)隶属软体动物门双壳纲珍珠贝目不等蛤科(Anomiidae)难解不等蛤属(*Enigmonia*)，国外主要分布在菲律宾、澳大利亚、新加坡等地，我国见于广东、广西、海南、台湾等地，多生活在潮间带，营附着生活，以足丝附着在红树植物的枝干阴暗处，有时也附着在破船或其他物体上。

难解不等蛤肉可食用，贝壳可做贝雕，也可作饵料。壳入药，其用法和用量与海月相同(李军德等，2013a)。

### 三十二、华贵类栉孔扇贝

华贵类栉孔扇贝(*Mimachlamys nobilis*)隶属软体动物门双壳纲珍珠贝目扇贝科(Pectinidae)类栉孔扇贝属(*Mimachlamys*)，国外主要分布在日本等地，我国见于福建、广东、广西、海南、台湾等地，为暖水性种，多栖息于底质有岩石、碎石及沙质泥海底，常以足丝附着在水流通畅、食物丰富的水域岩石上，主要以浮游硅藻为食。

华贵类栉孔扇贝个体较大，肉质部肥大，尤其是后闭壳肌大而圆，味鲜美，营养丰富，是国内外著名的海珍品，不仅可以鲜食而且可制成干贝。贝壳花色美丽，可供观赏或作为贝雕的原料，或烧石灰等，是重要的经济贝类，在我国南部沿海已进行人工养殖。闭壳肌入药，名为干贝；内服，10～25g，研粉或煎汤服(李军德等，2013a)。

### 三十三、四角蛤蜊

四角蛤蜊(*Mactra veneriformis*)，俗名方形马珂蛤、白蚬子、泥蚬子、布鸽头等，隶属软体动物门双壳纲帘蛤目(Veneroida)蛤蜊科(Mactridae)蛤蜊属(*Mactra*)，为我国沿海广温性广分布种，主要栖息于潮间带中下区及浅海的泥沙质海底。

四角蛤蜊肉供食用，鲜美可口。肉和壳都可入药，俗名分别为蛤蜊肉和蛤蜊粉。其中，蛤蜊粉是将贝壳以强火煅红后，放冷粉碎而成(李军德等，2013a)。

### 三十四、美女白樱蛤

美女白樱蛤(*Macoma candida*)隶属软体动物门双壳纲帘蛤目樱蛤科(Tellinidae)白樱蛤属(*Macoma*)，国外主要分布在南海沿岸各国，我国见于广东、广西、海南、香港等地，常栖息在潮间带至潮下带，以及潮间带以下的浅海泥沙质海底。

美女白樱蛤的肉供食用。壳入药；内服，15～20g，先煎(李军德等，2013a)。

### 三十五、拟箱美丽蛤

拟箱美丽蛤(*Merisca capsoides*)隶属软体动物门双壳纲帘蛤目樱蛤科美丽蛤属(*Merisca*)，我国见于广东、广西、浙江、海南、台湾等地，栖息于潮间带泥沙质海底，潜入泥沙内10cm左右。

拟箱美丽蛤的肉供食用。壳入药；内服，15～20g，先煎(李军德等，2013a)。

## 三十六、双线紫蛤

双线紫蛤(*Soletellina diphos*)隶属软体动物门双壳纲帘蛤目紫云蛤科(Psammobiidae)紫蛤属(*Soletellina*)，国外主要分布在日本至菲律宾，印度洋及亚丁湾等地，我国见于浙江、福建、广东、广西等地，栖息于潮间带中区和下区的细沙滩内，在河口附近也见有分布。

双线紫蛤的壳入药；内服，15～20g(李军德等，2013a)。

## 三十七、缢蛏

缢蛏(*Sinonovacula constricta*)，俗名蛏子皇、圣子、竹蝗、蜻等，隶属软体动物门双壳纲帘蛤目截蛏科(Solecurtidae)缢蛏属(*Sinonovacula*)，为广温、广盐性种类，广泛分布在西太平洋沿海海域，我国南北沿海各地有分布，主要栖息于河口或有少量淡水注入的内湾，营滤食性埋栖生活，主要通过滤水作用摄食海水中的浮游生物和有机碎屑。

缢蛏的肉可鲜食，也可加工制成蛏干、蛏油等。肉和壳均可入药，贝壳药名为马刀(邓家刚等，2008)；肉内服，200～250g，煮食；壳煅存性研末入散剂，50～100g(李军德等，2013a)。

## 三十八、大竹蛏

大竹蛏(*Solen grandis*)，俗名竹蛏、大竹蛏壳等，隶属软体动物门双壳纲帘蛤目竹蛏科(Solenidae)竹蛏属(*Solen*)，为西太平洋广布种，我国沿海各地有分布，多栖息于潮间带的中、下区和浅海泥沙滩，营埋栖生活。

大竹蛏个体肥大，足部肌肉特别发达，味极鲜美。肉和壳均可入药，贝壳药名为马刀；其用法和用量与缢蛏相同(李军德等，2013a)。

## 三十九、小刀蛏

小刀蛏(*Cultellus attenuatus*)，俗名蟟蛸、料撬、剑蛏等，隶属软体动物门双壳纲帘蛤目刀蛏科(Cultellidae)刀蛏属(*Cultellus*)，广泛分布在热带至温带沿海海域，我国北起辽东半岛，南至海南都有分布，栖息于潮间带至浅海的泥沙中。

小刀蛏肉可食用，为常见的经济贝类。肉和壳均可入药，贝壳药名为马刀；其用法和用量与缢蛏相同(李军德等，2013a)。

## 四十、尖刀蛏

尖刀蛏(*Cultellus scalprum*)，俗名剑蛏等，隶属软体动物门双壳纲帘蛤目刀蛏科刀蛏属，为广温、广盐性贝类，广泛分布在印度洋至西太平洋热带、亚热带沿岸海域，我国广西、广东、福建、浙江沿海有分布，栖息于潮间带和浅海的淤泥质或泥沙海底，营穴居生活，为典型的滤食性动物，主要以底栖性和底层性硅藻为食。

尖刀蛏壳薄肉嫩、美味可口，含肉率高达 60.3%，食用价值高(吴仁协等，2008)。

肉和壳均可入药,贝壳药名为马刀;其用法和用量与缢蛏相同(李军德等,2013a)。

### 四十一、小荚蛏

小荚蛏(*Siliqua minima*)隶属软体动物门双壳纲帘蛤目刀蛏科荚蛏属(*Siliqua*),国外主要分布在马来西亚、菲律宾等地,我国浙江以南沿海有分布,栖息于潮间带泥滩及浅海中,底质为软泥或泥沙,营穴居生活。

小荚蛏的肉可食用,味道鲜美。肉和壳均可入药,贝壳药名为马刀;其用法和用量与缢蛏相同(李军德等,2013a)。

### 四十二、红树蚬

红树蚬(*Gelonia coaxans*),俗名马蹄蛤等,隶属软体动物门双壳纲帘蛤目蚬科(Corbiculidae)硬壳蚬属(*Gelonia*),分布在热带、亚热带海域,我国见于福建、广东、广西、海南、台湾等地,常栖息在咸淡水交汇的河口和潮间带,底质为淤泥质、泥沙质或沙质,以底栖硅藻和有机碎屑为食。

红树蚬的肉可食用,具有高蛋白、低脂肪的特点,其药用价值正在为人们逐渐认识,如肉具有抗病毒和抗突变作用,繁殖期的生殖腺含大量荷尔蒙,有养颜美容和壮阳的功效,在我国台湾地区和日本倍受推崇(张俊杰,2013)。

### 四十三、文蛤

文蛤(*Meretrix meretrix*),俗名花蛤、蛤蜊、蚶仔、粉蛲、白仔等,隶属软体动物门双壳纲帘蛤目帘蛤科(Veneridae)文蛤属(*Meretrix*),国外主要分布在日本、朝鲜半岛等地,我国见于辽宁、福建、广东、广西等地,多栖息于河口,以及沿岸内湾潮间带沙滩或浅海细沙底质。

文蛤的肉质鲜美、营养丰富,而且具有较高的食用价值,为主要的养殖贝类。壳入药,名为蛤壳;内服,6～15g,宜先煎,蛤粉包煎;外用,适量,研极细粉撒布或油调后敷患处(李军德等,2013a)。

### 四十四、丽文蛤

丽文蛤(*Meretrix lusoria*),俗名花蛤、蛤蜊、蚶仔、粉蛲、白仔等,隶属软体动物门双壳纲帘蛤目帘蛤科文蛤属,国外主要分布在日本、朝鲜半岛等地,我国见于江苏、福建、广东、广西、海南、台湾等地,多栖息于河口附近,以及沿岸内湾潮间带沙滩或浅海细沙底质。

丽文蛤是我国南方诸省普遍养殖的种类,肉质鲜美,为蛤中之上品。壳入药,名为蛤壳;其用法和用量与文蛤相同(李军德等,2013a)。

### 四十五、伊萨伯雪蛤

伊萨伯雪蛤(*Clausinella isabellina*),俗名伊莎贝蛋糕帘蛤等,隶属软体动物门双壳纲帘蛤目帘蛤科雪蛤属(*Clausinella*),国外主要分布在日本、菲律宾、越南、印度尼西亚、印度、澳大利亚等地，我国见于福建、广东、广西、海南、台湾、香港、澳门，多栖息于潮间带中区沙质或泥沙质浅海的海底。

伊萨伯雪蛤的壳入药，名为蛤壳，其用法和用量与文蛤相同(李军德等，2013a)。

## 四十六、突畸心蛤

突畸心蛤(*Cryptonema producta*)，俗名台湾歪帘蛤等，隶属软体动物门双壳纲帘蛤目帘蛤科畸心蛤属(*Cryptonema*)，国外主要分布在西太平洋区的越南、新加坡、印度尼西亚等地，我国见于福建、广东、广西、海南、台湾等地，多栖息于红树林及其附近潮间带。

突畸心蛤的壳入药，名为蛤壳，其用法和用量与文蛤相同(李军德等，2013a)。

## 四十七、青蛤

青蛤(*Cyclina sinensis*)，俗名墨蚬、赤嘴仔、赤嘴蛤、环文蛤、海蚬等，隶属软体动物门双壳纲帘蛤目帘蛤科青蛤属(*Cyclina*)，国外主要分布在日本、越南、菲律宾、朝鲜等地，我国北起辽宁、南至海南都有分布，多栖息在潮间带，底质为泥沙质，营埋栖生活，主要以硅藻为食。

青蛤可食用，肉味鲜美。壳入药，名为蛤壳，其用法和用量与文蛤相同(李军德等，2013a)。

## 四十八、等边浅蛤

等边浅蛤(*Gomphina aequilatera*)，俗名花蛤、花蛤仔、等边蛤等，隶属软体动物门双壳纲帘蛤目帘蛤科浅蛤属(*Gomphina*)，国外主要分布在日本、朝鲜、越南、印度尼西亚、印度等地，我国沿海各地都有分布，多栖息于潮间带至浅海的泥沙质或沙质海底，营埋栖生活。

等边浅蛤的壳入药，名为蛤壳，其用法和用量与文蛤相同(李军德等，2013a)。

## 四十九、日本镜蛤

日本镜蛤(*Dosinia japonica*)，俗名花蛤、花蛤仔、等边蛤等，隶属软体动物门双壳纲帘蛤目帘蛤科镜蛤属(*Dosinia*)，国外主要分布在日本、朝鲜等地，我国从辽宁到广东、海南沿海都有分布，多栖息于潮间带至浅海的泥沙质海底，营埋栖生活。

日本镜蛤的壳可入药，名为蛤壳，打碎生用或煅用；内服，5～15g；外用适量(李军德等，2013a)。

## 五十、薄片镜蛤

薄片镜蛤(*Dosinia corrugata*)，俗名灰蚶子、黑蛤、蛤叉等，隶属软体动物门双壳纲帘蛤目帘蛤科镜蛤属，国外主要分布在日本、朝鲜半岛、菲律宾、新加坡、印度尼西亚等地，我国沿海各地均有分布，多栖息于潮间带泥沙质海底，营埋栖生活，主要以硅藻为食。

薄片镜蛤肉味特别鲜美，营养价值高，可鲜食。壳可入药，名为蛤壳、蛤蜊，其用法和用量与日本镜蛤相同(李军德等，2013a)。

### 五十一、凸镜蛤

凸镜蛤(*Pelecyora derupla*)隶属软体动物门双壳纲帘蛤目帘蛤科凸卵蛤属(*Pelecyora*)，国外主要分布在巴基斯坦、印度、印度尼西亚等地，我国从山东高角沿海岸线往南，经台湾到广东、海南沿岸均有分布，多栖息于潮间带至浅海的泥沙质海底，营埋栖生活。

凸镜蛤的壳可入药，名为蛤壳，其用法和用量与日本镜蛤相同(李军德等，2013a)。

### 五十二、杂色蛤仔

杂色蛤仔(*Ruditapes variegata*)，俗名小眼花帘蛤、海瓜子、花蛤等，隶属软体动物门双壳纲帘蛤目帘蛤科蛤仔属(*Ruditapes*)，国外主要分布在日本、越南、菲律宾、泰国、巴基斯坦、斯里兰卡、新加坡、印度尼西亚、澳大利亚等地，我国见于福建、广东、广西、海南等地，多栖息于潮间带中部泥沙质或沙质潮滩，营埋栖生活，以水中浮游生物为食。

杂色蛤仔全体入药，名为蛤仔，外用适量，煅存性，研末撒(李军德等，2013a)。

### 五十三、中国绿螂

中国绿螂(*Glauconome chinensis*)，俗名绿壳甲虫、大头怪、胖象牙贝等，隶属软体动物门双壳纲帘蛤目绿螂科(Glauconomidae)绿螂属(*Glauconome*)，国外主要分布在日本、朝鲜、韩国、越南、泰国、印度等地，我国见于浙江以南沿海，多栖息于潮间带上部较硬的泥沙质海底，营埋栖生活，以水中浮游生物为食。

中国绿螂的肉可食用，白灼或爆炒，也可用于饲喂虾、蟹或家禽。壳可入药；内服，10～20g(李军德等，2013a)。

### 五十四、双喙耳乌贼

双喙耳乌贼(*Sepiola birostrata*)，俗名墨鱼豆等，隶属软体动物门头足纲(Cephalopoda)乌贼目(Sepioidea)耳乌贼科(Sepiolidae)耳乌贼属(*Sepiola*)，广泛分布在西太平洋，北至萨哈林岛南端，南至我国海南岛中部，主要营浅海性底栖生活，常潜伏沙中，也能凭借漏斗的射流作用游行于水中。

双喙耳乌贼新鲜全体入药；内服，适量，煮食(邓家刚等，2008；李军德等，2013a)。

### 五十五、长蛸

长蛸(*Octopus variabilis*)，俗名八带鱼、鲅须、马蛸、长腿蛸、大蛸、石拒、章拒等，隶属软体动物门头足纲八腕目(Octopoda)蛸科(Octopodidae)蛸属(*Octopus*)，国外主要分布在日本群岛海域，我国沿海各地都有分布，在潮间带或浅海营底栖生活，肉食性，主要猎捕蟹类为食。

长蛸肉味鲜美，可鲜食。全体入药；内服，50～100g，炖食；外用捣烂敷（邓家刚等，2008；李军德等，2013a）。

## 五十六、短蛸

短蛸（*Octopus fangsiao*），俗名饭蛸、章鱼、八带、短脚蛸、母猪章、长章、坐蛸、石柜、八带虫等，隶属软体动物门头足纲八腕目蛸科蛸属，国外主要分布在日本群岛海域，我国沿海各地都有分布，在潮间带或浅海营底栖生活，肉食性，主要猎捕蟹类为食。

短蛸肉味鲜美，可鲜食。全体入药，其用法和用量与长蛸相同（邓家刚等，2008；李军德等，2013a）。

## 五十七、海蟑螂

海蟑螂（*Ligia exotica*），俗名海蛆、海岸水虱等，隶属节肢动物门（Arthropoda）软甲纲（Malacostraca）等足目（Isopoda）海蟑螂科（Ligiidae）海蟑螂属（*Ligia*），广泛分布在亚洲、非洲、美洲沿海地区，我国沿海各地都有分布，栖息于中高潮区和潮上区的岩石间或红树植物缝隙，以生物尸体、藻类、有机碎屑为食。

海蟑螂全体入药，鲜用或晒干；内服，1～3g，研末；外用，适量，捣烂敷（邓家刚等，2008；李军德等，2013a）。

## 五十八、口虾蛄

口虾蛄（*Oratosquilla oratoria*），俗名濑尿虾、螳螂虾、爬虾、虾爬子、皮皮虾等，隶属节肢动物门软甲纲口足目（Stomatopoda）虾蛄科（Squillidae）口虾蛄属（*Oratosquilla*），广泛分布在热带和亚热带海域，我国沿海各地都有分布，栖息于海底泥沙质的洞穴中。

口虾蛄味道鲜美，为沿海群众喜爱的水产品之一。全体入药；内服，15～30g，煎汤（李军德等，2013a）。

## 五十九、日本囊对虾

日本囊对虾（*Marsupenaeus japonicus*），俗名日本对虾、花虾、竹节虾、花尾虾、斑节虾、车虾等，隶属节肢动物门软甲纲十足目（Decapoda）对虾科（Penaeidae）囊对虾属（*Marsupenaeus*），国外主要分布在日本北海道以南、东南亚、澳大利亚北部、非洲东部及红海等地，我国见于浙江、福建、广东、广西、海南、台湾，栖息于潮间带和近海水域，底质为沙质或泥沙质，主要摄食底栖生物或浮游生物。

日本囊对虾全体入药；内服，10～30g，煎汤、煮食或浸酒；外用，适量，捣敷（李军德等，2013a）。

## 六十、长毛明对虾

长毛明对虾（*Fenneropenaeus penicillatus*），俗名长毛对虾、红虾、大虾、白虾等，隶属节肢动物门软甲纲十足目对虾科明对虾属（*Fenneropenaeus*），国外主要分布在巴基斯坦、阿拉伯海、缅甸、菲律宾、印度、印度尼西亚等地，我国见于浙江、福建、广东、广西、海南、台湾，为暖水性虾种，栖息于潮间带至潮下带沙质海底。

长毛明对虾全体入药；其用法和用量与日本囊对虾相同（李军德等，2013a）。

### 六十一、斑节对虾

斑节对虾（*Penaeus monodon*），俗名鬼虾、草虾、花虾、竹节虾、金刚斑节对虾、斑节虾、牛形对虾、大虎虾等，隶属节肢动物门软甲纲十足目对虾科对虾属（*Penaeus*），国外主要分布在日本、印度、马来西亚、泰国、印度尼西亚、菲律宾等地，我国见于浙江南部、东海、南海等沿海地区，栖息于潮间带和近海水域，底质为泥质或泥沙质，主要摄食浮游生物。

斑节对虾全体入药，其用法和用量与日本囊对虾相同（李军德等，2013a）。

### 六十二、哈氏仿对虾

哈氏仿对虾（*Parapenaeopsis hardwickii*），俗名滑皮虾、呛虾等，隶属节肢动物门软甲纲十足目对虾科仿对虾属（*Parapenaeopsis*），国外主要分布在巴基斯坦、印度、新加坡、马来西亚等地，我国见于黄海、东海、南海、台湾等地，栖息于潮间带至潮下带沙质海底，摄食虾类、桡足类、硅藻类、小型鱼类、多毛类、双壳类等。

哈氏仿对虾全体入药，其用法和用量与日本囊对虾相同（李军德等，2013a）。

### 六十三、脊尾白虾

脊尾白虾（*Exopalaemon carinicauda*），俗名脊尾长臂虾、大白枪虾、白虾、青虾、晃虾、绒虾等，隶属节肢动物门软甲纲十足目长臂虾科（Palaemonidae）白虾属（*Exopalaemon*），我国黄海、东海、渤海、南海都有分布，栖息于泥沙底质浅海或河口附近。

脊尾白虾全体入药，其用法和用量与日本囊对虾相同（李军德等，2013a）。

### 六十四、鲜明鼓虾

鲜明鼓虾（*Alpheus distinguendus*），俗名嘎巴虾、枪虾、卡搭虾、乐队虾、强盗虾等，隶属节肢动物门软甲纲十足目鼓虾科（Alpheidae）鼓虾属（*Alpheus*），国外主要分布在印度洋、西太平洋沿岸，我国见于福建、广西、黄海、渤海、台湾，栖息于泥沙质潮间带或浅海。

鲜明鼓虾全体入药；内服，适量，煮食或炒食；外用，适量，生品捣烂敷（李军德等，2013a）。

### 六十五、日本鼓虾

日本鼓虾（*Alpheus japonicus*），俗名嘎巴虾、枪虾、卡搭虾、乐队虾、强盗虾等，隶属节肢动物门软甲纲十足目鼓虾科鼓虾属，国外主要分布在印度洋、西太平洋等地沿岸，我国南北沿岸各地都有分布，栖息于泥沙质的潮间带及浅海。

日本鼓虾全体入药；其用法和用量与鲜明鼓虾相同(李军德等，2013a)。

### 六十六、中华虎头蟹

中华虎头蟹(*Orithyia sinica*)，俗名老虎蟹、鬼头蟹、虎头蟹、馒头蟹等，隶属节肢动物门软甲纲十足目虎头蟹科(Orithyidae)虎头蟹属(*Orithyia*)，为近海温水性大型经济蟹类，国外主要分布在朝鲜半岛、菲律宾等地，我国广西、广东、福建、浙江、江苏、长江口、山东半岛、渤海湾、辽东半岛等地有分布，栖息于浅海泥沙质或沙质海底，其仔蟹见于红树林区。

中华虎头蟹可食用，肉质鲜美，是具有较高养殖潜力的蟹类。蟹壳和蟹黄入药；内服，5～25g，蟹壳研末冲服；外用，鲜蟹黄适量，涂敷(李军德等，2013a)。

### 六十七、无齿螳臂相手蟹

无齿螳臂相手蟹(*Chiromantes dehaani*)，俗名无齿相手蟹、无齿螳臂蟹、汉氏螳臂蟹等，隶属节肢动物门软甲纲十足目相手蟹科(Sesarminae)螳臂相手蟹属(*Chiromantes*)，国外主要分布在朝鲜、日本等地，我国分布在辽宁、山东、江苏、福建、广东、广西、台湾等地，穴居于河口泥岸或近岸的沼泽中。

无齿螳臂相手蟹的脂肪或肉入药，具有解毒消炎等功效。内服，适量，煮熟；外用，取膏涂敷(李军德等，2013a)。

### 六十八、三疣梭子蟹

三疣梭子蟹(*Portunus trituberculatus*)，俗名梭子蟹、枪蟹、海螃蟹、海蟹等，隶属节肢动物门软甲纲十足目梭子蟹科(Portunidae)梭子蟹属(*Portunus*)，国外主要分布在日本、朝鲜、马来群岛、红海等地，我国沿海各地都有分布，栖息于潮间带及浅海软泥、沙泥底石下或水草中。

三疣梭子蟹为沿海重要的养殖品种及经济蟹类，其肉多，脂膏肥满，味鲜美，营养丰富。蟹壳和蟹黄入药；内服，适量，煅存性研末；外用，适量，捣烂敷或煎汤洗(邓家刚等，2008；李军德等，2013a)。

### 六十九、锯缘青蟹

锯缘青蟹(*Scylla serrata*)，俗名青蟹、黄甲蟹、蝤蛑、蟳等，隶属节肢动物门软甲纲十足目梭子蟹科青蟹属(*Scylla*)，广布于印度—西太平洋地区热带、亚热带海域，我国见于浙江、广东、广西、福建、台湾，喜穴居于近岸浅海和河口处的泥沙底内，性凶猛，肉食性，以鱼、虾、贝类等为食。

锯缘青蟹肉质鲜美，营养丰富，兼有滋补强身之功效，尤其是体内产生红色或者黄色的膏的雌蟹，即膏蟹，有"海上人参"之称。全体入药；内服，每次1只，煮食或研末(邓家刚等，2008；李军德等，2013a)。

### 七十、中国鲎

中国鲎（*Tachypleus tridentatus*），俗名中华鲎、三棘鲎、三刺鲎、东方鲎、小海鲎、两公婆等，隶属节肢动物门肢口纲（Merostomata）剑尾目（Xiphosura）鲎科（Tachypleidae）鲎属（*Tachypleus*），国外主要分布在印度尼西亚、日本、马来西亚、菲律宾、越南等地，我国见于浙江、福建、广东、广西、海南，栖息于潮间带及浅海沙质海底，主要取食环节动物、软体动物等，有时也取食海底藻类。

中国鲎的肉、壳、尾和胆均入药；其中，壳焙干研末，适量冲服，外用麻油调敷；肉与猪肝共煮食，10～15g（邓家刚等，2008；李军德等，2013a）。

### 七十一、鸭嘴海豆芽

鸭嘴海豆芽（*Lingula anatina*），俗名舌形贝、海豆芽、琵琶贝、指甲螺等，隶属腕足动物门（Brachiopoda）海豆芽纲（Lingulata）海豆芽目（Lingulida）海豆芽科（Lingulidae）海豆芽属（*Lingula*），我国见于辽宁、山东、浙江、福建、广西、海南等地，栖息于潮间带细沙质或泥沙质底内，营穴居生活。

鸭嘴海豆芽可食用。全体入药；内服，5～10g，研末冲服（李军德等，2013b）。

### 七十二、单棘槭海星

单棘槭海星（*Astropecten monacanthus*），俗名五角星等，隶属棘皮动物门（Echinodermata）海星纲（Asteroidea）柱体目（Paxillosida）槭海星科（Astropectinidae）槭海星属（*Astropecten*），我国特有种，见于福建、广东、广西、海南等地，栖息于潮间带至浅海的沙质海底。

单棘槭海星全体入药，名为海星；内服，煎汤，20～30g；研末，每次3g（李军德等，2013b）。

### 七十三、扁平蛛网海胆

扁平蛛网海胆（*Arachnoides placenta*），俗名海钱、沙钱等，隶属棘皮动物门海胆纲（Echinoidea）盾形目（Clypeasteroida）蛛网海胆科（Arachnoididae）蛛网海胆属（*Arachnoides*），我国见于福建、广东、广西、海南等地，栖息于潮间带至浅海的沙质海底。

扁平蛛网海胆石灰质骨壳入药，名为海胆；内服，煎汤，3～9g；研末，每次2g（李军德等，2013b）。

### 七十四、海鳗

海鳗（*Muraenesox cinereus*），俗名鳗、海鳗鲡、狗鱼、狗头鳗、勾鱼、即勾、狼牙鳝、尖嘴鳗、九鳝、海鳝、狼牙、黄鳗、赤鳗、鳗鱼等，隶属脊索动物门（Chordata）硬骨鱼纲（Osteichthyes）鳗鲡目（Anguilliformes）海鳗科（Muraenesocidae）海鳗属（*Muraenesox*），我国沿海各地都有分布，常栖息于底质为沙泥或岩礁的海区，常以虾类、蟹类、鱼类、头足类等为食。

海鳗的鳔、头和卵巢、血、胆、全体入药。其中，鳔内服，鲜用，与鸡、海马等炖食，或焙干研末，适量冲服，外用适量；头和卵巢内服，适量，焙黄，研末冲服；血外用，取鲜血，涂抹脸部；胆内服，新鲜胆 1 只，吞服；全体内服，100～200g，煮食(李军德等，2013b)。

### 七十五、鰳

鰳(*Ilisha elongata*)，俗名长鰳、戈鰳、鲙鱼、白鳞鱼、白鱼、糟白鱼、火鳞鱼、白力鱼、力鱼、鳞子鱼等，隶属脊索动物门硬骨鱼纲鲱形目(Clupeiformes)鲱科(Clupeidae)鰳属(*Ilisha*)，分布在印度洋和太平洋西部，我国渤海、黄海、东海、南海都有分布，喜栖息于沿岸及沿岸水与外海水交汇处水域，主要以头足类、甲壳类、小型鱼类等为食。

鰳肉味鲜美，为重要的海产鱼类之一。全体入药；内服，100～200g(李军德等，2013b)。

### 七十六、中华小沙丁鱼

中华小沙丁鱼(*Sardinella nymphae*)，俗名中华青鳞鱼、神仙青鳞鱼、神仙青花鱼、青鳞、宽身青鳞、柳叶鱼、青皮、理氏沙丁鱼等，隶属脊索动物门硬骨鱼纲鲱形目鲱科沙丁鱼属(*Sardinella*)，国外分布在太平洋西部海域，我国分布在浙江、福建、广东、广西、海南、台湾等地。

中华小沙丁鱼为浅海捕捞的重要经济鱼类。肉入药；内服，100～200g，煎服；外用，鲜肉适量，捣烂敷伤口(邓家刚等，2008；李军德等，2013b)。

### 七十七、鳗鲇

鳗鲇(*Plotosus anguillaris*)，俗名线纹鳗鲇、沙鳗等，隶属脊索动物门硬骨鱼纲鲇形目(Siluriformes)鳗鲇科(Plotosidae)鳗鲇属(*Plotosus*)，国外主要分布在印度—太平洋地区，西起非洲东部、红海，东至萨摩亚，北至韩国、日本，南至澳大利亚等地，我国见于南海和东海，栖息于近海岸岩石海底，以沙蚕、蠕虫、小虾、小蟹等为食。

鳗鲇的肉、眼、尾、鳔等均入药；其中，肉内服，1～2 条，煮食；眼外用，烧灰涂之；尾外用，贴敷；鳔内服，焙黄，研末，适量冲服(李军德等，2013b)。

### 七十八、鲻

鲻(*Mugil cephalus*)，俗名子鱼、梭鱼、乌仔鱼、知鱼、脂鱼、乌头鱼、乌鲻、白眼、黑耳鲻等，隶属脊索动物门硬骨鱼纲鲻形目(Mugiliformes)鲻科(Mugilidae)鲻属(*Mugil*)，国外广泛分布在太平洋、印度洋、大西洋、地中海、黑海等温带和热带近岸海区，我国沿海各地都有分布，多栖息于沿海及江河口的咸淡水中，也能进入淡水中生活，以藻类、多毛类、幼虫等为食，也捕食小虾和小型软体动物。

鲻肉质细嫩，味道鲜美。肉可入药；内服，100～200g，煎汤(李军德等，2013b)。

### 七十九、棱鮻

棱鮻(*Liza carinatus*)，俗名棱鲻等，隶属脊索动物门硬骨鱼纲鲻形目鲻科鮻属(*Liza*)，国外主要分布在印度—西太平洋地区，我国见于南海、东海等地，多栖息于河口及近岸水域，以浮游生物、底栖生物及泥底有机质为食。

棱鮻的肉入药；其用法和用量与鲻相同(李军德等，2013b)。

### 八十、鮻

鮻(*Liza haematocheila*)，俗名赤眼棱、赤眼鲻、蛇头鲻、梭鱼、红眼、肉棍子等，隶属脊索动物门硬骨鱼纲鲻形目鲻科鮻属，国外主要分布在日本、朝鲜等地，我国沿海各地都有分布，多栖息于沿海及江河口的咸淡水中，也能进入淡水中生活。

鮻肉质细嫩多脂，为上等食用鱼类。肉入药；其用法和用量与鲻相同(李军德等，2013b)。

### 八十一、间下鱵

间下鱵(*Hyporhamphus intermedius*)，俗名间鱵、间氏鱵、补网师、水针等，隶属脊索动物门硬骨鱼纲颌针鱼目(Beloniformes)鱵科(Hemiramphidae)下鱵鱼属(*Hyporhamphus*)，属于暖水性近海小型鱼类，国外分布在印度洋北部沿岸，东到日本，南至新西兰，我国见于渤海、黄海、东海和南海，主要栖息于浅海水域和入海河口，以桡足类、枝角类、昆虫等为食。

间下鱵全体入药；内服，100～200g，煮食(李军德等，2013b)。

### 八十二、瓜氏下鱵

瓜氏下鱵(*Hyporhamphus quoyi*)，俗名针鱼、水针鱼、鹤针鱼等，隶属脊索动物门硬骨鱼纲颌针鱼目鱵科下鱵鱼属，属于暖水性近海鱼类，国外主要分布在印度洋东北部和太平洋西部。我国仅见于南海，主要栖息于浅海水域和入海河口，常结群觅食，以浮游动物为食。

瓜氏下鱵全体入药；其用法和用量与间下鱵相同(李军德等，2013b)。

### 八十三、细纹鲾

细纹鲾(*Leiognathus berbis*)，俗名碗米仔、花令仔、榕叶仔、叶仔鱼、金钱仔等，隶属脊索动物门硬骨鱼纲鲈形目(Perciformes)鲾科(Leiognathidae)鲾属(*Leiognathus*)，为热带、亚热带近海暖水性鱼类，国外主要分布在印度—西太平洋地区，包括非洲东岸、红海、印度洋沿岸，我国见于福建、广东、广西、海南、台湾等地，多栖息于底质为泥沙质的环境中，以浮游生物、小型甲壳类等为食。

细纹鲾肉入药；内服，100～200g(李军德等，2013b)。

## 八十四、短吻鲾

短吻鲾(*Leiognathus brevirostris*)，俗名小鞍斑鲾、花令仔、树叶仔、石威、榕叶仔、金钱仔等，隶属脊索动物门硬骨鱼纲鲈形目鲾科鲾属，为近海暖水性鱼类，国外分布在印度洋北部沿岸至日本，我国见于上海、浙江、福建、广东、广西、海南、台湾等地，主要栖息于浅海水域至深度约 40m，也见于河口水域，以小型甲壳类、多毛类等为食。

短吻鲾为小型食用鱼，味美但多刺，宜煮汤。肉入药；其用法和用量与细纹鲾相同(李军德等，2013b)。

## 八十五、杜氏鲾

杜氏鲾(*Leiognathus dussumieri*)，俗称白腊，隶属脊索动物门硬骨鱼纲鲈形目鲾科鲾属，为暖水性鱼类，国外主要分布在印度洋、马来群岛等地，我国见于福建、广东、广西、海南、台湾等地，多栖息于近海及潮间带，以线虫、环节动物、小型甲壳类、腹足类等为食。

杜氏鲾可食用。肉入药；其用法和用量与细纹鲾相同(李军德等，2013b)。

## 八十六、长鲾

长鲾(*Leiognathus elongatus*)，俗名花令仔等，隶属脊索动物门硬骨鱼纲鲈形目鲾科鲾属，为近海暖水性鱼类，国外主要分布在印度—西太平洋地区，我国见于福建、广东、广西、海南、台湾等地，多栖息于近海水域、潮间带及河口，以浮游生物为食。

长鲾可食用，肉质细嫩，适合煮汤。肉入药；其用法和用量与细纹鲾相同(李军德等，2013b)。

## 八十七、鹿斑鲾

鹿斑鲾(*Leiognathus ruconius*)，俗名树叶仔、铜窝盘、花令仔、金钱仔、榕叶仔、仰口鲾等，隶属脊索动物门硬骨鱼纲鲈形目鲾科鲾属，国外主要分布在印度洋、马来群岛等地，我国见于广东、广西、海南等地，多栖息于近海及潮间带，以浮游动物、幼生期甲壳类、稚鱼等为食。

鹿斑鲾肉质细嫩，适合煮汤，但鱼体较小，可作鱼饵或鱼饲料。肉入药；其用法和用量与细纹鲾相同(李军德等，2013b)。

## 八十八、黑边鲾

黑边鲾(*Leiognathus splendens*)隶属脊索动物门硬骨鱼纲鲈形目鲾科鲾属，国外主要分布在印度—西太平洋地区，西起非洲东岸，北至琉球群岛，南迄澳大利亚北部等地，我国见于上海、浙江、福建、广东、广西、海南、台湾等地，主要栖息于泥沙质的沿海地区，亦可生活于河口区，以小型甲壳类、多毛类等为食。

黑边鲾肉质细嫩，适合煮汤。肉入药；其用法和用量与细纹鲾相同(李军德等，2013b)。

## 八十九、真鲷

真鲷(*Pagrosomus major*)，俗名加吉鱼、红加吉、铜盆鱼、大头鱼、小红鳞、加腊、赤鲫、赤板、红鲷、红带鲷、红鳍、红立、王山鱼、过腊、立鱼等，隶属脊索动物门硬骨鱼纲鲈形目鲷科(Sparidae)真鲷属(*Pagrosomus*)，为近海暖温性底层鱼类，国外主要分布在印度洋北部沿岸至太平洋中部、夏威夷群岛，我国见于辽宁、山东、天津、上海、浙江、江苏、福建、广东、广西、台湾、香港、澳门等地，栖息于底质为礁石、沙砾或藻类丛生的水域，主要以底栖甲壳类、软体动物、棘皮动物、小鱼及虾蟹类为食。

真鲷为名贵的鱼类，蛋白质含量高，素有"海鸡"之称。鳔和肉入药；内服，100～200g，煮食；外用，鲜鱼鳔或干鳔泡软后，贴敷于患处，每天换一次(邓家刚等，2008；李军德等，2013b)。

## 九十、黄鳍鲷

黄鳍鲷(*Sparus latus*)，俗名黄墙、胶辣鱼、黄脚立、赤翅、黄立鱼等，隶属脊索动物门硬骨鱼纲鲈形目鲷科鲷属(*Sparus*)，为近海暖水性底层鱼类，国外广泛分布在日本、朝鲜、韩国、菲律宾、印度尼西亚、红海等地，我国见于福建、广东、广西、海南、台湾等地，栖息于 1～50m 水域，常在河口、红树林或堤防区的消波块附近活动，为杂食性鱼类，以藻类、小型底栖动物等为食。

黄鳍鲷肉质细嫩、鲜美，为中型食用鱼，经济价值高，是我国沿海一带的重要海水养殖对象。鳔和肉入药；其用法和用量与真鲷相同(邓家刚等，2008；李军德等，2013b)。

## 九十一、黑鲷

黑鲷(*Sparus macrocephalus*)，俗名黑立、乌翅、黑加吉、海鲋、乌格、黑结、乌颊等，隶属脊索动物门硬骨鱼纲鲈形目鲷科鲷属，为近海暖水性底层鱼类，国外分布在朝鲜半岛、日本等，我国沿海各地都有分布，喜栖息于泥沙和多岩礁底质水域底层，为杂食性鱼类，以小杂鱼、虾、贝、多毛类及海藻等为食。

黑鲷为海洋经济鱼类，是海水养殖的对象之一。鳔和肉入药；其用法和用量与真鲷相同(邓家刚等，2008；李军德等，2013b)。

## 九十二、乌塘鳢

乌塘鳢(*Bostrichthys sinensis*)，俗名虾虎、涂鱼、涂鳗、月亮鱼、趴沙狗、趴石狗等，隶属脊索动物门硬骨鱼纲鲈形目塘鳢科(Eleotridae)乌塘鳢属(*Bostrichthys*)，为暖水性小型鱼类，国外广泛分布在日本、泰国、斯里兰卡、印度、澳大利亚、马来西亚、朝鲜、韩国等地，我国见于广西、广东、福建、浙江等地，栖息于河口、潮间带泥孔或洞穴中，为凶猛的杂食性鱼类，以虾类、蟹类、小型鱼类等为食。

乌塘鳢肉质细嫩、味道鲜美、是名贵食用鱼之一，为重要的人工养殖对象。肉入药；内服，100～200g，炖食(李军德等，2013b)。

## 九十三、多鳞鱚

多鳞鱚(*Sillago sihama*),俗名沙钻、沙肠仔、船丁鱼、沙鲮、麦穗、沙丁鱼等,隶属脊索动物门硬骨鱼纲鲈形目鱚科(Sillaginidae)鱚属(*Sillago*),国外主要分布在红海、印度洋、太平洋等地,我国各地沿海都有分布,栖息于沿海近岸、沙洲、红树林、河口等处,经常钻入沙中,为肉食性鱼类,主要以多毛类、小型甲壳类为食。

多鳞鱚肉质细腻,味道鲜美,市场需求量大,具有较高的经济价值。肉入药;内服,适量,炖食(李军德等,2013b)。

## 九十四、少鳞鱚

少鳞鱚(*Sillago japonica*),俗名沙钻、沙丁鱼、青沙、青沙鲛等,隶属脊索动物门硬骨鱼纲鲈形目鱚科鱚属,国外主要分布在红海、印度洋、太平洋西部和南部等地,我国产于南海、东海,主要栖息于沿岸浅海区或者河口区,喜欢沙底质环境,当受到惊吓时常钻入沙中,为肉食性鱼类,主要以多毛类、小型甲壳类为食。

少鳞鱚是一种小型经济鱼类,肉质细腻,深受人们喜爱。肉入药;其用法和用量与多鳞鱚相同(李军德等,2013b)。

## 九十五、孔鰕虎鱼

孔鰕虎鱼(*Trypauchen vagina*),俗名红条、红涂调、红水官、银珠笔、木乃、赤鲇、红九等,隶属脊索动物门硬骨鱼纲鲈形目鰕虎鱼科(Gobiidae)孔鰕虎鱼属(*Trypauchen*),属广盐性鱼类,国外主要分布在印度—太平洋地区,我国产于南海、东海,喜栖息于红树林、河口、内湾的泥滩地,常隐身于洞穴中,属杂食性,以有机碎屑及小型无脊椎动物为食。

孔鰕虎鱼的肉入药;内服,适量,煮或炖汤食(李军德等,2013b)。

## 九十六、大弹涂鱼

大弹涂鱼(*Boleophthalmus pectinirostris*),俗名花跳、跳跳鱼等,隶属脊索动物门硬骨鱼纲鲈形目弹涂鱼科(Periophthalmidae)大弹涂鱼属(*Boleophthalmus*),为体形较小、暖水广盐性的鱼类,国外主要广泛分布在西太平洋及印度洋的暖温带海岸,我国见于广东、广西、海南、福建、浙江、上海、江苏、山东、台湾等地,栖息于潮间带淤泥质或泥沙质海底,营穴居生活,退潮时借胸鳍肌柄于泥滩爬行或跳动觅食,为杂食性的底栖鱼类,主要以浮游动物、底栖硅藻、有机碎屑等为食。

大弹涂鱼为食用鱼类,肉味鲜美。肉入药;内服,50~100g,煮食或炖汤(邓家刚等,2008;李军德等,2013b)。

## 九十七、弹涂鱼

弹涂鱼(*Periophthalmus cantonensis*),俗名花跳、跳跳鱼、泥猴等,隶属脊索动物门硬骨鱼纲鲈形目弹涂鱼科弹涂鱼属(*Periophthalmus*),为体形较小、暖水广盐性的鱼类,国外主要分布在非洲西岸、印度—太平洋地区、澳大利亚等热带和亚热带近岸浅水区，我国沿海各地都有分布，栖息于潮间带淤泥质或泥沙质海底，营穴居生活，退潮时借胸鳍肌柄于泥滩爬行或跳动觅食，为杂食性的底栖鱼类，主要以浮游动物、底栖硅藻、有机碎屑等为食。

弹涂鱼是一种具有较高食用价值的重要鱼类，具有良好的养殖前景。肉入药；内服，100～200g，煮汤食（李军德等，2013b）。

## 九十八、褐蓝子鱼

褐蓝子鱼（*Siganus fuscescens*），俗名鬼婆仔、泥蜢、褐臭肚鱼、象鱼、树鱼、羊锅、疏网、茄冬仔等，隶属脊索动物门硬骨鱼纲鲈形目蓝子鱼科（Siganidae）蓝子鱼属（*Siganus*），为暖水性浅海鱼类，国外主要分布在日本、菲律宾、印度尼西亚、澳大利亚等地，我国见于南海、黄海、渤海、台湾沿海，栖息于1～50m海域，杂食性，主要以藻类、小型动物等为食。

褐蓝子鱼刺少肉嫩，味道鲜美，花纹绚丽，具有较高的食用价值和观赏价值。胆和肉入药；其中胆外用，鲜胆浸醋后，适量滴入耳中或涂于疥疮等患处；肉内服，100～150g，煮食（李军德等，2013b）。

## 九十九、黄斑蓝子鱼

黄斑蓝子鱼（*Siganus oramin*），俗名长鳍蓝子鱼、网纹臭肚鱼、黎猛、泥猛、刺排等，隶属脊索动物门硬骨鱼纲鲈形目蓝子鱼科蓝子鱼属，为暖水性近海鱼类，国外主要分布在日本、菲律宾、印度尼西亚，南至澳大利亚，西到非洲东岸，东至太平洋中部，我国见于广东、广西、海南、台湾等地，栖息于沿海岩礁区、珊瑚丛、海藻丛和红树林中，常进入河口咸淡水区，杂食性，主要以藻类、小型动物等为食。

黄斑蓝子鱼为沿海重要的经济鱼类之一，在我国东南沿海有一定的养殖规模。胆和肉入药；其用法和用量与褐蓝子鱼相同（刘晖，1996；邓家刚等，2008；李军德等，2013b）。

## 一百、花鲈

花鲈（*Lateolabrax japonicus*），俗名鲈鱼、花寨、板鲈、鲈板等，隶属脊索动物门硬骨鱼纲鲈形目鮨科（Serranidae）花鲈属（*Lateolabrax*），为暖水性近海鱼类，国外主要分布在日本、菲律宾、印度尼西亚，南至澳大利亚，西到非洲东岸，东至太平洋中部，我国沿海各地都有分布，喜栖息于河口咸淡水处，以浮游动物、虾类、小型鱼类等为食。

花鲈肉质细嫩，营养丰富，是一种名优水产养殖品种。鳃和肉均可入药（邓家刚等，2008）。

## 一百零一、斑头舌鳎

斑头舌鳎（*Cynoglossus puncticeps*），俗名斑头双线舌鳎、斑首舌鳎、头斑鞋底鱼、挞沙、龙利、花舌、鞋底、狗舌、比目鱼等，隶属脊索动物门硬骨鱼纲鲽形目（Pleuronectiformes）舌鳎科（Cynoglossidae）舌鳎属（*Cynoglossus*），为暖水性浅海底层鱼类，国外分布在日本、菲律宾、印度尼西亚、印度、斯里兰卡等地，我国见于福建、广东、广西、海南、台湾等地，主要摄食底栖的无脊椎动物及小鱼。

斑头舌鳎为食用性鱼类。肉入药；内服，100～200g，煮食（李军德等，2013b）。

### 一百零二、月腹刺鲀

月腹刺鲀（*Gastrophysus lunaris*），俗名廷巴、马乖、鸡抱、石底乖、大眼兔头鲀、乖鱼等，隶属脊索动物门硬骨鱼纲鲀形目（Tetraodontiformes）鲀科（Tetraodontidae）腹刺鲀属（*Gastrophysus*），为暖水性浅海底层鱼类，国外分布在红海、印度洋、马来群岛、日本、菲律宾、澳大利亚等地，我国见于东海、南海等地，主要摄食软体动物和甲壳类。

月腹刺鲀的皮、鳔入药，鲜用或晒干；内服，20～50g，冰糖适量，炖服，每天一次（李军德等，2013b）。

### 一百零三、铅点东方鲀

铅点东方鲀（*Takifugu alboplumbeus*），俗名艇巴、蜡头、龟鱼、花龟鱼、花抱等，隶属脊索动物门硬骨鱼纲鲀形目鲀科东方鲀属（*Takifugu*），为暖温水性浅海底层鱼类，国外分布在印度洋北部沿岸和西太平洋北部沿海，东至印度尼西亚，北至朝鲜等地，我国见于山东、上海、浙江、福建、广东、广西等地，主要摄食软体动物、甲壳类、头足类和鱼类等。

铅点东方鲀的肉、肝、卵巢、血均可入药；内服，肉50～100g，煮炖；外用，肝、卵巢、血适量，外敷患处，忌内服。值得注意的是，其卵巢和肝脏有剧毒（李军德等，2013b）。

### 一百零四、弓斑东方鲀

弓斑东方鲀（*Takifugu ocellatus*），俗名河鲀、艇鲅等，隶属脊索动物门硬骨鱼纲鲀形目鲀科东方鲀属，为暖水性浅海底层鱼类，国外分布在朝鲜、菲律宾等地，我国见于南海、东海、台湾沿海和黄海沿海，以及与此相连的珠江、九龙江和长江等河口及中下游淡水水域，主要摄食贝类、甲壳类和鱼类等。

弓斑东方鲀的肉、肝、卵巢、血均可入药；其用法和用量与铅点东方鲀相同。值得注意的是，其卵巢有强毒，肝、皮肤和肠的毒性也较强；肌肉和精巢无毒（李军德等，2013b）。

## 第三节　饲　　用

红树林是沿海群众放养家禽的重要场所。例如，退潮时，成群的鸭子被赶进滩涂，摄食体形小的蟹类、贝类等，这种喂养方式的鸭子不仅产蛋率高，而且品质优，当地群众将这种鸭子产的蛋称为"红银蛋"，创造了较好的经济收益。一些低值的贝类，如拟蟹守螺属等的种类，粉碎后常被用作鱼、虾、蟹类养殖的补充饵料，是具有较高开发利用价值的资源。

# 第四章　广西红树植物化学成分及其生物活性

红树植物生长在海陆交错的滨海湿地环境中，含有许多结构独特、活性显著的化合物，已引起现代药学研究的广泛关注(邵长伦等，2009)。对红树植物药用化学及其药理研究表明，红树植物含黄酮、萜类、甾体、多糖、生物碱等化合物，它们具有抗艾滋病、抗氧化、抑菌、降血脂、降血糖等功效(邵长伦等，2009；刘育梅，2010)。因此，分析红树植物药效成分，筛选具有特别用途的新药是十分必要的，可以促使含有治疗人类重大疾病的活性先导化合物资源得到开发和利用(谭仁祥，2007；邵长伦等，2009；刘育梅，2010)。

## 第一节　木榄化学成分提取及其生物活性

供试材料为木榄的叶和胚轴。其中，叶于 2010 年 8 月采自防城港市北仑河口国家级自然保护区，采用鼓风干燥箱在 55℃恒温条件下烘干，然后粉碎，过 40 目筛，密封置于 4℃冰箱保存备用。胚轴于 2012 年 8 月采自北海市山口国家级红树林生态自然保护区，样品自然晒干后用粉碎机粉碎，过 40 目筛，置于棕色瓶中。

### 一、木榄叶多糖的提取和纯化

(一)实验方法

1. 多糖含量的测定

目前，多糖含量的测定主要采用苯酚-硫酸法(刘敏等，2010)，其原理为多糖在浓硫酸的作用下，水解成单糖，并迅速脱水生成糖醛衍生物，与苯酚缩合成橙黄色化合物，再用比色法测定(周存山和马海乐，2006)。

(1)葡萄糖标准曲线的制作

1)葡萄糖标准溶液的配制：精确称取 105℃干燥至恒重的葡萄糖 100mg 置于 100mL 的容量瓶中，加入蒸馏水适量，在水浴锅中进行微热溶解，然后用蒸馏水定容至刻度，摇匀可得到 1mg/mL 的葡萄糖储备液，置于 4℃冰箱中保存备用。使用时，从配制好的储备液中吸取 10mL 置于 100mL 容量瓶中，用蒸馏水定容至刻度，即可得到 0.1mg/mL 的葡萄糖标准溶液。

2)苯酚溶液的配制：精确称取新蒸苯酚 6.0g，加入蒸馏水定容于 100mL 容量瓶中，低温避光保存备用。

3)葡萄糖标准曲线的制作：分别准确吸取 0mL、0.2mL、0.4mL、0.6mL、0.8mL、1.0mL 葡萄糖标准溶液置于 6 支 10mL 的比色管中，再依次加入 1mL、0.8mL、0.6mL、0.4mL、0.2mL、0mL 蒸馏水，摇匀；然后，分别加入 6%苯酚溶液 1mL，摇匀；沿管壁再分别缓慢加入 5mL 的浓硫酸，摇匀，室温静置 10min 后在 30℃条件下水浴 20min，以蒸馏水同样操作为空白对照，最后测定 490nm 波长处吸光度。以标准葡萄糖浓度($x$)为横坐标，以吸光度($y$)为纵坐标，绘制得到的葡萄糖标准曲线如图 4-1 所示，回归方程为

$$y=10.5170x+0.0351 \qquad R^2=0.9954 \qquad (4-1)$$

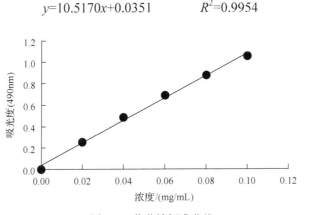

图 4-1　葡萄糖标准曲线

(2)样品多糖得率的测定

吸取木榄叶多糖提取液 1mL，同葡萄糖标准曲线制备的方法显色，测定吸光度，然后根据葡萄糖标准曲线得出样液中的多糖含量，即

$$C=x \times N \times 0.9 \qquad (4-2)$$

式中，$C$ 为多糖含量(mg/mL)；$x$ 为葡萄糖浓度(mg/mL)；$N$ 为样品稀释倍数；0.9 为葡萄糖换算为多糖的系数。

$$W=[(C \times V)/M] \times 10^{-3} \times 100\% \qquad (4-3)$$

式中，$W$ 为多糖得率(%)；$C$ 为样品溶液中多糖含量(mg/mL)；$V$ 为提取液体积(mL)；$M$ 为原料质量(g)。

2. 多糖的提取

超声波辅助提取法是一种有效、快速、新型的提取方法(Li et al.,2004;袁菊丽,2011)，利用其产生的强烈的机械效应、空化效应及热效应等，使有效成分加速溶出。与传统的热浸提法相比，超声波辅助提取法的提取时间更短，耗能更少，同时有效成分的溶出率也更高(孙晓瑞等,2011)。因此，采用超声波辅助提取法对木榄叶多糖进行提取。

(1)基本工艺

称取 2.0g 木榄叶粉末，按照料液比 1∶10、初始温度 60℃、超声波时间 20min、超声波功率 350W 的条件获取多糖提取液，然后测定其多糖含量。

(2)单因素实验

1)提取温度的选择：实验采用的温度分别为 50℃、60℃、70℃、80℃，在基本工艺的提取条件下对提取温度进行选择。

2)料液比的选择：实验采用的料液比分别为 1∶10、1∶20、1∶30、1∶40，在上述确定的温度条件下，对提取的料液比进行选择。

3）超声波时间的选择：实验采用的超声波时间分别为 15min、20min、25min、30min，在上述确定的提取温度和料液比的条件下，对超声波时间进行选择。

4）超声波功率的选择：分别按超声波功率 200W、250W、350W、450W，在上述确定的提取温度、料液比和超声波时间的条件下，对超声波功率进行选择。

（3）正交试验

根据单因素实验结果确定正交试验设计范围，以木榄叶多糖得率为指标，按照 $L_9(3^4)$ 正交表进行正交试验，从而确定木榄叶多糖提取的最佳条件。实验重复 3 次。

（4）重复性实验

平行处理 5 份样品进行多糖的提取，测定其多糖含量，以验证正交试验得出的木榄叶多糖提取最佳条件的可靠性与重复性。

3. 多糖的纯化

（1）脱蛋白处理

1）蛋白质标准曲线的制作：采用考马斯亮蓝法对蛋白质含量进行测定（刘凤等，2007）。首先，称取牛血清白蛋白 10mg，溶于蒸馏水并定容至 100mL，制成 0.1mg/mL 标准蛋白质溶液；其次，称取 0.1g 考马斯亮蓝 G-250，溶解于 50mL 90%乙醇中，加入 85%磷酸溶液 100mL，然后用蒸馏水定容至 1000mL，制成 0.01%考马斯亮蓝 G-250 染液；最后，吸取 0.1mg/mL 标准蛋白质溶液 0mL、0.1mL、0.2mL、0.3mL、0.4mL、0.6mL、0.8mL、1.0mL 分别放入 10mL 比色管中，并加入 0.09%氯化钠溶液至 1mL，然后加 0.01% 考马斯亮蓝 G-250 染液 5mL，加盖摇匀，室温静置 5min 后，以试剂空白液为空白对照，测定 595nm 波长处吸光度。以蛋白质浓度为横坐标($x$)，吸光度为纵坐标($y$)，绘制得到的蛋白质标准曲线如图 4-2 所示，相应的回归方程如下：

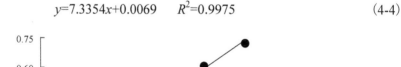

$$y=7.3354x+0.0069 \qquad R^2=0.9975 \qquad (4\text{-}4)$$

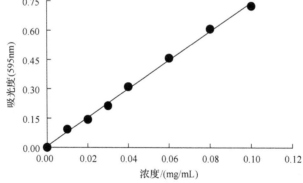

图 4-2　蛋白质标准曲线

2）脱蛋白方法：采用 Sevag 法和 TCA 法两种方法对木榄叶粗多糖进行纯化。其中，Sevag 法是将三氯甲烷与正丁醇按照体积比分别为 4∶1 和 5∶1 进行混合配制成 Sevag 试剂，把等体积的多糖溶液加入烧杯中，之后加入配制好的 Sevag 试剂，用磁力搅拌器以 200r/min 速度搅拌 10min，然后移入分液漏斗中静置 30min，除去白色泡沫层和下层有机相；同样的操作重复 3～5 次，只保留上层液体，最后取适量溶液稀释到一定浓度进行蛋白质和多糖含量的测定。TCA 法为配制 4mol/L 三氯乙酸溶液，取 4 个 50mL 小烧杯，各加入木榄叶多糖粗提取液 10mL，再分别缓慢加入 0.1mL、0.4mL、0.7mL、1.0mL 三氯乙酸溶液并不断搅拌，用保鲜膜封口置冰箱 10h 左右，取出进行高速冷冻离心，然后用适量上清液稀释用于蛋白质和多糖含量的测定。以脱蛋白率($P$)和多糖保留率($D$)为指标，对 Sevag 法和 TCA 法的脱蛋白效果进行比较，有关计算公式如下：

$$P=[(P_0-P_t)/P_0]\times100\% \tag{4-5}$$

式中，$P_0$ 和 $P_t$ 分别为处理前后溶液的蛋白质浓度(mg/mL)。

$$D=C_t/C_0\times100\% \tag{4-6}$$

式中，$C_0$ 和 $C_t$ 分别为处理前后溶液的多糖浓度(mg/mL)。

(2) 脱色处理

采用大孔树脂吸附法进行脱色纯化，其基本步骤为：大孔吸附树脂预处理→树脂上柱→样液上柱→大孔吸附树脂的解吸→大孔吸附树脂的清洗、再生。采用天津市海光化工有限公司生产的 AB-8、DM130、S-8、D101 4 种型号的大孔吸附树脂对木榄叶多糖进行脱色处理，它们的物理性能如表 4-1 所示。称取经预处理后的 4 种型号大孔吸附树脂各 1g，分别放入 4 个 100mL 锥形瓶中，再各加入 1.34mg/mL 样液 30mL，然后置于 30℃恒温摇床上振荡吸附 24h，过滤后测定滤液中的多糖浓度。对滤渣再加入 30mL 蒸馏水进行解吸，减压抽滤，测定滤液中多糖的含量。多糖的保留率由式(4-6)计算，而吸附率($A$)、解吸率($Q$)和脱色率($S$)分别由下式计算：

$$A=[(C_0-C_e)/C_0]\times100\% \tag{4-7}$$

式中，$C_0$ 为吸附前溶液多糖浓度(mg/mL)，$C_e$ 为吸附平衡后溶液多糖浓度(mg/mL)。

$$Q=[C_2V_2/(C_0-C_e)V_1]\times100\% \tag{4-8}$$

式中，$C_0$ 为吸附前溶液多糖浓度(mg/mL)；$C_e$ 为吸附平衡后溶液多糖浓度(mg/mL)；$C_2$ 为洗脱液中样品多糖浓度(mg/mL)；$V_1$ 为上样液体积(mL)；$V_2$ 为洗脱液体积(mL)。

$$S=[(A_1-A_2)/A_1]\times100\% \tag{4-9}$$

式中，$A_1$ 和 $A_2$ 分别为脱色前后溶液的吸光度。

表 4-1　常用大孔吸附树脂的型号及其物理性能

| 型号 | 极性 | 比表面积/(m²/g) | 粒度/mm |
| --- | --- | --- | --- |
| AB-8 | 弱极性 | ≥480 | 0.3～1.25 |
| DM130 | 弱极性 | 500～550 | 0.3～1.25 |
| S-8 | 极性 | 100～120 | 0.3～1.25 |
| D101 | 非极性 | ≥550 | 0.3～1.25 |
| H103 | 非极性 | 0.3～1.25 | 1000～1100 |

(3)醇沉工艺

木榄叶多糖经提取后，除蛋白质和色素外，还有一部分杂质需要去除。通过醇沉工艺，可以将样液中的多糖尽可能地沉淀出来，同时又不引起过多其他杂质的沉淀。在多糖醇沉工艺中，主要研究乙醇浓度、样液浓缩比、样液 pH 对多糖得率的影响。

1)乙醇浓度对多糖得率的影响：将除蛋白和脱色后的 160mL 样液浓缩至 80mL，并均分为 4 份，分别用 70%、80%、90%和无水乙醇进行醇沉，4℃冰箱静置 24h，然后在转速 4000r/min 条件下离心 15min，所得的沉淀物经烘干后称量，再用 25mL 蒸馏水进行溶解，测定 490nm 波长处吸光度，由此计算多糖得率。

2)样液浓缩比对多糖得率的影响：取除蛋白和脱色后的样液 180mL，并均分为 3 份，分别浓缩至 1/2、1/3 和 2/3，采用已经确定的乙醇浓度进行醇沉，4℃冰箱静置 24h，然后在转速 4000r/min 条件下离心 15min，所得的沉淀物经烘干后称量，再用 25mL 蒸馏水进行溶解，测定 490nm 波长处吸光度，由此计算多糖得率。

3)样液 pH 对多糖得率的影响：取脱色除蛋白后的样液 120mL，并均分为 3 份，分别将 pH 调整到 3、5.5(原液)、7.5，采用已经确定的乙醇浓度进行醇沉，4℃冰箱静置 24h，然后在转速 4000r/min 的条件下离心 15min，所得的沉淀物经烘干后称量，再用 25mL 蒸馏水进行溶解，测定 490nm 波长处吸光度，由此计算多糖得率。

(4)柱层析纯化

对经过除蛋白、脱色及醇沉后得到的初步纯化的木榄叶多糖溶液，进行柱层析纯化。

1)二乙氨基乙基纤维素预处理和再生：取 1g 二乙氨基乙基纤维素置于 10mL 量筒内观察溶胀体积，根据使用量对二乙氨基乙基纤维素进行预处理。首先用去离子水浸泡二乙氨基乙基纤维素，将上层悬浮颗粒除去，过滤后用 4%的盐酸浸泡 4h，再过滤，然后用去离子水洗至洗出液中性，再用 4%的氢氧化钠浸泡 4h，过滤，再用去离子水洗至中性。二乙氨基乙基纤维素预处理完毕后用去离子水浸泡，置 4℃冰箱保存备用。二乙氨基乙基纤维素再生采用静态法，首先用无水乙醇浸泡 12h，然后用蒸馏水将二乙氨基乙基纤维素洗至洗出液无醇味后，再用和预处理相同的步骤进行处理。

2)二乙氨基乙基纤维素柱层析纯化：配制 1mg/mL 的木榄叶精制多糖溶液，用蒸馏水对填充好二乙氨基乙基纤维素的层析柱进行平衡。完全平衡后，取通过孔径 0.45μm 微滤的浓度为 1mg/mL 的木榄叶精制多糖溶液 20mL，用滴管点加进行上样。首先用蒸馏水进行洗脱，用自动部分收集器每 10min 收集 1 管洗脱液，每管洗脱液均用苯酚-硫酸法跟踪检测多糖含量，直至洗脱液无多糖洗出为止。然后用 0.15mol/L、0.25mol/L、0.35mol/L、0.45mol/L、0.55mol/L 的氯化钠进行梯度洗脱，每个浓度洗脱液的用量为 3 个柱体积（column volume，CV），用自动部分收集器每 10min 收集 1 管洗脱液，每管洗脱液均用苯酚-硫酸法跟踪检测多糖含量，直至洗脱液无多糖洗出为止。以洗脱液的管数为横坐标，每管洗脱液的吸光度为纵坐标，绘制洗脱曲线。根据洗脱曲线，将盐洗部分合并，得出的盐洗与水洗两部分多糖，经过浓缩和透析后，冷冻干燥得木榄叶多糖纯品。

(二)结果与分析

1. 影响木榄叶多糖提取的主要因素

根据单因素实验可知，影响木榄叶多糖提取效果的主要因素有提取温度、料液比、超声波时间、超声波功率等。

(1)提取温度对多糖提取效果的影响

由图 4-3 可知，随着温度的提高，木榄叶多糖的吸光度也呈现上升的趋势，当温度达到 70℃时，木榄叶多糖得率最高。此后，随着温度上升，多糖的吸光度逐渐降低，即多糖的含量降低。这可能是因为当温度升高时，溶剂表面的黏度和张力降低，蒸气压增加，在溶剂之间就比较容易形成空化气泡，从而增强了超声波的空化作用，促进细胞内多糖向外扩散(贲永光和吴铮超，2010)，加上超声波浸提温度较低时，多糖在水中的溶解度较小而导致原料浸提不够充分，适当增加温度将有助于多糖的溶解。但值得注意的是，若温度过高则可能会使多糖分解，从而导致提取率下降(赵蔡斌等，2011)。因此，选择提取温度 60℃、70℃、80℃三水平进行正交试验。

(2)料液比对多糖提取效果的影响

由图 4-4 可知，随着料液比的增加，木榄叶多糖得率呈现上升的趋势，在料液比达到 1∶40 时，多糖得率也最高。由此可知，溶剂用量对多糖得率有较明显的影响。当溶剂量较少时，材料本身吸收了一部分溶剂，使作为超声介质的液体减少，超声效果受到影响；当溶剂量增大时，胞内多糖就开始向溶剂扩散，多糖含量自然也随之增加。但是随着溶剂的增加，提取液中的多糖浓度变低，在浓缩样液时也会更耗时耗能，给后续多糖的处理带来困难(徐秀卉和杨波，2011)。因此，选择料液比为 1∶30、1∶40、1∶50 三水平进行正交试验。

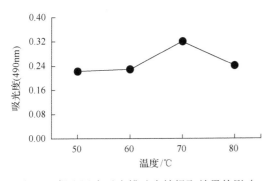

图 4-3　提取温度对木榄叶多糖提取效果的影响　　　图 4-4　料液比对木榄叶多糖提取效果的影响

(3)超声波时间对多糖提取效果的影响

由图 4-5 可知，随着超声波时间的增加，木榄叶多糖的含量逐渐增加，当超声波时间达到 30min 时，多糖的含量也达到最高。因此，多糖从细胞内的溶出量与处理时间的长短有关，即随着超声波时间的延长，由超声波产生的机械作用、空化作用热效应使粒子运动加快，多糖的溶出量呈现出持续上升的趋势；但若超声波时间过长，会导致多糖的分子断裂，从而使多糖的得率降低(褚衍亮等，2010)。因此，选择超声波时间 25min、

30min、35min 三水平进行正交试验。

(4)超声波功率对多糖提取效果的影响

由图 4-6 可知，随着超声波功率的提高，木榄叶多糖的含量也逐渐增加，当超声波功率为 350W 时，木榄叶多糖的含量达到最大。超声波功率的增加，会使超声波的机械作用增强，对细胞壁起到更强的剪切作用，促进胞内多糖更多地溶出(褚衍亮等，2010)。但是随着功率的增加，胞内多糖溶出量增加的同时，对多糖的破坏作用也在增强，也会导致多糖含量的逐渐降低。因此，选择超声波功率 250W、350W、450W 三水平进行正交试验。

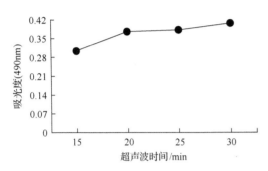 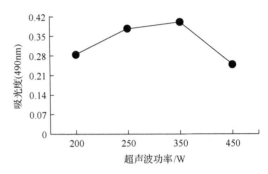

图 4-5　超声波时间对木榄叶多糖提取效果的影响　图 4-6　超声波功率对木榄叶多糖提取效果的影响

2. 木榄叶多糖最优提取工艺

根据单因素实验所得到的各因素和水平的结果，对正交表格进行设计，按照 $L_9(3^4)$ 正交表进行正交试验，其因素与水平见表 4-2，正交试验的结果如表 4-3 所示。根据表 4-3 可知，正交试验所选择的四因素对木榄叶多糖提取的影响从大到小依次为 C＞A＞D＞B，即超声波时间＞料液比＞提取温度＞超声波功率，由此可知超声波时间对提取液中木榄叶多糖的含量影响最大，其次是料液比，然后是提取温度，而超声波功率对木榄叶多糖的含量影响最小。

表 4-2　木榄叶多糖提取正交试验的因素水平

| 水平 | 因素 | | | |
| --- | --- | --- | --- | --- |
| | A | B | C | D |
| 1 | 1∶30 | 250 | 25 | 60 |
| 2 | 1∶40 | 350 | 30 | 70 |
| 3 | 1∶50 | 450 | 35 | 80 |

注：A 表示料液比，B 表示超声波功率(W)，C 表示超声波时间(min)，D 表示提取温度(℃)；表 4-3 和表 4-4 同

由表 4-3 可知，超声波辅助热水浸提木榄叶多糖的最佳实验条件为 $A_3B_2C_3D_3$，即料液比 1∶50，超声波功率 350W，超声波时间 35min，提取温度 80℃。考虑到将来可能进行大生产的需要，有必要进一步分析各个因素对木榄叶多糖提取影响的显著性，因此对正交试验结果进行了方差分析，结果如表 4-4 所示。其中，料液比、超声波时间和提取温度对木榄叶多糖提取的影响达到极显著水平，超声波功率对木榄叶多糖提取的影响达

到显著水平。因此，超声波时间、料液比、提取温度和超声波功率 4 种因素对木榄叶多糖得率都产生较大的影响。

表 4-3　木榄叶多糖提取正交试验的结果

| 实验号 | 因素 | | | | 多糖得率/% |
| --- | --- | --- | --- | --- | --- |
| | A | B | C | D | |
| 1 | 1(30) | 1(250) | 1(25) | 1(60) | 9.477 |
| 2 | 1 | 2(350) | 2(30) | 2(70) | 11.320 |
| 3 | 1 | 3(450) | 3(35) | 3(80) | 14.760 |
| 4 | 2(40) | 1 | 2 | 3 | 14.490 |
| 5 | 2 | 2 | 3 | 1 | 17.052 |
| 6 | 2 | 3 | 1 | 2 | 11.573 |
| 7 | 3(50) | 1 | 3 | 2 | 16.121 |
| 8 | 3 | 2 | 1 | 3 | 14.305 |
| 9 | 3 | 3 | 2 | 1 | 14.600 |
| $K_1$ | 35.557 | 40.177 | 35.355 | 41.129 | |
| $K_2$ | 43.115 | 42.677 | 40.410 | 39.014 | |
| $K_3$ | 45.026 | 40.933 | 47.933 | 43.555 | |
| $\overline{K_1}$ | 11.852 | 13.392 | 11.785 | 13.709 | $T$=123.698 |
| $\overline{K_2}$ | 14.372 | 14.226 | 13.470 | 13.014 | |
| $\overline{K_3}$ | 15.009 | 13.644 | 15.978 | 14.518 | |
| $R$ | 3.157 | 0.834 | 4.193 | 1.504 | |

为了验证木榄叶多糖提取最佳条件($A_3B_2C_3D_3$)的可靠性与重复性，本研究进行了 5 份平行处理木榄叶样品的多糖提取，结果如表 4-5 所示。其中，在最佳提取条件下，5 个重复实验中的多糖得率平均值为 18.35%，且高于正交试验的任意一组的多糖得率，而重复性实验的标准差为 0.172，相对标准偏差(relative standard deviation，RSD)为 0.94%，由此说明木榄叶多糖提取的最佳条件具有较好的可靠性和重复性。

表 4-4　木榄叶多糖提取正交试验的方差分析

| 变异来源 | | 平方和 | 自由度 | 均方 | $F$ 值 | $F_\alpha$ | 显著性 |
| --- | --- | --- | --- | --- | --- | --- | --- |
| 因素 | A | 5.57 | 2 | 2.79 | 557 | | ** |
| | B | 0.37 | 2 | 0.18 | 37 | $F_{0.05}(2，2)$=19 | * |
| | C | 8.90 | 2 | 4.45 | 890 | $F_{0.01}(2，2)$=99 | ** |
| | D | 1.13 | 2 | 0.57 | 113 | | ** |
| 误差 | | 0.01 | 2 | 0.005 | | | |

注：*表示在 0.05 水平上差异显著，**表示在 0.01 水平上差异极显著

表 4-5 木榄叶多糖提取最佳条件的重复性实验

| 样品编号 | 1 | 2 | 3 | 4 | 5 | 平均值 | 标准差 | 相对标准偏差 |
|---|---|---|---|---|---|---|---|---|
| 多糖得率/% | 18.56 | 18.21 | 18.56 | 18.21 | 18.21 | 18.35 | 0.172 | 0.94 |

### 3. 木榄叶多糖的脱蛋白方法

由图 4-7 可知，在使用 Sevag 法脱蛋白时，三氯甲烷：正丁醇为 4：1 时的脱蛋白率与多糖保留率均比三氯甲烷：正丁醇为 5：1 时要高，脱蛋白率达到 60.1%，多糖保留率达到 75.4%。由图 4-8 可知，在使用 TCA 法脱蛋白时，随着三氯乙酸的加入量不断增加，脱蛋白率也在逐渐升高，在三氯乙酸加入量为 1mL 时达到最大，脱蛋白率为 45.9%，多糖保留率达到 76.3%。从两种脱除蛋白质方法的实验结果来看，对于脱除木榄叶多糖浸提液中的游离蛋白质而言，Sevag 法较 TCA 法更温和，脱蛋白率较高且多糖保留率较高；而 TCA 法在脱除蛋白时比较剧烈，容易引起多糖的降解（张慧玲等，2008），且脱蛋白率低。因此，选择 Sevag 法（三氯甲烷：正丁醇为 4：1）进行脱蛋白。

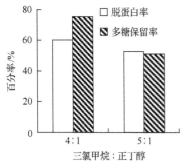

图 4-7 木榄叶多糖 Sevag 法脱蛋白实验

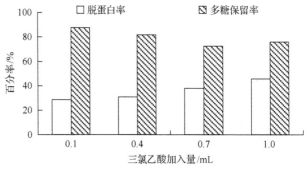

图 4-8 木榄叶多糖 TCA 法脱蛋白实验

### 4. 木榄叶多糖大孔吸附树脂的脱色效果

（1）色素最大吸收波长的确定

木榄叶提取液中含有一定色素成分，将纯化的木榄叶多糖配制成一定浓度的溶液，采用紫外分光光度计在 190～600nm 波长范围内进行扫描，发现该色素在近紫外光区 330nm 处有最大的吸收值，根据颜色观察并结合有关文献分析，选择此吸收波长作为检测脱色效果的检验波长。

（2）大孔吸附树脂的脱色效果

由表 4-6 可知，所选用的 AB-8、DM130、S-8、D101 4 种型号大孔吸附树脂对木榄叶多糖的吸附率都不大，说明多糖在大孔吸附树脂中是不稳定吸附（张琳华，2005）。S-8 型号树脂的解吸率最大，为 32.5%，而 DM130 型号大孔吸附树脂、D101 型号大孔吸附树脂与 AB-8 型号大孔吸附树脂的解吸率相对来说较小。

表 4-6 不同型号大孔吸附树脂的吸附率与解吸率

| 树脂型号 | AB-8 | DM130 | S-8 | D101 |
|---|---|---|---|---|
| 吸附率/% | 22.39 | 25.37 | 14.93 | 24.62 |
| 解吸率/% | 19.33 | 20.88 | 32.5 | 20.01 |

图 4-9 为 AB-8、DM130、S-8、D101 4 种型号大孔吸附树脂对木榄叶多糖溶液的脱色率与多糖保留率，它们之间存在着一定差异。就 S-8 型号大孔吸附树脂来说，它的脱色率与多糖保留率在同等条件下是 4 种型号树脂中最高的；而 AB-8 的脱色率与多糖保留率次之；D101 型号大孔吸附树脂与 DM130 型号大孔吸附树脂的脱色率和多糖保留率相对较低。

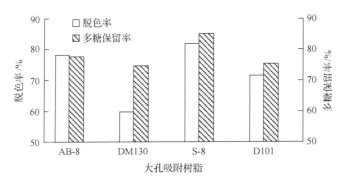

图 4-9　不同型号大孔吸附树脂对木榄叶多糖的脱色率和多糖保留率

4 种型号大孔吸附树脂对多糖和色素的吸附存在着差异，这可能与大孔吸附树脂的性能及其被吸附的物质性质密切相关(王维香等，2010)。从大孔吸附树脂的极性来看，D101 型号大孔吸附树脂为非极性，DM130 型号大孔吸附树脂和 AB-8 型号大孔吸附树脂为弱极性，S-8 型号大孔吸附树脂为极性(表 4-1)；从树脂对多糖的脱色率分析，S-8 型号大孔吸附树脂的脱色率最高，达到 81.48%。根据被吸附物质与树脂之间相似相吸的原理，可以推测木榄叶多糖样液中的色素分子可能为极性成分(张琳华，2005)。从多糖保留率来看，S-8 型号大孔吸附树脂仍然是多糖保留率最高的，达到 85.07%。这可能与 S-8 型号大孔吸附树脂中含有少量可解离基团有关，某些物质可能与这些基团产生作用，增强了大孔吸附树脂的吸附能力。因为 S-8 型号大孔吸附树脂属于弱碱性树脂，由此推断木榄叶多糖可能呈弱酸性。

综上所述，在木榄叶多糖脱色研究中，选择吸附率高的树脂可以有效地除去一部分杂质，而选择解吸率大、多糖保留率高的树脂则可以将纯化过程中多糖的损失降到最低。实验结果表明，S-8 型号大孔吸附树脂的脱色效果最佳。

5. 木榄叶多糖醇沉工艺及其主要影响因子

(1)乙醇浓度对多糖得率的影响

用不同浓度的乙醇溶液对木榄叶多糖进行醇沉，以多糖得率和醇沉产物质量作为观测指标，结果如图 4-10 所示。其中，当乙醇浓度达到 90%时，多糖得率达到最大值，醇沉产物质量也比较大；当乙醇浓度为 70%时，醇沉产物质量虽然比较大，但多糖得率最低，此时沉淀更多的是杂质，而多糖却没有完全沉淀出来；用无水乙醇沉淀时，随着多糖的沉降，更多的杂质也沉淀出来了；而用 80%的乙醇沉淀时，多糖得率与 90%的基本一样，但醇沉产物的质量却最低。因此，采用的乙醇浓度以 90%为宜。

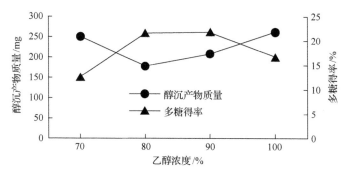

图 4-10　乙醇浓度对木榄叶多糖得率的影响

（2）样液浓缩比对多糖得率的影响

对木榄叶多糖样液进行不同比例的浓缩，再进行多糖的醇沉，以多糖得率和醇沉产物质量作为观测指标，结果如图 4-11 所示。其中，当样液浓缩比为 1/2 时，多糖得率最高，伴随多糖沉淀的杂质较少；当样液浓缩比为 2/3 时，多糖得率最低，但醇沉产物的质量最大，此时伴随多糖沉降的杂质较多；当样液浓缩比为 1/3 时，多糖得率和醇沉产物的质量介于前面两者之间。因此，综合考虑样液的浓缩比以 1/2 为宜。

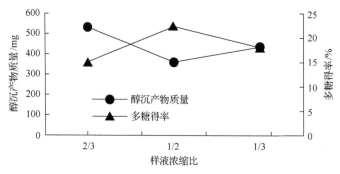

图 4-11　样液浓缩比对木榄叶多糖得率的影响

（3）样液 pH 对多糖得率的影响

根据多糖醇沉工艺的方法，对料液 pH 进行酸碱调节，再进行多糖的醇沉，以多糖得率和醇沉产物质量为观测指标，结果如图 4-12 所示。其中，当 pH 为 5.5（原液 pH）时，

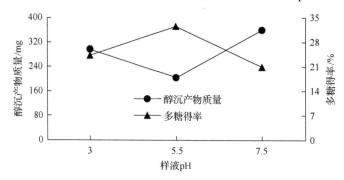

图 4-12　样液 pH 对木榄叶多糖得率的影响

多糖得率最高，此时伴随多糖沉淀出的杂质较少；而当 pH 为 3.0 时，醇沉产物质量较 pH 为 5.5 时的大，但多糖得率却较之要少，颜色为浅褐色；当 pH 为 7.5，呈现碱性时，溶液变为棕红色，此时醇沉产物变为棕色且比较黏稠，醇沉产物质量较大，推测可能是残余色素伴随多糖沉降下来所致。因此，对于 pH 的选择，直接使用原液即可。

6. 木榄叶多糖的柱层析纯化

二乙氨基乙基纤维素是在纤维素的基础上结合了二乙氨基乙基，为带负电荷的阴离子纤维素，它可与带正电荷的阳离子纤维素进行交换。而在离子交换柱色谱中，交换剂对多糖及无机阴离子都具有交换吸附能力，当两者同时存在于一个色谱过程中，一般可通过增加洗脱液的离子强度或改变洗脱液的 pH 来达到多糖分离的目的(王强等，2010)。因此，采用不同离子强度的氯化钠及蒸馏水，作为木榄叶多糖的洗脱剂。通过洗脱，得到水洗脱物与梯度氯化钠洗脱物两个组分，采用紫外分光光度计在 490nm 波长处测定各洗脱液的吸光度，以洗脱液管数为横坐标，吸光度为纵坐标，绘制多糖水洗组分洗脱曲线(图 4-13)与多糖梯度氯化钠洗组分洗脱曲线(图 4-14)。

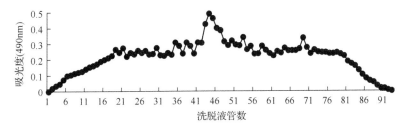

图 4-13　木榄叶多糖水洗组分的洗脱曲线

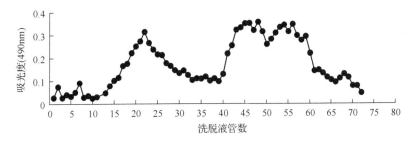

图 4-14　木榄叶多糖梯度氯化钠洗组分的洗脱曲线

由图 4-13 和图 4-14 可知，用二乙氨基乙基纤维素柱层析纯化木榄叶多糖，当洗脱剂为水时，可得到一个多糖的洗脱峰且峰形对称；当洗脱剂为梯度氯化钠时，可以得到两个较大的洗脱峰，且氯化钠浓度为 0.55mol/L 时，已经几乎无多糖被洗脱出来。分别将两种洗脱剂各洗脱管中的多糖收集后装入透析袋，用蒸馏水透析 48h，每 8h 换一次水，浓缩成小体积后，再分别进行冷冻干燥，就可得到木榄叶多糖的两个纯化组分，水洗的中性多糖和盐洗的酸性多糖。在木榄叶多糖中，酸性多糖所占比例比中性多糖稍大。

(三)小结

木榄叶多糖的最佳提取工艺为料液比 1∶50，超声波功率 350W，超声波时间 35min，提取温度 80℃。S-8 型号大孔吸附树脂比较适合于木榄叶多糖的脱色。在木榄叶多糖中，酸性多糖比例稍大于中性多糖。

## 二、木榄叶多糖的性质

(一)实验方法

### 1. 多糖的制备

采用最佳工艺条件对木榄叶多糖进行提取，按照最佳脱蛋白、脱色及醇沉条件制备得到木榄叶多糖，将沉淀依次用乙酸乙酯、丙酮、乙醇进行洗涤后，将其用蒸馏水溶解，经真空冷冻干燥得到精制多糖，再用二乙氨基乙基纤维素进一步纯化，经过透析，浓缩，最后真空冷冻干燥得到多糖纯品。

### 2. 物理性质分析

(1)外观颜色和性状

对木榄叶多糖粗提物与纯化后的多糖进行外观上颜色和性状的比较。

(2)溶解性测定

将纯化后的木榄叶多糖分别溶解于冷水、热水、稀碱、稀酸，有机溶剂乙醇、丙酮、三氯甲烷、正丁醇和乙醚中，分别观察其溶解状况。

### 3. 定性鉴定

(1)蒽酮-硫酸反应

糖类化合物与浓硫酸反应会脱水生成糖醛及其衍生物，而衍生物与蒽酮缩合可变成蓝绿色糠醛衍生物。将木榄叶多糖配制成 1mg/mL 的样液，取少量样液，加入蒽酮-硫酸溶液，鉴别是否有糖类化合物存在。

(2)Molisch 反应

糖在浓硫酸或浓盐酸的作用下脱水形成糠醛及其衍生物，它们与 α-萘酚作用形成紫红色复合物，在糖液和浓硫酸的液面间形成紫环，因此莫利希(Molisch)反应又称紫环反应。取少量木榄叶多糖溶于蒸馏水，加入 5% α-萘酚乙醇溶液数滴，摇匀，沿试管壁小心加入约 1mL 浓硫酸，无须摇动，观察在两层溶液之间是否有紫色环产生。

(3)碘-碘化钾反应

稀释的碘-碘化钾溶液与淀粉作用时，形成碘化淀粉，呈特殊颜色反应，所以常用碘-碘化钾溶液鉴定淀粉，直链淀粉遇碘呈蓝色，支链淀粉遇碘呈紫色到紫红色。取少量木榄叶多糖溶液，滴加 1～2 滴碘-碘化钾溶液，观察颜色变化鉴别是否有淀粉存在。

(4)三氯化铁反应

取一定量木榄叶多糖溶液，滴加 1% 的三氯化铁溶液 1～2 滴，根据颜色变化来鉴定是否有酚类或鞣质存在。

(5) 费林反应

费林(Fehling)反应常用于还原糖的检测，由于还原糖中的还原性醛基可以将费林试剂中的 $Cu^{2+}$ 还原成 $Cu^{+}$，从而生成砖红色沉淀。取木榄叶多糖溶液，加入费林试剂 4mL，混合摇匀后，于沸水浴中加热 10min，观察有无砖红色沉淀生成。

### 4. 紫外分光光谱

采用紫外分光光度计分别对二乙氨基乙基纤维素柱层析洗脱后的两个多糖组分在 190～400nm 波长进行扫描，测定木榄叶多糖的紫外吸收光谱。

### 5. 傅里叶变换红外光谱

取微量纯化后冷冻干燥的木榄叶多糖，用干燥的溴化钾混合均匀，在玛瑙研钵中研磨，压片。用傅里叶变换红外光谱仪于 4000～450$cm^{-1}$ 区域内进行红外光谱扫描，扫描分辨率为 4$cm^{-1}$，对纯化后的木榄叶多糖结构进行分析。

### 6. 多糖的抗氧化测定

(1) 总还原力的测定

溶液中的铁氰化钾与加入的具有还原性的样品产生作用而被还原成亚铁氰化钾，然后再与 $Fe^{3+}$ 作用生成亚铁氰化铁，即普鲁士蓝，在 700nm 波长处测定普鲁士蓝吸光度；吸光度越大，表示样品的总还原力越强(王丽华，2008)。测定时，在 6 支 10mL 具塞刻度比色管中，分别加入不同浓度(0.5mg/mL、1mg/mL、2mg/mL、4mg/mL、6mg/mL、8mg/mL)的木榄叶多糖溶液 1mL、磷酸盐缓冲液(phosphate buffered saline，PBS) (0.2mol/L，pH 6.6) 0.2mL 和 1%铁氰化钾溶液 0.5mL，混合均匀，置 50℃水浴中反应 20min 后取出，用自来水迅速冷却，加入 10%三氯乙酸 1mL 后，以转速 3000r/min 离心 10min，吸取 1.5mL 上清液于试管中，加入 1%三氯化铁 0.2mL 和蒸馏水 3mL，混合摇匀后放置 5min，以无还原能力的蒸馏水作为样品调零。

(2) 超氧阴离子自由基清除能力的测定

邻苯三酚在碱性条件下自氧化产生稳定的超氧阴离子自由基($O_2^{-} \cdot$)并生成有色中间产物(赵云涛等，2003)，这些中间产物在波长 325nm 处具有最大的吸光度。当加入超氧阴离子自由基抑制剂时，可以消除超氧阴离子自由基的作用，使中间产物的积累降低，从而使吸光度降低，故可根据吸光度的变化值来判断抗氧化剂的清除能力(王宗君和廖丹葵，2010)。测定时，在试管中加入 Tris-HCl 缓冲液(50mmol/L，pH 8.2)4mL，于 25℃恒温水浴中保温 20min 后，加入预热 25℃的 1mmol/L 邻苯三酚 0.3mL，在 325nm 波长处每隔 0.5min 测定 1 次吸光度，连续测定 4min，据此计算邻苯三酚的自氧化速率。采用同样的方法测定不同浓度(0.5mg/mL、1mg/mL、2mg/mL、4mg/mL、6mg/mL、8mg/mL)木榄叶多糖溶液的吸光度，每种浓度测定 3 次，取平均值。超氧阴离子自由基的清除率由下式计算：

$$O_2^{-} \cdot 清除率 = (\Delta A_0 - \Delta A) / \Delta A_0 \times 100\% \tag{4-10}$$

式中，$\Delta A_0$ 为邻苯三酚自氧化速率，$\Delta A$ 为加入样品后邻苯三酚自氧化速率。

（3）羟自由基清除能力的测定

邻二氮菲-$Fe^{2+}$是一种氧化还原指示剂，其呈色变化可反映出溶液中氧化还原状态的改变。在 $H_2O_2/Fe^{2+}$ 体系中，通过芬顿（Fenton）反应所产生的羟自由基（·OH），可使邻二氮菲-$Fe^{2+}$水溶液氧化为邻二氮菲-$Fe^{3+}$，从而使邻二氮菲-$Fe^{2+}$在 536nm 波长处的最大吸收峰消失，据此可推知系统中羟自由基量的变化。若体系中加入清除羟自由基的物质，将减少邻二氮菲-$Fe^{2+}$的氧化，橙红色的褪色将减少吸光度降低，表明具有清除羟自由基的作用。测定时，将木榄叶多糖配制成浓度为 0.5mg/mL、1mg/mL、2mg/mL、4mg/mL、6mg/mL、8mg/mL 的溶液作为供试样液。取 0.75mmol/L 邻二氮菲溶液 1mL 放入具塞刻度比色管中，依次加入 0.2mol/L 磷酸盐缓冲液（pH 7.4）2mL 和蒸馏水 1mL，混合均匀后，再加入 0.75mmol/L 的硫酸亚铁溶液 1mL，摇匀，然后加入 0.01%过氧化氢 1mL，置 37℃水浴 60min 后，测定 536nm 波长处吸光度，记为 Ap。用同样的方法，以 1mL 蒸馏水代替 1mL 的过氧化氢、1mL 供试样液代替 1mL 蒸馏水，吸光度分别记为 Ab、As。羟自由基的清除率由下式计算：

$$·OH 清除率 = [(As - Ap) / (Ab - Ap)] × 100\% \qquad (4-11)$$

（4）1,1-二苯基苦基苯肼自由基清除能力的测定

1,1-二苯基苦基苯肼自由基（DPPH·）会生成一个稳定的含氮自由基，使溶液呈现紫色。当在 1,1-二苯基苦基苯肼自由基溶液中加入抗氧化剂时，其自由基清除作用会导致 1,1-二苯基苦基苯肼自由基紫色消退，从而使吸光度随加入的抗氧化剂量的增加而减小，因此可以通过加入抗氧化剂前后吸光度的变化来计算 1,1-二苯基苦基苯肼自由基的清除率。测定时，将木榄叶多糖配制成浓度为 0.5mg/mL、1mg/mL、2mg/mL、4mg/mL、6mg/mL、8mg/mL 的供试样液，在具塞试管中加入样液 2mL、0.2mmol/L 的 1,1-二苯基苦基苯肼自由基溶液 1mL，然后加入 95%乙醇 1mL，混合均匀，静置 30min 后，以 95%乙醇作为参比，测定 517nm 波长处吸光度，记为 Aa；另外取试管加入样液 2mL、95%乙醇 3mL，混合均匀后静置 30min，以 95%乙醇作为参比，吸光度记为 Ad；再另取试管加入 0.2mmol/L 的 1,1-二苯基苦基苯肼自由基溶液 1mL、95%乙醇 3mL，混合均匀后静置 30min，以 95%乙醇作为参比，吸光度记为 Ao。每种浓度测定 3 次，取平均值。1,1-二苯基苦基苯肼自由基的清除率由下式计算：

$$DPPH·清除率 = [1 - (Aa - Ad) / Ao] × 100\% \qquad (4-12)$$

（二）结果与分析

1. 木榄叶多糖的物理性状

木榄叶多糖的粗提取物呈浅棕色絮状固体（图 4-15），脱色后为淡黄白絮状固体（图 4-16），而纯化后的木榄叶多糖为白色絮状固体（图 4-17 和图 4-18），它们置于空气中均容易受潮。木榄叶多糖可溶于水、稀酸、稀碱，尤其易溶于热水，不溶于乙醇、丙酮、三氯甲烷、正丁醇、乙醚等有机溶剂。

图 4-15 脱色前的木榄叶多糖粗提物
（彩图请扫封底二维码）

图 4-16 脱色后的木榄叶多糖精制品
（彩图请扫封底二维码）

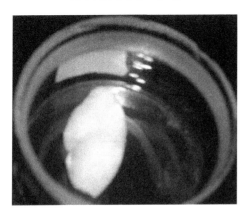

图 4-17 纯化后的酸性木榄叶多糖
（彩图请扫封底二维码）

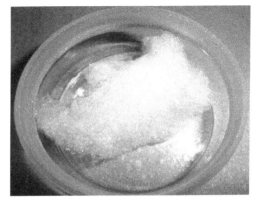

图 4-18 纯化后的中性木榄叶多糖
（彩图请扫封底二维码）

2. 木榄叶多糖的定性特征

蒽酮-硫酸反应与 Molisch 反应呈现阳性，说明有糖类物质存在，具有一般糖类的性质；碘-碘化钾反应呈现阴性，说明不含有淀粉类物质；三氯化铁反应呈现阴性，说明不含有酚类或鞣质；费林反应呈现阴性，说明不含有还原糖。

3. 木榄叶多糖的紫外光谱扫描

采用紫外分光光度计分别对二乙氨基乙基纤维素柱层析洗脱后的两个木榄叶多糖组分在 190~400nm 的范围进行波长扫描，结果显示两个组分在 200nm 波长附近有吸收峰，但在 260nm 波长处和 280nm 波长处没有吸收峰，说明不含蛋白质。

4. 木榄叶多糖的傅里叶变换红外光谱

红外光谱法是研究有机化合物分子结构的一种重要方法，也是研究糖类化合物结构必不可少的重要手段，运用红外光谱法，不仅可以清楚地了解各种糖的官能团的一些特征吸收，而且可以将它用于检测醛糖、呋喃糖环或吡喃糖环的构象，糖苷键的构型，以及鉴定一些多糖、糖肽、糖脂、糖蛋白的结构及构象（孙明礼，2008；田莹，2007）。例如，表 4-7 为糖类各官能团的特征吸收峰。根据红外光谱分析，木榄叶中性糖具有一般多糖的特征吸收峰，在 3410cm$^{-1}$ 附近出现一个较宽的峰形，为 O—H 伸缩振动的特征吸收峰；在 3000～2800cm$^{-1}$ 出现小峰，为 C—H 伸缩振动形成的；在 1637cm$^{-1}$ 附近出现的伸缩较明显的峰，为 C=O、C=N 伸缩振动形成的；在 1497cm$^{-1}$ 出现的峰可能是—NH 弯曲的变角振动引起的；在 1404cm$^{-1}$ 与 1264cm$^{-1}$ 出现的峰，可能是由 C—H 的变角振动引起的；在 1200～1060cm$^{-1}$ 的吸收峰为多糖中 C—O 键振动吸收引起的，是糖环的特征吸收；在 1070cm$^{-1}$ 和 1056cm$^{-1}$ 附近出现的吸收峰表明组成的单糖是 β-糖苷键型吡喃糖基，是 C—O 伸缩振动及糖环 C—OH 中 O—H 的变角振动形成的；在 880～800cm$^{-1}$ 出现的两个吸收峰，组成的单糖为吡喃环结构；在 870cm$^{-1}$ 附近出现的吸收峰，为 β-型甘露糖的特征吸收峰；在 600cm$^{-1}$ 处有吸收峰，说明含有葡萄糖残基。因此，木榄叶中性糖具有一般多糖的特征吸收峰。然而，对纯化的木榄叶酸性糖进行红外光谱分析可知，各类基团的伸缩峰不是很明显；在 3410cm$^{-1}$ 附近出现一个较宽的峰形，为 O—H 伸缩振动的特征吸收峰；在 2928cm$^{-1}$ 处的吸收峰为 C—H 伸缩振动形成的，表明其存在分子内或分子间的氢键；在 1744cm$^{-1}$ 处的吸收峰是 C=O 伸缩振动引起的；在 1624cm$^{-1}$ 处的吸收峰是 C=O 非对称的伸缩振动形成的；在 1200～1000cm$^{-1}$ 处的 3 个小吸收峰是由 C—O 伸缩振动引起的，其中 1126～1100cm$^{-1}$ 的峰形是 O—H 变角振动的结果。

表 4-7 糖类各官能团的特征吸收峰

| 振动方式 | 红外吸收/cm$^{-1}$ |
| --- | --- |
| O—H 伸缩振动 | 3600～3200 |
| C—H 伸缩振动 | 3000～2800 |
| C=O、C=N 伸缩振动 | 1637 |
| —NH 弯曲 | 1560 |
| 羟基 C=O 伸缩，—OH 弯曲 | 1471 |
| C—O 伸缩振动(C—O—H、C—O—C) | 1200～1000 |
| S=O 伸缩振动 | 1250 |
| C—O—S 伸缩振动(轴向配位) | 845 |
| C—O—S 伸缩振动(赤道配位) | 820 |

资料来源：张惟杰，2006；尹利昂，2009

5. 木榄叶多糖的总还原力

总还原力是用来衡量抗氧化物质提供电子能力的重要指标，它可以通过提供电子使自由基转变为稳定的物质，从而中断自由基的连锁反应(王丽华等，2008)。许多研究表明，活性成分抗氧化的活性与总还原力有着较大的关系。由图 4-19 可知，随着木榄叶多糖浓度的增加，在 700nm 波长处的吸光度升高，说明木榄叶多糖的总还原力是随着多糖浓度的增大而逐渐增强的。

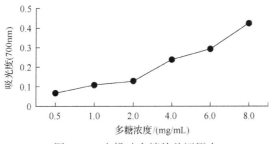

图 4-19　木榄叶多糖的总还原力

6. 木榄叶多糖对邻苯三酚自氧化速率的影响

超氧阴离子自由基在人体含量的多少与人体健康有着较大的关系。当超氧阴离子自由基含量较少时，它对进入人体的有害菌有部分杀灭作用；但是当超氧阴离子自由基在人体中大量累积时，就会破坏人体内健康的细胞，致使机体产生疾病，引起机体的衰老（王宗君和廖丹葵，2010）。在波长 325nm 处每隔 0.5min 测定一次吸光度，连续测定 4min，由此得到的邻苯三酚自氧化速率如图 4-20 所示。

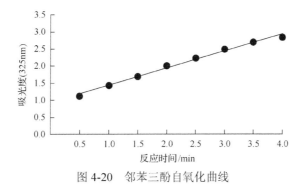

图 4-20　邻苯三酚自氧化曲线

由图 4-21 可知，不同浓度的木榄叶多糖对邻苯三酚的自氧化都存在不同程度的抑制作用。随着木榄叶多糖浓度的不断增加，它对邻苯三酚自氧化的抑制作用就越明显。在反应初期，木榄叶多糖对邻苯三酚自氧化的抑制速率较高，随着邻苯三酚的消耗，反应时间的增加，曲线变得平缓。

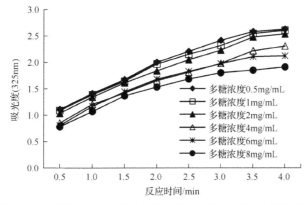

图 4-21　不同浓度的木榄叶多糖对邻苯三酚自氧化速率的影响

7. 木榄叶多糖的清除能力

(1)对超氧阴离子自由基的清除率

图 4-22 为不同浓度木榄叶多糖对超氧阴离子自由基的清除状况。随着木榄叶多糖浓度的增加，其对超氧阴离子自由基的清除率升高；当多糖浓度达到 8mg/mL 时，对超氧阴离子自由基的清除率达到 34.5%。

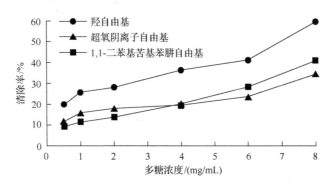

图 4-22　木榄叶多糖对超氧阴离子自由基、羟自由基和 1,1-二苯基苦基苯肼自由基的清除作用

(2)对羟自由基的清除率

羟自由基是对机体危害最大的自由基，即是已知的氧化性最强的自由基，它可以直接作用于各种生物膜，对生物膜造成损害，反应速度快，继而使机体产生疾病。由图 4-22 可知，木榄叶多糖对羟自由基具有比较好的清除能力。随着木榄叶多糖浓度的增加，其对羟自由基的清除率升高，呈现正增长关系；当木榄叶多糖浓度达到 8mg/mL 时，对羟自由基的清除率达到 59.5%。

(3)对 1,1-二苯基苦基苯肼自由基的清除率

1,1-二苯基苦基苯肼自由基是一类比较稳定的芳香类自由基,在无水乙醇中呈现出紫色，其褪色程度与其所接受的电子多少成一定的比例关系。1,1-二苯基苦基苯肼自由基获得电子被还原得越多，自由基清除率就越高(田莹，2007)。由图 4-22 可知，随着多糖浓度的升高，其对 1,1-二苯基苦基苯肼自由基的清除能力逐渐增强；当木榄叶多糖浓度达到 8mg/mL 时，对 1,1-二苯基苦基苯肼自由基的清除率达 41%。

(三)小结

对木榄叶多糖的粗提物与纯化物的外观进行了比较，发现粗提物脱色前为浅棕色絮状固体，脱色后为淡黄白絮状固体，纯化后为白色絮状固体，在空气中均容易受潮。对木榄叶多糖纯化物进行颜色反应，发现其不含有鞣质、酚类物质和还原糖。木榄叶中性糖的糖苷键以 β-型为主，具有吡喃糖环的结构，初步推测由半乳糖、甘露糖等单糖构成；而酸性糖不存在吡喃糖环结构，只具有 O—H、C—H、C=O 等一些糖类官能团结构。木榄叶多糖具有较好的总还原力和抗氧化能力，且随着多糖浓度升高，总还原力和抗氧化能力增强。

### 三、木榄胚轴化学成分预实验

（一）实验方法

1. 提取液的制备

（1）水提取液

取木榄胚轴粉末 20g，置于烧杯中，加入蒸馏水 400mL，超声波功率 300W、提取 20min。将得到的粗提液过滤，滤液减压蒸馏后得浸膏，加水恢复至原重后进行成分检测。

（2）石油醚提取液

取木榄胚轴粉末 2g，置于烧杯中，加入石油醚（60～90℃）20mL，放置 2～3h 后过滤，滤液减压蒸馏后得浸膏，加水恢复至原重后进行成分检测。

（3）乙醇提取液

取木榄胚轴粉末 15g，置于烧杯中，加入无水乙醇 150mL，超声波功率 350W、提取 30min。将得到的粗提液过滤，滤液减压蒸馏后得浸膏，加水恢复至原重后进行成分检测。

2. 化学成分预实验

水、石油醚和乙醇 3 种提取液中化学成分预实验方法参照有关文献进行，具体方法如表 4-8 所示（裴月湖，2016）。

表 4-8 木榄胚轴提取液化学成分的预实验

| 提取方法 | 待测成分 | 实验方法 | 具体步骤 |
| --- | --- | --- | --- |
| 水提取 | 糖及苷类 | 费林试剂 | 还原糖：取提取液 1mL，加入新配制的费林试剂 1mL，沸水浴上加热 5min，观察是否产生砖红色沉淀 |
| | | 糖及苷类测定 | 多糖或苷类：取 1mL 水提取液加 1mL 10%盐酸，煮沸 10min，冷却后调节 pH 至中性，并检查还原反应。若水提取液未经水解前呈负反应，经水解后呈正反应，说明有多糖 |
| | | α-萘酚实验 | 取水提取液 1mL，加入 5% α-萘酚乙醇溶液 3 滴，振摇均匀后，沿试管壁缓缓加入 0.5mL 浓硫酸，观察在浓硫酸接触面是否产生紫色环 |
| | 氨基酸、蛋白质 | 茚三酮实验 | 取水提取液 1mL，加入 0.2%茚三酮乙醇溶液 2～3 滴，在沸水中加热 5min，观察溶液的颜色 |
| | | 双缩脲反应 | 取 1%硫酸铜溶液与 40%氢氧化钠溶液等量混合，取 1mL 水提取液，加入上述试剂，振摇，冷时呈紫红色，表明可能有蛋白质或肽 |
| | 皂苷 | 磷钼酸反应 | 将石油醚提取液点在滤纸上，喷洒 25%磷钼酸乙醇溶液后，将纸片放在 115℃烘箱中 2min，对油脂、三萜或固醇等反应呈蓝色，背景为黄绿色或藏青色 |
| | | 三氯甲烷-浓硫酸反应 | 取提取液少量用 1mL 三氯甲烷溶解，加 1mL 浓硫酸，若三氯甲烷层有红色或者青色反应，浓硫酸层有绿色荧光出现，表明含有甾体或三萜 |
| 水提取、乙醇提取 | 酚类和鞣质 | 三氯化铁实验 | 取提取液 1mL，加入 1%三氯化铁乙醇溶液，观察溶液颜色 |
| | | 香草醛-盐酸反应 | 将样品点在纸片上，喷洒香草醛盐酸试剂，观察颜色变化 |
| | | 鞣质沉淀反应 | 水提取液加入含 0.5%明胶的 10%氯化钠溶液，观察是否产生白色沉淀 |
| | 有机酸 | pH 试纸法 | 取 pH 试纸，用玻棒将提取液滴于 pH 试纸上，测定提取液 pH |
| | | 溴酚蓝反应 | 将提取液滴于滤纸上，喷洒 0.1%溴酚蓝乙醇溶液，观察滤纸颜色变化 |

续表

| 提取方法 | 待测成分 | 实验方法 | 具体步骤 |
|---|---|---|---|
| 水提取、乙醇提取 | 黄酮 | 盐酸-镁粉实验 | 取提取液 1mL，加入适量镁粉，再加入浓盐酸 3 滴，于沸水浴中加热，观察在 2min 内溶液颜色的变化情况 |
| | | 三氯化铝试剂 | 将提取液滴于滤纸上，喷洒 1%三氯化铝乙醇溶液，干燥后在紫外荧光灯下观察是否有荧光 |
| | | 浓氨水试剂 | 将提取液滴于滤纸上，干燥后，将滤纸在浓氨水瓶上熏，置于荧光下观察颜色变化 |
| 乙醇提取 | 强心苷 | 3,5-二硝基苯甲酸反应 | 取 1mL 乙醇浸提液，加入碱性 3,5-二硝基苯甲酸试剂 3～4 滴，观察是否产生红色或红紫色反应 |
| | | 碱性苦味酸 | 取样品醇液 1mL，加入碱性苦味酸试剂数滴，观察颜色变化 |
| 乙醇提取、石油醚提取 | 甾体 | 三氯甲烷-浓硫酸反应 | 取样品残渣用 1mL 三氯甲烷溶解，加 1mL 浓硫酸，分别观察三氯甲烷层和浓硫酸层的颜色变化 |
| | | 磷钼酸试剂 | 滴提取液于滤纸片上，喷洒 5%磷钼酸乙醇溶液，120℃烘干 2min，观察斑点颜色 |
| 乙醇提取 | 香豆素、内酯 | 内酯化合物的开环和闭环反应 | 取样品溶液 1mL，加 1%氢氧化钠溶液 2mL，在沸水浴中加热 4min，液体比未加热前清晰很多，再加入 2%盐酸酸化后，液体变浑浊 |
| | | 三氯化铁溶液 | 向样品的水溶液中加入 1%三氯化铁溶液数滴，呈蓝绿色，若再加入氨水，转为污红色 |
| | 生物碱 | 沉淀反应 | 碘-碘化钾试剂：取提取液 1mL，滴加几滴碘-碘化钾试剂，观察是否有沉淀产生 |
| | | | 苦味酸试剂：取提取液 1mL，加入 2 滴苦味酸试剂，观察是否有沉淀产生 |
| | | | 磷钼酸试剂：此试剂在中性或酸性溶液中与生物碱生成黄或褐黄色沉淀 |
| 石油醚提取 | 挥发油 | 油斑反应 | 取石油醚提取液滴于滤纸上，观察是否有油斑，加热后是否挥发。将石油醚提取液 1mL 置于玻璃皿上室温挥发，观察是否有油状残渣及特异气味，受热后油状物是否减少 |
| | | 磷钼酸试剂 | 滴提取液于滤纸片上，喷洒 5%磷钼酸乙醇溶液，120℃烘干 2min，观察斑点颜色 |

## (二)结果与分析

木榄胚轴水、石油醚和乙醇 3 种提取液化学成分的预实验结果如表 4-9 所示。

**表 4-9　木榄胚轴提取液化学成分的预实验结果**

| 提取方法 | 待检测成分 | 实验项目 | 实验现象 | 含量 | 实验结果 |
|---|---|---|---|---|---|
| 水提取 | 酚类 | 三氯化铁 | 滤纸上没有墨绿色斑点 | − | 含酚类 |
| | | 香草醛-盐酸 | 滤纸上出现红色斑点 | ++ | |
| | | 明胶反应 | 白色沉淀 | +++ | |
| | 黄酮 | 浓氨水 | 滤纸上出现黄色荧光斑点 | ++ | 含黄酮 |
| | | 三氯化铝 | 滤纸上出现黄色荧光斑点 | ++ | |
| | 糖类 | 费林反应 | 反应出现少量砖红色沉淀 | + | 含还原糖类物质 |
| | | α-萘酚试剂反应 | 加入浓 $H_2SO_4$ 1mL 后，试液与浓硫酸交界面形成紫色环，振荡后颜色变深并发热 | + | |

续表

| 提取方法 | 待检测成分 | 实验项目 | 实验现象 | 含量 | 实验结果 |
|---|---|---|---|---|---|
| 水提取 | 皂苷 | 磷钼酸反应 | 滤纸上出现蓝色斑点，背景为黄绿色 | - | 不含皂苷类物质 |
| | 氨基酸和蛋白质 | 双缩脲反应 | 反应后无紫红色现象 | - | 不含氨基酸、多肽和蛋白质类物质 |
| | | 茚三酮反应 | 冷却后无明显的蓝紫色现象 | - | |
| | 有机酸 | 溴酚蓝指示剂 | 滤纸上出现黄色斑点 | | 可能含有机酸 |
| | | pH | 5.5 | + | |
| 石油醚提取 | 萜类、甾体 | 磷钼酸反应 | 滤纸上出现蓝色斑点 | +++ | 可能含萜类和甾体，但含量较低 |
| | | 三氯甲烷-浓硫酸反应 | 三氯甲烷层无红或青色反应，硫酸层无绿色荧光 | | |
| | 挥发油与油脂 | 油斑检查 | 滤纸上斑点挥发消失 | +++ | 含挥发油和油脂 |
| | | 磷钼酸反应 | 滤纸上出现蓝色斑点 | +++ | |
| 乙醇提取 | 黄酮 | 三氯化铝 | 滤纸上出现黄色荧光斑点 | + | 含黄酮 |
| | | 浓氨水 | 滤纸上出现黄色荧光斑点 | + | |
| | | 盐酸镁粉 | 反应后出现红色 | ++ | |
| | 醌类 | 0.5%乙酸镁甲醇溶液 | 滤纸上出现黄色荧光斑点 | + | 含醌类 |
| | | 硼酸 | 滤纸上出现黄色荧光斑点 | ++ | |
| | 酚类 | 三氯化铁 | 反应后出现黑色沉淀 | ++ | 含酚类 |
| | | 香草醛-盐酸 | 反应后出现红色 | ++ | |
| | 有机酸 | 溴酚蓝指示剂 | 滤纸上出现黄色斑点 | ++ | 含有机酸 |
| | | pH | 5.5 | + | |
| | 生物碱 | 碘-碘化钾试剂 | 反应后出现棕色沉淀 | - | 不含有生物碱 |
| | | 苦味酸试剂 | 反应后出现黄色沉淀 | - | |
| | 香豆素、萜类内酯化合物 | 开环与闭环反应 | 滴加1%氢氧化钠溶液后，液体澄清；再加入2%氯化氢后，液体出现浑浊 | ++ | 可能含少量香豆素与萜类内酯化合物 |
| | | 三氯化铁溶液 | 喷洒试剂Ⅰ、Ⅱ后经氨水熏蒸，滤纸呈现砖红色，最后褪色 | + | |
| | 强心苷 | 3,5-二硝基苯甲酸试剂 | 滤纸上出现黄色斑点，没有紫红色斑点 | - | 可能含少量强心苷 |
| | | 三氯乙酸试剂 | 滤纸上出现黄色荧光斑点 | + | |
| | | 苦味酸试剂 | 反应后仍为黄色，没有出现红色 | - | |

注：-表示没有，+表示较少，++表示较多，+++表示多

(三) 小结

根据化学成分预实验结果可知，木榄胚轴的水提取液中含有酚类、黄酮、还原糖类物质，可能含有机酸，未检出氨基酸、蛋白质、皂苷；乙醇提取液中含有黄酮、醌类、酚类、有机酸，可能含有少量香豆素与萜类内酯化合物和强心苷，未检出生物碱；石油醚提取液中含有油脂或挥发油，可能含有萜类和甾体，但含量较低。

#### 四、木榄胚轴降糖活性部位有效成分的提取

（一）实验方法

1. 供试样品的制备

准确量取木榄胚轴粉 20g，用 300mL 的 95%乙醇采用超声波辅助提取法进行提取。提取的条件为：超声波功率 350W、提取时间 20min、提取 2 次，合并提取液，减压浓缩成浸膏，然后加蒸馏水定容至 100mL，取 20mL 作为母液。剩余液体采用液液萃取的方法，依次采用石油醚、正己烷、乙酸乙酯、正丁醇进行萃取，萃余液为水相。最后将所得的 6 种液体蒸发浓缩后，加 95%乙醇定容到 20mL，作为降糖活性初筛的样品。空白对照为 95%乙醇溶液。

2. 溶液的配制

（1）α 淀粉酶溶液

称取 0.1g α 淀粉酶放入 100mL 容量瓶后，用 pH 6.9 磷酸盐缓冲液定容，过 0.22μm 微孔滤膜。

（2）人唾液淀粉酶溶液

用蒸馏水漱口后含一口蒸馏水，放入烧杯中，取 2mL，然后用 pH 6.9 磷酸盐缓冲液稀释 50 倍，过 0.22μm 微孔滤膜。

（3）可溶性淀粉溶液

称取可溶性淀粉 0.20g，放入小烧杯中，加入少许蒸馏水并搅拌均匀；另外称取苯甲酸 4.3g、磷酸二氢钠 13.3g，放入盛有 250mL 蒸馏水的 500mL 烧杯中，煮沸后将淀粉混悬液倒入，并用蒸馏水洗涤装淀粉混悬液的烧杯数次。继续煮沸 1min，冷却至室温后定容至 500mL，即得到 0.04%可溶性淀粉溶液。1%和 1.5%可溶性淀粉溶液的配制方法同理。使用时，可溶性淀粉溶液先过 0.22μm 微孔滤膜除去杂质。

（4）3,5-二硝基水杨酸试剂（DNS）的配制

称取 3,5-二硝基水杨酸 1.625g，加入 2mol/L 氢氧化钠溶液 81.25mL、丙三醇 11.25g，摇匀，加水定容至 250mL，待全部溶解和澄清后，冷却至室温，置棕色试剂瓶中保存备用。

（5）碘染色液

称取碘 11g、碘化钾 22g，混合后先用少量蒸馏水溶解，再加水定容至 500mL，置棕色试剂瓶在 4℃条件下储存；取碘液 2mL，加入碘化钾 20g，加蒸馏水溶解，定容至 500mL，置棕色试剂瓶中保存备用。

（6）盐酸小檗碱溶液

取盐酸小檗碱片 20 片，称重为 3.254g，以每片含量 0.100g 计算得盐酸小檗碱含量为 61.46%。将药片研磨成粉末，分别称取 0.8135g、0.0814g 和 0.0081g，定容至 100mL，配制浓度为 5mg/mL、0.5mg/mL 和 0.05mg/mL 的溶液。

（7）阿卡波糖溶液

取阿卡波糖片 20 片，称重为 2.7624g，以每片含量 0.0500g 计算得阿卡波糖含量为 36.20%。将药片研磨成粉末，分别称取 0.2762g、0.0276g、0.0028g，定容至 100mL，配制浓度为 1mg/mL、0.1mg/mL、0.01mg/mL 的溶液。

### 3. 淀粉酶活性的抑制实验

淀粉酶与底物淀粉发生酶解反应可使淀粉转变成寡糖，底物淀粉便失去与碘染液呈蓝色反应的能力。木榄胚轴提取物中的 α 淀粉酶抑制剂活性和含量越高，对淀粉酶的抑制作用越强，则淀粉酶活性就越低，对淀粉的分解作用越小，残留的淀粉越多，底物与碘染液显色的量就越多。采用滤纸片法、打孔法和 3,5-二硝基水杨酸法作为淀粉酶抑制剂的筛选方法，测定木榄胚轴降糖活性的有效部位和有效成分。

（1）滤纸片法

取 1g 淀粉和 5g 琼脂混合均匀溶于 1000mL 蒸馏水，加热均匀后每个培养皿准确量取 20mL 倒平板，室温冷却。取 8mm 厚的滤纸，用打孔器打孔成直径为 9mm 的滤纸片，呈三角形放入平板，即成淀粉琼脂平板。将 3 种不同浓度的样品溶液 100mg/mL、50mg/mL、10mg/mL 分别与淀粉酶液等体积混合，37℃反应 20min，随后分别滴加 0.5mL 混合液于滤纸上，每种萃取相浸膏设置 3 个重复，置 32℃恒温培养箱中反应 24h，根据滤纸片周围有无透明圈及透明圈的大小即可判断萃取相浸膏中有无淀粉酶抑制剂及活性的高低。测量透明圈大小，记录数据进行筛选。

（2）打孔法

取淀粉 1g 和琼脂 5g 溶于 1000mL 蒸馏水中，加热后每个培养皿准确量取 20mL 倒平板，室温冷却后用直径约 9mm 的打孔器打孔，每个培养皿打 3 个，使洞呈等边三角形排列，即成淀粉琼脂平板。将 3 种不同浓度的样品溶液 100mg/mL、50mg/mL 和 10mg/mL 分别与淀粉酶液等体积混合，在 37℃条件下反应 20min，随后分别滴加 0.5mL 混合液于洞中，每种萃取相浸膏设置 3 个重复，置 32℃恒温培养箱反应 24h，根据筛选孔周围有无透明圈及透明圈的大小即可判断萃取相浸膏有无淀粉酶抑制剂及活性的高低。测量透明圈大小，记录数据进行筛选。

（3）3,5-二硝基水杨酸法

取 1mg/mL、pH 6.9 磷酸盐缓冲液配成的 α 淀粉酶溶液 0.25mL，与等量的待测供试样液在 37℃条件下反应 20min 后，加入 1.5%可溶性淀粉 0.5mL，在 37℃保温准确反应 5min 后加入 3,5-二硝基水杨酸试剂，沸水浴 5min，迅速冷却终止反应后稀释 10 倍，室温放置 20min，采用紫外分光光度计测定 540nm 波长处吸光度，记为 $OD_{样液}$。α 淀粉酶抑制率（$R$）由下式计算：

$$R = \frac{(OD_{max} - OD_{min}) - (OD_{样液} - OD_{本底基数})}{OD_{max} - OD_{min}} \times 100 \qquad (4\text{-}13)$$

式中，$OD_{max}$ 为以蒸馏水代替供试样液；$OD_{min}$ 为以磷酸盐缓冲液代替 α 淀粉酶液，蒸馏水代替供试样液；本底基数组为加入可溶性淀粉溶液后直接加入 3,5-二硝基水杨酸试剂并沸水浴，其 OD 值，记为 OD$_{本底基数}$。

4. 降糖活性部位的化学成分预实验

通过打孔法、滤纸片法和 3,5-二硝基水杨酸法追踪木榄胚轴降糖活性部位的有效成分，参照裴月湖(2016)的方法对其进行化学成分预实验。

5. 降糖活性部位有效成分的提取

(1)单因素实验

主要研究超声波功率、乙醇浓度、提取时间、提取温度 4 个因素对木榄胚轴降糖活性部位有效成分提取率的影响。

1)基本提取工艺：以 95%乙醇作为溶剂，提取时间 30min，提取温度 30℃，料液比 1∶15，超声波频率为 45kHz，提取 2 次，合并提取液，采用 3,5-二硝基水杨酸法在 540nm 波长处测定吸光度，进行降糖活性测定，然后计算出不同提取工艺下提取液对 α 淀粉酶和唾液淀粉酶的抑制率，从而判断该提取条件的优劣。

2)超声波功率对降糖活性部位有效成分提取率的影响：在基本提取工艺条件下，分别选取超声波功率为 200W、250W、300W、350W、400W、450W，进行超声波功率的单因素实验。

3)乙醇浓度对降糖活性部位有效成分提取率的影响：在基本提取工艺条件下，选用超声波功率 350W，分别选取乙醇浓度为 15%、30%、45%、65%、80%、95%，进行乙醇浓度的单因素实验。

4)提取时间对降糖活性部位有效成分提取率的影响：选用 95%乙醇，超声波功率 350W，在基本提取工艺条件下，分别选取提取时间为 10min、15min、20min、25min、30min、35min，进行提取时间的单因素实验。

5)提取温度对降糖活性部位有效成分提取率的影响：选用 95%乙醇，超声波功率 350W，提取时间 30min，在基本提取工艺条件下，分别选取提取温度为 20℃、30℃、40℃、50℃、60℃、70℃，进行提取温度的单因素实验。

(2)正交试验

根据单因素实验的结果，选用乙醇浓度、超声波功率、提取时间、提取温度，进行四因素三水平的正交试验，通过极差分析和方差分析，优化提取条件，进而获得最佳的提取工艺。

(二)结果与分析

1. 木榄胚轴的降糖效果

(1)滤纸片法

采用滤纸片法测定样品及阳性对照对 α 淀粉酶和唾液淀粉酶的抑制作用，其结果如表 4-10、图 4-23 和图 4-24 所示。两种淀粉酶，采用滤纸片法，与阳性对照阿卡波糖相比具有降糖效果的有效相均为水相、母液和正丁醇相。从样品所用的 3 个浓度来看均具有剂量效应关系。同时，当样品浓度为 1g/mL 时，最好的有效相水相对 α 淀粉酶抑制后的透明圈直径为 1.6cm，对唾液淀粉酶的为 1.3cm，而同样浓度阿卡波糖的为 1.9cm，5g/mL 盐酸小檗碱的为 2.2cm，正己烷相、乙酸乙酯相有较弱的抑制作用，可见水相样品对淀粉酶的活性具有较强的抑制作用。与空白对照相比可知，低浓度石油醚相没有抑制作用。

表 4-10 样品对淀粉酶的抑制作用(透明圈直径) （单位：cm）

| 样品 | 浓度/(g/mL) | 滤纸片法 | | 打孔法 | |
|---|---|---|---|---|---|
| | | α 淀粉酶 | 唾液淀粉酶 | α 淀粉酶 | 唾液淀粉酶 |
| 空白对照 | * | 2.4 | 2.2 | 2.4 | 2.4 |
| | * | 2.4 | 2.2 | 2.4 | 2.4 |
| | * | 2.4 | 2.2 | 2.4 | 2.4 |
| 石油醚相 | 1.0 | 2.3 | 2.1 | 2.2 | 2.2 |
| | 0.5 | 2.4 | 2.1 | 2.2 | 2.3 |
| | 0.1 | 2.4 | 2.1 | 2.3 | 2.4 |
| 正己烷相 | 1.0 | 2.2 | 2.0 | 2.1 | 2.1 |
| | 0.5 | 2.2 | 2.1 | 2.1 | 2.2 |
| | 0.1 | 2.3 | 2.1 | 2.2 | 2.2 |
| 乙酸乙酯相 | 1.0 | 2.3 | 2.0 | 1.9 | 2.1 |
| | 0.5 | 2.3 | 2.1 | 2.0 | 2.1 |
| | 0.1 | 2.3 | 2.1 | 2.1 | 2.2 |
| 正丁醇相 | 1.0 | 1.9 | 1.7 | 1.8 | 1.9 |
| | 0.5 | 2.0 | 1.9 | 1.9 | 1.9 |
| | 0.1 | 2.2 | 2.0 | 2.1 | 2.0 |
| 水相 | 1.0 | 1.6 | 1.3 | 1.8 | 1.8 |
| | 0.5 | 1.7 | 1.4 | 1.9 | 1.9 |
| | 0.1 | 2.0 | 1.8 | 1.9 | 2.0 |
| 母液 | 1.0 | 1.7 | 1.9 | 2.0 | 2.0 |
| | 0.5 | 1.9 | 2.0 | 2.0 | 2.0 |
| | 0.1 | 2.1 | 2.1 | 2.1 | 2.1 |
| 盐酸小檗碱 | 5.0 | 2.2 | 1.8 | 2.0 | 2.0 |
| | 0.5 | 2.3 | 2.0 | 2.1 | 2.1 |
| | 0.05 | 2.4 | 2.0 | 2.2 | 2.1 |
| 阿卡波糖 | 1.0 | 1.9 | 1.7 | 1.8 | 1.9 |
| | 0.1 | 2.1 | 1.8 | 1.9 | 2.0 |
| | 0.01 | 2.3 | 2.0 | 2.0 | 2.1 |

注：*为 95%的乙醇溶液

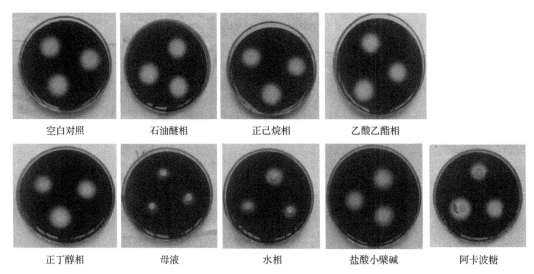

图 4-23　样品对 α 淀粉酶的抑制作用(滤纸片法)(彩图请扫封底二维码)

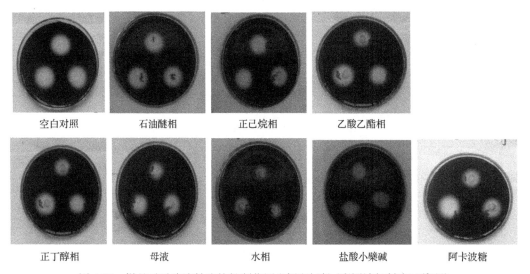

图 4-24　样品对唾液淀粉酶的抑制作用(滤纸片法)(彩图请扫封底二维码)

(2)打孔法

采用打孔法测定样品及阳性对照对 α 淀粉酶和唾液淀粉酶的抑制作用，结果见表 4-10、图 4-25 和图 4-26。两种淀粉酶，采用打孔法，与阳性对照阿卡波糖相比具有降糖效果的有效相均为水相、正丁醇相和母液。从样品所用的 3 个浓度来看均具有剂量效应关系。同时，当样品浓度为 1g/mL 时，有效相水相、正丁醇相和阿卡波糖对 α 淀粉酶抑制后的透明圈直径均为 1.8cm，母液为 2.0cm；对唾液淀粉酶的分别为 1.8cm、1.9cm、1.9cm、2.0cm；正己烷相、乙酸乙酯相、盐酸小檗碱对两种酶均有一定的抑制作用，可见水相样品对淀粉酶的活性具有较强的抑制作用。与空白对照相比可知，石油醚相没有抑制作用。

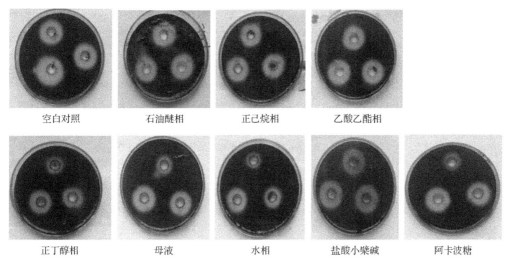

图 4-25 样品对 α 淀粉酶的抑制作用(打孔法)(彩图请扫封底二维码)

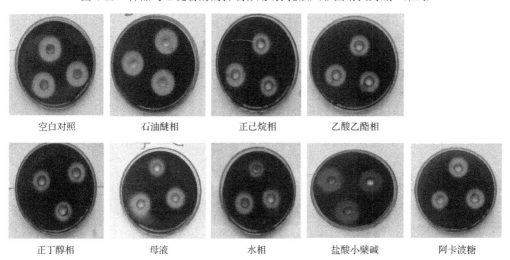

图 4-26 样品对唾液淀粉酶的抑制作用(打孔法)(彩图请扫封底二维码)

(3) 3,5-二硝基水杨酸法

复筛采用 3,5-二硝基水杨酸法测定各样品的降糖活性,结果如表 4-11、图 4-27 所示。进行 $t$ 检验可知,高、中、低浓度的正丁醇相、水相、母液与阿卡波糖阳性对照相比无显著性差异,说明其为降糖活性的有效相。石油醚相、正己烷相、乙酸乙酯相与阿卡波糖阳性对照相比有极显著性差异($P<0.01$),说明它们的降糖效果差。

表 4-11 样品对 α 淀粉酶的抑制作用($\bar{X} \pm S$,$n=3$)

| 样品 | 浓度/(g/mL) | 抑制率/% | 样品 | 浓度/(g/mL) | 抑制率/% |
|---|---|---|---|---|---|
| 石油醚相 | 1 | 18.23±0.62 | 水相 | 1 | 69.29±0.76 |
| | 0.5 | 13.23±0.73 | | 0.5 | 50.52±0.64 |
| | 0.1 | 8.36±0.87 | | 0.1 | 37.50±0.45 |

续表

| 样品 | 浓度/(g/mL) | 抑制率/% | 样品 | 浓度/(g/mL) | 抑制率/% |
|------|------------|----------|------|------------|----------|
| 正己烷相 | 1 | 22.78±0.80 | 母液 | 1 | 62.14±0.95 |
| | 0.5 | 17.50±0.24 | | 0.5 | 48.57±0.45 |
| | 0.1 | 12.86±0.48 | | 0.1 | 35.41±0.79 |
| 乙酸乙酯相 | 1 | 36.79±1.07 | 盐酸小檗碱 | 0.005 | 36.67±1.69 |
| | 0.5 | 23.21±0.54 | | 0.000 5 | 21.43±1.45 |
| | 0.1 | 16.54±0.37 | | 0.000 05 | 15.76±1.46 |
| 正丁醇相 | 1 | 58.57±0.56 | 阿卡波糖 | 0.001 | 57.67±0.96 |
| | 0.5 | 41.42±0.86 | | 0.000 1 | 45.36±0.82 |
| | 0.1 | 33.57±0.54 | | 0.000 01 | 35.64±1.21 |

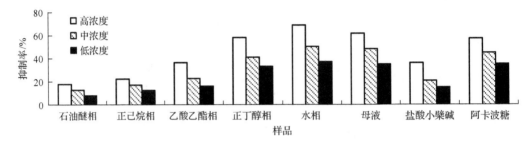

图 4-27　样品对 α 淀粉酶的抑制率

2. 木榄胚轴活性部位化学成分的预实验结果

取对 α 淀粉酶抑制作用最大的 3 种木榄胚轴提取液（母液、水相和正丁醇相）进行化学成分预实验，可为进一步研究木榄胚轴的活性部位提供依据，其结果如表 4-12 所示。

表 4-12　木榄胚轴活性部位化学成分的预实验结果

| 样品 | 待检测成分 | 实验项目 | 实验现象 | 含量 | 实验结果 |
|------|-----------|----------|----------|------|----------|
| 母液 | 酚类 | 三氯化铁 | 试剂呈墨绿色 | ++ | 含酚类和鞣质 |
| | | 香草醛-盐酸 | 滤纸上出现红色斑点 | +++ | |
| | | 明胶反应 | 白色沉淀 | +++ | |
| | 黄酮 | 浓氨水 | 滤纸上出现黄色荧光斑点 | ++ | 含黄酮 |
| | | 三氯化铝 | 滤纸上出现黄色荧光斑点 | + | |
| | | 乙酸镁试剂 | 滤纸上出现黄色荧光 | ++ | |
| | 糖类 | 费林反应 | 反应出现砖红色沉淀 | ++ | 含还原糖类物质 |
| | | α-萘酚试剂反应 | 加入浓 $H_2SO_4$ 后，试液与浓硫酸交界面形成紫色环，振荡后颜色变深并发热 | + | |
| | 皂苷 | 磷钼酸反应 | 滤纸上出现蓝色，背景是黄绿色 | − | 不含皂苷类物质 |
| | | 三氯甲烷-浓硫酸反应 | 三氯甲烷层无红或青色反应，硫酸层无绿色荧光 | − | |

续表

| 样品 | 待检测成分 | 实验项目 | 实验现象 | 含量 | 实验结果 |
|---|---|---|---|---|---|
| 母液 | 氨基酸和蛋白质 | 双缩脲反应 | 反应后无紫红色现象 | − | 不含氨基酸、多肽和蛋白质类物质 |
| | | 茚三酮反应 | 冷却后无明显蓝紫色现象 | − | |
| | 有机酸 | 溴酚蓝指示剂 | 滤纸上出现黄色斑点 | ++ | 含有机酸 |
| | | pH | 6.0 | + | |
| | 醌类 | 0.5%乙酸镁甲醇溶液 | 滤纸上出现黄色荧光斑点 | ++ | 含醌类 |
| | | 硼酸 | 滤纸上出现黄色荧光斑点 | + | |
| | 香豆素、萜类内酯化合物 | 开环与闭环反应 | 滴加 1% NaOH 溶液后,液体澄清;再加入 2%氯化氢后,液体出现浑浊 | ++ | 含香豆素与萜类内酯化合物 |
| | | 三氯化铁溶液 | 加 1%三氯化铁呈蓝绿色,加氨水呈污红色 | ++ | |
| | 强心苷 | 三氯化铁溶液 | 加 1%三氯化铁呈蓝绿色,加氨水呈污红色 | ++ | 可能含有强心苷 |
| | | 3,5-二硝基苯甲酸反应 | 滤纸上出现浅红色 | + | |
| | | 碱性苦味酸 | 反应有不明显的红色 | − | |
| 水相 | 酚类 | 三氯化铁 | 反应后出现墨绿色 | ++ | 含酚类和鞣质 |
| | | 香草醛-盐酸 | 滤纸上出现红色斑点 | ++ | |
| | | 明胶反应 | 白色沉淀 | + | |
| | 黄酮 | 浓氨水 | 滤纸上出现黄色荧光斑点 | ++ | 含黄酮 |
| | | 三氯化铝 | 滤纸上出现黄色荧光斑点 | ++ | |
| | | 乙酸镁试剂 | 滤纸上出现黄色荧光 | ++ | |
| | 糖类 | 费林反应 | 反应出现少量砖红色沉淀 | ++ | 含还原糖类物质 |
| | | α-萘酚试剂反应 | 加入浓 $H_2SO_4$ 后,试液与浓硫酸交界面形成紫色环,振荡后颜色变深并发热 | + | |
| | 皂苷 | 磷钼酸反应 | 滤纸上出现蓝色,背景是黄绿色 | − | 不含皂苷类物质 |
| | | 三氯甲烷-浓硫酸反应 | 三氯甲烷层无红或青色反应,硫酸层无绿色荧光 | − | |
| | 氨基酸和蛋白质类 | 双缩脲反应 | 反应后无紫红色现象 | − | 不含氨基酸、多肽和蛋白质类物质 |
| | | 茚三酮反应 | 冷却后无明显的蓝紫色现象 | − | |
| | 有机酸 | 溴酚蓝指示剂 | 滤纸上出现黄色斑点 | − | 可能含有机酸 |
| | | pH | 5.5 | + | |
| 正丁醇相 | 酚类 | 三氯化铁 | 试剂呈墨绿色 | ++ | 含酚类和鞣质 |
| | | 香草醛-盐酸 | 滤纸上出现红色斑点 | ++ | |
| | | 明胶反应 | 白色沉淀 | + | |
| | 黄酮 | 浓氨水 | 滤纸上出现黄色荧光斑点 | ++ | 含黄酮 |
| | | 三氯化铝 | 滤纸上出现黄色荧光斑点 | + | |
| | | 乙酸镁试剂 | 滤纸上出现黄色荧光 | ++ | |

| 样品 | 待检测成分 | 实验项目 | 实验现象 | 含量 | 实验结果 |
|---|---|---|---|---|---|
| 正丁醇相 | 糖类 | 费林反应 | 反应无砖红色沉淀 | − | 可能含还原糖类物质 |
| | | α-萘酚试剂反应 | 加入浓 $H_2SO_4$ 后，试液与浓硫酸交界面形成紫色环，振荡后颜色变深并发热 | + | |
| | 皂苷 | 磷钼酸反应 | 滤纸上出现蓝色，背景是黄绿色 | − | 不含皂苷类物质 |
| | | 三氯甲烷-浓硫酸反应 | 三氯甲烷层无红或青色反应，硫酸层无绿色荧光 | − | |
| | 氨基酸、多肽和蛋白质类 | 双缩脲反应 | 反应后无紫红色现象 | − | 不含氨基酸、多肽和蛋白质类物质 |
| | | 茚三酮反应 | 冷却后无明显蓝紫色现象 | − | |
| | 有机酸 | 溴酚蓝指示剂 | 滤纸上出现黄色斑点 | ++ | 含有机酸 |
| | | pH | 6.0 | + | |
| | 醌类 | 0.5%乙酸镁甲醇溶液 | 滤纸上出现黄色荧光斑点 | ++ | 含醌类 |
| | | 硼酸 | 滤纸上出现黄色荧光斑点 | + | |
| | 香豆素、萜类内酯化合物 | 开环与闭环反应 | 滴加 1% NaOH 溶液后，液体澄清；再加入 2%氯化氢后，液体出现浑浊 | − | 不含香豆素与萜类内酯化合物 |
| | | 三氯化铁溶液 | 加 1%三氯化铁呈蓝绿色，加氨水呈污红色 | − | |
| | 强心苷 | 3.5-二硝基苯甲酸反应 | 滤纸上出现浅红色 | + | 可能含有强心苷 |
| | | 碱性苦味酸 | 反应呈橙色或橙红色 | − | |
| | 生物碱 | 苦味酸试剂 | 反应不产生黄色沉淀 | − | 不含生物碱 |
| | | 碘-碘化钾试剂 | 反应不产生棕色沉淀 | − | |
| | | 磷钼酸试剂 | 反应不产生黄褐色沉淀 | − | |

注：−表示各相不含该化学成分；+表示各相中该化学成分含量较少；++表示各相中该化学成分含量较多；+++表示各相中该化学成分含量多

由表 4-12 可知，母液中含有鞣质、黄酮、还原糖、醌类、有机酸和香豆素与萜类内酯化合物；水相中含有鞣质、黄酮、还原糖，可能含有机酸；正丁醇相中含有鞣质、黄酮、醌类、有机酸。

3. 木榄胚轴降糖活性部位有效成分的提取工艺

根据单因素实验，影响降糖有效成分降糖活性的主要因子有超声波功率、乙醇浓度、提取时间和提取温度。

(1)超声波功率对有效成分降糖活性的影响

采用不同超声波功率进行有效成分提取，以对 α 淀粉酶和唾液淀粉酶的抑制率作为指标，超声波功率对木榄胚轴有效成分降糖活性的影响如图 4-28 所示。其中，随着超声波功率增加，木榄胚轴有效成分对 α 淀粉酶和唾液淀粉酶抑制率表现出先增后减的趋势，超声波功率为 350W 时对 α 淀粉酶的抑制率最高。功率过高可能会破坏活性物质的活性导致抑制率降低，因此，提取时超声波功率选择在 350W 附近较好。

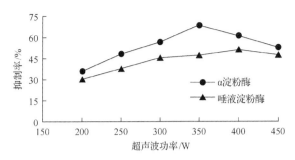

图 4-28　超声波功率对木榄胚轴有效成分降糖活性的影响

（2）乙醇浓度对有效成分降糖活性的影响

采用不同乙醇浓度进行有效成分提取，以对 α 淀粉酶和唾液淀粉酶的抑制率作为指标，乙醇浓度对木榄胚轴有效成分降糖活性的影响如图 4-29 所示。其中，当乙醇浓度较低时，木榄胚轴有效成分的 α 淀粉酶和唾液淀粉酶抑制率随着浓度的增加而升高，乙醇浓度为 60% 时最高。之后浓度继续增加，抑制率下降。因此，乙醇浓度选择在 60% 较好。

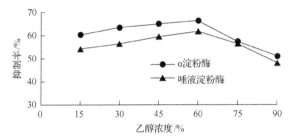

图 4-29　乙醇浓度对木榄胚轴有效成分降糖活性的影响

（3）提取时间对有效成分降糖活性的影响

采用不同的提取时间进行有效成分提取，以对 α 淀粉酶和唾液淀粉酶的抑制率作为指标，提取时间对木榄胚轴有效成分降糖活性的影响如图 4-30 所示。其中，随着时间增加，木榄胚轴有效成分对 α 淀粉酶和唾液淀粉酶抑制率在逐渐增加，提取时间为 30min 时最高。但当时间继续增加时，抑制率反而下降了，可能是由于杂质的增多影响了降糖活性。

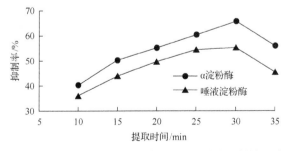

图 4-30　提取时间对木榄胚轴有效成分降糖活性的影响

（4）提取温度对有效成分降糖活性的影响

采用不同提取温度进行有效成分的提取实验，以对 α 淀粉酶和唾液淀粉酶的抑制率作为指标，结果如图 4-31 所示。其中，随着提取温度的升高，木榄胚轴有效成分的 α 淀粉酶和唾液淀粉酶抑制率稳步上升，提取温度为 50℃时最高。温度继续升高，抑制率有所回落，因此，应该选择 50℃左右的温度对有效成分进行提取。

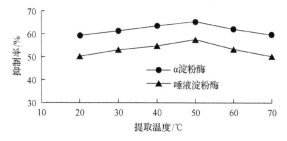

图 4-31　提取温度对木榄胚轴有效成分降糖活性的影响

根据单因素实验结果，选择超声波功率、乙醇浓度、提取时间、提取温度 4 种因素的 3 个水平按照 $L_9(3^4)$ 正交因素水平表(表 4-13)进行正交试验，其结果及极差分析如表 4-14 所示。

表 4-13　木榄胚轴降糖活性部位有效成分提取正交试验的因素水平

| 水平 | 因素 | | | |
| --- | --- | --- | --- | --- |
| | E | F | G | H |
| 1 | 300 | 50 | 25 | 40 |
| 2 | 350 | 60 | 30 | 50 |
| 3 | 400 | 70 | 35 | 60 |

注：E 表示超声波功率(W)，F 表示乙醇浓度(%)，G 表示提取时间(min)，H 表示提取温度(℃)；表 4-14 和表 4-15 同

表 4-14　木榄胚轴降糖活性部位有效成分提取正交试验及其极差分析结果

| 实验号 | 因素 | | | | α 淀粉酶抑制率/% |
| --- | --- | --- | --- | --- | --- |
| | E | F | G | H | |
| 1 | 1 | 1 | 1 | 1 | 62.89 |
| 2 | 1 | 2 | 2 | 2 | 65.43 |
| 3 | 1 | 3 | 3 | 3 | 60.47 |
| 4 | 2 | 1 | 2 | 3 | 71.19 |
| 5 | 2 | 2 | 3 | 1 | 67.34 |
| 6 | 2 | 3 | 1 | 2 | 68.68 |
| 7 | 3 | 1 | 3 | 2 | 65.36 |
| 8 | 3 | 2 | 1 | 3 | 62.78 |
| 9 | 3 | 3 | 2 | 1 | 69.43 |
| $K_1$ | 188.79 | 199.44 | 194.31 | 199.66 | |
| $K_2$ | 207.21 | 195.55 | 206.05 | 199.47 | |
| $K_3$ | 197.53 | 198.53 | 193.19 | 194.4 | |
| $\overline{K_1}$ | 62.93 | 66.48 | 64.78 | 66.55 | $T$=593.57 |
| $\overline{K_2}$ | 92.8 | 65.18 | 68.68 | 66.49 | |
| $\overline{K_3}$ | 65.86 | 66.19 | 64.39 | 64.81 | |
| $R$ | 6.140 | 1.310 | 4.293 | 1.753 | |

由表 4-14 可知，超声波功率对应的极差 $R$ 最大，为 6.140，可认为超声波功率对 $\alpha$ 淀粉酶抑制剂提取的影响最大，其他因素由大到小依次是提取时间、提取温度、乙醇浓度。各因素的最优水平为：超声波功率 350W、乙醇浓度 50%、提取时间 30min、提取温度 40℃。最优水平的组合为 $E_2F_1G_2H_1$。由表 4-15 可知，超声波功率和提取时间对木榄胚轴降糖活性部位有效成分提取的影响达到极显著水平，而提取温度达到显著水平，乙醇浓度的影响不显著。因此，超声波功率和提取时间是影响木榄胚轴降糖活性部位有效成分提取的主要因素。

表 4-15　木榄胚轴降糖活性部位有效成分提取正交试验方差分析

| 变异来源 | | 平方和 | 自由度 | 均方 | $F$ 值 | $F_a$ | 显著性 |
|---|---|---|---|---|---|---|---|
| 因素 | E | 2.28 | 2 | 1.14 | 228 | | ** |
| | F | 0.11 | 2 | 0.055 | 11 | $F_{0.05}(2, 2)=19$ | |
| | G | 1.36 | 2 | 0.68 | 136 | $F_{0.01}(2, 2)=99$ | ** |
| | H | 0.23 | 2 | 0.115 | 23 | | * |

注：*表示在 0.05 水平上差异显著，**表示在 0.01 水平上差异极显著

在确定最佳条件后，验证提取木榄胚轴降糖活性部位提取条件的可靠性和重复性，平行处理 5 份样品在最佳条件 $(E_2F_1G_2H_1)$ 下提取，然后测定 $\alpha$ 淀粉酶抑制率，验证最佳工艺，结果如表 4-16 所示。其中，在本实验的最佳条件下，5 个重复实验中对 $\alpha$ 淀粉酶的抑制率均值为 72.05%，高于正交试验任意一组对 $\alpha$ 淀粉酶的抑制率。而该重复性实验的标准差为 0.56，RSD 为 0.78%，可以证明最佳工艺条件具有良好的可靠性与重复性。

表 4-16　木榄胚轴降糖活性部位有效成分最佳提取工艺的验证实验

| 次数 | 1 | 2 | 3 | 4 | 5 | 平均值 | 标准差 | RSD |
|---|---|---|---|---|---|---|---|---|
| $\alpha$ 淀粉酶抑制率/% | 72.12 | 71.75 | 72.30 | 71.75 | 72.32 | 72.05 | 0.56 | 0.78 |

（三）小结

传统的降糖活性研究多数是提取出活性物质后再做动物实验检验其药理功效，比较费时费力。采用 $\alpha$ 淀粉酶和唾液淀粉酶抑制剂筛选模型对木榄胚轴有效成分降糖活性部位进行筛选，以降糖活性为导向能更有针对地筛选出降糖活性成分，比传统方法更有利于得到降糖成分。木榄胚轴具有一定的降糖活性，其活性部分主要集中在正丁醇相和水相中。对木榄胚轴有效成分降糖活性部位进行化学成分预实验，结果显示水相中含有鞣质、黄酮、还原糖等，可能还含有有机酸，正丁醇相中含有鞣质、黄酮、醌类、有机酸等。木榄胚轴降糖活性部位有效成分最佳提取工艺条件为超声波功率 350W、乙醇浓度 50%、提取时间 30min、提取温度 40℃，且重复效果较好。

**五、木榄胚轴降糖活性部位有效成分的纯化及降糖活性成分筛选**

（一）实验方法

1. 供试样品的制备

供试样品为经过 $\alpha$ 淀粉酶抑制剂筛选模型得到的抑制活性最高的木榄胚轴正丁醇相

和水相。

2. 降糖活性部位有效成分粗分离及降糖活性部位筛选

(1)大孔吸附树脂的选择

木榄胚轴降糖有效相化学成分预实验结果显示含有鞣质、有机酸、黄酮等成分，它们是极性比较大的成分，因此选择 AB-8 型号大孔吸附树脂来纯化活性物质。

(2)样品处理

木榄胚轴的正丁醇相和水相为降糖活性部位，将这两种样品以转速 5000r/min 离心 15min，去除底部不溶物，正丁醇相蒸馏去除溶剂，用 1/2 水量混悬，各取 10mL 用来上样。

(3)上样

加水至与柱水平面相同时，将处理好的上样液缓慢加到柱的上端，上样量为 10mL。打开底下的阀门，让上样液缓缓注入至与树脂面相切的位置，让上样液与树脂吸附 0.5h。

(4)洗脱

正丁醇相首先用蒸馏水进行洗脱，然后分别用 10%、30%、50%、70%、90%、95% 的乙醇进行洗脱，而水相的洗脱剂为 0、20%、40%、60%、80%、95% 的乙醇，用锥形瓶接收 5 倍柱体积。实验用的柱体积约 100mL，洗脱时每种洗脱剂大约洗脱收集 500mL，浓缩至 20mL，其浓度相当于 1mg/mL 原料重。

采用 3,5-二硝基水杨酸法和滤纸片法作为 α 淀粉酶体外抑制剂测定模型对各洗脱液的降糖活性进行筛选。获得正丁醇相和水相降糖有效洗脱液部分。

3. 降糖活性部位化学成分预实验

化学成分预实验方法与本节"四、木榄胚轴降糖活性部位有效成分的提取"的相同。

4. 降糖活性部位有效成分的进一步纯化

(1)水相沉淀法纯化活性成分

根据水相化学成分预实验的结果可知，水相中主要的化学成分是多糖和鞣质，因此采用以下方法对水相进行初步纯化。

1)多糖的醇沉：选用乙醇作为沉淀剂，在其他条件相同的情况下，以不同的乙醇浓度(70%、80%、90%、100%)、沉淀时间(6h、12h、18h、24h)、离心时间(5min、10min、15min、20min)为实验条件处理水相 40% 乙醇洗脱液(大孔吸附树脂初步纯化的有效洗脱液部位)得到木榄胚轴多糖的沉淀物，将沉淀物溶解后定容，并用苯酚-硫酸比色法测定 490nm 波长处的吸光度，然后计算多糖含量。以最佳工艺把粗多糖从混合液中分离出来，得到待测样品粗多糖。

2)鞣质的萃取纯化：水相 40% 乙醇洗脱液经醇沉纯化后，剩余的洗脱液加入 1.5% 明胶溶液使之沉淀，弃上清液取沉淀；加少量甲醇能溶解鞣质-明胶，加水稀释后用乙酸乙酯萃取，将乙酸乙酯减压蒸馏除去后，得到待测样品。

(2)正丁醇相的活性成分纯化及降糖活性筛选

硅胶柱层析是利用硅胶对样品中各种成分吸附能力的差异，用不同极性的洗脱剂洗脱解吸，而达到将各种成分分离的目的。因此，对正丁醇相中具有降糖活性的 70% 乙醇洗脱液浓缩物进一步采用硅胶柱层析法进行纯化。

1) 薄层层析：称取 $GF_{254}$ 硅胶 30g，加蒸馏水 60～90mL，调成均匀糊状，并尽快涂布于载玻片上制成薄层板，在室温干燥后，放入 105℃烘箱中活化 30min。取待测样品 10mg，溶于 10mL 甲醇中，配制成 1mg/mL 的溶液。在距离薄层下端 1cm 处，用毛细管垂直点到薄层色谱板上，点样的扩散直径不超过 2～3mm。将点样后的薄层板放入层析缸中进行层析。展开剂采用两种互溶但极性不同且容易配成极性梯度的混合溶剂。通常，展开剂分开的点数多，并且比移值 $R_f$ 为 0.2～0.8 的是较为合适的洗脱剂。根据表 4-17，实验的 5 种展开剂中，乙酸乙酯：甲醇(20：1)的展开效果最好，有 6 个点，因此选择它作为初始洗脱系统。显色是将薄层板放入碘缸中进行。

表 4-17 展开剂的选择结果

| 展开剂 | 展开剂比例 | 展开效果 |
| --- | --- | --- |
| 三氯甲烷：甲醇 | 9：1 | 2 个点 |
| 乙酸乙酯：甲醇 | 20：1 | 6 个点 |
| 石油醚：乙酸乙酯 | 3：7 | 3 个点 |
| 三氯甲烷：乙酸乙酯 | 10：3 | 2 个点 |
| 苯：乙酸乙酯：甲酸 | 5：4：1 | 5 个点 |

2) 硅胶柱层析：采用湿法装柱。首先将选用的混合溶剂系统与 200～300 目的硅胶混匀后，充分搅拌不留气泡，加入到层析柱中，装好直至硅胶面不再下降后，调节活塞，使溶液流出，直至柱内液面接近硅胶面时，将拌有样品的硅胶小心加入，开始洗脱。初始时，在硅胶柱中加入少量溶剂，直至样品大部分进入硅胶后，将溶剂加满，然后用极性从小到大的洗脱剂洗脱。根据柱大小，定量收集流分，经薄层层析检验后合并相同流分。把相当于 0.45g/mL 原料重的正丁醇相活性成分溶于 5mL 的初始洗脱剂中，待样品与 200～300 目硅胶充分吸附后，进行活性成分分离。洗脱系统为乙酸乙酯：甲醇溶剂系统，梯度洗脱溶剂顺序为乙酸乙酯：甲醇=20：1→10：1→10：3→1：1，最后用甲醇冲柱。每一梯度溶剂收集 360mL 的洗脱液，洗脱速度为 3mL/min，以 30mL 为一流分，共得 48 个流分。薄层层析检验合并得 6 个组分，加上冲柱共 7 个组分。用 7 个组分进行 α 淀粉酶降糖活性实验，获得 α 淀粉酶抑制率最大流分。在初步层析分离的基础上，选择降糖活性最大的流分，进一步采用硅胶柱层析的方法分离纯化其降糖活性成分。把相当于 0.23g/mL 原料重的组分(流分 1～11)的样品溶于 5mL 初始洗脱剂后上样，待样品与 200～300 目硅胶充分吸附后，进行活性成分分离。以苯：乙酸乙酯：甲酸作为洗脱系统。梯度洗脱溶剂顺序为：苯：乙酸乙酯：甲酸=10：1：0.5→10：3：0.5→10：10：0.5，最后用甲醇冲柱。每一梯度溶剂收集 180mL 的洗脱液，洗脱速度为 2mL/min，以 15mL 为一流分，共得 36 个流分。薄层层析检验合并得 4 个组分，加上冲柱共 5 个组分。对 5 个组分进行 α 淀粉酶降糖活性测定，对抑制率最大的流分进行冷冻干燥。

3) 降糖活性测定：采用 3,5-二硝基水杨酸法和滤纸片法作为 α 淀粉酶体外抑制剂测定模型对样品的降糖活性进行筛选。

(二)结果与分析

1. 降糖活性部位纯化及其降糖活性

(1)水相纯化及降糖活性

木榄胚轴水相采用 AB-8 型号大孔吸附树脂纯化后，各洗脱液的降糖活性测定结果如表4-18、图4-32和图4-33所示。其中，40%乙醇洗脱液组的透明圈最小，为1.7cm，接近于阳性对照阿卡波糖的1.65cm，而其他洗脱液的透明圈较大，均超过2.0cm，与空白对照类似，降糖作用不显著。40%乙醇洗脱液对 α 淀粉酶抑制率最大，为51.82%，接近于1mg/mL阿卡波糖的59.48%，与阳性对照相比无极显著性差异($P<0.01$)，说明40%乙醇洗脱液具有较好的降糖效果，而其他浓度洗脱液对 α 淀粉酶的抑制率相对过低。

**表 4-18　木榄胚轴水相洗脱液对 α 淀粉酶的抑制作用**

| 乙醇浓度/% | 0 | 20 | 40 | 60 | 80 | 95 |
|---|---|---|---|---|---|---|
| 滤纸片法的透明圈/cm | 2.38 | 2.52 | 1.70 | 2.32 | 2.40 | 2.44 |
| 3,5-二硝基水杨酸法的抑制率/% | 13.44±0.75 | 8.43±0.86 | 51.82±0.71 | 7.40±0.45 | 11.16±0.56 | 3.08±0.43 |

注：空白对照的透明圈为2.53cm，阳性对照阿卡波糖的透明圈为1.65cm、抑制率为59.48%

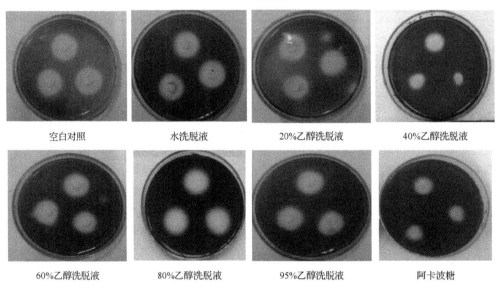

空白对照　　　　水洗脱液　　　　20%乙醇洗脱液　　　40%乙醇洗脱液

60%乙醇洗脱液　　80%乙醇洗脱液　　95%乙醇洗脱液　　　阿卡波糖

图 4-32　木榄胚轴水相洗脱液对 α 淀粉酶的抑制作用(滤纸片法)(彩图请扫封底二维码)

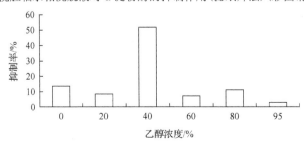

图 4-33　木榄胚轴水相洗脱液对 α 淀粉酶的抑制作用(3,5-二硝基水杨酸法)

(2)正丁醇相纯化及降糖活性

木榄胚轴正丁醇相采用 AB-8 型号大孔吸附树脂纯化，各洗脱液的降糖活性测定结果如表 4-19、图 4-34 和图 4-35 所示。其中，70%乙醇洗脱液组的透明圈最小，为 1.73cm，与阳性对照阿卡波糖的 1.65cm 相比，无极显著性差异($P<0.01$)，而其他洗脱液的透明圈较大，均超过 2.0cm，与空白对照类似，降糖作用不显著。70%乙醇洗脱液对 α 淀粉酶的抑制率最大，为 44.34%，相对比较接近阳性对照阿卡波糖的抑制率(59.48%)，而其他乙醇浓度洗脱液的抑制率均很低。

表 4-19　木榄胚轴正丁醇相洗脱液对 α 淀粉酶的抑制作用

| 乙醇浓度/% | 0 | 10 | 30 | 50 | 70 | 90 |
| --- | --- | --- | --- | --- | --- | --- |
| 滤纸片法的透明圈/cm | 2.34 | 2.4 | 2.33 | 2.3 | 1.73 | 2.23 |
| 3,5-二硝基水杨酸法的抑制率/% | 11.99±0.53 | 9.05±0.46 | 3.39±0.32 | 8.03±0.74 | 44.34±0.69 | 9.95±0.71 |

注：空白对照的透明圈为 2.53cm，阳性对照阿卡波糖的透明圈为 1.65cm、抑制率为 59.48%

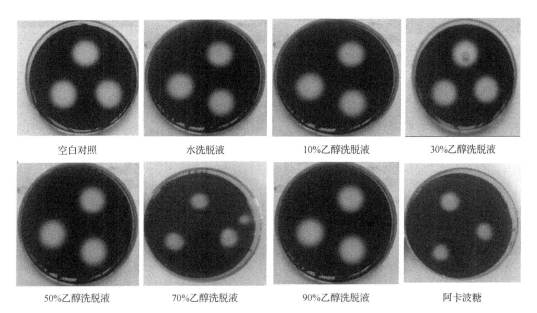

| 空白对照 | 水洗脱液 | 10%乙醇洗脱液 | 30%乙醇洗脱液 |
| 50%乙醇洗脱液 | 70%乙醇洗脱液 | 90%乙醇洗脱液 | 阿卡波糖 |

图 4-34　木榄胚轴正丁醇相洗脱液对 α 淀粉酶的抑制作用(滤纸片法)(彩图请扫封底二维码)

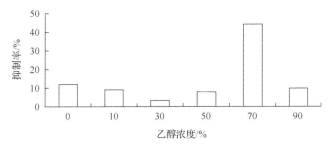

图 4-35　木榄胚轴正丁醇相洗脱液对 α 淀粉酶的抑制作用(3,5-二硝基水杨酸法)

2. 降糖活性部位化学成分预实验结果

木榄胚轴提取物的水相和正丁醇相通过大孔吸附树脂纯化后，对其洗脱液进行化学成分预实验，结果如表 4-20 和表 4-21 所示。就水相而言，具有降糖效果的 40%乙醇洗脱液中含有鞣质、多糖，说明这两种成分可能具有降糖作用（表 4-20）。就正丁醇相而言，具有降糖效果的 70%乙醇洗脱液中含有黄酮、醌类、鞣质，说明这 3 种成分可能具有降糖作用（表 4-21）。

表 4-20　木榄胚轴水相洗脱液化学成分的预实验结果

| 乙醇浓度/% | 0 | 20 | 40 | 60 | 80 | 95 |
|---|---|---|---|---|---|---|
| 所含成分 | 糖类、鞣质、黄酮 | 糖类、鞣质、黄酮 | 鞣质、多糖 | 多糖 | 无 | 无 |

表 4-21　木榄胚轴正丁醇相洗脱液化学成分的预实验结果

| 乙醇浓度/% | 0 | 10 | 30 | 50 | 70 | 90 |
|---|---|---|---|---|---|---|
| 所含成分 | 黄酮、多糖 | 黄酮 | 鞣质、黄酮、多糖、醌类、强心苷 | 多糖、鞣质、黄酮、醌类 | 黄酮、醌类、鞣质 | 醌类 |

3. 降糖活性部位有效成分的纯化及降糖活性筛选

（1）水相沉淀法纯化活性成分及降糖活性筛选

1）多糖醇沉工艺：采用醇沉法分离多糖，通过对乙醇浓度、沉淀时间、离心时间 3 个因素进行单因素实验，结果如图 4-36～图 4-38 所示。从图 4-36 可以看出，80%、90%、100%的乙醇在沉淀多糖时，随浓度升高，多糖得率有所升高，但升高的差异不显著（均大于 70%时的多糖得率），从经济角度考虑，为节约乙醇溶剂，实际操作中选择 80%乙醇为沉淀剂。在沉淀时间 6～24h，多糖得率呈现随时间的延长而增大的趋势，其中在沉

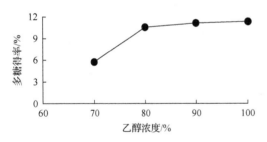

图 4-36　乙醇浓度对多糖得率的影响

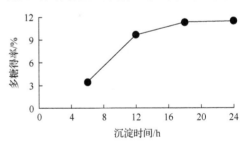

图 4-37　沉淀时间对多糖得率的影响

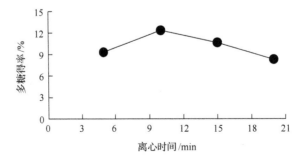

图 4-38　离心时间对多糖得率的影响

淀 18h 以后，多糖得率增长缓慢，因此以沉淀时间为 18h 最好，此时的多糖得率为 11.32%（图 4-37）。在相同醇沉条件下，在离心时间 5～20min，多糖得率在离心 10min 时最大，此后随着离心时间的增长，多糖得率降低（图 4-38），因此以离心时间为 10min 最好，此时的多糖得率为 12.35%。根据这些实验结果得出，采用醇沉法分离多糖的最佳工艺条件为：乙醇浓度 80%、温度 4℃静置 18h、醇沉后离心时间 10min。

2）纯化物的降糖活性：在供试样品浓度相当于 500mg/mL 原料重时，对木榄胚轴提取物的水相初步纯化物粗多糖和鞣质进行降糖活性实验，采用滤纸片法时粗多糖和鞣质的透明圈大小分别为 2.25cm 和 1.8cm（表 4-22 和图 4-39）。鞣质的透明圈与 1mg/mL 阿卡波糖的 1.65cm 无显著性差异。粗多糖的抑制率仅为 6.8%，而鞣质的抑制率为 55.32%（表 4-22），其抑制率接近 1mg/mL 的阿卡波糖，与阳性对照相比鞣质无显著性差异，说明鞣质具有较好的降糖效果，与大孔吸附树脂纯化物 40%乙醇洗脱物的降糖效果相近。粗多糖与空白对照类似，几乎没有降糖效果。

表 4-22　木榄胚轴粗多糖和鞣质对 α 淀粉酶的抑制作用

| 样品 | 空白对照 | 粗多糖 | 鞣质 | 阿卡波糖 |
|---|---|---|---|---|
| 滤纸片法的透明圈/cm | 2.53 | 2.25 | 1.8 | 1.65 |
| 3,5-二硝基水杨酸法的抑制率/% | — | 6.8±0.62 | 55.32±0.79 | 57.67±1.23 |

注：阳性对照阿卡波糖的浓度为 1mg/mL

 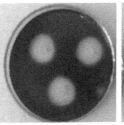 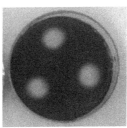 

空白对照　　　　　粗多糖　　　　　　鞣质　　　　　阿卡波糖

图 4-39　木榄胚轴粗多糖和鞣质对 α 淀粉酶的抑制作用（滤纸片法）（彩图请扫封底二维码）

（2）正丁醇相硅胶柱层析法纯化活性成分及降糖活性筛选

采用 3,5-二硝基水杨酸法测定硅胶柱层析法获得的 7 个组分对 α 淀粉酶的抑制作用，结果如表 4-23 和图 4-40 所示。其中，当供试样品浓度相当于 250mg/mL 原料重时，木榄胚轴正丁醇相中对 α 淀粉酶抑制率最大的是组分 1（1～9 流分），达 60.42%；其次是组分 2（10～18 流分），为 51.26%，与阳性对照相比均无显著性差异。表明组分 1 和组分 2 中含有降糖的有效成分。

表 4-23　木榄胚轴正丁醇相各流分对 α 淀粉酶的抑制率

| 组分 | 1 | 2 | 3 | 4 | 5 | 6 | 7 |
|---|---|---|---|---|---|---|---|
| 流分 | 1～9 | 10～18 | 19～25 | 26～34 | 35～41 | 42～48 | 冲柱 |
| 抑制率/% | 60.42±0.51 | 51.26±0.42 | 27.89±0.65 | 30.54±0.86 | 13.15±0.73 | 26.43±0.57 | 15.67±1.08 |

注：各流分的浓度相当于 250mg/mL 原料重，其中 1mg/mL 阳性对照阿卡波糖的抑制率为 59.48%

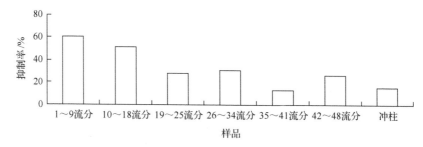

图 4-40　木榄胚轴正丁醇相各流分对 α 淀粉酶的抑制率

对降糖活性最大的流分，即组分 1，采用硅胶柱层析方法进一步分离纯化其降糖活性成分，获得 5 个组分，其结果如表 4-24 和图 4-41 所示。根据表 4-24 和图 4-41，当供试浓度相当于 200mg/mL 原料重时，组分 3（20～25 流分）对 α 淀粉酶的抑制率最高，达80.04%，与阳性对照阿卡波糖的抑制率（59.48%）相比较，具有极显著性差异（$P<0.01$），说明组分 3 具有更强的降糖活性。根据图 4-42，当供试浓度相当于 200mg/mL 原料重时，组分 3（20～25 流分）透明圈直径为 0.9cm，而阿卡波糖的为 1.5cm，与阳性对照相比较，具有极显著性差异（$P<0.01$），同样也说明组分 3 具有更强的降糖活性。

表 4-24　木榄胚轴硅胶柱层析各流分对 α 淀粉酶的抑制作用

| 组分 | 1 | 2 | 3 | 4 | 5 |
|---|---|---|---|---|---|
| 流分 | 1～6 | 7～19 | 20～25 | 26～36 | 冲柱 |
| 抑制率/% | 7.33±0.51 | 28.67±0.94 | 80.04±0.73 | 43.78±1.19 | 34.56±0.67 |

注：各流分的浓度相当于 200mg/mL 原料重，其中 1mg/mL 阳性对照阿卡波糖的抑制率为 59.48%

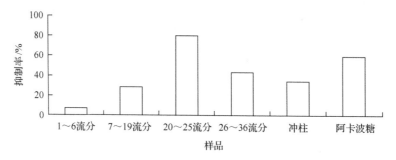

图 4-41　木榄胚轴硅胶柱层析各流分对 α 淀粉酶的抑制作用

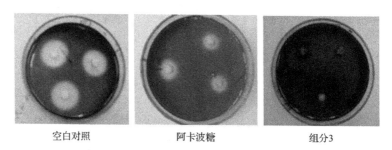

空白对照　　　　　　　阿卡波糖　　　　　　　组分3

图 4-42　木榄胚轴硅胶柱层析组分 3 对 α 淀粉酶的抑制作用（彩图请扫封底二维码）

（三）小结

采用大孔吸附树脂对木榄胚轴降糖有效部位水相和正丁醇相进行初步分离，采用水和乙醇进行梯度洗脱，通过对洗脱液进行降糖活性测定，我们发现正丁醇相中降糖活性较大的是 70%乙醇洗脱液，对 α 淀粉酶的抑制率为 44.34%；而水相中的是 40%乙醇洗脱液，对 α 淀粉酶的抑制率为 51.82%，化学成分预实验结果显示起降糖作用的成分是鞣质。对具有降糖活性的正丁醇相的 70%乙醇洗脱液采用硅胶柱层析法进一步纯化，当组分浓度相当于原料重 200mg/mL 时，组分 3 对 α 淀粉酶的抑制率在 80%以上，与阳性对照相比较，抑制率具有显著性差异，说明正丁醇相中含有降糖作用比水相更强的活性成分。

## 六、木榄胚轴降糖活性部位有效成分的性质鉴定

（一）实验方法

1. 供试样品的制备

把经 α 淀粉酶抑制剂筛选模型得到的抑制活性最高的木榄胚轴正丁醇相的纯化物作为供试样品。

2. 紫外吸收光谱测定

称取冷冻干燥后的待测样品，用甲醇溶解并以甲醇作为参照，采用紫外分光光度计在 200～700nm 波长进行光谱扫描，得到紫外吸收光谱图。

3. 薄层层析鉴别

采用的展开剂为：①正丁醇：乙酸乙酯：水=5：4：0.5；②乙酸乙酯：甲酸：水=10：1：0.2；③苯：乙酸乙酯：甲酸=80：50：8；④甲苯：乙酸乙酯：甲酸=1：5：1。

4. 高效液相色谱测定

称取一定量的供试材料于 10mL 的容量瓶中，用甲醇溶解，超声波脱气，再用 0.45μm 滤膜过滤后，放置于 1.5mL 的离心管中。采用高效液相色谱法（high performance liquid chromatography，HPLC）分析时，其条件如下：①仪器设备为 Waters 515 高效液相色谱仪，Waters 2487 双通道紫外检测器，Sun Fire$^{TM}$ C$_{18}$柱（4.6mm×250mm）；②进样量为 5μL；③柱温为室温；④流速为 1mL/min；⑤检测波长为 280nm；⑥流动相 A 为甲醇；⑦流动相 B 为水。对样品进行梯度洗脱，由表 4-25 确定流动相为甲醇：水=80：20。

表 4-25　高效液相色谱中流动相比例的选择

| 流动相 A | 流动相 B | 是否出峰 |
| --- | --- | --- |
| 100 | 0 | 否 |
| 90 | 10 | 否 |
| 80 | 20 | 是 |

5. 相对分子质量的测定

采用电喷雾电离质谱(electrospray ionization mass spectrometry，ESI-MS)对具有降糖活性的样品进行测定。其条件如下：①离子源为电喷雾电离(electrospray ionization，ESI)；②检出模式为正负离子 2 种形式检测；③扫描范围为 50～1000m/z。

(二)结果与分析

1. 降糖活性成分纯度的鉴定

采用紫外吸收光谱、薄层层析和高效液相色谱法对供试材料的纯度进行鉴定。其中，紫外吸收光谱扫描结果为单峰，吸收峰在 278nm 波长处；薄层层析最佳展开剂为苯：乙酸乙酯：甲酸(5：4：0.8)，其 $R_f$ 值为 0.39；高效液相色谱分析表明，供试的材料为纯化物。

2. 降糖活性成分的相对分子质量

在确定供试材料为纯化物的基础上，通过电喷雾电离质谱测定得出该物质的相对分子质量为 624。

## 七、木榄胚轴鞣质的提取工艺

(一)实验方法

1. 鞣质含量的测定

(1)福林试剂的配制

在 1L 回流装置中加入 50g 钨酸钠、12.5g 钼酸钠、350mL 蒸馏水、25mL 85%浓磷酸和 50mL 37%浓盐酸，充分混匀以小火回流 10h，加入 75g 硫酸锂、25mL 蒸馏水和数滴溴水，然后开口继续加热至沸腾，维持 15min，驱除多余的溴，溶液呈金黄色，冷却后补足蒸馏水至 500mL，置 4℃冰箱中保存备用。使用时稀释 1 倍(石碧和狄莹，2000；王岸娜等，2008)。

(2)没食子酸标准曲线的制作

用 10mL 乙醇溶解 0.05g 没食子酸，定容至 100mL，分别移取该溶液 1mL、2mL、3mL、4mL、5mL、6mL 到 25mL 容量瓶中定容。从不同浓度的标准溶液移取 5mL 至 100mL 容量瓶中，分别加入 50mL 蒸馏水，加入 4mL 福林试剂摇匀，静置 4～5min，加入 8mL 的 10%碳酸钠，用蒸馏水定容后，置 25℃的恒温水浴锅中 2h，显色后在 765nm 波长处测定吸光度，由此得到没食子酸浓度与吸光度之间的关系曲线(严守雷等，2003；刘硕谦等，2003)，结果如图 4-43 所示。其中，吸光度$(y)$和没食子酸浓度$(x)$之间具有明显的线性关系，相应的回归方程为

$$y=0.0944x+0.0045 \qquad R^2=0.9994 \qquad (4-14)$$

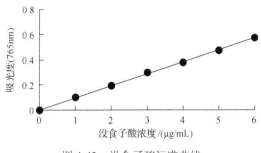

图 4-43　没食子酸标准曲线

（3）提取液中鞣质含量的测定

准确量取 0.5mL 经减压浓缩后的提取液置 25mL 容量瓶中，加入 10mL 蒸馏水，1mL 福林试剂，摇匀，静置 4～5min，加入 2mL 的 10%碳酸钠，蒸馏水定容，置 25℃的恒温水浴锅中 2h，显色后测定 765nm 波长处吸光度，根据标准曲线方程计算得出鞣质含量，进一步计算得到鞣质得率（$T$）：

$$T=[(C\times50\times V)\times10^{-3}/m]\times100\% \tag{4-15}$$

式中，$C$ 为提取液中鞣质浓度（mg/mL）；$V$ 为提取液减压浓缩后的体积（mL）；50 为提取液的稀释倍数；$m$ 为原料质量（g）。

2. 鞣质提取工艺

（1）基本工艺

称取木榄胚轴粉末 1.000g，按照料液比 1∶10、初始温度 40℃、超声波时间 20min、超声波功率 350W 的条件获取鞣质提取液，然后测定其鞣质含量。

（2）单因素实验

在基本提取工艺条件下进行提取溶剂乙醇和丙酮的选择。利用溶剂选择实验的结果，选择提取效果较好的溶剂，再依次进行最佳提取溶剂体积分数（15%、20%、25%、50%、75%）、料液比（1∶10、1∶20、1∶30）、提取时间（20min、30min、40min）、超声波功率（250W、350W、450W）及提取次数（1 次、2 次）的选择实验，每一次单因素实验都采用前一次实验得出的最好的实验条件，实验重复两次，结果采用双份平行测定结果的判定方法相对标准偏差方法进行分析。

（3）正交试验

根据单因素实验的结果，选取影响较大的几个因素设计 $L_9(3^4)$ 的正交试验。实验时，称取木榄胚轴粉末 1.000g，实验重复两次，结果采用双份平行测定结果的判定方法相对标准偏差方法进行分析。

（4）验证实验

在单因素和正交试验的基础上，得出较佳的提取工艺条件，进行验证实验以确定最优的提取条件。

(二)结果与分析

1. 提取溶剂的选择

对乙醇和丙酮两种提取溶剂的提取效果进行对比,结果如图 4-44 所示。其中,相同提取条件下,使用丙酮提取鞣质的效果优于乙醇。因此,选择丙酮作为提取溶剂。

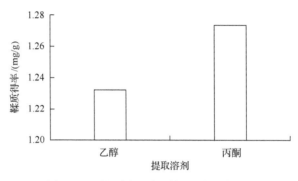

图 4-44　不同溶剂对鞣质提取效果的影响

2. 木榄胚轴鞣质提取的单因素实验

以丙酮为提取溶剂,在基本提取工艺条件下,研究几种单因素对木榄胚轴鞣质提取的影响,其因素水平见表 4-26,结果如图 4-45 所示。其中,4 种因素对鞣质提取的影响不同,综合考虑鞣质得率,单因素实验结果较好的鞣质提取条件为 $J_1K_3L_1M_1$。

**表 4-26　木榄胚轴鞣质提取单因素实验的因素水平**

| 水平 | 因素 | | | |
|---|---|---|---|---|
| | J | K | L | M |
| 1 | 15 | 1∶10 | 250 | 20 |
| 2 | 20 | 1∶20 | 350 | 30 |
| 3 | 25 | 1∶30 | 450 | 40 |

注:J 表示丙酮浓度(%),K 表示料液比,L 表示超声波功率(W),M 表示提取时间(min);表 4-27 同

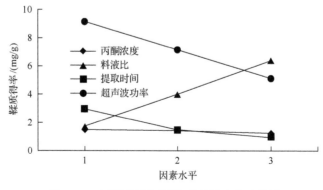

图 4-45　木榄胚轴鞣质提取的单因素实验结果

### 3. 提取次数

在单因素实验基础上进行提取次数对鞣质得率的影响实验,实验结果显示,提取一次时鞣质得率为 6.0158mg/g,提取两次时鞣质得率为 9.0888mg/g,提取两次的鞣质得率比提取一次的多 51%。

### 4. 最佳提取工艺

根据单因素实验的结果,选定对实验影响较大的 4 个因素(丙酮浓度、料液比、超声波功率及提取时间),进行正交试验[$L_9(3^4)$],实验设计及结果分析如表 4-27 所示。其中,影响木榄胚轴鞣质得率的因素顺序为:K＞J＞L＞M,即料液比＞丙酮浓度＞超声波功率＞提取时间,其中料液比是影响鞣质提取效果的最重要因素。根据极差分析,得出 $J_1K_3L_3M_3$ 为最佳提取条件,即 15%丙酮,料液比 1:30,超声波功率 450W,提取时间 40min。综合单因素实验结果得出的较好提取条件 $J_1K_3L_1M_1$,正交试验所得的最佳提取条件 $J_1K_3L_3M_3$,分别以该两组提取条件进行实验,所得实验结果为 $J_1K_3L_3M_3$ 的鞣质得率 9.7688mg/g,$J_1K_3L_1M_1$ 的鞣质得率为 10.3517mg/g。因此,木榄胚轴鞣质的最佳提取条件为 $J_1K_3L_1M_1$,即 15%的丙酮,料液比为 1:30,超声波功率 250W,提取时间 20min。在此条件下,鞣质得率为 10.3517mg/g。

表 4-27 木榄胚轴鞣质提取的正交试验

| 实验号 | 因素 | | | | 鞣质得率/(mg/g) |
| --- | --- | --- | --- | --- | --- |
| | J | K | L | M | |
| 1 | 1(15) | 1(1:10) | 1(250) | 1(20) | 2.7488 |
| 2 | 1 | 2(1:20) | 2(350) | 2(30) | 6.0899 |
| 3 | 1 | 3(1:30) | 3(450) | 3(40) | 8.8894 |
| 4 | 2(20) | 1 | 2 | 3 | 2.1371 |
| 5 | 2 | 2 | 3 | 1 | 5.6485 |
| 6 | 2 | 3 | 1 | 2 | 7.0033 |
| 7 | 3(25) | 1 | 3 | 2 | 1.6964 |
| 8 | 3 | 2 | 1 | 3 | 4.2155 |
| 9 | 3 | 3 | 2 | 1 | 6.7669 |
| $\overline{K_1}$ | 5.9094 | 2.1941 | 4.6559 | 5.0547 | |
| $\overline{K_2}$ | 4.9296 | 5.3180 | 4.9980 | 4.9299 | $T$=45.1958 |
| $\overline{K_3}$ | 4.2263 | 7.5532 | 5.4114 | 5.0807 | |
| $R$ | 1.6831 | 5.3591 | 0.7555 | 0.1508 | |

### (三)小结

使用丙酮作为提取溶剂提取木榄胚轴中的鞣质效果优于乙醇,提取实验结果表明,超声波提取木榄胚轴鞣质的最佳提取条件为:丙酮 15%、料液比 1:30、超声波功率 250W、提取时间 20min。在此条件下,鞣质的得率为 10.3517mg/g。

## 第二节　红海榄叶鞣质提取、纯化及其抗氧化活性

供试材料为红海榄的叶，于 2009 年 8 月采自北海市山口国家级红树林生态自然保护区。

### 一、红海榄叶鞣质的提取和纯化

（一）实验方法

1. 鞣质的提取方法

（1）基本提取工艺

采用超声波辅助提取法对红海榄叶进行提取，固液分离后获得提取物。取过 40 目筛的红海榄叶粉末，在初始温度 20℃、超声波功率 300W、提取时间 30min 的条件下采用超声波辅助提取。过滤，得提取液，定性测定提取液中是否含有鞣质，然后再测定鞣质含量。

（2）提取溶剂的选择

选用水、乙醇、丙酮、丙酮：水（1：2）、乙酸乙酯 5 种溶剂，在相同的基本工艺条件下进行实验，比较不同提取溶剂对鞣质提取率的影响，以选择鞣质提取最合适的溶剂。每个实验重复 3 次，数据处理采用 $Q$ 检验法（南京大学《无机及分析化学实验》编写组，2006）。

（3）提取液的定性、定量测定

对得到的 5 种溶剂的提取液进行定性鉴定。分别取提取液 1mL，加三氯化铁试液 1～2 滴，观察颜色变化；若溶液呈蓝黑色或绿黑色反应或出现沉淀，则为鞣质的阳性反应（裴月湖，2016），表明该溶剂系统适合于提取红海榄叶中的鞣质，然后再测定鞣质含量。

（4）最佳工艺参数

对所筛选出的提取溶剂进行单因素和多因素的正交试验。样品质量均为 1g，每个实验重复 3 次，数据处理采用 $Q$ 检验法。

（5）验证实验

称取红海榄叶样品 1g，对正交试验极差分析得出的最佳提取条件进行验证实验，每个实验重复 3 次，数据处理采用 $Q$ 检验法。

2. 鞣质的测定方法

采用福林-丹尼斯（Folin-Denis，F-D）法进行鞣质含量的测定（杨秀平等，2007；张纵圆等，2010）。

（1）F-D 试剂的配制

在 700mL 水中加入钨酸钠 100g、磷钼酸 20g 和磷酸 50mL，回流 2h，冷却后加水稀释至 1000mL 即可。

（2）鞣质标准溶液的配制

准确称取鞣酸 25mg，置于 25mL 容量瓶中，加蒸馏水溶解并定容至刻度，混匀；再用水稀释 10 倍即为 0.1mg/mL 标准溶液。

（3）鞣质标准曲线的制作

分别吸取鞣酸标准溶液 0mL、0.25mL、0.5mL、1.0mL、1.5mL、2.0mL 注入装有 15mL 蒸馏水的 25mL 容量瓶中，并分别加入 1mL F-D 试剂及 5mL 饱和碳酸钠溶液，摇匀、定容，放置 30min 后，测定 720nm 波长处吸光度。以鞣质浓度（$x$）为横坐标，以吸光度（$y$）为纵坐标，绘制得到的鞣质标准曲线如图 4-46 所示，相应的回归方程为

$$y=62.489x-0.0632 \qquad R^2=0.9998 \tag{4-16}$$

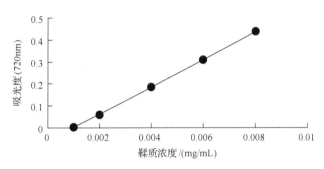

图 4-46　鞣质的标准曲线

（4）鞣质含量的测定

取提取液 0.25mL，分别放入盛有 15mL 蒸馏水的 25mL 容量瓶中，加入 1mL F-D 试剂及 5mL 饱和碳酸钠溶液，摇匀、定容，静置 30min 后，取提取液置于 1cm 比色皿中，同标准曲线制备方法，测定 720nm 波长处吸光度。鞣质得率由式（4-15）计算。

3. 鞣质的纯化

（1）材料的准备

选用 DM130 型号大孔吸附树脂纯化红海榄提取液中的鞣质。首先称量过 40 目筛的红海榄叶粉末 5g，采用最佳提取工艺进行鞣质提取；提取液冷却过滤后用乙酸乙酯萃取，得到萃取液，然后用旋转蒸发仪进行浓缩，用蒸馏水定容至 100mL，并测定其鞣质含量。

（2）柱层析

将样液浓度稀释到 1.0～1.2mg/mL，将稀释溶液上样。待鞣质在经过预处理后的大孔吸附树脂中吸附饱和后，依次使用水、不同浓度（10%、30%、50%、70%）的乙醇、不同浓度（45%、85%）的丙酮进行洗脱。每种洗脱剂的洗脱体积均为柱体积的 3～4 倍，洗脱速度为 1mL/min，洗脱液用收集器收集，每管 5mL。

（3）定性检验

对洗脱后的各流出液分别在 200～500nm 波长条件下进行紫外吸收光谱扫描，并进行鞣质、黄酮、多糖的定性检验（裴月湖，2016）。

（4）鞣质含量测定

合并相同组分的流出液，并测定其鞣质含量。

（二）结果与分析

1. 红海榄叶鞣质的最佳提取工艺

丙酮、丙酮：水、乙醇、乙酸乙酯和水 5 种溶剂对红海榄叶鞣质提取物的定性检测结果如表 4-28 所示。用三氯化铁法定性检测后均有蓝黑或者绿黑颜色出现，说明这 5 种溶剂均可以提取鞣质。由图 4-47 可知，以丙酮：水提取的鞣质浓度最高，达 0.0236mg/mL，即丙酮：水为提取红海榄叶中鞣质的最佳溶剂。虽然乙酸乙酯和水提取的鞣质含量也较高，但它们的超声波提取物比较黏稠，难以过滤。

**表 4-28 红海榄叶鞣质的定性检测**

| 溶剂 | 丙酮 | 丙酮：水 | 乙醇 | 乙酸乙酯 | 水 |
| --- | --- | --- | --- | --- | --- |
| 颜色反应 | 绿黑色 | 蓝黑色 | 蓝黑色 | 蓝黑色 | 蓝黑色 |

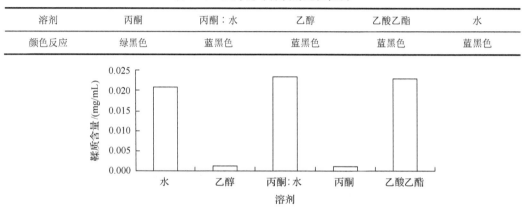

图 4-47 不同溶剂对红海榄叶鞣质提取效果的影响

为了探讨单因素对红海榄鞣质提取的影响，以丙酮和水的混合液为提取溶剂，根据表 4-29 的实验因素水平进行单因素实验，结果如图 4-48 所示。其中，不同因素的结果呈不同趋势，综合考虑鞣质的得率，在以下实验中选择料液比为 1：30，并选择对鞣质得率影响较大的超声波功率、超声波时间及丙酮浓度 3 个因素进行正交试验。

**表 4-29 红海榄叶鞣质提取单因素实验的因素水平**

| 水平 | 因素 | | | |
| --- | --- | --- | --- | --- |
| | A | B | C | D |
| 1 | 1：10 | 5 | 250 | 10 |
| 2 | 1：15 | 15 | 300 | 20 |
| 3 | 1：20 | 25 | 350 | 30 |
| 4 | 1：25 | 35 | 400 | 40 |
| 5 | 1：30 | 45 | 450 | 50 |

注：A 表示料液比，B 表示丙酮浓度(%)，C 表示超声波功率(W)，D 表示超声波时间(min)；表 4-30 同

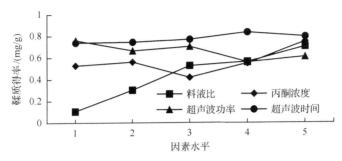

图 4-48 红海榄叶鞣质提取的单因素实验结果

为了确定红海榄叶鞣质提取的最佳工艺参数，以红海榄叶鞣质得率为实验指标进行正交试验，其结果如表 4-30 所示。其中，影响红海榄叶鞣质提取的主要因素顺序是：丙酮浓度＞超声波时间＞超声波功率，即丙酮浓度对红海榄叶鞣质得率影响最大，其次为超声波时间、超声波功率。根据极差分析，得出红海榄叶鞣质的最佳提取工艺条件为 $B_2C_1D_3$，即丙酮浓度为 45%、超声波功率 200W、超声波时间 40min。为了验证最优提取工艺的可靠性，对最优提取工艺进行 3 次重复验证实验，得出最优提取工艺鞣质的浓度为 0.043mg/mL，其平均得率为 0.852mg/g，相对标准偏差为 0.1%，由此表明最优提取工艺的重现性和稳定性均较好。

表 4-30 红海榄叶鞣质提取的正交试验

| 实验号 | 因素 | | | 鞣质得率/(mg/g) |
|---|---|---|---|---|
| | B | C | D | |
| 1 | 1(35) | 1(200) | 1(20) | 0.400 |
| 2 | 1 | 2(250) | 2(30) | 0.503 |
| 3 | 1 | 3(300) | 3(40) | 0.518 |
| 4 | 2(45) | 2 | 1 | 0.622 |
| 5 | 2 | 3 | 2 | 0.473 |
| 6 | 2 | 1 | 3 | 0.740 |
| 7 | 3(55) | 3 | 1 | 0.611 |
| 8 | 3 | 1 | 2 | 0.616 |
| 9 | 3 | 2 | 3 | 0.548 |
| $\overline{K_1}$ | 0.474 | 0.585 | 0.544 | |
| $\overline{K_2}$ | 0.611 | 0.558 | 0.530 | $T=5.031$ |
| $\overline{K_3}$ | 0.591 | 0.534 | 0.602 | |
| $R$ | 0.138 | 0.051 | 0.071 | |

2. 红海榄叶鞣质的纯化及其定性检测

采用大孔吸附树脂对红海榄叶鞣质进行纯化，采用 4 种浓度乙醇进行洗脱，结果如图 4-49 所示。其中，30%乙醇洗脱物中鞣质含量最高，其次是 50%乙醇洗脱物，再次是 10%乙醇洗脱物，而 70%乙醇洗脱物中含量最少。从 10%乙醇洗脱剂开始，合并相同组分的流出液，得到 5 种洗脱物，依次定名为洗脱物 1(10%乙醇)、洗脱物 2(30%乙醇)、洗脱物 3(50%乙醇)、洗脱物 4(70%乙醇)、洗脱物 5(70%乙醇)，分别对其进行定性检测，结果显示洗脱物 1、洗脱物 2、洗脱物 3、洗脱物 4 含有鞣质，其中洗脱物 2、洗脱物 3 中的鞣质含量较高。例如，洗脱物 2 中的鞣质浓度最高，达 0.079mg/mL。洗脱物 1、洗脱物 4 中的鞣质含量相对较低。洗脱物 5 没有鞣质的特征反应，表明鞣质已经基本被完全洗脱。由此可知，30%乙醇、50%乙醇比较适合作为鞣质的洗脱剂。进一步采用 45%、85%两种浓度的丙酮进行洗脱，没有出现鞣质的特征颜色反应，说明在用 45%丙酮洗脱之前层析柱中的鞣质已经被完全洗脱出来了。用 α-萘酚法显色时出现了少量的紫色环，说明洗脱液中有少量的多糖。从整个洗脱液定性检测结果来看均无黄酮类物质出现。

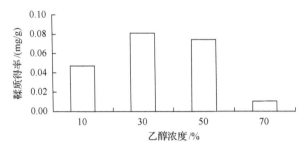

图 4-49　红海榄叶鞣质的洗脱结果

在相同条件下，对鞣酸标准品、洗脱物 1、洗脱物 2、洗脱物 3 和洗脱物 4 进行紫外吸收光谱扫描，洗脱物 1 和洗脱物 2 与鞣酸标准品溶液光谱吸收图基本相似，表明洗脱物 1 和洗脱物 2 含有鞣质，这也和颜色定性结果一致。虽然洗脱物 4 的定性反应显示有鞣质存在，但其紫外吸收光谱与标准鞣酸的不同，具体是什么物质则有待于进一步的研究。

(三)小结

丙酮、丙酮:水、乙醇、乙酸乙酯和水 5 种溶剂均可以提取红海榄叶中的鞣质。影响红海榄叶鞣质提取的最大的因素是丙酮浓度，其次是超声波时间和超声波功率；鞣质最佳的提取条件为 45%丙酮、超声波时间 40min、超声波功率 200W。

## 二、红海榄叶鞣质的抗氧化活性

(一)实验方法

1. 供试样品的制备

根据本节的红海榄叶鞣质的提取和纯化方法，对其中含鞣质较多的洗脱物 1、洗脱物 2 和洗脱物 3 进行抗氧化活性实验。

2. 抗氧化活性实验

对所得的洗脱物，即红海榄叶鞣质，以及抗氧化剂阳性对照物维生素 C 在相同浓度范围内进行羟自由基清除能力和总还原力实验，以判断样品的抗氧化活性。红海榄叶鞣质对羟自由基清除能力和总还原力实验方法与本章第一节"二、木榄叶多糖的性质"的相同。

(二)结果与分析

1. 红海榄鞣质对羟自由基的清除能力

红海榄鞣质对羟自由基清除能力的测定实验结果如图4-50所示。其中,在实验的浓度范围内(5～100μg/mL),洗脱物2和洗脱物3对羟自由基的清除率明显大于维生素C。维生素C的半抑制浓度(half maximal inhibitory concentration,$IC_{50}$)为220.52μg/mL,洗脱物2的为37.12μg/mL,洗脱物3的为16.15μg/mL,特别是洗脱物3对羟自由基的清除率远远大于洗脱物2的,当浓度达到25μg/mL时,其清除率达88.63%,说明洗脱物3中鞣质具有较高的羟自由基清除能力,是一种较强的值得开发的天然抗氧化剂。

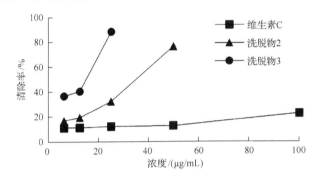

图4-50　红海榄叶鞣质对羟自由基的清除效果

2. 红海榄鞣质的总还原力

红海榄鞣质总还原力的测定实验结果如图4-51所示。其中,在实验浓度5～50μg/mL时,各洗脱物与维生素C的总还原力都随着浓度的增加而增高。总体是洗脱物2的总还原力在低浓度时大于维生素C,当浓度为50μg/mL时,总还原力为0.577,维生素C的为0.587,基本与维生素C的相当。说明洗脱物2中鞣质具有较强的总还原力,可以作为良好的电子供应者。

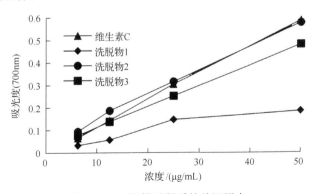

图4-51　红海榄叶鞣质的总还原力

(三)小结

红海榄叶鞣质具有较强的还原能力和清除羟自由基能力,并且这些能力在一定范围内随着鞣质浓度的增加而增大，因此红海榄叶鞣质是一种有开发潜力的天然抗氧化剂。

# 第三节　秋茄树叶多糖提取、纯化及其抗氧化活性

供试材料为秋茄树的叶，于 2010 年 8 月采自北海市山口国家级红树林生态自然保护区。样品使用电热恒温鼓风干燥箱在 50℃温度下烘干，粉碎，过 40 目筛，密封后置 4℃冰箱中保存备用。

## 一、秋茄树叶多糖的提取和纯化

（一）实验方法

1. 糖类化学成分预实验

（1）提取液的制备

取材料粗粉 1g，加 10mL 蒸馏水，浸泡过夜，或者于 50～60℃水浴中温浸 1h，过滤，滤液为化学成分预实验提取液。

（2）费林反应

取 1mL 提取液于试管中，加入新配制的费林试剂 4～5 滴，在沸水浴中加热数分钟，如果产生砖红色沉淀，则表明含有还原糖；反之，则不含还原糖（裴月湖，2016）。

（3）糖类的检测

将溶液中沉淀过滤，滤液加 1mL 10%盐酸溶液，置沸水浴中加热水解数分钟，放冷后，滴加 10%氢氧化钠溶液，调节 pH 至中性，重复进行费林反应，如果仍然产生砖红色沉淀，则表明可能含有多糖或苷类。

2. 多糖的提取和纯化

秋茄树叶多糖的提取和纯化方法与本章第一节"一、木榄叶多糖的提取和纯化"中的基本相同。其中，秋茄树叶多糖提取的基本工艺为超声波功率 350W、提取温度 50℃、料液比 1∶20、提取时间 20min；单因素实验的因素和水平如表 4-31 所示；葡萄糖标准曲线见图 4-52，相应的回归方程为

$$y=10.14x+0.0097 \qquad R^2=0.9994 \tag{4-17}$$

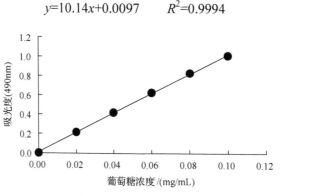

图 4-52　葡萄糖标准曲线

**表 4-31　秋茄树叶多糖提取单因素实验的因素水平**

| 水平 | 因素 | | | |
| --- | --- | --- | --- | --- |
| | A | B | C | D |
| 1 | 300 | 50 | 1：10 | 10 |
| 2 | 350 | 60 | 1：20 | 20 |
| 3 | 400 | 70 | 1：30 | 30 |

注：A 表示超声波功率(W)，B 表示提取温度(℃)，C 表示料液比，D 表示提取时间(min)；表 4-32 和表 4-33 同

#### (二)结果与分析

1. 秋茄树叶水提取液的糖类化学成分

采用费林反应对秋茄树叶水提取液中糖类化学成分进行预实验，结果显示费林反应刚开始未出现砖红色沉淀，离心后的沉淀经酸解产生砖红色沉淀，由此表明秋茄树叶水提取液中可能含有多糖或苷类。

2. 秋茄树叶多糖的提取工艺

秋茄树叶多糖提取单因素实验的测定结果如图 4-53 所示。其中，料液比为 1：30、提取时间为 10min、提取温度为 50℃、超声波功率为 300W 时的多糖得率比较高。其中，超声波功率对多糖得率的影响最大，其他因素的影响相对较小。

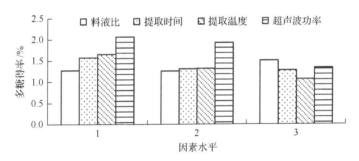

图 4-53　秋茄树叶多糖提取的单因素实验结果

秋茄树叶多糖提取正交试验的结果及其分析如表 4-32 所示，其中在实验因素水平范围内，各因素对秋茄树叶多糖得率影响的大小顺序为：超声波功率＞料液比＞提取时间＞提取温度。不同因素对秋茄树叶多糖提取效果影响的方差分析如表 4-33 所示，其中因素 A，即超声波功率，对秋茄树叶多糖提取效果影响显著，其他几个因素影响没能达到显著水平，这和极差分析结果是一致的。因此，通过正交试验可以优选出秋茄树叶多糖的最适宜提取工艺条件为：$A_2B_1C_1D_2$，即在超声波功率为 350W，提取温度为 50℃，1：10 料液比条件下，提取 20min。

表 4-32　秋茄树叶多糖提取的正交试验

| 实验号 | 因素 | | | | 多糖得率/% |
|---|---|---|---|---|---|
| | A | B | C | D | |
| 1 | 1(300) | 1(50) | 1(1∶10) | 1(10) | 0.71 |
| 2 | 300 | 2(60) | 2(1∶20) | 2(20) | 0.7 |
| 3 | 300 | 3(70) | 3(1∶30) | 3(30) | 0.5 |
| 4 | 2(350) | 50 | 1∶20 | 30 | 2.11 |
| 5 | 350 | 60 | 1∶30 | 10 | 1.84 |
| 6 | 350 | 70 | 1∶10 | 20 | 2.19 |
| 7 | 3(400) | 50 | 1∶30 | 20 | 1.72 |
| 8 | 400 | 60 | 1∶10 | 30 | 1.82 |
| 9 | 400 | 70 | 1∶20 | 10 | 1.79 |
| $\overline{K_1}$ | 0.637 | 1.513 | 1.573 | 1.447 | |
| $\overline{K_2}$ | 2.047 | 1.453 | 1.533 | 1.537 | $T$=13.38 |
| $\overline{K_3}$ | 1.777 | 1.493 | 1.353 | 1.477 | |
| $R$ | 1.410 | 0.060 | 0.220 | 0.090 | |

表 4-33　秋茄树叶多糖提取正交试验的方差分析

| 变异来源 | | 偏差平方和 | 自由度 | $F$ 值 | $F_\alpha$ | 显著性 |
|---|---|---|---|---|---|---|
| 因素 | A | 3.361 | 2 | 40.988 | | * |
| | B | 0.006 | 2 | 0.073 | $F_{0.05}(2,2)$=19 | |
| | C | 0.082 | 2 | 1.000 | $F_{0.01}(2,2)$=99 | |
| | D | 0.013 | 2 | 0.159 | | |

注：*表示在 0.05 水平上差异显著

为了验证秋茄树叶多糖最佳提取工艺的稳定性，对正交试验确定的最佳提取工艺 $A_2B_1C_1D_2$ 进行 3 次重复验证实验，其多糖得率分别为 2.34%、2.11%和 2.41%，平均为 2.29%，比正交试验最高的得率高，其得率稳定，表明该提取工艺即为最佳工艺。

3. 秋茄树叶多糖的分离纯化

采用 Sevag 法脱除秋茄树叶多糖所含的蛋白质，用紫外分光光度法检测蛋白质的去除情况，结果如表 4-34 所示。结果显示去除效果较好，蛋白质平均去除率为 80.7%。除蛋白质、核酸后，再进行醇沉，经干燥得多糖样品，可用于进一步活性研究。

表 4-34　秋茄树叶多糖中的蛋白质含量及其去除率

| 序号 | 除蛋白前蛋白质含量/(μg/mL) | 除蛋白后蛋白质含量/(μg/mL) | 去除率/% | 平均去除率/% |
|---|---|---|---|---|
| 1 | 6.69 | 1.19 | 82.2 | |
| 2 | 6.52 | 1.35 | 79.3 | 80.7 |
| 3 | 6.46 | 1.26 | 80.5 | |

（三）小结

秋茄树叶提取物中不含还原性单糖，但含有多糖。影响秋茄树叶多糖提取的主要因素为超声波功率、提取温度、提取时间、料液比等，最佳的提取工艺为：超声波功率 350W、提取温度 50℃、提取时间 20min、料液比 1∶10。Sevag 法对秋茄树叶多糖中蛋白质的去除率达 80% 以上，初步达到纯化多糖的目的。

## 二、秋茄树叶多糖的抗氧化活性

（一）实验方法

1. 多糖的制备

根据多糖最佳提取工艺条件，对秋茄树叶多糖进行提取，然后按照最佳脱蛋白、脱色及醇沉条件制备得到秋茄树叶多糖，将沉淀依次用乙酸乙酯、丙酮、乙醇进行洗涤后，将其用蒸馏水溶解，最后经真空冷冻干燥得精制多糖。

2. 多糖的抗氧化测定

秋茄树叶多糖清除超氧阴离子自由基和羟自由基能力的实验方法与本章第一节"二、木榄叶多糖的性质"的基本相同。其中，样液的多糖浓度分别为 10μg/mL、20μg/mL、30μg/mL、40μg/mL、50μg/mL。

（二）结果与分析

1. 秋茄树叶多糖对超氧阴离子自由基的清除能力

秋茄树叶多糖和维生素 C 对超氧阴离子自由基清除能力的测定结果如图 4-54 所示。其中，在实验浓度范围内，多糖粗提物对超氧阴离子自由基的清除能力随浓度的升高而增强，多糖对超氧阴离子自由基的 $IC_{50}$ 为 40μg/mL。阳性对照维生素 C 随浓度增高，对超氧阴离子自由基的清除能力呈增强趋势，维生素 C 对超氧阴离子自由基的 $IC_{50}$ 为 26μg/mL。

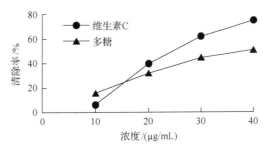

图 4-54 维生素 C 和秋茄树叶多糖对超氧阴离子自由基的清除效果

2. 秋茄树叶多糖对羟自由基的清除能力

秋茄树叶多糖对羟自由基清除能力的测定结果如图 4-55 所示。其中，秋茄树叶多糖粗提物对羟自由基的清除能力随着浓度的升高而增强，秋茄树叶多糖对羟自由基的 $IC_{50}$

为 42μg/mL。

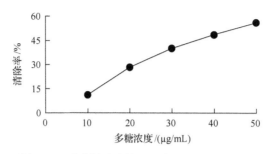

图 4-55　秋茄树叶多糖对羟自由基的清除效果

（三）小结

秋茄树叶多糖粗提物对超氧阴离子自由基和羟自由基的清除率均随着浓度的升高而增强；秋茄树叶多糖对超氧阴离子自由基的 $IC_{50}$ 为 40μg/mL，维生素 C 对超氧阴离子自由基的 $IC_{50}$ 为 26μg/mL。秋茄树叶多糖对羟自由基的 $IC_{50}$ 为 42μg/mL，说明其具有较强的体外抗氧化活性。

# 第四节　海榄雌化学成分提取及其生物活性

供试材料为海榄雌的叶，以及市售的油脂和菜籽油。其中，叶于 2009 年 8 月采自广西北海市大冠沙红树林区。新鲜的样品采集后置阴凉处自然风干，然后放入烘箱中在 50℃恒温条件下烘干，粉碎，过 40 目筛，置 4℃冰箱中保存备用。油脂由桂林市市售猪板油熬制；菜籽油购自桂林市农贸市场。

## 一、海榄雌叶黄酮的提取和纯化

（一）实验方法

1. 黄酮的提取条件

（1）单因素实验

由于超声波辅助有机溶剂提取植物活性成分比传统回流提取具有更好的效果（李大婧等，2009），因此本实验采用超声波辅助有机溶剂提取法进行海榄雌叶黄酮的提取。

1）基本工艺：精确称取 1.0g 海榄雌叶粉末，按照料液比 1：20、超声波功率 250W、超声波时间 30min 的条件提取 2 次，然后测定吸光度，进行单因素实验。

2）提取条件的选择：提取溶剂分别为蒸馏水、甲醇、70%乙醇、95%乙醇、丙酮、乙酸乙酯；提取溶剂浓度分别为 40%、50%、60%、70%、80%、90%；料液比分别为 1：10、1：15、1：20、1：30、1：40；超声波时间分别为 5min、10min、15min、20min、25min、30min；超声波功率分别为 200W、250W、300W、350W、400W、450W。

（2）正交试验

根据单因素确定的实验范围，选择对实验结果影响大的因素，以总黄酮含量为指标，按照 $L_9(3^4)$ 正交表进行正交试验，确定最佳的提取条件，每个实验重复 3 次。

（3）验证实验

取 5 份海榄雌叶粉末在最佳提取条件下进行黄酮提取，然后测定其含量，以验证海榄雌叶黄酮提取最佳条件的可靠性和重复性。

2. 粗提液纯化

（1）大孔吸附树脂的选择

采用天津市海光化工有限公司生产的 AB-8、D101、DM130 和 H103 4 种型号的大孔吸附树脂对海榄雌叶黄酮提取液进行脱色处理，它们的物理性能如表 4-1 所示。

（2）大孔吸附树脂的静态吸附和解吸

1）树脂静态吸附和解吸实验：取 4 份浓度相同的样品液各 20mL 装入 100mL 锥形瓶中，分别加入各种类型的树脂 1g，封口，在室温条件下放在摇床上振荡 24h。将充分吸附后的树脂过滤，放入 250mL 锥形瓶中，用 100mL 70%的乙醇解吸，室温置于摇床上振荡 24h，测定吸附前后黄酮的浓度（安彩贤和李治姗，2004）。吸附率、解吸率分别由式（4-7）、式（4-8）计算，而吸附量（$F$）的计算公式如下：

$$F = \frac{[(C_0 - C_e)] \times V_1}{W} \times 100\% \qquad (4\text{-}18)$$

式中，$C_0$ 为吸附前溶液浓度（mg/mL），$C_e$ 为吸附平衡后溶液浓度（mg/mL），$V_1$ 为上样液体积（mL），$W$ 为样品质量（mg）。

2）静态吸附动力学曲线：选择 1g 树脂置于 100mL 的锥形瓶中，加入浓度 2.06mg/mL 的黄酮提取液 20mL，在室温置摇床上振荡，1h、2h、4h、6h、8h、10h、12h 后分别取样，测定剩余滤液中黄酮的浓度，然后计算吸附率。

3）最佳树脂的吸附等温曲线：取 1g 最佳的大孔吸附树脂置于 100mL 的锥形瓶中，加入 20mL 浓度为 3.01mg/mL、3.20mg/mL、3.88mg/mL、4.15mg/mL、5.02mg/mL、5.63mg/mL 的黄酮提取液，置于摇床上振荡，24h 后取出，过滤，测定滤液中残余总黄酮的浓度，制作黄酮的等温吸附曲线。

4）乙醇浓度对大孔吸附树脂解吸的影响：称取 5 份 1g 大孔吸附树脂分别放入 100mL 的锥形瓶中，加入浓度为 5.63mg/mL 的黄酮提取液 20mL，静置 24h，使其达到吸附平衡，然后除去滤液，用蒸馏水洗树脂至无黄酮液，再分别加入 30%、50%、70%、80%、95%的乙醇 20mL，振荡 24h，测定滤液中总黄酮的浓度，确定最佳静态解吸的乙醇浓度。

5）乙醇 pH 对大孔吸附树脂解吸的影响：称取 5 份 1g 大孔吸附树脂分别放入 100mL 的锥形瓶中，加入浓度为 5.63mg/mL 的黄酮提取液 20mL，静置 24h，使其达到吸附平衡，然后除去滤液，用蒸馏水洗树脂至无黄酮液，再分别加入 20mL 的 pH 为 5.06、6.21、7.08、8.24、9.18 的 70%乙醇，静置 24h，测定滤液中总黄酮的浓度，确定最佳的乙醇 pH。

（3）大孔吸附树脂的动态吸附和解吸

1）动态吸附曲线的制作：将浓度为 1.28mg/mL 的黄酮溶液以 1mL/min 的流速通过最

佳树脂柱，直至树脂吸附饱和，流出的黄酮残液以每 5mL 为一管收集，同时测定各个管中的黄酮浓度，制得最佳树脂对黄酮的动态吸附曲线(刘锡建等，2004)。

2)上样速度对吸附量的影响：将处理好的大孔吸附树脂分别装入层析柱中，用蒸馏水洗脱至流出液为无色。将浓度为 1.28mg/mL 的海榄雌叶黄酮粗提物分别以 0.5mL/min、1mL/min、1.5mL/min、2mL/min 的速度上样 30mL，流出液每 10mL 收集一管，测定总黄酮的含量，确定最佳的上样速度。

3)上样液浓度的选择：上样液浓度过高或过低，均不能使黄酮达到最大吸附量，因此需要选择适中的上样浓度(李俶等，2008)。将处理好的大孔吸附树脂分别装入层析柱中，用蒸馏水洗脱至流出液为无色。将浓度为 1.08mg/mL、1.22mg/mL、1.53mg/mL、1.72mg/mL 的海榄雌叶黄酮粗提物以 1.5mL/min 的速度上样，流出液每 10mL 收集一管，测定总黄酮的含量，确定最佳的上样液浓度。

4)洗脱剂用量的选择：将最佳型号的大孔吸附树脂装入层析柱中，用浓度为 1.08mg/mL 的提取物以 1mL/min 通过大孔吸附树脂，当流出液浓度接近上样液浓度时停止上样，此时大孔吸附树脂已吸附饱和。用蒸馏水洗脱吸附饱和的大孔吸附树脂，至流出液为无色，再用 70%乙醇以 1mL/min 的流速洗脱，每 5mL 收集一管，测定总黄酮的含量，确定最佳的洗脱剂用量。

5)洗脱速度对解吸效果的影响：将处理好的大孔吸附树脂分别装入层析柱中，用蒸馏水洗脱至流出液为无色。将 4 份浓度为 1.08mg/mL 的海榄雌叶黄酮粗提物以 1mL/min 的速度上样，当流出液浓度接近上样液浓度时停止上样，此时大孔吸附树脂已吸附饱和，再用 70%乙醇分别以 0.5mL/min、1mL/min、1.5mL/min、2mL/min 的流速洗脱，每 10mL 收集一管，测定总黄酮的含量，确定最佳的洗脱速率。

6)径高比对解吸效果的影响：将处理好的大孔吸附树脂按照 1∶5、1∶7.5、1∶10、1∶12.5 的径高比分别装入 4 个层析柱中，用蒸馏水洗脱至流出液为无色。将浓度为 1.11mg/mL 的海榄雌叶黄酮粗提物以 1mL/min 的速度上样，当流出液浓度接近上样液浓度时停止上样，此时大孔吸附树脂已吸附饱和，再用 70%乙醇以 1.5mL/min 的流速洗脱，每 10mL 收集一管，测定总黄酮的含量，确定最佳的径高比。

3. 黄酮含量的测定

采用紫外分光光度法对海榄雌叶黄酮含量进行测定。

(1)芦丁标准曲线的制作

准确称取 105℃烘至恒量的芦丁 20.3mg，用 60%乙醇溶解并定容至 100mL，得浓度为 0.203mg/mL 的芦丁标准溶液。分别吸取芦丁标准溶液 0mL、1mL、2mL、3mL、4mL、5mL、6mL 于 25mL 容量瓶中，各加 30%乙醇至 6mL，加 5%亚硝酸钠溶液 1mL，摇匀，放置 6min，加 10%硝酸铝溶液 1mL，摇匀，放置 6min，加 4%氢氧化钠溶液 10mL，摇匀，用 30%乙醇定容，摇匀，放置 15min，然后测定 510nm 波长处吸光度。以吸光度($y$)为纵坐标，芦丁标准溶液浓度($x$)为横坐标，绘制得到的标准曲线如图 4-56 所示，相应的回归方程为

$$y=9.1321x+0.0110 \qquad R^2=0.9994 \qquad (4\text{-}19)$$

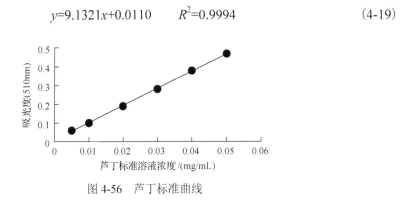

图4-56 芦丁标准曲线

（2）总黄酮含量测定

将海榄雌叶提取液配成适当浓度的溶液，准确吸取 2mL 样液，按与芦丁标准曲线制作同样的方法测定吸光度，同时吸取样液 2mL 加入 10mL 具塞刻度试管中，加入 30%乙醇至刻度，作参比。总黄酮得率（TF）计算公式为

$$TF=[(C \times N \times V)/m] \times 10^{-3} \times 100\% \qquad (4\text{-}20)$$

式中，$C$ 为根据标准曲线计算出的被测提取液中总黄酮含量（mg/mL）；$N$ 为稀释倍数；$V$ 为提取液总体积（mL）；$m$ 为海榄雌叶质量（g）。

（3）加样回收率实验

准确吸取 0.05mg/mL 海榄雌叶提取液 1mL 和 2mL 各 3 份，分别加入 0.1mg/mL 芦丁标准溶液 2mL，测定吸光度，计算回收率。

（4）纯化后产物中黄酮含量和回收率的计算

对黄酮粗提物进行分离富集后，测定海榄雌叶黄酮纯化物的吸光度和体积，并计算洗脱液中黄酮的浓度。将洗脱液旋转蒸发至浸膏，放入真空冷冻干燥机中冷冻干燥至恒重，称量干燥物的质量，然后按照下列公式分别计算纯化后黄酮得率（FC）与回收率（FR）：

$$FC=[V \times C/m] \times 100\% \qquad (4\text{-}21)$$

$$FR=[C \times V/C_1 \times V_1] \times 100\% \qquad (4\text{-}22)$$

式中，$C$ 为纯化后的黄酮浓度（mg/mL）；$C_1$ 为粗提液中的黄酮浓度（mg/mL）；$V$ 为洗脱液体积（mL）；$V_1$ 为粗提液体积（mL）；$m$ 为干燥后纯化物的质量（mg）。

（二）结果与分析

1. 海榄雌叶黄酮含量的提取工艺及其准确性

为了判断采用紫外分光光度法测定海榄雌叶黄酮含量的适用性和准确性，我们进行了加样回收率实验，结果如表 4-35 所示。其中，芦丁的平均回收率为 97.75%，通过对测定数据进行统计分析，其变异系数为 0.78，说明该实验方法准确性较好，适合于海榄雌叶黄酮含量的测定。

**表 4-35  海榄雌叶黄酮加样回收实验**

| 样品黄酮质量/mg | 加入量/mg | 测定值/mg | 回收率/% | 平均回收率/% | 变异系数 |
|---|---|---|---|---|---|
| 0.05 | 0.2 | 0.201 | 98.00 | | |
| 0.05 | 0.2 | 0.200 | 97.50 | | |
| 0.05 | 0.2 | 0.202 | 98.50 | 97.75 | 0.78 |
| 0.10 | 0.2 | 0.293 | 96.50 | | |
| 0.10 | 0.2 | 0.297 | 98.50 | | |
| 0.10 | 0.2 | 0.295 | 97.50 | | |

**2. 影响海榄雌叶黄酮提取的主要因素**

**(1)提取溶剂**

根据相似相溶的原理，选择可能溶解黄酮类物质的几种溶剂，进行提取溶剂选择实验，其结果如图 4-57 所示。其中，6 种溶剂对海榄雌叶黄酮提取能力的大小顺序为：甲醇＞70%乙醇＞95%乙醇＞蒸馏水＞丙酮＞乙酸乙酯。虽然甲醇提取海榄雌叶黄酮的效果比较好，但甲醇有毒。70%乙醇的提取率小于甲醇，但差异不显著。因此，从安全方面考虑，选用乙醇作为海榄雌叶黄酮的提取溶剂比较合适。

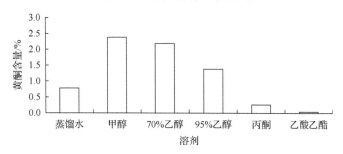

图 4-57  不同溶剂对海榄雌叶黄酮提取效果的影响

**(2)乙醇浓度**

由图 4-58 可知，随着乙醇浓度的增大，海榄雌叶黄酮含量增加，当乙醇浓度为 70%时，黄酮含量最高，随后开始下降。因此，乙醇浓度 70%适合于海榄雌叶黄酮的提取。

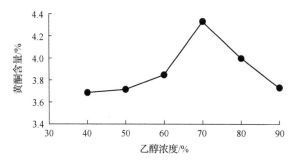

图 4-58  乙醇浓度对海榄雌叶黄酮提取效果的影响

**(3)料液比**

由图 4-59 可知，随着料液比的增加，海榄雌叶总黄酮含量在不断增高，当料液比达到 1∶20 时，黄酮含量最高，随后开始下降。因此，料液比 1∶20 适合于海榄雌叶黄酮的提取。

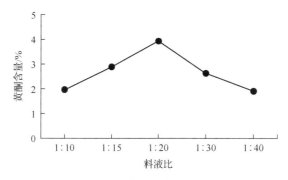

图 4-59 料液比对海榄雌叶黄酮提取效果的影响

（4）提取时间

由图 4-60 可知，随着提取时间增加，海榄雌叶黄酮含量在逐渐增加，当提取时间达到 25min 时，黄酮含量最高，随后开始下降，这是因为在一定时间范围内，超声波产生的机械效应、空化效应及热效应促使细胞破裂，促进黄酮类化合物的释放和溶出，有助于溶质的扩散，从而提高了提取率，直至溶液中黄酮浓度达到最大值。但随着提取时间的延长，超声波产生的热效应会使温度升高，当温度达到一定限度时，会使黄酮的结构发生变化而被降解（Hemwimol et al.，2006），并且随着时间的延长，杂质的含量会增加，不利于纯化过程。因此，提取时间以 25min 为宜。

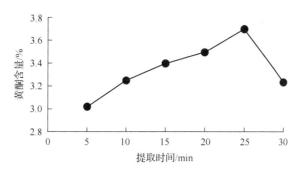

图 4-60 提取时间对海榄雌叶黄酮提取效果的影响

（5）超声波功率

由图 4-61 可知，随着超声波功率的增加，海榄雌叶黄酮含量先增后减，当超声波功率达到 350W 时，黄酮含量最高，随后开始下降。这是因为超声波功率的增加，有利于细胞破裂，促进黄酮类化合物向溶媒中溶解，提高了提取率，当超声波功率达到 350W 时，黄酮已基本提取完全，溶液体系的渗透压达到平衡，功率再增加，样品颗粒会不断缩小，则造成其对黄酮类化合物的吸附（王立娟等，2007），并且超声波功率过大可能会破坏黄酮的结构，也会造成黄酮含量的下降。因此，超声波功率以 350W 为宜。

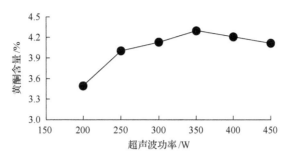

图 4-61　超声波功率对海榄雌叶黄酮提取效果的影响

### 3. 海榄雌叶黄酮提取的最佳方法

在单因素实验的基础上，选择对黄酮提取率影响较大的料液比、乙醇浓度、提取时间和超声波功率，并设计各因素水平，按照 $L_9(3^4)$ 正交表进行正交试验，其因素水平和结果分别如表 4-36 和表 4-37 所示。

**表 4-36　海榄雌叶黄酮提取正交试验的因素水平**

| 水平 | 因素 | | | |
| --- | --- | --- | --- | --- |
| | A | B | C | D |
| 1 | 1∶15 | 60 | 20 | 300 |
| 2 | 1∶20 | 70 | 25 | 350 |
| 3 | 1∶30 | 80 | 30 | 400 |

注：A 表示料液比，B 表示乙醇浓度(%)，C 表示提取时间(min)，D 表示超声波功率(W)；表 4-37 和表 4-38 同

**表 4-37　海榄雌叶黄酮提取正交试验的结果及其分析**

| 实验号 | 因素 | | | | 黄酮含量/% |
| --- | --- | --- | --- | --- | --- |
| | A | B | C | D | |
| 1 | 1 | 1 | 1 | 1 | 4.79±0.021 |
| 2 | 1 | 2 | 2 | 2 | 4.81±0.029 |
| 3 | 1 | 3 | 3 | 3 | 4.71±0.022 |
| 4 | 2 | 1 | 2 | 3 | 4.12±0.034 |
| 5 | 2 | 2 | 3 | 1 | 4.56±0.009 |
| 6 | 2 | 3 | 1 | 2 | 4.45±0.032 |
| 7 | 3 | 1 | 3 | 2 | 3.09±0.034 |
| 8 | 3 | 2 | 1 | 3 | 3.17±0.033 |
| 9 | 3 | 3 | 2 | 1 | 3.96±0.043 |
| $\overline{K_1}$ | 4.77 | 4.00 | 4.14 | 4.44 | |
| $\overline{K_2}$ | 4.37 | 4.18 | 4.30 | 4.11 | $T$=32.87 |
| $\overline{K_3}$ | 3.41 | 4.37 | 4.12 | 4.00 | |
| $R$ | 1.36 | 0.37 | 0.18 | 0.44 | |

由表 4-37 可知，4 种因素对海榄雌叶黄酮提取的影响从大到小依次为：A＞D＞B＞C，即料液比＞超声波功率＞乙醇浓度＞提取时间，说明料液比对黄酮含量的影响是最

大的，超声波功率和乙醇浓度影响较大，提取时间的影响最小。海榄雌叶黄酮提取的最佳条件为 $A_1B_3C_2D_1$，即料液比 1∶15，乙醇浓度 80%，提取时间 25min，超声波功率 300W。对正交试验结果的方差分析表明，料液比对海榄雌叶黄酮提取的影响达到极显著水平，超声波功率和乙醇浓度达到显著水平，而提取时间的影响不显著，这与极差分析的结果一样。因此，影响海榄雌叶黄酮提取的主要因素是料液比、超声波功率和乙醇浓度（表 4-38）。

**表 4-38 海榄雌叶黄酮提取正交试验结果的方差分析**

| 变异来源 | | 偏差平方和 | 自由度 | 方差 | $F$ 值 | $F_\alpha$ | 显著性 |
|---|---|---|---|---|---|---|---|
| 因素 | A | 8.82 | 2 | 4.41 | 882 | | ** |
| | B | 0.64 | 2 | 0.32 | 64 | $F_{0.05}(2, 2)=19$ | * |
| | C | 0.17 | 2 | 0.09 | 18 | $F_{0.01}(2, 2)=99$ | |
| | D | 0.92 | 2 | 0.46 | 92 | | * |

注：*表示在 0.05 水平上差异显著，**表示在 0.01 水平上差异极显著

为了进一步验证海榄雌叶黄酮提取最佳条件的可靠性和重复性，取 5 份海榄雌叶粉末在最佳提取条件（$A_1B_3C_2D_1$）下进行提取，按照标准曲线的方法测定黄酮含量，来验证最佳工艺，其结果如表 4-39 所示。其中，在最佳提取条件下测定得到的海榄雌叶黄酮含量高于正交试验的任何一组，黄酮含量平均值为 5.43%，标准差为 0.0089，变异系数为 0.17。因此，通过正交试验确定的海榄雌叶黄酮最佳提取条件是可靠的，并具有很好的重复性。

**表 4-39 海榄雌叶黄酮提取最佳工艺验证实验**

| 次数 | 黄酮含量/% | 平均值/% | 标准差 | 变异系数 |
|---|---|---|---|---|
| 1 | 5.43 | | | |
| 2 | 5.42 | | | |
| 3 | 5.42 | 5.43 | 0.0089 | 0.17 |
| 4 | 5.44 | | | |
| 5 | 5.42 | | | |

4. 海榄雌叶黄酮大孔吸附树脂静态吸附和解吸特征及其影响因子

（1）树脂的吸附率与解吸率

大孔吸附树脂由于物理结构和化学性质的不同，对某一类化学物质的吸附能力也不同，从而可以达到对不同成分的分离。通过比较 4 种型号树脂对海榄雌叶黄酮的静态吸附和解吸，筛选对黄酮有特异性吸附和解吸的树脂，其结果如表 4-40 所示。其中，4 种型号树脂的吸附率大小顺序为：AB-8＞D101＞DM130＞H103，解吸率大小顺序为：AB-8＞D101＞H103＞DM130，并且 AB-8 型号大孔吸附树脂和 D101 型号大孔吸附树脂的解吸率均在 85%以上。通常，选择最佳的大孔吸附树脂，不仅要考虑其吸附率的大小，还要看解吸率的大小。实验的树脂中，DM130 型号大孔吸附树脂的吸附率较低，解吸率最低；H103 型号大孔吸附树脂的吸附率最低，解吸率也较低；它们都不适合用于海榄雌叶黄酮的纯化；而 AB-8 型号大孔吸附树脂和 D101 型号大孔吸附树脂的吸附率与解吸率都比较高，因此选择 D101 和 AB-8 型号大孔吸附树脂进行进一步实验，以确定海榄雌叶

黄酮纯化的最佳树脂。

表 4-40　4 种型号树脂对海榄雌叶黄酮的吸附和解吸性能

| 树脂类型 | 原液浓度/(mg/mL) | 吸附后浓度/(mg/mL) | 吸附率/% | 解吸后浓度/(mg/mL) | 解吸率/% |
| --- | --- | --- | --- | --- | --- |
| AB-8 | 2.06 | 0.41 | 80.10 | 0.31 | 94.81 |
| D101 | 2.06 | 0.48 | 76.70 | 0.27 | 86.17 |
| DM130 | 2.06 | 0.67 | 67.48 | 0.20 | 73.17 |
| H103 | 2.06 | 0.95 | 53.88 | 0.18 | 80.52 |

(2)树脂吸附动力学特征

仅仅通过吸附率和解吸率的大小来评价一种树脂是否适合用来分离某种物质是不够的，因为一种树脂虽然吸附率很高，但可能其要在很长的时间内才能吸附饱和，这在实际生产应用中也是不合适的。就海榄雌叶黄酮而言，对具有高吸附率和解吸率的 AB-8 型号大孔吸附树脂和 D101 型号大孔吸附树脂进行动态吸附动力学实验，其结果如图 4-62 所示。

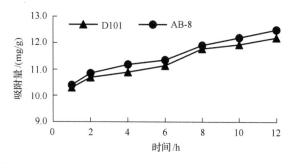

图 4-62　AB-8 和 D101 两种树脂对海榄雌叶黄酮的吸附曲线

由图 4-63 可知，随着时间的增加，两种树脂的吸附量逐渐增加，在吸附 8h 左右之后，变化相对比较平缓，逐渐趋于平衡，它们均属于快速吸附树脂，但随着时间的增加，AB-8 型号大孔吸附树脂吸附量稍高于 D101 型号大孔吸附树脂。

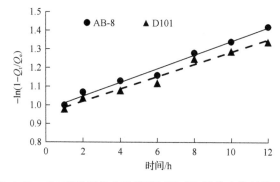

图 4-63　AB-8 和 D101 两种型号大孔吸附树脂对海榄雌叶黄酮的吸附速率方程

大孔吸附树脂的比较分析采用物理化学家朗缪尔(Irving Langmuir)的吸附理论及其吸附方程进行(张蕾，2007)：

$$\ln Q_e / (Q_e - Q_t) = K \qquad (4\text{-}23)$$

式中，$Q_t$ 为 $t$ 时刻大孔吸附树脂的吸附量（mg/g），$Q_e$ 为平衡时刻大孔吸附树脂的吸附量（mg/g），$K$ 为吸附平衡速率常数。将式（4-23）转化为：$-\ln(1-Q_t/Q_e)=K$，以 $-\ln(1-Q_t/Q_e)$ $(y)$ 对时间 $t$ 进行回归分析，其结果如图 4-63 所示。其中，AB-8 型号大孔吸附树脂比 D101 型号大孔吸附树脂对海榄雌叶黄酮的吸附较好地符合吸附速率方程，这也进一步说明 AB-8 型号大孔吸附树脂适合于海榄雌叶黄酮的分离和纯化，它们的回归方程分别为

$$\text{AB-8 型号大孔吸附树脂：} y=0.0367t+0.9746 \quad R^2=0.9850 \tag{4-24}$$

$$\text{D101 型号大孔吸附树脂：} y=0.0329t+0.9548 \quad R^2=0.9762 \tag{4-25}$$

（3）静态吸附等温曲线

根据图 4-63，可以确定 AB-8 型号大孔吸附树脂是海榄雌叶黄酮最佳的吸附与解吸树脂，在此基础上制作 AB-8 型号大孔吸附树脂的等温吸附曲线，其结果如图 4-64 所示。

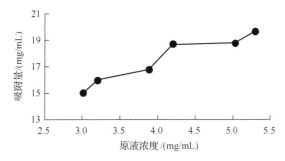

图 4-64　AB-8 型号大孔吸附树脂对海榄雌叶黄酮的等温吸附曲线

为了研究 AB-8 型号大孔吸附树脂对海榄雌叶黄酮的吸附是否符合单分子吸附，运用 Langmuir 方程对吸附等温曲线进行回归分析：

$$C_e/Q_e=1/(K_b Q_{饱和}) + C_e/Q_{饱和} \tag{4-26}$$

式中，$C_e$ 为样液的平衡浓度，$Q_e$ 为当浓度为 $C_e$ 时树脂的吸附量，$Q_{饱和}$ 为树脂最大吸附量，$K_b$ 为结合常数。以 $C_e$ 为横坐标，$C_e/Q_e$ $(y)$ 为纵坐标进行回归，其结果如图 4-65 所示，相应的回归方程为

$$y=0.034C_e+0.0962 \quad R^2=0.9952 \tag{4-27}$$

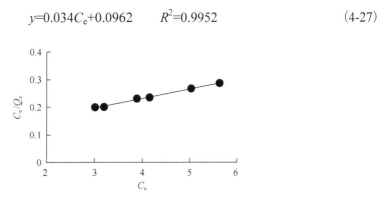

图 4-65　AB-8 型号大孔吸附树脂对海榄雌叶黄酮的线性回归

由图4-65可知,AB-8型号大孔吸附树脂对海榄雌叶黄酮吸附性较好地符合Langmuir方程,相关系数 $R^2$ 为 0.9952,通过 Langmuir 回归方程计算得到 AB-8 型号大孔吸附树脂对海榄雌叶黄酮的饱和吸附量为 26.58mg/g。

(4) 乙醇浓度对解吸附的影响

乙醇浓度对 AB-8 型号大孔吸附树脂解吸附海榄雌叶黄酮的影响如图 4-66 所示。其中,在最初阶段,随着乙醇浓度的升高,AB-8 型号大孔吸附树脂解吸率增加。当乙醇浓度达到 80% 时解吸率达到最大,此后开始下降。由于 70% 乙醇与 80% 乙醇解吸附能力差别不大,从经济因素等方面考虑,选用 70% 乙醇作为 AB-8 型号大孔吸附树脂解吸附海榄雌叶黄酮的洗脱剂。

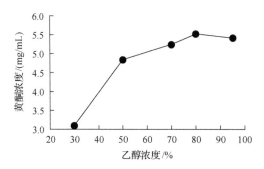

图 4-66　乙醇浓度对 AB-8 型号大孔吸附树脂解吸附海榄雌叶黄酮的影响

(5) 乙醇 pH 对解吸附的影响

乙醇 pH 对 AB-8 型号大孔吸附树脂解吸附海榄雌叶黄酮的影响如图 4-67 所示。其中,海榄雌叶黄酮比较适合在弱碱性的条件下进行洗脱,在 pH 为 8 时,解吸率达到最大,此后开始下降。因此,将乙醇洗脱液的 pH 确定为 8。

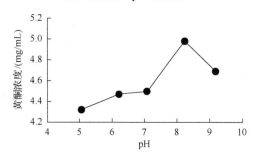

图 4-67　不同 pH 对 AB-8 型号大孔吸附树脂解吸附海榄雌叶黄酮的影响

5. 海榄雌叶黄酮大孔吸附树脂动态吸附和解吸特征及其影响因子

(1) 动态吸附曲线

AB-8 型号大孔吸附树脂对海榄雌叶黄酮的动态吸附曲线如图 4-68 所示。其中,AB-8 型号大孔吸附树脂对海榄雌叶黄酮的吸附量随着样液体积的增加不断增大;当树脂吸附饱和时,需要 10CV 的黄酮溶液,此时吸附量为 20.34mg/g。由动态吸附曲线可进一步确定 AB-8 型号大孔吸附树脂对海榄雌叶黄酮有较大的吸附量,适合其富集分离。

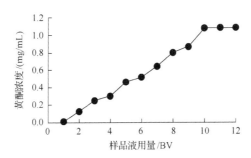

图 4-68　AB-8 型号大孔吸附树脂对海榄雌叶黄酮的动态吸附曲线

(2)上样速度对吸附量的影响

当海榄雌叶黄酮提取液浓度为 1.28mg/mL 时,不同上样速度对 AB-8 型号大孔吸附树脂吸附黄酮量的影响如图 4-69 所示。其中,上样速度为 0.5mL/min 时,泄露点(该处泄露液的浓度为上样前样液浓度的 1/10)出现最迟,而上样速度为 2.0mL/min 时泄露最早。通过计算得出,4 种上样速度 2.0mL/min、1.5mL/min、1.0mL/min、0.5mL/min 的泄露点分别在 63mL、89mL、95mL、98mL 附近。上样速度越慢黄酮越能与树脂充分接触,从而提高吸附效果。随着上样速度的增加,吸附效果会降低,因为上样速度加大后,黄酮提取液还没来得及被树脂吸附,就已经随着吸附液流出了,所以较慢的上样速度有利于黄酮提取液与树脂的吸附,但太慢的上样速度会降低吸附效率,因此选用 1mL/min 作为海榄雌叶黄酮提取液的上样速度。

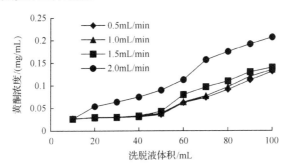

图 4-69　上样速度对 AB-8 型号大孔吸附树脂吸附海榄雌叶黄酮的影响

(3)上样液浓度的选择

上样液浓度对 AB-8 型号大孔吸附树脂吸附海榄雌叶黄酮的影响如图 4-70 所示。其

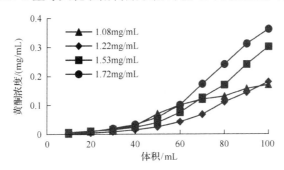

图 4-70　上样液浓度对 AB-8 型号大孔吸附树脂吸附海榄雌叶黄酮的影响

中，4 种上样液浓度 1.08mg/mL、1.22mg/mL、1.53mg/mL、1.72mg/mL 的泄露点分别为 64mL、84mL、76mL、70mL 附近。低浓度的上样液吸附效率低，不利于吸附，而浓度过大，又会提前泄露，使样液处理量下降，当上样液浓度为 1.22mg/mL 时，泄露点出现最迟，有利于树脂吸附。

(4)洗脱剂用量的选择

在确定了洗脱剂的最佳浓度后，还应对其最佳用量进行研究，在充分洗脱的前提下，尽量节省洗脱剂的用量。由图 4-71 可知，随着洗脱液体积的增加，洗脱液中海榄雌叶黄酮的含量先升高后降低，当洗脱剂用量为 2CV 时，洗脱液中黄酮含量达到最大；当洗脱液用量为 4CV 时，洗脱液中黄酮含量基本为零，可以认为黄酮已基本洗脱完全，此时可停止洗脱。

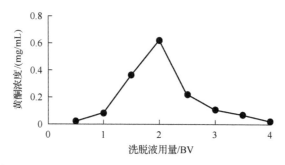

图 4-71　70%乙醇不同用量对海榄雌叶黄酮洗脱效果的影响

(5)洗脱速度对解吸效果的影响

洗脱速度对 AB-8 型号大孔吸附树脂解吸附海榄雌叶黄酮效果的影响如图 4-72 所示。其中，当洗脱液体积为 45mL 时，洗脱速度为 1mL/min 和 1.5mL/min 的洗脱液中黄酮含量相当，且为最大。1mL/min 的洗脱速度虽然峰形窄，但拖尾现象比较严重；而洗脱速度为 1.5mL/min 时，其峰形较窄，比较集中。综合峰值、峰形和拖尾现象来看，选用 1.5mL/min 作为海榄雌叶黄酮最佳洗脱速度。

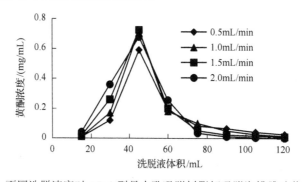

图 4-72　不同洗脱速度对 AB-8 型号大孔吸附树脂解吸附海榄雌叶黄酮的影响

(6)径高比对解吸效果的影响

树脂柱的径高比也是影响吸附效果的主要因素，在树脂体积一定的条件下，通过调节树脂柱的径高比，根据泄露点出现迟早可以确定最佳的径高比。由图 4-73 可知，将浓度为 1.11mg/mL 的海榄雌叶黄酮提取液以 1.0mL/min 的速度上样时，4 种径高比 1∶5、1∶7.5、1∶10 和 1∶12.5 的泄露点分别在 50mL、60mL、80mL、100mL 附近。当径高比为 1∶5 和 1∶7.5 时，其吸附量较大，但泄露点出现的较早；而径高比为 1∶12.5 时，虽然泄露点出现最迟，但吸附量却最低。综合吸附量和泄露点的出现时间，选择 1∶10 作为层析柱最佳的径高比。

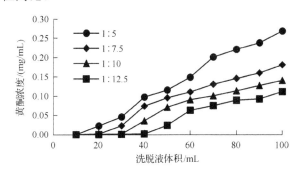

图 4-73　AB-8 型号大孔吸附树脂柱不同径高比对海榄雌叶黄酮吸附效果的影响

6. 纯化后黄酮的含量与回收率

海榄雌叶纯化物的黄酮含量为 41.6%，比粗提物黄酮的含量提高了 5 倍。另外，经过纯化，海榄雌叶黄酮的回收率为 90.2%，说明实验中的吸附-解吸条件适合海榄雌叶黄酮的富集分离。

（三）小结

海榄雌叶黄酮的最佳提取工艺条件为：料液比 1∶15、乙醇浓度 80%、超声波功率 300W、提取时间 25min。AB-8 型号大孔吸附树脂适用于海榄雌叶黄酮纯化，其最佳吸附-解吸条件为：洗脱液 70%乙醇、上样速度 1mL/min、上样浓度 1.22mg/mL、层析柱的径高比 1∶10。

**二、海榄雌叶黄酮的性质鉴定**

（一）实验方法

1. 黄酮样品的制备

按照"料液比 1∶15、80%乙醇、提取时间 25min 和超声波功率 300W"的提取工艺得到黄酮粗提液，将一部分粗提液过滤、三氯甲烷萃取、蒸馏除去溶剂后，置于真空冷冻干燥机中冷冻干燥，得海榄雌叶黄酮的固体粗提物。将另一部分粗提液旋转蒸发除去乙醇后，按照最佳的纯化条件和方法进行纯化，得到纯化液，然后置于真空冷冻干燥机中进行冷冻干燥，得到海榄雌叶黄酮的固体粗纯化物。

2. 海榄雌叶总糖的测定

（1）葡萄糖标准曲线的制作

葡萄糖标准溶液的配制及其吸光度检测的实验方法与本章第一节"一、木榄叶多糖

的提取和纯化"中的基本相同。其中，葡萄糖标准曲线如图 4-74 所示，回归方程为

$$y = 5.4728x + 0.1133 \qquad R^2 = 0.9991 \tag{4-28}$$

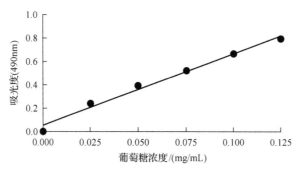

图 4-74　葡萄糖标准曲线

(2)海榄雌叶黄酮粗提液总糖的测定

吸取 1.0mL 海榄雌叶黄酮粗提液，加蒸馏水 1.0mL，测定其吸光度，根据标准曲线回归方程计算其中葡萄糖的含量，并计算其中总糖的含量(TS)，公式如下：

$$TS = (C \times V/W) \times 100\% \tag{4-29}$$

式中，$C$ 为从标准曲线查得的糖浓度(mg/mL)，$V$ 为样品液体积(mL)，$W$ 为海榄雌叶黄酮粗提液干燥后的质量(mg)。

3. 黄酮化合物外观性状的观测

通常，黄酮、黄酮醇及其苷类多显灰黄至黄色，查耳酮为黄至橙黄色，二氢黄酮、二氢黄酮醇、二氢异黄酮、黄烷醇等为无色化合物，异黄酮为微黄色；花色素的颜色随 pH 的不同而变化，pH<7 为红色，pH=7 为无色，pH=8.5 为紫色，pH>8.5 为蓝色；根据这些特征对海榄雌叶黄酮粗提物和纯化物进行外观性状的观察(丁林生和孟正木，2005；陈业高，2004)。

4. 黄酮类化合物的颜色反应

称取数毫克冷冻干燥的海榄雌叶黄酮纯化物溶解于 10mL 蒸馏水，做黄酮类化合物颜色定性反应实验，包括荧光检验、盐酸-镁粉反应、乙酸镁显色反应、1%三氯化铝显色反应、氢氧化钠反应、浓硫酸反应等(丁林生和孟正木，2005；陈业高，2004；宋晓凯，2004；张培成，2009)。

5. 薄层层析鉴别

称取硅胶 GF₂₅₄ 30g，加蒸馏水 75～90mL，在匀浆机上调成均匀的糊状，然后尽快涂布在干净的载玻片上制成薄层板，经室温干燥后，置 105℃烘箱中活化 30min。取芦丁和纯化物数毫克，溶于 10mL 甲醇中。各取 10μL 在硅胶板上点样，以距离薄层板一端 1cm 处作为起点线。点样时，应垂直点到起点线上，待前一次的溶剂挥发后，再重复点样，点样斑点扩散直径一般不超过 2～3mm(宣小龙和史远刚，2006)。将点样后的薄层

板置于层析缸中进行层析，采用的展开剂(张小亮等，1998；蔡建秀等，2005；余婷婷等，2008)为：三氯甲烷：甲醇(24：1)、甲醇：乙酸：水(18：1：1)、三氯甲烷：丙酮(4：1)、石油醚：乙酸乙酯：三氯甲烷(8：3：2)、水：乙醇：甲酸：乙酰丙酮(8：3：1.5：1)、甲醇：水(4：1)、乙醇：水(1：1)、丙酮：水(1：1)、三氯甲烷：甲醇：水(5：1：4)、乙醇：乙酸：水(4：1：5)、甲醇：三氯甲烷：乙酸乙酯：水(4：5：1：1)、乙酸乙酯：甲醇：水(8：1：1)、乙酸乙酯：丙酮：甲酸：水(6：2：1：1)、正丁醇：乙酸：水(5：1：4)。将薄层板取出晾干后，喷1% $AlCl_3$ 乙醇溶液，置紫外灯下(245nm 波长)，进行观察，然后计算 $R_f$ 值，公式如下：

$$R_f = X/Y \tag{4-30}$$

式中，$X$ 为分离出的黄酮类化合物移动的距离(cm)，$Y$ 为展开剂移动的距离(cm)。

6. 海榄雌叶黄酮紫外吸收光谱的测定

称取冷冻干燥后的海榄雌叶黄酮纯化物样品数毫克，用甲醇溶解，以甲醇作为参照，在 220～450nm 波长进行紫外分光光度计光谱扫描，得到紫外吸收光谱图。由于大多数黄酮类化合物的甲醇溶液在 220～400nm 波长有两个紫外吸收带，分别为峰带 I (300～400nm 波长)和峰带 II (220～280nm 波长)，因此，可以从紫外吸收光谱特征上来推测黄酮类化合物的结构类型，具体如表 4-41 所示。

表 4-41　黄酮类化合物的紫外吸收波范围

| 峰带 II /nm | 峰带 I /nm | 黄酮类型 |
| --- | --- | --- |
| 240～280 | 304～350 | 黄酮 |
| 240～280 | 328～357 | 黄酮醇($C_3$—OH 被取代) |
| 240～280 | 352～385 | 黄酮醇($C_3$—OH 游离) |
| 245～270 | 300～330 | 异黄酮 |
| 270～295 | 300～330 | 二氢黄酮、二氢黄酮醇 |
| 220～270 | 340～390 | 查耳酮 |
| 220～270 | 370～430 | 橙酮 |

资料来源：陈业高(2004)

7. 海榄雌叶黄酮纯化物的高效液相色谱测定

取一定量的海榄雌叶黄酮纯化物和芦丁于 10mL 的容量瓶中，用甲醇定容至刻度，超声波脱气 20min，再用 0.45μm 滤膜过滤于 1.5mL 的离心管中。HPLC 测定条件如下：Sun Fire$^{TM}$ $C_{18}$ 柱(4.6mm×250mm)，流动相为甲醇：水(60：40)，流速为 1mL/min，柱温为室温，进样量为 10μL，检测波长为 280nm，以保留时间定性。

(二)结果与分析

1. 海榄雌叶黄酮纯化物中的总糖含量

由表 4-42 可知，海榄雌叶黄酮纯化物中葡萄糖平均浓度为 0.0789mg/mL。根据标准曲线的回归方程和葡萄糖平均浓度，可以得到纯化物海榄雌叶黄酮纯化物中总糖的含量为 1.18%。相对于海榄雌叶纯化物中的总黄酮含量，纯化物中的总糖含量很小。

**表 4-42　海榄雌叶黄酮纯化物中的总糖含量**

| 实验次数 | 葡萄糖浓度/(mg/mL) | 平均浓度/(mg/mL) | 平均含糖量/% |
| --- | --- | --- | --- |
| 1 | 0.0770 | | |
| 2 | 0.0811 | 0.0789 | 1.18 |
| 3 | 0.0786 | | |

### 2. 海榄雌叶黄酮提取物的外观

由图 4-75 可知，海榄雌叶黄酮粗提物的颜色为红褐色(A)，而经过 AB-8 型号大孔吸附树脂分离纯化后的纯化物颜色为灰黄色(B)。

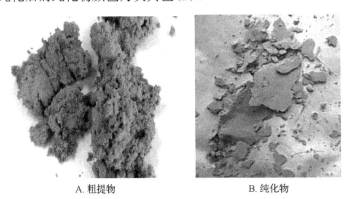

A. 粗提物　　　　　　　　　　　B. 纯化物

图 4-75　海榄雌叶黄酮提取物干燥样品的颜色(彩图请扫封底二维码)

### 3. 海榄雌叶纯化物的黄酮特征颜色反应

海榄雌叶纯化物的黄酮特征颜色反应结果如表 4-43 所示。其中，初步确定海榄雌叶黄酮类化合物为黄酮和黄酮醇(陈业高，2004；宋晓凯，2004；丁林生和孟正木，2005；张培成，2009)。

**表 4-43　海榄雌叶纯化物的黄酮特征颜色反应**

| 检测试剂 | 可见光 | 紫外光 | 结果判定 |
| --- | --- | --- | --- |
| 荧光检验 | 无 | 黄绿色荧光 | 黄酮、黄酮醇 |
| 盐酸-镁粉 | 淡黄红色 | 无 | 黄酮 |
| 乙酸镁 | 黄色 | 黄色荧光 | 黄酮、黄酮醇、异黄酮 |
| 1%三氯化铝 | 黄绿色 | 黄绿荧光 | 黄酮醇、黄酮 |
| 氢氧化钠 | 黄色 | 无 | 黄酮、黄酮醇 |
| 浓硫酸 | 亮黄色 | 黄色荧光 | 黄酮、黄酮醇 |

### 4. 海榄雌叶黄酮的薄层层析

对薄层展开剂进行筛选，其结果如表 4-44 所示。

表 4-44　不同展开剂的展开效果

| 展开剂 | 溶剂比例 | 展开效果 |
| --- | --- | --- |
| 三氯甲烷：甲醇 | 24：1 | 未展开 |
| 甲醇：乙酸：水 | 18：1：1 | 未展开 |
| 三氯甲烷：丙酮 | 4：1 | 未展开 |
| 石油醚：乙酸乙酯：三氯甲烷 | 8：3：2 | 未展开 |
| 水：乙醇：甲酸：乙酰丙酮 | 8：3：1.5：1 | 未展开 |
| 甲醇：水 | 4：1 | 拖尾，未分开 |
| 乙醇：水 | 1：1 | 拖尾，未分开 |
| 丙酮：水 | 1：1 | 拖尾，未分开 |
| 三氯甲烷：甲醇：水 | 5：1：4 | 拖尾，未分开 |
| 乙醇：乙酸：水 | 4：1：5 | 1 个点且拖尾 |
| 甲醇：三氯甲烷：乙酸乙酯：水 | 4：5：1：1 | 1 个点 |
| 乙酸乙酯：甲醇：水 | 8：1：1 | 1 个点 |
| 乙酸乙酯：丙酮：甲酸：水 | 6：2：1：1 | 2 个点 |
| 正丁醇：乙酸：水 | 5：1：4 | 3 个点 |

由表 4-44 可知，正丁醇：乙酸：水(5：1：4)能较好地分开海榄雌叶黄酮的组分。在薄层层析图中，海榄雌叶黄酮主要能分出 3 个点，芦丁的 $R_f$ 值为 0.55，海榄雌叶黄酮 3 个点的 $R_f$ 值分别为 0.27、0.49 和 0.65，点 2 和芦丁的 $R_f$ 值相差仅 0.06，可认为两者为同一类化合物。

5. 海榄雌叶黄酮的紫外吸收光谱

根据海榄雌叶黄酮纯化物样品甲醇液的紫外吸收光谱，海榄雌叶纯化物在 280nm 波长和 340nm 波长附近有吸收峰，与表 4-43 比较，可以初步确定海榄雌叶黄酮为黄酮和黄酮醇。

6. 海榄雌叶黄酮的液相色谱

根据芦丁和海榄雌叶黄酮纯化物样品的液相色谱图，在 280nm 波长下，标准品芦丁在 3.506min 时出峰，海榄雌叶黄酮纯化物样液有 3 个峰，其出峰时间分别为 1.691min、2.281min、3.782min，由此可知样品中含有少量的芦丁这种黄酮成分，但更多的还是含有另外两种物质，由于缺少标样，实验未能分析出来，有待进一步研究。

(三)小结

海榄雌叶黄酮粗提物和纯化物经过冷冻干燥后的颜色分别为红褐色和灰黄色。从海榄雌叶提取得到的黄酮类化合物主要为黄酮和黄酮醇。叶黄酮纯化物中的总糖含量很少，同时含有少量的芦丁。

### 三、海榄雌叶黄酮的生物活性

（一）实验方法

1. 叶黄酮样品的制备

称取海榄雌叶粉末 300g，提取条件为料液比 1∶15、80%乙醇、提取时间 25min、超声波功率 300W。提取液过滤后，对其滤渣再提取一次，滤液合并减压蒸干，回收乙醇得浸膏，浸膏按一定比例溶于水，经搅拌、静置和抽滤获取滤液，对滤液进行减压浓缩、冷冻干燥得到粗提物。采用 AB-8 型大孔吸附树脂对粗提物进行纯化，用 70%乙醇洗脱，洗脱液减压浓缩，得到纯黄酮溶液，冷冻干燥得到纯化物。采用颜色反应、紫外吸收光谱法和高效液相色谱法对纯化物进行鉴定。以芦丁为标准品，采用紫外分光光度法测定黄酮含量。

2. 叶黄酮对油脂抗氧化作用的测定

（1）油脂过氧化值的测定

1）碘-淀粉标准曲线的制作：在 25mL 具塞试管中加入经标定的碘-碘化钾（含碘量分别为 0.5μmol、1.0μmol、1.5μmol、2.0μmol、2.5μmol）溶液 1.0mL，加入 2.0mL 三氯甲烷∶冰醋酸（$V∶V$，2∶3）溶液，再加入 0.1%的淀粉溶液 1.0mL，加双蒸水至 25mL，摇匀。取上清液测定 585nm 波长处吸光度，以蒸馏水作参比。以碘含量（$x$）为横坐标，吸光度（$y$）为纵坐标，得到的碘-淀粉标准曲线如图 4-76 所示，它们之间呈显著的线性关系，相应的回归方程为

$$y=0.1143x+0.0227 \qquad R^2=0.9992 \qquad (4-31)$$

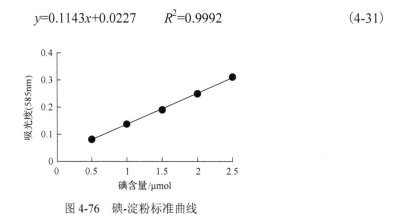

图 4-76　碘-淀粉标准曲线

2）油脂样品的制备与测定：在烧杯中加入 10g 猪油/菜籽油，添加一定量的供试样品，搅拌均匀，置 60℃带空气循环的干燥箱中，每隔 8h 搅拌一次，同时变换它们在培养箱中的位置，每隔两天取样测定一次吸光度。以抗氧化剂维生素 C 和柠檬酸为阳性对照，不加任何样品的油脂为空白对照。油脂吸光度的实验方法是：精确称取 0.5g 油样于 25mL 具塞试管中，加入 2mL 三氯甲烷∶冰醋酸溶液，摇匀，加入 1mL 饱和碘化钾溶液，摇匀 0.5min，置暗处准确反应 5min，取出后立即加入 0.1%的淀粉溶液 1mL，以后操作同

标准曲线制作方法。同时设平行和空白对照，以蒸馏水作参比。根据式(4-31)计算碘的生成量，然后计算过氧化值(peroxide value，POV)。过氧化值越大，表明氧化程度越高。

$$POV=W/m \tag{4-32}$$

式中，$W$ 为碘的生成量($\mu$mol)，$m$ 为油样质量(g)。

(2)叶黄酮对油脂抗氧化作用的测定

分别对饱和脂肪酸含量高的猪油和不饱和脂肪酸含量高的菜籽油进行实验。

1)不同黄酮添加量对油脂过氧化值的影响：在每份猪油/菜籽油(10g)中，分别添加海榄雌叶黄酮粗提物、纯化物，其添加量分别为油重的 0.025%、0.05%、0.1%、0.15%、0.2%。两天后测定其吸光度，观察不同样品不同添加量对油脂的抗氧化作用。同时设空白对照和阳性对照。

2)不同时间条件下黄酮对油脂过氧化值的影响：每份猪油/菜籽油(10g)中，添加为油重 0.1%的海榄雌叶黄酮粗提物、纯化物，每隔两天测定一次吸光度，共测 7 次，观察它们对油脂的抗氧化作用随时间变化的情况。同时设空白对照和阳性对照。

3)数据处理方法：实验中每个处理重复 3 次，结果采用 $Q$ 检验法计算，并用 $F$ 检验法判断组间结果差异有无显著性。

(3)叶黄酮对油脂抗氧化效果的评价

采用稳定因子法(Taha et al.，2010；翁新楚和吴侯，2000)来测定黄酮对油脂抗氧化作用的强弱，其计算公式为

$$F=IP_{Antiox}/IP_{Contr} \tag{4-33}$$

式中，$F$ 为稳定因子，$IP_{Antiox}$ 为加入抗氧化剂后的氧化诱导期，$IP_{Contr}$ 为未加入抗氧化剂的氧化诱导期。若 $2 \geqslant F > 1$，表明该抗物质有抗氧化活性；$3 \geqslant F > 2$，表明该物质有明显的抗氧化活性；$F > 3$，表明该物质有很强的抗氧化活性(李晓丽，2004；翁新楚和吴侯，2000)。

(4)油脂货架寿命的预测

根据阿仑尼乌斯(Arrehenius)方程，收集在较高温度下的过氧化值，然后用外推的方法求得在较低温度下的货架寿命(李晓丽，2004；豆海港，2007)。通常，温度每升高 10℃油脂氧化速度升高一倍，即在温度60℃贮存油脂 1 天相当于在温度 20℃贮存 16 天(李晓丽，2004)。因此，根据菜籽油和猪油 60℃的诱导期可预测它们在 20℃的货架寿命。

3. 叶黄酮清除羟自由基能力的测定

将粗提物与纯化物用蒸馏水分别稀释成黄酮浓度为 15$\mu$g/mL、25$\mu$g/mL、35$\mu$g/mL、45$\mu$g/mL、55$\mu$g/mL 的溶液。采用邻二氮菲-$Fe^{2+}$氧化法进行清除羟自由基能力的测定，并以相同浓度的维生素 C 和柠檬酸作为空白对照，每种浓度重复测定 3 次。羟自由基的清除率由式(4-11)计算。

4. 叶黄酮清除超氧阴离子自由基能力的测定

将粗提物与纯化物用蒸馏水分别稀释成黄酮浓度为 0.1mg/mL、0.2mg/mL、

0.3mg/mL、0.4mg/mL、0.5mg/mL 的溶液。采用邻苯三酚自氧化法进行清除超氧阴离子自由基能力的测定，并以相同浓度的维生素 C 和柠檬酸作为空白对照，每种浓度重复测定 3 次。超氧阴离子自由基的清除率由式(4-10)计算。

5. 叶黄酮总还原力的测定

将粗提物与纯化物用蒸馏水分别稀释成黄酮浓度为 5μg/mL、15μg/mL、25μg/mL、35μg/mL、45μg/mL 的溶液，吸光度采用紫外分光光度计在 517nm 波长处测定。吸光度越高，说明总还原力越高，并以相同浓度的维生素 C 和柠檬酸作为空白对照，每种浓度重复测定 3 次。

6. 叶黄酮清除 1,1-二苯基苦基苯肼自由基能力的测定

将粗提物与纯化物用蒸馏水分别稀释成黄酮浓度为 0.5mg/mL、0.6mg/mL、0.7mg/mL、0.8mg/mL、0.9mg/mL 的溶液，测定 517nm 波长处吸光度，1,1-二苯基苦基苯肼自由基清除率由式(4-12)计算。

7. 叶黄酮抗过敏性的测定

将粗提物与纯化物用蒸馏水分别稀释成黄酮浓度为 0.4mg/mL 和 1.0mg/mL 的溶液，没食子酸和芦丁也配制成相同浓度的溶液。采用 $N$-甲基葡萄糖胺反应(Elson-Morgan)法，在标记为 A、B、C、D 的 4 支 15mL 比色管中分别加入 0.5mL 透明质酸酶(500U/mL)，再分别加入 2.5mmol/L 的氯化钙溶液 0.1mL，置 37℃恒温培养箱中保温 20min；在 A 和 B 管中加入 0.5mL 的蒸馏水，C 和 D 管中加入 0.5mL 样液，置 37℃恒温培养箱中保温 20min，然后加入 1.0mL 透明质酸钠，置 37℃恒温培养箱中保温 40min，再加入 1mL 乙酰丙酮溶液，沸水浴 15min 后立即冰浴冷却 5min，再慢慢加入 10mL 无水乙醇，然后再加入 1mL 二苯甲氨基甲醛(Ehrlich)试剂，混合均匀，室温放置 1h 后测定 530nm 波长处吸光度，A、B、C、D 4 支比色管的吸光度(OD)分别记为 $OD_A$、$OD_B$、$OD_C$、$OD_D$。每支比色管重复测定 3 次，取平均值，并以相同浓度的芦丁和没食子酸为空白对照。抑制率($E$)由下式计算：

$$E=[1-(OD_C-OD_D)/(OD_A-OD_B)]\times100\% \tag{4-34}$$

(二)结果与分析

1. 海榄雌叶黄酮不同添加量对油脂抗氧化作用的影响

(1)对菜籽油过氧化值的影响

由图 4-77 可知，与空白菜籽油的过氧化值(4.23mmol/kg)相比较，海榄雌叶黄酮对植物油脂的抗氧化作用显著($P<0.05$)。在 0.025%～0.2%添加量范围内，随添加量增高，过氧化值均减小，抗氧化作用呈现明显的剂量效应关系。相对于 2 种阳性对照维生素 C 和柠檬酸，当添加量为 0.2%时，纯化物、粗提物的抗氧化能力与柠檬酸相比均无显著差异，都显示出较强的抗氧化能力，且显著高于维生素 C($P<0.05$)。各样品对菜籽油的抗氧化能力大小顺序是：柠檬酸＞纯化物＞粗提物＞维生素 C。由于粗提物中黄酮含量为

8.3%，纯化物中黄酮含量为 41.6%，而两者抗氧化能力差别不显著，说明粗提物中还含有其他抗氧化物质。

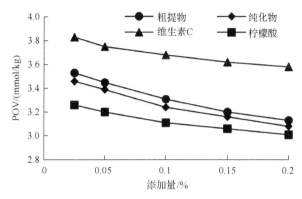

图 4-77 海榄雌叶黄酮不同添加量对菜籽油过氧化值的影响

(2)对猪油过氧化值的影响

由图 4-78 可知，与空白猪油的过氧化值(4.78mmol/kg)相比较，海榄雌叶黄酮对动物油脂的抗氧化作用显著($P<0.05$)。在 0.025%～0.2%添加量范围内，随添加量增高，过氧化值均减小，抗氧化作用呈现明显的剂量效应关系。相对于 2 种阳性对照，当添加量为 0.2%时，纯化物的抗氧化能力低于柠檬酸，但显著高于维生素 C($P<0.05$)；粗提物的抗氧化能力低于柠檬酸，但高于维生素 C。各样品对猪油的抗氧化能力大小顺序是：柠檬酸＞纯化物＞粗提物＞维生素 C。与菜籽油的结果类似。

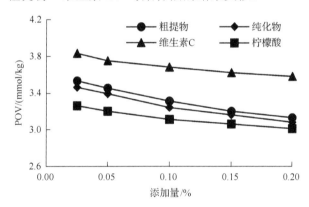

图 4-78 海榄雌叶黄酮不同添加量对猪油过氧化值的影响

2. 不同提取时间海榄雌叶黄酮对油脂抗氧化作用的影响

(1)对菜籽油过氧化值的影响

由图 4-79 可知，随时间延长，粗提物、纯化物、维生素 C、柠檬酸几种样品过氧化值与空白对照差异显著($P<0.05$)，对菜籽油均显示出较好的抗氧化作用。在初期，各样品的过氧化值比较接近，但随着时间延长，柠檬酸的过氧化值低于其他样品，而海榄雌叶黄酮粗提物、纯化物和维生素 C 的过氧化值变化基本一致，且差异不显著。各样品对菜籽油的抗氧化能力大小顺序为：柠檬酸＞纯化物＞维生素 C＞粗提物＞空白对照。添

加 0.1%的海榄雌叶黄酮,随时间延长其对菜籽油仍显示出与维生素 C 相似的较强的抗氧化能力。

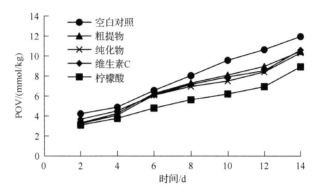

图 4-79　不同提取时间对菜籽油过氧化值的影响

(2)对猪油过氧化值的影响

由图 4-80 可知,随时间延长,粗提物、纯化物、维生素 C、柠檬酸几种样品过氧化值与空白对照相比差异显著($P<0.05$),对猪油显示出较好的抗氧化作用。从总体看,柠檬酸的过氧化值低于其他样品,而粗提物、纯化物和维生素 C 的过氧化值变化基本一致,且差异不显著。各样品对猪油的抗氧化能力大小顺序为:柠檬酸>纯化物>维生素 C>粗提物>空白对照。添加 0.1%的海榄雌叶黄酮,随时间延长其对猪油仍显示出与抗氧化剂维生素 C 相似的较强的抗氧化能力。与菜籽油的结果相比较,可以发现添加 0.1%的海榄雌叶黄酮对猪油和菜籽油都具有较好的抗氧化作用,但对猪油的抗氧化作用强于菜籽油,表明它对饱和脂肪酸的抗氧化作用强于不饱和脂肪酸。

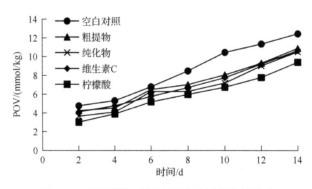

图 4-80　不同提取时间对猪油过氧化值的影响

3. 海榄雌叶黄酮对油脂抗氧化的效果评价

(1)海榄雌叶黄酮对菜籽油抗氧化作用的回归分析

对处理过的菜籽油每隔两天测定一次吸光度,共测 7 次,菜籽油过氧化值随时间变化如表 4-45 所示。根据表 4-45,不同样品过氧化值($C$)随时间($t$)变化的回归方程如下:

$$空白对照:\ln C =0.0903t+1.2921 \qquad\qquad R^2 = 0.9758 \qquad\qquad (4\text{-}35)$$

维生素 C：$\ln C = 0.093t + 1.1285$  $R^2 = 0.9398$  (4-36)

粗提物：$\ln C = 0.0917t + 1.0969$  $R^2 = 0.9409$  (4-37)

纯化物：$\ln C = 0.0842t + 1.2077$  $R^2 = 0.9629$  (4-38)

柠檬酸：$\ln C = 0.0831t + 1.0087$  $R^2 = 0.9831$  (4-39)

表 4-45　几种样品对菜籽油的抗氧化作用（过氧化值）　（单位：mmol/kg）

| 时间/d | 0 | 2 | 4 | 6 | 8 | 10 | 12 | 14 |
|---|---|---|---|---|---|---|---|---|
| 空白对照 | 3.01 | 4.23 | 4.88 | 6.57 | 8.04 | 9.58 | 10.65 | 11.96 |
| 维生素 C | 3.01 | 3.31 | 4.26 | 6.26 | 7.31 | 8.10 | 8.98 | 10.48 |
| 粗提物 | 3.01 | 3.24 | 4.08 | 6.10 | 6.97 | 7.51 | 8.42 | 10.33 |
| 纯化物 | 3.01 | 3.68 | 4.51 | 6.12 | 7.17 | 7.92 | 8.55 | 10.61 |
| 柠檬酸 | 3.01 | 3.11 | 3.77 | 4.79 | 5.63 | 6.22 | 6.95 | 8.94 |

由相关系数 $R^2$ 可知，上述曲线回归方程的拟合度较高，均有好的或较好的相关性，同时回归方程经 $F$ 检验，在 99% 置信度上，均达显著水平，所代表的曲线关系是真实可信的。因此，可以进行 IP 值和 $F$ 值的计算，结果如表 4-46 所示。

表 4-46　几种样品对油脂的 IP 值和 $F$ 值

| 基质 | 参数 | 空白对照 | 粗提物 | 纯化物 | 维生素 C | 柠檬酸 |
|---|---|---|---|---|---|---|
| 菜籽油 | IP | 5.53 | 7.58 | 6.94 | 7.13 | 9.42 |
|  | $F$ | — | 1.37 | 1.25 | 1.29 | 1.70 |
| 猪油 | IP | 3.98 | 8.58 | 10.32 | 10.70 | 11.88 |
|  | $F$ | — | 2.16 | 2.60 | 2.69 | 2.98 |

注：IP 值为加入抗氧化剂后的氧化诱导期(d)；$F$ 值由式(4-33)计算

(2) 海榄雌叶黄酮对猪油抗氧化作用的回归分析

对处理过的猪油，每隔两天测定一次吸光度，共测 7 次，其猪油的过氧化值随时间变化如表 4-47 所示。其中，不同样品过氧化值($C$)随时间($t$)变化的回归方程如下：

空白对照：$\ln C = 0.1718t + 1.3964$  $R^2 = 0.9738$  (4-40)

粗提物：$\ln C = 0.0796t + 1.2906$  $R^2 = 0.9712$  (4-41)

维生素 C：$\ln C = 0.0873t + 1.1456$  $R^2 = 0.956$  (4-42)

纯化物：$\ln C = 0.0797t + 1.2572$  $R^2 = 0.999$  (4-43)

柠檬酸：$\ln C = 0.0903t + 1.0063$  $R^2 = 0.9762$  (4-44)

表 4-47 不同样品对猪油的抗氧化作用（过氧化值） （单位：mmol/kg）

| 时间/d | 0 | 2 | 4 | 6 | 8 | 10 | 12 | 14 |
|---|---|---|---|---|---|---|---|---|
| 空白对照 | 2.82 | 4.78 | 5.32 | 6.80 | 8.48 | 10.45 | 11.34 | 12.43 |
| 维生素 C | 2.82 | 4.27 | 4.54 | 6.50 | 7.03 | 8.05 | 9.31 | 10.88 |
| 粗提物 | 2.82 | 3.65 | 4.09 | 6.29 | 6.30 | 7.19 | 9.02 | 10.51 |
| 纯化物 | 2.82 | 4.11 | 4.77 | 5.77 | 6.71 | 7.76 | 9.21 | 10.64 |
| 柠檬酸 | 2.82 | 3.02 | 3.86 | 5.19 | 5.98 | 6.75 | 7.79 | 9.40 |

对这些回归方程进行 $F$ 检验（表 4-46），在 99%置信度上，它们均达显著水平。

（3）海榄雌叶黄酮对油脂的氧化诱导期和稳定因子的影响

氧化诱导期是指油脂达到食用油脂卫生标准的过氧化值时所经历的时间。根据中华人民共和国国家标准，菜籽油过氧化值的标准值为 6mmol/kg（中华人民共和国国家质量监督检验检疫总局和中国国家标准化管理委员会，2004），猪油过氧化值的标准值为0.20g/100g（中华人民共和国国家卫生和计划生育委员会，2015）。由表 4-46 可知，在菜籽油中，海榄雌叶黄酮的纯化物、粗提物、柠檬酸、维生素 C 的 $F$ 值均为 2≥$F$>1，说明它们都具有抗氧化活性，抗氧化作用的强弱顺序为：柠檬酸>粗提物>维生素 C>纯化物，但粗提物、纯化物、维生素 C 之间的抗氧化能力差异不大；在猪油中，纯化物、粗提物、柠檬酸、维生素 C 的 $F$ 值均为 3≥$F$>2，说明它们具有明显的抗氧化活性，抗氧化作用的强弱顺序为：柠檬酸>维生素 C>纯化物>粗提物，但纯化物和维生素 C 之间的抗氧化能力差异不大。

总体上，海榄雌叶黄酮对油脂具有较好的抗氧化能力，可延长油脂的保藏时间，对猪油的抗氧化效果优于菜籽油。海榄雌叶黄酮对菜籽油和猪油的抗氧化效果不同，主要与两者脂肪酸的组成不同有关。猪油饱和脂肪酸含量高，菜籽油不饱和脂肪酸含量高，而油脂的氧化作用是从不饱和脂肪酸氧化开始的，主要发生在其分子中的不饱和键上，油脂分子的不饱和程度越高，氧化作用发生越明显（梁云，2008）。

4. 海榄雌叶黄酮对油脂货架寿命的影响

对油脂的货架寿命的预测结果如表 4-48 所示。其中，存放温度20℃与空白对照相比较，在菜籽油中添加 0.1%海榄雌叶黄酮的纯化物、粗提物与维生素 C 的货架寿命类似，但少于柠檬酸，纯化物、粗提物比空白对照分别可多存放约23 天和 32 天；在猪油中，纯化物与维生素 C 的货架寿命类似，粗提物稍少，都少于柠檬酸，添加纯化物、粗提物的比空白对照分别可多存放约 101 天和 74 天。海榄雌叶黄酮粗提物对菜籽油的抗氧化作用优于纯化物，而纯化物对猪油的抗氧化作用优于粗提物。

表 4-48 菜籽油和猪油货架寿命的预测

| 油脂 | 存放温度/℃ | 货架寿命/d | | | | |
|---|---|---|---|---|---|---|
| | | 空白对照 | 粗提物 | 纯化物 | 维生素 C | 柠檬酸 |
| 菜籽油 | 60 | 5.53 | 7.58 | 6.94 | 7.13 | 9.42 |
| | 20 | 88.48 | 120.60 | 111.00 | 114.00 | 150.60 |
| 猪油 | 60 | 3.98 | 8.58 | 10.32 | 10.70 | 11.88 |
| | 20 | 63.60 | 137.40 | 165.00 | 171.30 | 190.20 |

5. 海榄雌叶黄酮对羟自由基的清除作用

由图 4-81 可知，海榄雌叶黄酮纯化物和粗提物对羟自由基清除率随着浓度上升而显著提高，且均远高于相同浓度的维生素 C 和柠檬酸。纯化物、粗提物、维生素 C 和柠檬酸的半抑制浓度（$IC_{50}$）分别为 39.1μg/mL、48.2μg/mL、248μg/mL、253.5μg/mL。粗提物、维生素 C 和柠檬酸的 $IC_{50}$ 分别为纯化物的 1.2 倍、6.3 倍和 6.5 倍。因此，海榄雌叶黄酮对羟自由基清除作用比较强。

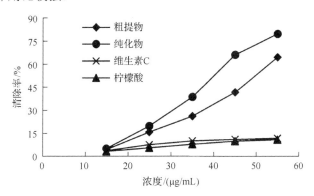

图 4-81　几种样品对羟自由基的清除作用

6. 海榄雌叶黄酮对超氧阴离子自由基的清除作用

由图 4-82 可知，海榄雌叶黄酮对超氧阴离子自由基清除率随浓度上升而显著提高，浓度在 0.3mg/mL 以下时粗提物与维生素 C 的清除效果相当，当浓度为 0.3mg/mL 以上时粗提物对超氧阴离子自由基的清除率稍高于维生素 C，并且远高于同浓度的柠檬酸。而在相同浓度时，纯化物清除超氧阴离子自由基的能力均高于粗提物、维生素 C 和柠檬酸。纯化物、粗提物、维生素 C 和柠檬酸的 $IC_{50}$ 分别为：0.22mg/mL、0.27mg/mL、0.29mg/mL、1.19mg/mL，粗提物、维生素 C 和柠檬酸的 $IC_{50}$ 分别为纯化物的 1.2 倍、1.3 倍和 5.4 倍。因此，海榄雌叶黄酮对超氧阴离子自由基具有比较好的清除效果。

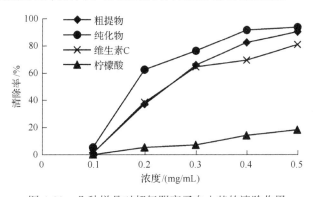

图 4-82　几种样品对超氧阴离子自由基的清除作用

7. 海榄雌叶黄酮的总还原力

由图 4-83 可知，随着浓度的增加，海榄雌叶黄酮的总还原力不断提高。相同浓度时的总还原力，纯化物高于粗提物，粗提物高于维生素 C，而三者均高于柠檬酸。当浓度为 45μg/mL 时，纯化物、粗提物、维生素 C 和柠檬酸的吸光度分别为：0.3125、0.2810、0.2405 和 0.0625，纯化物的总还原力分别是粗提物、维生素 C 和柠檬酸的 1.1 倍、1.3 倍和 5 倍。因此，海榄雌叶黄酮具有较强的总还原力。

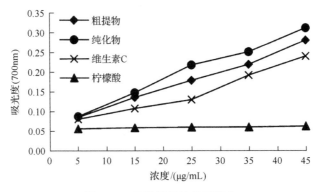

图 4-83　几种样品的总还原力

8. 海榄雌叶黄酮对 1,1-二苯基苦基苯肼自由基的清除

由图 4-84 可知，海榄雌叶黄酮对 1,1-二苯基苦基苯肼自由基清除率随浓度上升而显著提高。并且粗提物与纯化物能力相当，且均高于相同浓度的维生素 C 和柠檬酸。纯化物、粗提物、维生素 C 和柠檬酸的 $IC_{50}$ 分别为：0.7mg/mL、0.74mg/mL、2.1mg/mL、10.3mg/mL，粗提物、维生素 C 和柠檬酸的 $IC_{50}$ 分别为纯化物的 1.06 倍、3 倍和 14.7 倍。因此，海榄雌叶黄酮对 1,1-二苯基苦基苯肼自由基有较好的清除效果。

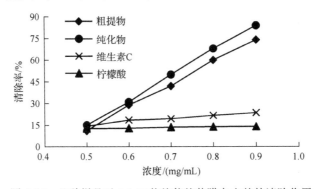

图 4-84　几种样品对 1,1-二苯基苦基苯肼自由基的清除作用

9. 海榄雌叶黄酮的抗过敏性

由图 4-85 可知，4 种物质在相同浓度时抗过敏能力的大小顺序为：没食子酸＞芦丁＞纯化物＞粗提物，且随着浓度的变化其抗过敏能力也发生变化。总体上，没食子酸的抗过敏能力最强，粗提物的最小，并且随着浓度增大而增强。为了进一步研究海榄雌叶黄酮的抗过敏能力，将海榄雌叶黄酮的粗提物和纯化物用蒸馏水分别稀释成黄酮浓度为：0.2mg/mL、0.6mg/mL、1.0mg/mL、1.4mg/mL、1.8mg/mL，并进行抗过敏能力测定，其

结果如图 4-86 所示。其中，随着样品浓度的增大，海榄雌叶黄酮的抗过敏能力逐渐增加；当浓度相同时，粗提物的抗过敏能力稍低于纯化物，当纯化物中黄酮的浓度为 5.78mg/mL 时，抗过敏能力为 50%，当粗提物中黄酮的浓度为 6.19mg/mL 时，抗过敏能力为 50%。

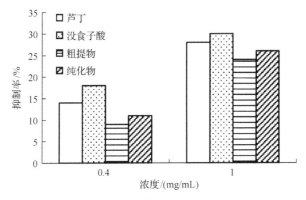

图 4-85　几种样品的抗过敏能力

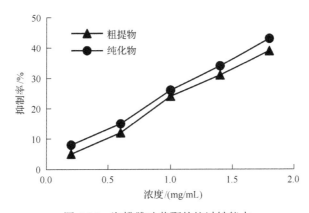

图 4-86　海榄雌叶黄酮的抗过敏能力

（三）小结

海榄雌叶黄酮纯化物和粗提物都有较强的抗氧化能力，添加到油脂中有助于延长其存放时间。就菜籽油和猪油而言，纯化物的抗氧化作用均优于粗提物。海榄雌叶黄酮纯化物和粗提物对 1,1-二苯基苦基苯肼自由基、羟自由基和超氧阴离子自由基都具有较好的清除能力，而且清除率随着浓度上升而显著提高，对透明质酸酶都有较强的抑制作用，以纯化物的较强。

**四、海榄雌叶提取物的抑菌活性**

（一）实验方法

1. 实验菌种

实验菌种为广西师范大学生命科学学院发酵工程实验室提供的金黄色葡萄球菌

(*Staphylococcus aureus*)、大肠杆菌(*Escherichia coli*)、枯草芽孢杆菌(*Bacillus subtilis*)和根霉(*Rhizopus* sp.)。

2. 不同溶剂提取液的制备

称取 10g 海榄雌叶粉末，分别采用石油醚、95%乙醇、水为提取溶剂，在料液比 1∶10、超声波频率 40kHz、超声波功率 300W、提取时间 20min 条件下提取两次，合并两次提取液，减压浓缩成浸膏，分别得海榄雌叶的石油醚、乙醇、水粗提物，然后用蒸馏水定容至 10mL，其浓度相当于每毫升有 1g 干原料，置温度 4℃保存备用。

3. 不同溶剂提取液抑菌预实验

采用纸片扩散法进行抑菌预实验(陈晓伟等，2009；管远志等，2006)。首先制备供试菌悬液，即将供试菌种活化、培养后，在无菌环境下，挑取多环菌苔或孢子，用无菌水稀释法配制浓度为 106CFU/mL 的菌悬液。将灭菌 25min 的培养基冷却至 45~48℃后，每个培养皿倒入约 20mL，待培养基凝固后，用微量取样器吸取各种菌悬液 0.1mL 注入培养皿内，再用灭菌的涂布棒迅速将菌悬液涂抹均匀，制成含菌平板。将直径 6mm 的灭菌滤纸片放入不同浓度的提取液中浸泡 24h，风干后均匀放置在培养基表面，轻压使之固定；每个培养皿分别放 3 个梯度浓度药液的滤纸片各 1 张，分别对 4 种供试菌种进行 3 次重复实验，用水作空白对照，供试的细菌于 37℃培养 18~24h，供试的真菌于 28℃培养 24~48h。用游标卡尺测定各平板上抑菌圈直径。实验重复 3 次，取平均值。选择抑菌圈最大的提取液进行化学成分预实验、有效部位有效成分纯化及进一步的抑菌实验。

4. 抑菌有效部位的化学成分鉴定

采用试管法和圆形滤纸法对抑菌有效部位的化学成分进行预实验(裴月湖，2016)，主要针对黄酮、生物碱、蒽醌、有机酸、香豆素、甾体、萜类等化学成分进行定性鉴定。

5. 抑菌活性成分的分离纯化

在化学成分预实验的基础上，对最佳抑菌溶剂提取物进行活性物质的纯化。由于海榄雌叶中的抑菌活性物质大部分可以用乙醇提取出来，其极性偏中，因此选择弱极性的 AB-8 型号的大孔吸附树脂进行纯化。首先对树脂进行预处理，然后量取乙醇粗提物 1mL，加 10mL 水超声波溶解，湿法上样，吸附 20min，依次用水和 20%、40%、60%、80%、无水乙醇各 200mL 梯度洗脱，收集各流分，并浓缩至 10mL。

6. 抑菌活性物质追踪

取 7 个培养皿，在 6 个培养皿中分别放入浸有各洗脱液浓缩液的滤纸，另 1 个培养皿加入水浸滤纸作为空白对照，进行洗脱液抑菌预实验，合并有抑菌作用的组分进行纯化物抑菌实验。将纯化后具有抑菌作用的组分合并，并浓缩至 1g，然后用无菌水将其稀释为 250mg/mL、125mg/mL、62.5mg/mL，进行抑菌实验，用水浸滤纸作为空白对照。

(二)结果与分析

1. 不同溶剂海榄雌叶提取液的抑菌效果

采用纸片扩散法对石油醚、乙醇、水提取液进行抑菌预实验，结果如表 4-49 所示。

其中,95%乙醇提取液显示出较强的抑菌活性,3种浓度的提取液对4种供试菌都具有抑制作用;水提取液对4种供试菌无抑制作用;500mg/mL 的石油醚提取液对枯草芽孢杆菌和金黄色葡萄球菌有一定的抑菌活性,对大肠杆菌和根霉抑菌作用不明显,表明抑菌活性物质为极性较大的醇提物。因此,选择乙醇提取液进行进一步的实验。

**表 4-49 不同溶剂提取液对实验菌的抑菌效果(抑菌圈直径)** (单位:mm)

| 实验菌 | 水提取液/(mg/mL) | | | 95%乙醇提取液/(mg/mL) | | | 石油醚提取液/(mg/mL) | | |
| --- | --- | --- | --- | --- | --- | --- | --- | --- | --- |
| | 500 | 250 | 125 | 500 | 250 | 125 | 500 | 250 | 125 |
| 大肠杆菌 | – | – | – | 12.5 | 8.0 | 5.5 | – | – | – |
| 枯草芽孢杆菌 | – | – | – | 11.5 | 9.5 | 7.5 | 4.5 | – | – |
| 金黄色葡萄球菌 | – | – | – | 10.5 | 8.5 | 6.0 | 4.0 | – | – |
| 根霉 | – | – | – | 12.5 | 11.0 | 8.0 | – | – | – |

注:–为无抑菌圈或抑菌圈不明显

### 2. 抑菌部位的化学成分预实验

根据3种溶剂提取液抑菌实验结果,选择抑菌效果最好的95%乙醇提取液进行化学成分预实验,以初步判断抑菌的成分,结果如表4-50所示。其中,海榄雌叶乙醇提取液中含有多种化学成分,以黄酮最多,生物碱、蒽醌、有机酸、香豆素、甾体、萜类等物质也较多,酚类物质含量少。

**表 4-50 乙醇提取液化学成分预实验结果**

| 成分 | 预实验方法 | 结果 |
| --- | --- | --- |
| 生物碱 | 对二甲氨基苯甲醛 | + |
| 生物碱 | 铁氰化钾-三氯化铁 | ++ |
| 黄酮 | 三氯化铝 | +++ |
| 黄酮 | 乙酸镁 | +++ |
| 酚类 | 三氯化铁 | ± |
| 蒽醌 | 氢氧化钾 | ++ |
| 香豆素 | 氢氧化钠-盐酸法 | ++ |
| 甾体 | 三氯甲烷-浓硫酸法 | ++ |
| 萜类 | 三氯甲烷-浓硫酸法 | ++ |
| 萜类 | 磷钼酸乙醇法 | ++ |
| 有机酸 | 溴酚蓝 | ++ |

注:±表示含有极少,+表示较少,++表示较多,+++表示多

### 3. 乙醇提取液大孔吸附树脂纯化物的抑菌作用

对海榄雌叶乙醇提取液进行分离纯化得到6个洗脱组分,将6个洗脱液浓缩后采用滤纸片法进行抑菌预实验,从而判断抑菌成分所在组分。抑菌预实验的结果如表4-51所示。其中,抑菌物质所在组分为水洗液、80%乙醇洗脱液,40%和60%乙醇洗脱液中只

有少量抑菌物质。因此，合并抑菌效果好的 2 个组分进行进一步的抑菌实验。对纯化物进行抑菌实验，结果如表 4-52 和图 4-87 所示。其中，不同浓度的纯化物对 4 种实验菌的抑菌效果随着提取物浓度的升高而变强，两者呈一定的剂量效应关系，其抑菌能力大小顺序为大肠杆菌＞根霉＞枯草芽孢杆菌＝金黄色葡萄球菌，其中浓度 250mg/mL 纯化液对大肠杆菌的抑菌效果最好，抑菌圈直径为 18mm，且在提取物浓度为 62.5mg/mL 时仍对 4 种菌有抑菌作用，表明这 4 种菌对海榄雌叶提取物敏感。对比乙醇粗提取液抑菌实验结果（表 4-49）可以看出，过 AB-8 型号大孔吸附树脂柱纯化后的乙醇提取液对 4 种供试菌的抑菌效果更强。因此，海榄雌叶乙醇提取液对 4 种病原微生物有着良好的抑菌作用。对纯化物进行定性检测，其结果显示纯化物中含有生物碱、黄酮、蒽醌等化学成分，初步判断它们是乙醇提取液中起抑菌作用的成分。

表 4-51　洗脱液抑菌预实验(抑菌圈直径)　　　　　　　　　　（单位：mm）

| 洗脱液乙醇浓度/% | 0 | 20 | 40 | 60 | 80 | 99.9 | 空白对照 |
|---|---|---|---|---|---|---|---|
| 大肠杆菌 | 6 | – | – | – | 9 | – | – |
| 枯草芽孢杆菌 | 8 | – | 3 | 4 | 12 | – | – |
| 金黄色葡萄球菌 | 7 | – | – | – | 10 | – | – |
| 根霉 | 8 | – | 4 | 5 | 13 | – | – |

注：–为无抑菌圈或抑菌圈不明显

表 4-52　海榄雌叶提取液纯化物的抑菌实验(抑菌圈直径)　　　　（单位：mm）

| 纯化物浓度/(mg/mL) | 250 | 125 | 62.5 | 空白对照 |
|---|---|---|---|---|
| 大肠杆菌 | 18 | 15 | 10 | 0 |
| 枯草芽孢杆菌 | 13 | 10 | 8 | 0 |
| 金黄色葡萄球菌 | 13 | 10 | 8 | 0 |
| 根霉 | 17 | 14 | 9 | 0 |

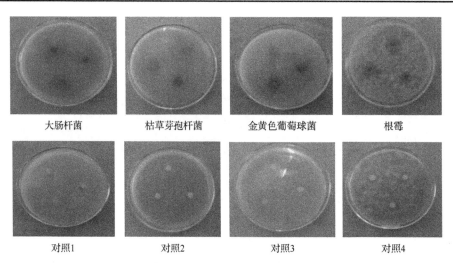

图 4-87　纯化物对 4 种供试菌与空白对照的抑菌结果(彩图请扫封底二维码)

（三）小结

海榄雌叶乙醇提取物对金黄色葡萄球菌、大肠杆菌、枯草芽孢杆菌和根霉的抑菌效果与浓度呈正相关关系，其抑菌能力大小顺序为大肠杆菌＞根霉＞枯草芽孢杆菌＝金黄色葡萄球菌。95%乙醇海榄雌叶提取液的纯化物比粗提物的抑菌活性更强，纯化物含有黄酮、生物碱、蒽醌等，它们可能是海榄雌叶中的抑菌成分。

# 第五节　蜡烛果叶化学成分提取及其生物活性

供试材料为蜡烛果的叶，于 2009 年 8 月采自防城港市北仑河口国家级自然保护区。样品使用电热恒温鼓风干燥箱在 50～55℃温度下烘干，粉碎，过 40 目筛，密封后放入冰箱中保存备用。

## 一、蜡烛果叶鞣质的提取和纯化

（一）实验方法

1. 实验工艺流程

原料干燥→粉碎→称量→提取（单因素实验→正交试验）→测定含量→验证实验→树脂处理→上样→洗脱纯化→含量测定→功能测定。

2. 化学成分预实验

对石油醚、乙醇、水浸提取方法得到的蜡烛果叶提取液进行化学成分预实验。

3. 鞣质的提取和含量测定

蜡烛果叶鞣质的提取和含量测定方法与本章第二节"一、红海榄叶鞣质的提取和纯化"中的基本相同。其中，提取实验溶剂为水、NaOH 稀碱水、50%乙醇、无水乙醇、50%丙酮、无水丙酮；鞣质的标准曲线如图 4-88 所示，回归方程为

$$y = 7.6607x + 0.0399 \qquad R^2 = 0.9976 \tag{4-45}$$

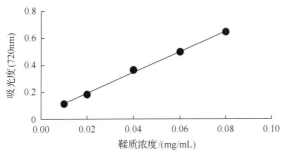

图 4-88　鞣质标准曲线

4. 蜡烛果叶鞣质纯化和检测

(1)树脂的选择

选择 D101 型号大孔吸附树脂对蜡烛果叶鞣质提取液进行纯化。

(2)样液的处理

用正交试验所得最佳提取工艺提取的样液 120mL，过滤，得浸提液，蒸馏除去丙酮，用水定容至 100mL，测定鞣质的含量，最后将样液稀释到 0.04mg/g 左右作为上样样品。

(3)纯化

将上样样品加到层析柱上，层析柱下方用 1%氯化铁溶液检测结果，直到检测到有鞣质流出，可视为鞣质吸附为饱和状态，静止吸附 10h 以上。分别用 3～4 个柱床体积的水、30%乙醇、50%乙醇、30%丙酮、50%丙酮洗脱，流速为 1mL/min，用部分收集器收集，每管 5mL。

(4)纯化物的检测

利用酚类的显色反应进行定性检测，并利用紫外分光光度计扫描洗脱液，最后测定鞣质含量。

(二)结果与分析

1. 蜡烛果叶鞣质化学成分的初步检测

乙醇提取液化学成分预实验结果显示，蜡烛果叶中含量较高的有鞣质、黄酮和多糖类物质，其他还含有少量的醌类、皂苷、挥发油、油脂等。

2. 蜡烛果叶鞣质的提取工艺

由图 4-89 可知，利用不同极性的溶剂从蜡烛果叶中提取鞣质，其提取效果有很大的差异，6 种溶剂提取能力的大小顺序为：50%丙酮＞50%乙醇＞无水丙酮＞水＞无水乙醇＞碱水。因此，选取 50%丙酮为提取溶剂。

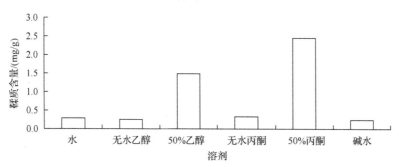

图 4-89　不同溶剂对蜡烛果叶鞣质提取效果的影响

以丙酮为提取溶剂，在基本提取工艺条件下，按表 4-53 进行单因素实验，结果如图 4-90 所示。其中，不同因素的结果不同，并且呈不同趋势，综合考虑提取物的浓度及经济效益，选择对提取率影响较大的因素进行正交试验。

表 4-53　蜡烛果叶鞣质提取单因素实验的因素水平

| 水平 | 因素 | | | | |
| --- | --- | --- | --- | --- | --- |
| | A | B | C | D | E |
| 1 | 1:10 | 20 | 200 | 10 | 20 |
| 2 | 1:15 | 30 | 250 | 20 | 25 |
| 3 | 1:20 | 40 | 300 | 30 | 30 |
| 4 | 1:25 | 50 | 350 | 40 | — |
| 5 | 1:30 | 60 | 400 | 50 | — |

注：A 为料液比，B 为丙酮浓度(%)，C 为超声波功率(W)，D 为超声波时间(min)，E 为初始温度(℃)；表 4-54 同

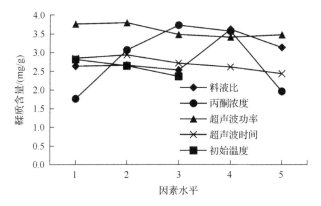

图 4-90　蜡烛果叶鞣质提取的单因素实验结果

在单因素的基础上，选择对实验结果影响较大的丙酮浓度、超声波时间、超声波功率、料液比，以蜡烛果叶鞣质的含量为指标，进行正交试验。实验方案及结果分析见表 4-54。

表 4-54　蜡烛果叶鞣质提取正交试验的结果与分析

| 实验号 | 因素 | | | | 鞣质得率/(mg/g) |
| --- | --- | --- | --- | --- | --- |
| | A | B | C | D | |
| 1 | 1(1:20) | 1(30) | 1(200) | 1(10) | 1.6818 |
| 2 | 1 | 2(40) | 2(250) | 2(20) | 1.9831 |
| 3 | 1 | 3(50) | 3(300) | 3(30) | 2.2963 |
| 4 | 2(1:25) | 1 | 2 | 3 | 2.1658 |
| 5 | 2 | 2 | 3 | 1 | 2.8342 |
| 6 | 2 | 3 | 1 | 2 | 2.4308 |
| 7 | 3(1:30) | 1 | 3 | 2 | 2.5118 |
| 8 | 3 | 2 | 1 | 3 | 2.7587 |
| 9 | 3 | 3 | 2 | 1 | 2.8959 |
| $K_1$ | 5.9612 | 6.3592 | 6.8726 | 7.4119 | |
| $K_2$ | 7.4308 | 7.576 | 7.0448 | 6.9267 | $T$=21.5584 |
| $K_3$ | 8.1664 | 7.623 | 7.6423 | 7.2208 | |
| $R$ | 2.2052 | 1.2638 | 0.7697 | 0.4852 | |

通过正交试验及极差分析(表 4-54)可知，4 种因素对蜡烛果叶鞣质浸提得率的影响从高到低依次为：料液比＞丙酮浓度＞超声波功率＞超声波时间。蜡烛果叶鞣质的最佳提取条件为 $A_3B_3C_3D_1$，即料液比为 1：30、丙酮浓度为 50%、超声波功率 300W、超声波时间 10min。为了验证最优提取工艺的结果，对正交试验确定的最优提取工艺 $A_3B_3C_3D_1$，进行 3 次重复验证实验，鞣质得率平均值为 3.3113mg/g，比正交试验的 9 次实验都高，表明该提取工艺为最优工艺。

3. 蜡烛果叶鞣质的纯化

对鞣质酸标准溶液进行紫外吸收光谱扫描发现有两个吸收峰，波长分别为 250nm 和 280nm。30%乙醇洗脱所得的纯化物经测定鞣质含量为 0.0565mg/mL，其紫外吸收光谱显示除鞣质特有的波峰外还有其他的波峰，表明该洗脱物中含有较多杂质；50%乙醇洗脱所得的纯化物经测定鞣质含量为 0.0119mg/mL，其紫外吸收光谱显示除鞣质特有的波峰外也有其他的波峰，表明该洗脱物中也含有较多杂质；30%丙酮洗脱所得的纯化物经测定鞣质含量为 0.0010mg/mL，其紫外吸收光谱显示有两个波峰，波长分别为 250nm 和 280nm，表明含有鞣质且较纯，但含量低，并且 30%丙酮洗脱液经三氯化铁定性检测没有鞣质，说明 30%、50%的乙醇基本可以将鞣质洗脱完。

(三)小结

蜡烛果叶鞣质含量较高，其最优超声波提取条件为料液比 1：30、丙酮浓度 50%、超声波时间 10min、超声波功率 300W。纯化中 30%和 50%的乙醇较为适合于蜡烛果叶鞣质的洗脱。

## 二、蜡烛果叶鞣质的生物活性

(一)实验方法

1. 鞣质样品的制备

蜡烛果叶鞣质采用超声波提取法进行提取，其提取条件为 $A_3B_3C_3D_1$，即料液比 1：30、丙酮浓度 50%、超声波功率 300W、提取时间 10min。采用 D101 型号大孔吸附树脂对鞣质进行纯化，洗脱剂为 30%和 50%的乙醇溶液，所获样品作为供试品。

2. 鞣质生物活性测定

(1)羟自由基和超氧阴离子自由基清除能力的测定

蜡烛果叶鞣质清除羟自由基和超氧阴离子自由基能力的实验方法与本章第一节"二、木榄叶多糖的性质"中的基本相同。

(2)抗过敏性的测定

蜡烛果叶鞣质抗过敏性的实验方法与本章第四节"三、海榄雌叶黄酮的生物活性"中的基本相同。

## (二)结果与分析

### 1. 蜡烛果叶鞣质对羟自由基的清除能力

由图 4-91 可知，4 种样品对羟自由基的清除能力都随浓度的增加而增大，在相同的浓度下，清除率由高到低的顺序为：粗提物＞维生素 C＞纯化物 1＞纯化物 2。当样品浓度为 2.6μg/mL 时，粗提物羟自由基的清除率最大，为 35.81%。

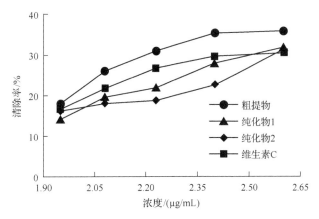

图 4-91　不同样品对羟自由基的清除作用

### 2. 蜡烛果叶鞣质对超氧阴离子自由基的清除能力

由图 4-92 可知，3 种样品对超氧阴离子自由基的清除能力都随浓度的增加而增大，在相同浓度下，清除能力最大的是纯化物 1，粗提物和维生素 C 的能力相当，即纯化物 1＞维生素 C，维生素 C 与粗提物类似。当样品浓度为 2.6μg/mL 时，纯化物 1 对超氧阴离子的清除率为 58.3%。表明纯化物 1 有较强的抗氧化活性。

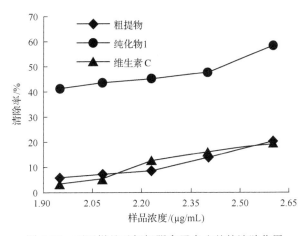

图 4-92　不同样品对超氧阴离子自由基的清除作用

### 3. 蜡烛果叶鞣质的抗过敏性

过敏反应是指一部分人对某些食物、动物皮毛、花粉、化学物质等有异常的免疫反应，临床表现为荨麻疹、变应性鼻炎、哮喘、腹痛等症状，过敏反应一般分为Ⅰ、Ⅱ、Ⅲ和Ⅳ型(苏学素等，2000)。但是，大多数过敏反应都与体内的透明质酸酶活性有关，可以通过抑制透明质酸酶活性，而达到抗过敏的作用。通过对蜡烛果叶提取物进行抗过敏实验研究，观测其抑制透明质酸酶的能力，结果如图4-93所示。其中，两种样品的抗过敏性随着浓度的增大而增大，且抗过敏性强。在相同浓度下，纯化物1的抗过敏性比粗提物强。当样品浓度为2.6μg/mL时，纯化物1对透明质酸酶的抑制率为91.65%，说明蜡烛果叶鞣质具有较强的抑制透明质酸酶的作用。

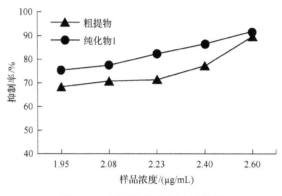

图4-93　不同样品的抗过敏作用

(三)小结

蜡烛果叶鞣质对羟自由基的清除能力、对超氧阴离子自由基的清除能力、抗过敏性都随浓度的增加而增大。在相同浓度下，蜡烛果叶鞣质纯化物1的抗过敏性比粗提物强。当样品浓度为2.6μg/mL时，纯化物1对透明质酸酶的抑制率最大，为91.65%。表明蜡烛果叶中含有抗氧化和抗过敏性较强的活性成分。

**三、蜡烛果叶多糖提取和纯化**

(一)实验方法

1. 多糖定性实验

称取蜡烛果叶粉末2.0g，放入烧杯，加水20mL，用保鲜膜封口。采用超声波提取，过滤，然后取0.1mL多糖滤液放入试管中，加水2mL溶解后，加15% α-萘酚乙醇溶液2mL，沿试管壁慢慢加入浓硫酸；若液层处出现紫色环，则说明含有多糖。

2. 多糖的提取和纯化

蜡烛果叶多糖的提取和纯化方法与本章第一节"一、木榄叶多糖的提取和纯化"中的基本相同。其中，蜡烛果叶多糖提取的基本工艺为提取温度60℃、提取时间20min、超声波功率350W、料液比1:20；单因素实验的因素和水平如表4-55所示；葡萄糖标准曲线见图4-94，回归方程为

$$y=10.14x+0.011 \qquad R^2=0.9995 \qquad (4\text{-}46)$$

表 4-55　蜡烛果叶多糖提取单因素实验的因素水平

| 水平 | 因素 | | | |
| --- | --- | --- | --- | --- |
| | F | G | H | I |
| 1 | 10 | 60 | 1∶10 | 250 |
| 2 | 20 | 70 | 1∶20 | 350 |
| 3 | 30 | 80 | 1∶30 | 450 |

注：F 为提取时间(min)，G 为提取温度(℃)，H 为料液比，I 为超声波功率(W)；表 4-56 同

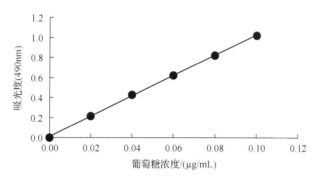

图 4-94　葡萄糖标准曲线

(二)结果与分析

1. 蜡烛果叶多糖的定性检测

根据多糖定性实验的方法，液层处出现紫色环，证明提取物中含有多糖。

2. 蜡烛果叶多糖的提取工艺

根据单因素实验方法进行单因素实验，测定提取液多糖的含量，结果如图 4-95 所示。其中，提取温度对多糖的影响较大，其他几个因素影响较小，对单因素实验进行分析，得出单因素的较佳提取条件为：提取时间 30min，提取温度 60℃，超声波功率 350W，料液比 1∶30。

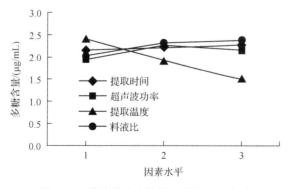

图 4-95　蜡烛果叶多糖提取的单因素实验

根据单因素的实验结果，按照正交表 $L_9(3^4)$ 对蜡烛果叶多糖提取进行正交试验，结

果如表 4-56 所示。其中，影响蜡烛果叶多糖得率的主次因素排序为 I＞G＞H＞F，即超声波功率的影响最大，其他几个因素影响较小。综合分析得出，$F_2G_1H_2I_2$ 和 $F_2G_1H_2I_3$ 两种工艺都是比较理想的提取条件，经验证它们的多糖得率分别为 2.39% 和 2.41%，由于两者结果差异不显著，但从节约能源角度来考虑，$F_2G_1H_2I_2$ 为最佳提取工艺，即提取时间 30min、提取温度 60℃、料液比 1：20、超声波功率 350W。

**表 4-56　蜡烛果叶多糖提取的正交试验及其分析**

| 实验号 | 因素 | | | | 多糖得率/% |
| --- | --- | --- | --- | --- | --- |
| | F | G | H | I | |
| 1 | 1(20) | 1(60) | 1(1：10) | 1(250) | 2.025 |
| 2 | 1 | 2(70) | 2(1：20) | 2(350) | 2.309 |
| 3 | 1 | 3(80) | 3(1：30) | 3(450) | 2.205 |
| 4 | 2(30) | 1 | 2 | 3 | 2.396 |
| 5 | 2 | 2 | 3 | 1 | 1.845 |
| 6 | 2 | 3 | 1 | 2 | 2.363 |
| 7 | 3(40) | 1 | 3 | 2 | 2.205 |
| 8 | 3 | 2 | 1 | 3 | 1.845 |
| 9 | 3 | 3 | 2 | 1 | 1.991 |
| $\overline{K_1}$ | 2.180 | 2.208 | 2.078 | 1.954 | |
| $\overline{K_2}$ | 2.202 | 2.000 | 2.232 | 2.292 | $T$=19.184 |
| $\overline{K_3}$ | 2.014 | 2.162 | 2.025 | 2.089 | |
| $R$ | 0.188 | 0.208 | 0.207 | 0.388 | |

（三）小结

蜡烛果叶多糖最佳提取条件为：提取时间 30min、提取温度 60℃、料液比 1：20、超声波功率 350W。采用脱蛋白和醇沉的处理，以及选用 S-8 型号大孔吸附树脂对粗多糖进行纯化，其纯化效果较好。

## 四、蜡烛果叶多糖的抗氧化活性

（一）实验方法

**1. 多糖样品的制备**

蜡烛果叶多糖的提取采用料液比为 1：20、提取时间 30min、提取温度 60℃、超声波功率 350W 的条件进行，然后采用脱蛋白和醇沉的处理，以及选用 S-8 型号大孔吸附树脂对粗多糖进行纯化。

**2. 多糖抗氧化活性的测定**

蜡烛果叶多糖清除超氧阴离子自由基和羟自由基能力的实验方法与本章第一节"二、

木榄叶多糖的性质"的基本相同。其中，样液多糖的浓度分别为 10μg/mL、20μg/mL、30μg/mL、40μg/mL。

(二)结果与分析

1. 蜡烛果叶多糖对超氧阴离子自由基的清除能力

蜡烛果叶多糖对超氧阴离子自由基清除能力的测定结果如图 4-96 所示。其中，蜡烛果叶多糖和维生素 C 对超氧阴离子自由基的清除率均随着浓度的增大而增大，二者对超氧阴离子自由基的半抑制浓度($IC_{50}$)分别为 39μg/mL 和 25μg/mL，说明蜡烛果叶多糖具有较强的抗氧化活性。

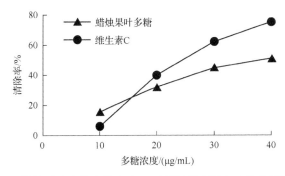

图 4-96　蜡烛果叶多糖和维生素 C 对超氧阴离子自由基的清除效果

2. 蜡烛果叶多糖对羟自由基的清除能力

蜡烛果叶多糖对羟自由基清除能力的测定结果如图 4-97 所示。其中，蜡烛果叶多糖对羟自由基清除率随着多糖浓度的增大而增大，对羟自由基的半抑制浓度($IC_{50}$)为 50μg/mL，说明蜡烛果叶多糖具有较强的抗氧化活性。

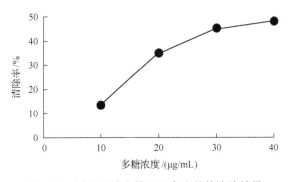

图 4-97　蜡烛果叶多糖对羟自由基的清除效果

(三)小结

蜡烛果叶多糖具有较强的抗氧化活性，对超氧阴离子自由基和羟自由基的清除率均随着多糖浓度的增大而增大，对超氧阴离子自由基和羟自由基的半抑制浓度($IC_{50}$)分别为 39μg/mL 和 50μg/mL。

# 第五章 广西红树林微生物分离筛选
# 及其代谢产物的生物活性

植物内生菌(plant endophyte)是指生活于健康植物组织内部、不引发植物产生明显病症的一类微生物(杨润亚等，2006)。植物内生菌的全部或部分生活周期在植物体内生活，与植物形成互惠共生的关系，即植物为内生菌提供光合产物和矿物质，内生菌产生的代谢物能够刺激植物生长发育，或者能够提高宿主植物对生物和非生物胁迫的抵抗能力(赵云涛等，2005；邓祖军等，2007)。植物内生菌种类十分繁多，主要包括内生细菌、内生真菌和内生放线菌三大类，内生菌代谢产物生物活性是目前微生物资源研究和开发的热点问题，例如，研究者已从植物内生菌中发现多种具有抗病毒、降血糖、抗菌、杀虫、免疫抑制、酶抑制或激活等活性的代谢产物，它们在医药、农业中都具有重要的应用价值(任安芝和高玉葆，2001；Strobel et al.，2004)。

红树林生境具有还原性强、酸性强、含盐量高、有机物质丰富等独特特点，其内生菌可能蕴含着生物活性多样、结构新颖的代谢物，因而同样地引起了人们的广泛关注。近年来，关于红树植物内生菌的研究主要涉及分类与代谢产物的抗肿瘤活性、抗氧化活性、抑制乙酰胆碱酯酶活性等方面(Sarma et al.，2001；Ananda and Sridhar，2002；郑忠辉等，2003；吴雄宇等，2002；罗景慧等，2004)。

## 第一节 木榄根内生菌分离及其代谢产物对 α 淀粉酶的抑制作用

供试材料为木榄的根，于 2012 年 8 月采自防城港市北仑河口国家级自然保护区。

### 一、内生菌的分离筛选

#### (一)实验方法

1. 马铃薯葡萄糖琼脂培养基

马铃薯去皮，切成小块，称取 200g，加水 1L 煮沸 30min，用双层纱布过滤，取其过滤液加葡萄糖 20g，琼脂 20g，定容至 1L，然后在 121℃条件下湿热灭菌 30min。

2. 内生菌的分离和纯化

将木榄的根用无菌水洗净，然后用 75%乙醇浸泡 5～10min，做表面消毒，再用无菌水冲洗多次。用已灭菌的剪刀将根剪成长 1～1.5cm 的小段。将这些小段分别裁种在马铃薯葡萄糖琼脂(potato dextrose agar，PDA)培养基上，放入 28℃恒温箱中培养，当样品周围明显长出菌丝时，采用尖端菌丝挑取法，挑取形态不同的菌落，转入新的 PDA 培养基中，连续转接几次，就可以得到纯化的菌株。

(二)结果与分析

从木榄的根中分离出 6 株内生菌，分别命名为 G-1、G-2、G-3、G-4、G-5、G-6，其菌落形态如图 5-1 所示。其中，菌株 G-1 的菌落较大，圆形，墨绿色，边缘整齐白色，中间凸起呈白色，菌落蓬松，从菌落特征来看属于霉菌类；菌株 G-2 的菌落小，圆形，灰色，干燥，表面稍隆起且有车轮型纹饰，边缘不整齐，不透明，不易挑起，镜检结果显示属于放线菌类；菌株 G-3 菌落小，圆形，灰色，湿润，表面稍隆起且有不规则纹饰，边缘不整齐，不透明，易挑起，镜检结果初步判断为细菌类；菌株 G-4 菌落大，圆形，乳白色，干燥，表面稍凸起，边缘整齐，不透明，不易挑起，从菌落特征来看属于霉菌类；菌株 G-5 菌落小，圆形，橙色，湿润，表面平整，边缘不整齐，不透明，易挑起，镜检结果判断为细菌类；菌株 G-6 菌落大，不规则，白色，菌丝蓬松隆起，边缘不整齐，透明，不易挑起，从菌落特征来看属于霉菌类。

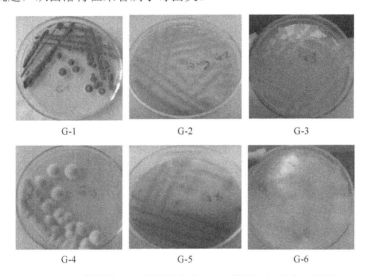

图 5-1　木榄根内生菌菌株的菌落形态(彩图请扫封底二维码)

(三)小结

从木榄根中分离出来的内生菌有霉菌、放线菌、细菌等。

## 二、内生菌代谢产物对 α 淀粉酶的抑制活性

(一)实验方法

1. 培养基选择

培养基包括分离培养基和发酵培养基 2 种。前者采用 PDA 培养基；后者的培养基组分为葡萄糖 10g/L、蛋白胨 8g/L、酵母膏 1g/L、氯化钠 3g/L、磷酸氢二钾 1g/L、硫酸镁 1g/L，pH 7.0，加水至 1000mL。

2. 内生菌的发酵培养及发酵液处理

将木榄根中的内生菌分离和纯化后，用接种针挑取活化后的内生菌菌丝块(1cm×1cm)分别接种至 100mL 发酵培养基，置温度 28℃、转速 160r/min 摇床上培养 5 天，取发酵液经抽滤、以转速 4000r/min 离心 10min 后，将上清液置 60℃水浴中保温 30min，然后在 4℃条件下保存备用。

3. 内生菌 α 淀粉酶抑制活性的初筛

采用滤纸片法对分离得到的内生菌的发酵液进行降糖活性初筛，得到具有降糖活性的菌株。

4. 降糖活性部位的筛选

对选出的降糖活性较强的内生菌进行降糖活性部位的筛选，将其发酵液 400mL 分别用等体积的石油醚、三氯甲烷、乙酸乙酯、正丁醇萃取，将各种萃取液减压蒸干后，用 20mL 浓度为 20%的乙醇溶解，得到各种萃取物，然后采用滤纸片法与 3,5-二硝基水杨酸法寻找活性部位，同时用阿卡波糖做阳性对照实验。

5. 降糖有效部位活性成分的分离筛选

(1)降糖有效部位活性成分的粗分离

找到活性部位后，采用大孔吸附树脂对其进行初步的分离，获得各组分，采用滤纸片法寻找活性成分，最终获得降糖的活性成分。

(2)降糖有效部位活性成分的筛选

取 400mL 发酵液用等体积的活性部位的萃取剂进行萃取，萃取液减压蒸干后，用 20%乙醇 10mL 溶解，得到活性部位的萃取物全部用于上样。选用非极性的 D101 型号大孔吸附树脂，预处理后上样静态吸附 1h，然后分别用蒸馏水、10%~90%乙醇溶液梯度洗脱，每种洗脱液为 5~6CV，流速为 1mL/min，分段收集每种洗脱液，均减压蒸浓缩至 10mL，回收乙醇，用滤纸片法筛选各流分的 α 淀粉酶抑制活性，筛选出 α 淀粉酶抑制活性较高的流分，得到内生菌的 α 淀粉酶抑制活性的有效成分。

6. α 淀粉酶抑制活性的测定

采用滤纸片法、打孔法和 3,5-二硝基水杨酸法(谢丽源，2002)测定上述流分的 α 淀粉酶抑制活性，其基本原理、操作步骤和 α 淀粉酶抑制率计算与第四章第一节"四、木榄胚轴有效成分降糖活性部位的提取"中的基本相同。

7. 降糖活性成分的初步分析

对柱层析分离得到的降糖活性成分进行化学成分预实验，初步鉴定其化学成分，主要采用费林反应和 Molisch 反应(吴立军，2003)。

(二)结果与分析

1. 木榄根内生菌代谢产物对 α 淀粉酶抑制活性的初筛

采用滤纸片法和打孔法对从木榄根分离出来的 6 株内生菌的发酵液进行降糖活性筛

选，结果如图 5-2 和表 5-1 所示。其中，与空白对照相比较，菌株 G-1、G-2、G-3 的透明圈均相对较小，以菌株 G-3 的最小，由此说明菌株 G-1、G-2、G-3 显示出较为明显的 α 淀粉酶抑制作用，具有降糖活性，其中以菌株 G-3 的抑制活性最强。

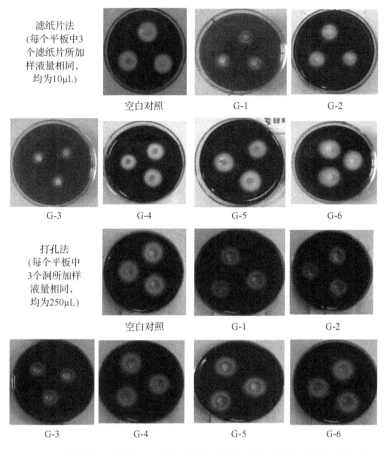

图 5-2　木榄根内生菌对 α 淀粉酶的抑制效果（彩图请扫封底二维码）

表 5-1　木榄根内生菌发酵液的降糖活性（透明圈直径）　　　（单位：cm）

| 实验方法 | 空白对照 | G-1 | G-2 | G-3 | G-4 | G-5 | G-6 |
| --- | --- | --- | --- | --- | --- | --- | --- |
| 滤纸片法 | 2.4 | 1.9 | 2 | 1.8 | 2.1 | 2.2 | 2.3 |
| 打孔法 | 2.8 | 1.6 | 1.6 | 1.5 | 2.7 | 2.7 | 2.8 |

2. 菌株 G-3 发酵液对 α 淀粉酶抑制作用有效部位的筛选

由表 5-1 可知，木榄根菌株 G-3 抑制活性较强，取其发酵液 400mL，用等体积的石油醚、三氯甲烷、乙酸乙酯、正丁醇分别萃取，用滤纸片法测定相应萃取物的抑制作用以找到有效部位，其结果如表 5-2 和图 5-3 所示。与空白对照相比较，乙酸乙酯和正丁醇的萃取物的透明圈直径相对较小，分别为 1.3cm 和 1.6cm，说明乙酸乙酯和正丁醇的萃取物对 α 淀粉酶的抑制活性明显，以乙酸乙酯萃取物抑制效果最为明显。

表 5-2　木榄根萃取物对 α 淀粉酶的抑制作用（滤纸片法）

| 萃取剂 | 空白对照 | 石油醚 | 三氯甲烷 | 乙酸乙酯 | 正丁醇 |
|---|---|---|---|---|---|
| 透明圈直径/cm | 2.4 | 2.2 | 2.3 | 1.3 | 1.6 |

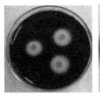

　　空白对照　　　石油醚萃取物　　三氯甲烷萃取物　　乙酸乙酯萃取物　　正丁醇萃取物

图 5-3　木榄根菌株 G-3 不同极性有机溶剂萃取物对 α 淀粉酶的抑制作用（彩图请扫封底二维码）

每个平板中 3 个滤纸片所加样液量相同，均为 10μL

　　采用 3,5-二硝基水杨酸法对木榄菌株 G-3 发酵液各萃取物进一步复筛，结果如表 5-3 所示。其中，菌株 G-3 发酵液对 α 淀粉酶的抑制率为 19.7%；而乙酸乙酯萃取物对 α 淀粉酶的抑制率为 33.4%，说明乙酸乙酯萃取物为有效部位；其次为正丁醇萃取物，其他萃取物的活性较弱。阳性对照阿卡波糖用量为 0.125mg 时的抑制率 49.8%，说明菌株 G-3 发酵液乙酸乙酯萃取物对 α 淀粉酶具有较好的抑制作用。

表 5-3　木榄根菌株 G-3 不同极性有机溶剂萃取物对 α 淀粉酶的抑制率

| 样品 | 吸光度（540nm） | 抑制率/% |
|---|---|---|
| $OD_{max}-OD_{min}$ | 0.727 | — |
| 阿卡波糖 | 0.376 | 49.8 |
| G-3 发酵液 | 0.584 | 19.7 |
| 石油醚萃取物 | 0.708 | 2.61 |
| 三氯甲烷萃取物 | 0.684 | 5.91 |
| 乙酸乙酯萃取物 | 0.484 | 33.4 |
| 正丁醇萃取物 | 0.569 | 21.7 |

注：阿卡波糖为稀释 10 倍的原液，相当于阿卡波糖含量为 0.5mg/mL；抑制率计算公式详见式（4-13）

　　综合滤纸片法和 3,5-二硝基水杨酸法，乙酸乙酯萃取物的抑制效果最明显，说明菌株 G-3 发酵液所含的 α 淀粉酶抑制剂主要存在于乙酸乙酯萃取物中。

**3. 菌株 G-3 发酵液 α 淀粉酶抑制剂有效成分的分离筛选**

　　采用非极性的 D101 型号大孔吸附树脂对木榄根菌株 G-3 发酵液的乙酸乙酯萃取物进行纯化，收集各流分，用滤纸片法筛选对 α 淀粉酶具有抑制活性的成分，结果如表 5-4 和图 5-4 所示。与空白对照相比较，10%乙醇流分经减压浓缩后采用滤纸片法验证为抑制 α 淀粉酶反应阳性部分，其透明圈直径为 1.5cm。该流分经二倍法梯度稀释后，随着浓度的变小透明圈变大，形成剂量效应关系，进一步说明 10%乙醇洗脱液为抑制 α 淀粉酶反应的有效部位；其他的洗脱液与空白对照相比差异不显著，几乎没有抑制效果。

**表 5-4　木榄根萃取液各流分对 α 淀粉酶的抑制作用**

| 乙醇浓度/% | 空白对照 | 0 | 10 | 20 | 30 | 40 | 50 | 60 | 70 | 80 | 90 |
|---|---|---|---|---|---|---|---|---|---|---|---|
| 透明圈直径/cm | 2.4 | 2.2 | 1.5 | 2.0 | 2.2 | 2.3 | 2.3 | 2.3 | 2.4 | 2.3 | 2.4 |

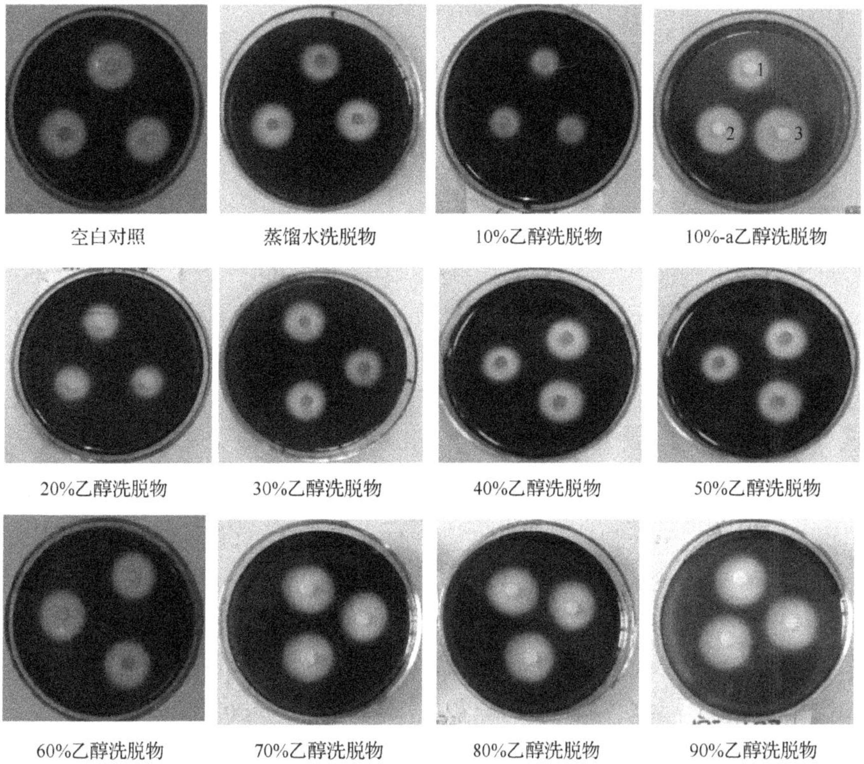

| | | | |
|---|---|---|---|
| 空白对照 | 蒸馏水洗脱物 | 10%乙醇洗脱物 | 10%-a乙醇洗脱物 |
| 20%乙醇洗脱物 | 30%乙醇洗脱物 | 40%乙醇洗脱物 | 50%乙醇洗脱物 |
| 60%乙醇洗脱物 | 70%乙醇洗脱物 | 80%乙醇洗脱物 | 90%乙醇洗脱物 |

图 5-4　木榄根萃取液各流分对 α 淀粉酶的抑制效果(彩图请扫封底二维码)

滤纸片法；10%-a 平板中 3 个滤纸片所加样液量呈梯度变化，1、2、3 分别相当于含发酵原液的量为 200μL、100μL、50μL，其余平板中 3 个滤纸片所加样液量相同，均为 10μL，相当于含发酵原液 400μL

4. 降糖活性成分的初步分析

　　木榄根内生菌代谢产物具有降糖活性的成分经过化学成分预实验后结果显示，在费林反应中，产生了砖红色沉淀，表明含有还原糖；而在 Molisch 反应中，出现了紫色环，表明样品中含有游离或者结合的糖。其他成分的化学反应均显示为阴性，因此初步判明抑制成分主要为糖类成分。

(三)小结

　　通过滤纸片法、打孔法两种筛选模型从木榄的根中分离出一株对 α 淀粉酶抑制活性较强的内生菌，其抑制活性的有效部位为乙酸乙酯萃取物，降糖活性有效成分为糖类。

# 第二节　红海榄树皮内生菌的分离及其活性筛选

　　供试材料为红海榄的树皮，于 2012 年 8 月采自防城港市北仑河口国家级自然保护区。

金黄色葡萄球菌、枯草芽孢杆菌来自广西师范大学生命科学学院发酵工程实验室。

## 一、红海榄树皮内生菌的分离筛选

（一）实验方法

1. 培养基选择

采用 PDA 培养基和玉米培养基 2 种。其中，玉米培养基的组分为黄玉米粉 50g、蔗糖 10g、酵母粉 1.0g，加水至 1000mL。

2. 样品处理

将红海榄树皮用水洗净，晾干，置 75%乙醇中浸泡 3min，用无菌水冲洗一次，然后在升汞中浸泡 15min，再在 75%乙醇中浸泡 0.5min 后，用无菌水振荡冲洗 5 次，每次 5min，最后一次的冲洗液保存在无菌锥形瓶中。用移液管吸取最后一次冲洗液 0.5mL 移入培养基上，用灭过菌的涂布棒均匀涂布在 2 种培养基上，每种培养基做 3 个重复，置 26℃暗培养 24h，观察是否有菌生长，由此判断树皮材料表面消毒是否彻底。

3. 内生菌的分离和鉴定

在超净工作台上，将彻底消毒后的组织块剪切成边长约 5mm 的小块，用解剖刀切出内表面，用镊子分别移放到 2 种培养基上，每种培养基做 3 个重复，每个培养皿均匀放置 6～8 块，在 26℃暗培养 24h，然后观察是否有细菌生长，并随时挑取切口处长出的菌落进行纯化。采用 PDA 培养基，用载玻片法培养内生菌。用肉眼观察菌落表面的形态大小、颜色、质地、生长速度、边缘形态，同时结合光学显微镜观察孢子形态、产孢结构、菌丝颜色、有无横隔等微观特征，对菌株进行初步鉴定（魏景超，1979；邵力平等，1984）。

（二）结果与分析

利用选择性培养基共分离筛选出 3 种内生菌，分别编号为 BSJ、HS 和 BN，其结果如图 5-5 所示。通过对图 5-5 中菌落进行外观观察和显微镜观察，初步将分离得到的 3 种内生菌归类为黏菌和霉菌。其中，HS 和 BN 为黏菌，它们的菌落均比较光滑，有黏性，HS 呈乳黄色，BN 呈乳白色；BSJ 为霉菌，其菌落有明显的白色菌丝体，菌丝体有分隔。

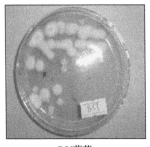

BSJ菌落　　　　　　　　HS菌落　　　　　　　　BN菌落

图 5-5　红海榄树皮 3 种内生菌在平板上的菌落（彩图请扫封底二维码）

（三）小结

从红海榄树皮分离得到的 3 种内生菌初步鉴定为霉菌和黏菌，其科属尚有待于进一步研究。

## 二、红海榄树皮内生菌代谢产物对 α 淀粉酶的抑制活性

（一）实验方法

1. 培养基

采用玉米粉培养基、PDA 液体培养基和 Luria-Bertani（LB）培养基 3 种类型。其中，PDA 液体培养基为 PDA 培养基去除琼脂所得；LB 培养基的组分为酵母提取物 5g、蛋白胨 10g、氯化钠 5g、琼脂 20g、人工海水 1000mL，pH 7.4～7.6。人工海水的配方如表 5-5 所示。

表 5-5　人工海水配方

| 名称 | 氯化钠 | 氯化镁 | 硫酸钠 | 氯化钙 | 氯化钾 | 碳酸氢钠 | 溴化钾 | 硼酸 | 氯化锶 | 氟化钠 |
|---|---|---|---|---|---|---|---|---|---|---|
| 质量/($\times 10^{-3}$kg) | 23.98 | 5.029 | 4.01 | 1.14 | 0.699 | 0.192 | 0.1 | 0.0254 | 0.0143 | 0.0029 |

注：水和化合物的总重量为 1kg

资料来源：林永成，2003

2. 内生菌代谢产物的提取

对红海榄树皮的内生菌进行分离和纯化后，将每种活化后的内生菌斜面培养物分别切取 1cm×1cm 接种至装有 100mL 玉米粉培养基和 PDA 液体培养基的锥形瓶中，每瓶接种 3～4 块菌饼，在温度 28℃、转速 200r/min 摇床上振荡培养 15 天。然后，用纱布过滤分开菌丝体与发酵液，发酵液用等体积乙酸乙酯萃取，取乙酸乙酯层旋转蒸发成浸膏，用 2mL 甲醇溶解，得到内生菌代谢物的样液。

3. 内生菌代谢物原液抑菌活性检测预实验

采用纸片扩散法（管远志等，2006）对红海榄树皮内生菌代谢物样液抑菌活性检测进行预实验。在无菌条件下，将活化的枯草芽孢杆菌、金黄色葡萄球菌培养液用无菌水稀释 10 倍，取 0.1mL 菌悬液（约 10CFU/mL）涂布在 LB 培养基上。滤纸片（直径 1cm）放入内生菌代谢产物样液中充分吸收样液后，放置于平板上，在 37℃条件下培养 1～2 天，观察抑菌圈有无出现及其大小。用空白滤纸片吸取甲醇溶液作为对照。

4. 内生菌代谢产物抑菌活性定量测定

采用稀释法（管远志等，2006）对红海榄树皮内生菌代谢产物抑菌活性进行定量测定。首先将内生菌代谢产物的样液用无菌水分别稀释 2 倍、4 倍、8 倍、16 倍，加上样液共 5 个浓度，然后每种浓度放入 6 片无菌滤纸片，之后放置在带菌的 LB 培养基上，在 37℃条件下恒温培养箱中培养 1～2 天，以不长菌的提取液的最低浓度为最低抑菌浓度（minimum inhibitory concentration，MIC）。用空白滤纸片吸取甲醇溶液作为对照。细菌

对提取液的敏感度大小，以抑菌圈直径的大小来表示，其大小等级可以划分为：Ⅰ级，不敏感，抑菌圈直径＜10mm；Ⅱ级，轻度敏感，抑菌圈直径为10～15mm；Ⅲ级，中度敏感，抑菌圈直径15～20mm；Ⅳ级，高度敏感，抑菌圈直径＞20mm（徐叔云等，1982；王锋等，2013；杨胜远和韦锦，2014）。

5. 内生菌代谢物对α淀粉酶活性的抑制检验

将红海榄树皮内生菌代谢产物的样液用蒸馏水分别稀释10倍、20倍，设置两个浓度。以盐酸小檗碱作阳性对照，取盐酸小檗碱片20片，称重研成粉末，然后称取0.0814g和0.0081g，定容至100mL，配制为0.5mg/mL、0.05mg/mL的溶液。同时，配制3,5-二硝基水杨酸试剂（赵凯等，2008）。在带塞的试管中依次加入600μg/mL的α淀粉酶液1mL、样液1mL、20mg/L可溶性淀粉液1mL，混均匀后在37℃水浴反应，每管精确计时20min，取出加入3,5-二硝基水杨酸试剂5mL终止反应，然后沸水浴5min显色，冷却至室温后，在540nm波长处测定吸光度。α淀粉酶的抑制率由式（4-13）计算。

（二）结果与分析

1. 红海榄树皮内生菌代谢产物的抑菌活性

在图5-6的LB培养基中，中间的滤纸片为空白对照的滤纸片，靠边的滤纸片是浸有提取液样液的滤纸片，从中看出空白对照均没有明显的抑菌圈，而浸有样液的滤纸片出现了明显的抑菌圈，由此可以判断从红海榄树皮分离得到的内生菌提取液对金黄色葡萄球菌和枯草芽孢杆菌具有一定的抑制作用。

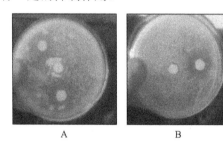

A          B

图5-6　红海榄树皮内生菌代谢产物的抑菌效果（彩图请扫封底二维码）
A为对金黄色葡萄球菌的抑制实验；B为对枯草芽孢杆菌的抑制实验

2. 红海榄树皮内生菌代谢产物的抑菌作用

（1）不同内生菌代谢产物的抑菌作用

红海榄树皮3种内生菌代谢产物的抑菌实验结果如表5-6所示。其中，BSJ、BN、HS 3种内生菌对枯草芽孢杆菌和金黄色葡萄球菌均有一定的抑制作用。除了HS内生菌外，BSJ和BN两种内生菌在玉米培养基上的抑菌效果比PDA培养基上的更为明显，说明培养基成分对微生物生长及其代谢产物的生成有着重要影响。用2mL甲醇溶解的样液进行抑菌实验，3株菌株的抑制率呈现BN＞BSJ＞HS，而且枯草芽孢杆菌对提取液的敏感性比金黄色葡萄球菌大，说明样液对枯草芽孢杆菌有着更强的抑菌效果。

**表 5-6 红海榄树皮内生菌代谢产物的抑菌圈直径** （单位：cm）

| 内生菌 | 指示菌 | 玉米培养基 | PDA 培养基 |
|---|---|---|---|
| BSJ | 金黄色葡萄球菌 | 1.65$^{III}$ | 1.00$^{I}$ |
| BSJ | 枯草芽孢杆菌 | 2.49$^{IV}$ | 1.00$^{I}$ |
| HS | 金黄色葡萄球菌 | 1.50$^{III}$ | 1.69$^{III}$ |
| HS | 枯草芽孢杆菌 | 1.59$^{III}$ | 2.20$^{IV}$ |
| BN | 金黄色葡萄球菌 | 2.50$^{IV}$ | 1.00$^{I}$ |
| BN | 枯草芽孢杆菌 | 2.50$^{IV}$ | 1.00$^{I}$ |
| 空白对照 | 金黄色葡萄球菌 | 1.00$^{I}$ | 1.00$^{I}$ |
|  | 枯草芽孢杆菌 | 1.00$^{I}$ | 1.00$^{I}$ |

注：BSJ、HS、BN 为从红海榄树皮中分离出来的内生菌的编号；I～IV 为敏感度等级；表 5-7 同

**（2）最低抑制浓度**

不同浓度红海榄树皮内生菌代谢产物对不同细菌的抑制情况如表 5-7 所示。其中，BSJ、BN、HS 3 种内生菌的最低抑制浓度随着用于实验的细菌不同而有所差别。当实验菌是金黄色葡萄球菌时，最低抑制浓度的大小顺序为 BSJ=BN＞HS；当实验菌是枯草芽孢杆菌时，最低抑制浓度的大小顺序为 HS＞BSJ=BN；说明不同菌株的代谢物样液对不同实验菌的抑制能力有一定的差异。BSJ 和 BN 对金黄色葡萄球菌的最低抑制浓度均为样液的 4 倍稀释液，HS 的为 8 倍稀释液；BSJ 和 BN 对枯草芽孢杆菌的最低抑制浓度为样液的 8 倍稀释液，HS 的为 2 倍稀释液。

**表 5-7 不同浓度红海榄树皮内生菌代谢产物的抑菌圈直径** （单位：cm）

| 内生菌株 | 实验菌 | 原液 | 2 倍稀释液 | 4 倍稀释液 | 8 倍稀释液 | 16 倍稀释液 |
|---|---|---|---|---|---|---|
| BSJ | 金黄色葡萄球菌 | 2.01$^{IV}$ | 1.40$^{II}$ | 1.15$^{II}$ | 1.00$^{I}$ | 1.00$^{I}$ |
| BSJ | 枯草芽孢杆菌 | 2.38$^{IV}$ | 2.05$^{IV}$ | 1.48$^{II}$ | 1.28$^{II}$ | 1.00$^{I}$ |
| HS | 金黄色葡萄球菌 | 2.50$^{IV}$ | 2.01$^{IV}$ | 1.49$^{II}$ | 1.15$^{II}$ | 1.00$^{I}$ |
| HS | 枯草芽孢杆菌 | 1.60$^{III}$ | 1.15$^{II}$ | 1.00$^{I}$ | 1.00$^{I}$ | 1.00$^{I}$ |
| BN | 金黄色葡萄球菌 | 1.50$^{II}$ | 1.20$^{II}$ | 1.10$^{II}$ | 1.00$^{I}$ | 1.00$^{I}$ |
| BN | 枯草芽孢杆菌 | 3.01$^{IV}$ | 2.49$^{IV}$ | 2.01$^{IV}$ | 1.51$^{III}$ | 1.00$^{I}$ |
| 空白对照 | — | 1.00$^{I}$ | 1.00$^{I}$ | 1.00$^{I}$ | 1.00$^{I}$ | 1.00$^{I}$ |

**3. 内生菌代谢产物对 α 淀粉酶活性的抑制作用**

以玉米培养基培养 3 种红海榄树皮内生菌的发酵液，提取其代谢产物进行抑制 α 淀粉酶活性实验，结果如表 5-8 和表 5-9 所示。其中，盐酸小檗碱和 3 种红海榄树皮内生菌的发酵提取液对 α 淀粉酶均有抑制作用，其抑制率随浓度的增高而增加。当盐酸小檗碱浓度为 0.5mg/mL 时，抑制率为 88.8%；BSJ 的发酵液为 10 倍稀释液时，抑制率为 98.0%；HS 的发酵液为 10 倍稀释时，抑制率为 88.8%；BN 的发酵液为 10 倍稀释时，抑制率为 65.1%。结果表明，3 种内生菌的发酵提取液显示出较高的抑制 α 淀粉酶的活性。

**表 5-8　红海榄树皮内生菌样液对 α 淀粉酶活性的抑制作用**

| 样液 | 稀释 10 倍 | | 稀释 20 倍 | |
|---|---|---|---|---|
| | 吸光度 | 抑制率/% | 吸光度 | 抑制率/% |
| BSJ 发酵液 | 0.0007 | 98.0 | 0.0102 | 70.6 |
| BN 发酵液 | 0.0121 | 65.1 | 0.0133 | 61.7 |
| HS 发酵液 | 0.0039 | 88.8 | 0.0066 | 81.0 |

**表 5-9　阳性对照对 α 淀粉酶活性的抑制作用**

| 样液 | 0.5mg/mL | | 0.05mg/mL | |
|---|---|---|---|---|
| | 吸光度 | 抑制率/% | 吸光度 | 抑制率/% |
| 盐酸小檗碱 | 0.0039 | 88.8 | 0.0059 | 83.0 |

（三）小结

红海榄树皮内生菌的代谢产物对枯草芽孢杆菌和金黄色葡萄球菌具有较好的抗菌活性。内生菌的代谢产物对不同病原细菌的抑制作用有差异，其中有些可作为抗菌药物的来源。从红海榄内生菌中可以筛选出有抑菌活性的微生物菌株，其确切抑菌代谢产物的化学成分还有待于进一步研究。红海榄树皮内生菌的代谢产物对 α 淀粉酶的活性也表现出较好的抑制效果，具有较好的开发利用前景。

# 第三节　红树林生境产淀粉酶菌株的筛选、产酶条件及其酶学性质

供试材料为红树林中的土壤和水，于 2010 年 8 月采自北海市山口国家级红树林生态自然保护区。供试菌为金黄色葡萄球菌（*Staphylococcus aureus*）、大肠杆菌（*Escherichia coli*）、枯草芽孢杆菌（*Bacillus subtilis*）和啤酒酵母（*Saccharomyces cerevisiae*），由广西师范大学生命科学学院发酵工程实验室提供。

## 一、产淀粉酶菌株的筛选及其分类鉴定

（一）实验方法

1. 牛肉膏蛋白胨培养基的制备

取牛肉膏 5g、蛋白胨 10g、氯化钠 5g、琼脂 20g 溶于适量水中，定容至 1000mL，然后调节 pH 至 7.0～7.2。

2. 细菌的分离

取红树林土壤 10g 和水 10mL，分别放入装有 90mL 无菌水的锥形瓶内，振荡 30min 得到菌悬液，并进行系列稀释，选取合适的稀释度（$10^{-4}$、$10^{-5}$、$10^{-6}$），各取 0.1mL 涂布于适合细菌生长的牛肉膏蛋白胨培养基上，倒置，在 37℃ 条件下培养 24h，如果菌落周围形成透明圈，则表明该菌株能分解利用培养基中的淀粉，说明淀粉被水解，该菌株产生了淀粉酶，呈阳性反应。

3. 淀粉酶产生菌的筛选

对分离培养基上的菌落进行编号，接种于斜面培养基，并同时转接入含有淀粉的初筛培养基上，在37℃条件下培养24h，取出培养皿，在菌落上滴加稀碘液，菌落周围如有无色透明圈出现，说明淀粉被水解，表明该菌株能产生淀粉酶。用游标卡尺测量菌落直径和透明圈直径，以透明圈直径与菌落直径的比值作为初筛的标准，选出高酶活力（enzyme activity，EA）菌株。将初筛确定的透明圈大的菌株，接入250mL锥形瓶的50mL基础培养基中，置32℃摇瓶培养48h，将培养液过滤，取上清液采用兰值法（胡学智等，1991）测定酶活力，依据酶活力大小选出高产的菌株。

4. 菌株的初步分类鉴定

将初筛的菌株分别挑至斜面中于37℃恒温箱中培养24h，放入4℃冰箱中保存备用。根据菌株的菌落形态特征、菌体形态特征、革兰氏染色性状、芽孢染色性状及有关生理生化鉴别实验，并与已知的模式菌种枯草芽孢杆菌、地衣芽孢杆菌相比较，进行初步分类鉴定。

（1）菌株体形态观察

将复筛得到的菌株10倍梯度稀释后取$10^{-4}$、$10^{-5}$梯度的稀释液涂布于营养琼脂（nutrient agar，NA）平板，在37℃条件下培养24h，得到菌落，然后观察记录菌落形状、颜色、大小、透明度、光泽质地、边缘及隆起情况等。

（2）革兰氏染色

挑取培养基斜面上在37℃条件下培养24h的菌株，进行革兰氏染色，在显微镜下对菌体形态、排列方式、有无芽孢和革兰氏染色反应进行观察，并记录结果。

（3）生理生化鉴定

对菌株进行生理生化实验，主要进行葡萄糖发酵实验、淀粉水解实验、甘露醇发酵实验、甲基红实验、乙酰甲基甲醇实验、明胶水解实验、硝酸盐还原实验、柠檬酸盐利用实验和过氧化氢酶实验。

（二）结果与分析

1. 产淀粉酶菌株的筛选

经过初步筛选，得到两株能水解淀粉的菌株，分别命名为菌株A和菌株B，这两株菌都来自红树林土壤，水中没有筛选到合适的菌株。将菌株A、菌株B划线接种于蛋白胨平板培养基上进行复筛，挑选透明圈直径/菌落直径（$D/d$）值大的单菌落，两菌株各挑选出6株，其$D/d$值如表5-10和图5-7所示。其中，菌株B的$D/d$平均值（3.1）比菌株A的$D/d$平均值（2.8）大，说明菌株B产淀粉酶能力比菌株A的高。另外，将初筛得到的菌株A、菌株B分别于32℃液体发酵48h后取发酵上清液测定酶活力，得出菌株A的酶活力为54.1U/mL，菌株B的酶活力为61.2U/mL，由此进一步确认菌株B产淀粉酶能力比菌株A的高。

表 5-10　红树林土壤产淀粉酶菌株的透明圈直径/菌落直径值

| 菌株编号 | 菌株 A | | | 菌株 B | | |
|---|---|---|---|---|---|---|
| | $D$/cm | $d$/cm | $D/d$ | $D$/cm | $d$/cm | $D/d$ |
| 1 | 2.4 | 0.9 | 2.7 | 2.5 | 0.8 | 3.1 |
| 2 | 2.5 | 0.8 | 3.1 | 2.3 | 0.8 | 2.9 |
| 3 | 2.4 | 0.8 | 3.0 | 2.1 | 0.7 | 3.0 |
| 4 | 2.7 | 1.2 | 2.3 | 2.3 | 0.8 | 2.9 |
| 5 | 2.6 | 0.9 | 2.9 | 2.5 | 0.7 | 3.6 |
| 6 | 2.7 | 1.0 | 2.7 | 2.5 | 0.8 | 3.1 |
| 平均值 | 2.6 | 0.9 | 2.8 | 2.4 | 0.8 | 3.1 |

注：$D$ 为透明圈直径，$d$ 为菌落直径

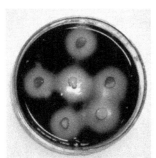 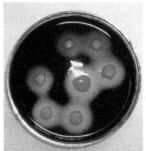

菌株A　　　　　　　　　　　菌株B

图 5-7　红树林土壤产淀粉酶菌株的淀粉水解圈(彩图请扫封底二维码)

2. 产淀粉酶菌株的初步分类鉴定

(1) 菌落形态特征

菌株 A：菌落呈圆形，暗黄色，边缘略皱，中间隆起，不透明；初步判断为细菌菌落。

菌株 B：菌落呈圆形，乳黄色，边缘光滑，中间隆起，不透明；初步判断为细菌菌落。

(2) 菌体形态特征

菌株 A：菌体呈圆形，分散排列，有芽孢，革兰氏阳性。

菌株 B：菌体呈直杆状，成链排列，有芽孢，革兰氏阳性。

初步判断菌株 A 和菌株 B 都是细菌。

(3) 细菌的生理生化特征

由表 5-11 可知，与枯草芽孢杆菌和地衣芽孢杆菌相比较，菌株 B 绝大部分特征与模式菌株地衣芽孢杆菌相吻合，而菌株 A 与模式菌株枯草芽孢杆菌、地衣芽孢杆菌较为接近，虽然有部分特征不相符，但是多数生理生化特征是相同的，结合镜检结果，初步鉴定菌株 A 和菌株 B 均为芽孢杆菌。

**表 5-11 红树林土壤产淀粉酶菌株与枯草芽孢杆菌、地衣芽孢杆菌的生理生化比较实验**

| 特征 | 菌株 A | 菌株 B | 枯草芽孢杆菌 | 地衣芽孢杆菌 |
|---|---|---|---|---|
| 革兰氏染色 | + | + | + | + |
| 葡萄糖产气产酸 | − | − | − | − |
| 葡萄糖利用 | + | + | + | + |
| 甘露醇利用 | + | + | + | + |
| 甲基红反应 | + | − | − | − |
| 乙酰甲基甲醇反应 | + | + | + | + |
| 硝酸盐还原 | − | + | + | + |
| 触酶实验 | + | + | + | + |
| 明胶液化 | + | + | + | + |
| 柠檬酸盐利用 | − | + | + | + |
| 淀粉水解 | + | + | + | + |

注:+,阳性;−,阴性

### (三)小结

从红树林土壤中筛选到两株产生淀粉酶的细菌:菌株 A 和菌株 B,它们均呈革兰氏染色阳性反应,具芽孢,初步鉴定菌株 A 和菌株 B 都是芽孢杆菌。

## 二、菌株产淀粉酶的最优发酵条件

### (一)实验方法

**1. 基础培养基**

采用 1%牛肉膏、1%蛋白胨、1%氯化钠配制培养基,于 121℃灭菌 30min;用 150mL 锥形瓶装 50mL 液体培养基,接一环培养 24h 的菌种,在温度 32℃、转速 120r/min 水浴培养 48h 后取发酵上清液进行酶活力的测定。

**2. 发酵条件实验**

对筛选出的菌株进行碳源、氮源、氯化钠浓度、淀粉含量、初始 pH、装液量等单因素对产酶的影响研究,在此基础上进行多因素的正交试验,以获得菌株产酶的最佳培养条件。实验数据处理采用 $Q$ 检验法(南京大学《无机及分析化学实验》编写组,2006)。

### (二)结果与分析

将从红树林土壤中筛选到的菌株 A 和菌株 B 分别按照表 5-12 进行培养条件的单因素实验,其结果如图 5-8 和图 5-9 所示。其中,影响菌株 A 产酶的因素为酵母浸膏、蛋白胨、氯化钠浓度、初始 pH 为 8.0,而装液量对其产酶影响不大,但装液量为 50mL 时发酵效果最好;对菌株 B 产酶影响较大的因素为麦芽糖、明胶、氯化钠浓度,初始 pH 为 7.0,而装液量为 50mL 时发酵效果最好。在单因素实验基础上,选择对实验影响较大的因素,在温度 32℃、转速 120r/min 的条件下培养 48h,进行正交试验,测定发酵上清液酶活力，结果如表 5-13 和表 5-14 所示。其中，影响菌株 A 产酶的因素主次顺序为 A＞B＞C，其最佳培养基条件为 $A_1B_2C_1$，即 0.3%酵母浸膏、0.9%蛋白胨、0.7%氯化钠；影响菌株 B 产酶的因素主次顺序为 F＞E＞D，其最佳培养基条件为 $D_1E_1F_1$，即 0.3%麦芽糖、0.3%明胶、0.5%氯化钠。将一环培养 24h 的菌种接种于装液量为 50mL 的最适发酵培养基中，在温度 32℃、转速 120r/min 的条件下发酵 48h，测定上清液酶活力为 99.3U/mL，比基本发酵培养基发酵的酶活力提高约 83.3%。同样利用菌株 B 最适发酵培养基，在相同条件下培养，测定上清液酶活力为 108.2U/mL，比基本发酵培养基发酵的酶活力提高约 77.1%。

表 5-12  红树林土壤产淀粉酶菌株单因素实验的因素水平

| 水平 | 因素 | | | | |
| --- | --- | --- | --- | --- | --- |
| | 碳源/1% | 氮源/1% | 氯化钠浓度/% | 发酵液 pH | 装液量/mL |
| 1 | 葡萄糖 | 硫酸铵 | 0.1 | 5 | 10 |
| 2 | 麦芽糖 | 硝酸铵 | 0.3 | 6 | 20 |
| 3 | 可溶性淀粉 | 硝酸钾 | 0.5 | 7 | 30 |
| 4 | 乳糖 | 明胶 | 0.7 | 8 | 40 |
| 5 | 酵母浸膏 | 蛋白胨 | 0.9 | 9 | 50 |

注：发酵时采用 150mL 锥形瓶

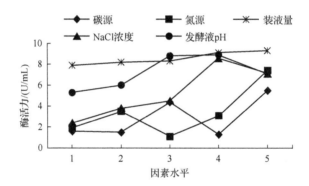

图 5-8  红树林土壤产淀粉酶菌株 A 的单因素实验结果

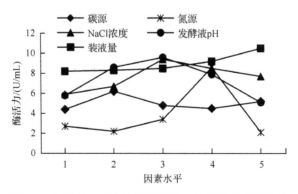

图 5-9  红树林土壤产淀粉酶菌株 B 的单因素实验结果

表 5-13　红树林土壤产淀粉酶菌株 A 的正交试验及其分析

| 实验号 | 因素 | | | 酶活力/(U/mL) |
|---|---|---|---|---|
| | A | B | C | |
| 1 | 0.3 | 0.7 | 0.7 | 9.7 |
| 2 | 0.3 | 0.9 | 0.9 | 9.9 |
| 3 | 0.3 | 1.0 | 1.0 | 8.7 |
| 4 | 0.5 | 0.7 | 1.0 | 7.1 |
| 5 | 0.5 | 0.9 | 0.7 | 8.9 |
| 6 | 0.5 | 1.0 | 0.9 | 8.0 |
| 7 | 0.7 | 0.7 | 0.9 | 5.6 |
| 8 | 0.7 | 0.9 | 1.0 | 6.6 |
| 9 | 0.7 | 1.0 | 0.7 | 5.5 |
| $\overline{K_1}$ | 9.4 | 7.5 | 8.1 | |
| $\overline{K_2}$ | 8.0 | 8.5 | 7.5 | $T=70$ |
| $\overline{K_3}$ | 5.9 | 7.4 | 7.4 | |
| $R$ | 3.5 | 1.1 | 0.6 | |

注：酶活力为稀释 10 倍的数据；A 为酵母浸膏浓度(%)，B 为蛋白胨浓度(%)，C 为氯化钠浓度(%)

表 5-14　红树林土壤产淀粉酶菌株 B 正交试验及其分析

| 实验号 | 因素 | | | 酶活力/(U/mL) |
|---|---|---|---|---|
| | D | E | F | |
| 1 | 0.3 | 0.3 | 0.5 | 9.1 |
| 2 | 0.3 | 0.5 | 0.7 | 10.8 |
| 3 | 0.3 | 0.7 | 0.9 | 7.8 |
| 4 | 0.5 | 0.3 | 0.9 | 8.6 |
| 5 | 0.5 | 0.5 | 0.5 | 8.4 |
| 6 | 0.5 | 0.7 | 0.7 | 8.5 |
| 7 | 0.7 | 0.3 | 0.7 | 8.8 |
| 8 | 0.7 | 0.5 | 0.9 | 7.7 |
| 9 | 0.7 | 0.7 | 0.5 | 9.8 |
| $\overline{K_1}$ | 9.2 | 9.4 | 9.7 | |
| $\overline{K_2}$ | 8.5 | 8.4 | 8.8 | $T=79.5$ |
| $\overline{K_3}$ | 8.8 | 8.7 | 8.1 | |
| $R$ | 0.4 | 1.0 | 1.6 | |

注：酶活力为稀释 10 倍的数据；D 为麦芽糖浓度(%)，E 为明胶浓度(%)，F 为氯化钠浓度(%)

(三) 小结

红树林土壤菌株 A 的最适宜发酵培养基组分为 0.3%酵母浸膏、0.9%蛋白胨、0.7%

氯化钠，初始 pH 为 8.0；而菌株 B 的为 0.3%麦芽糖、0.3%明胶、0.5%氯化钠，初始 pH 为 7.0。

### 三、淀粉酶的酶学性质

#### (一)实验方法

淀粉酶反应的基本条件为 pH 7.0、温度 70℃、保温反应 30min，然后测定酶活力。实验重复 3 次，结果采用 $Q$ 检验法进行检验。

#### (二)结果与分析

1. 红树林土壤菌株 A 产淀粉酶的酶学性质

表 5-15 为红树林土壤菌株产淀粉酶酶学性质实验的因素水平。对于菌株 A，其产淀粉酶酶学性质实验结果如图 5-10 所示。其中，菌株 A 产生淀粉酶的最适反应温度为 80℃，其酶活力为 8.3U/mL；酶最适反应 pH 为 6.0，其酶活力为 8.8U/mL；在温度 95℃水浴中保温 60min 时，淀粉酶残留酶活力为 79.3%，由此可知菌株 A 产生的淀粉酶具有良好的热稳定性和耐受性，适用于高温条件，因此具有较好的工业应用潜力。

表 5-15　红树林土壤菌株产淀粉酶酶学性质实验的因素水平

| 水平 | 因素 | | |
| --- | --- | --- | --- |
| | 反应温度/℃ | 反应体系 pH | 95℃保温时间/min |
| 1 | 30 | 4 | 0 |
| 2 | 40 | 5 | 10 |
| 3 | 50 | 6 | 20 |
| 4 | 60 | 7 | 30 |
| 5 | 70 | 8 | 40 |
| 6 | 80 | 9 | 50 |
| 7 | 90 | 10 | 60 |

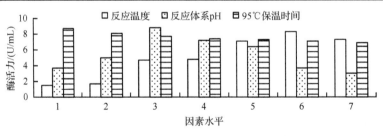

图 5-10　红树林土壤菌株 A 产淀粉酶的酶学性质

2. 红树林土壤菌株 B 产淀粉酶的酶学性质

根据表 5-15 酶学性质实验的因素水平，红树林土壤菌株 B 产淀粉酶酶学性质的实验结果如图 5-11 所示。其中，菌株 B 产生淀粉酶的最适反应温度为 50℃，酶活力为 10.4U/mL；酶的最适反应 pH 为 8.0，酶活力为 10.8U/mL；酶在保温 10min 后，酶活力急剧下降，由此可知菌株 B 产生的淀粉酶热稳定性较差，不宜用于高温环境，只宜用于较低温环境，但其耐碱能力较强。与菌株 A 相比较，菌株 B 的酶活力较高。

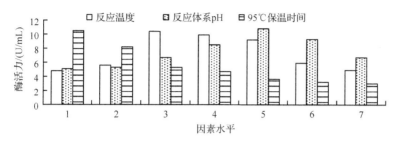

图 5-11　红树林土壤菌株 B 产淀粉酶的酶学性质

### （三）小结

红树林土壤菌株 A 耐热性和稳定性良好，产淀粉酶的最适反应温度为 80℃，酶最适作用 pH 为 6.0；而菌株 B 耐碱能力较强，产淀粉酶的最适反应温度为 50℃，酶最适作用 pH 为 8.0。菌株 A 和菌株 B 均具有较高的应用价值。

## 第四节　红树林土壤产脂肪酶菌株的筛选及其发酵条件

供试材料为从 2010 年 8 月采自防城港市北仑河口国家级自然保护区的 13 个红树林土壤样品中分离得到的菌种。食用油是市售的橄榄油、花生油、菜籽油。

### 一、产脂肪酶菌株的分离筛选

#### （一）实验方法

#### 1. 培养基

#### （1）平板初筛培养基

采用如下的 4 种培养基：①Ⅰ号平板初筛培养基，每升含有牛肉膏 3g、蛋白胨 10g、氯化钠 5g、琼脂 15～20g、聚乙烯醇橄榄油乳化液 50mL、pH 为 9.0 的甘氨酸-氢氧化钠缓冲液 940mL、中性红溶液 10mL，加热溶解；②Ⅱ号平板初筛培养基，每升含有可溶性淀粉 20g、硝酸钾 1g、氯化钠 0.5g、磷酸氢二钾 0.5g、硫酸镁 0.5g、硫酸亚铁 0.01g、琼脂 20g、聚乙烯醇橄榄油乳化液 50mL、pH 为 9.0 的甘氨酸-氢氧化钠缓冲液 940mL、中性红溶液 10mL，加热溶解；③Ⅲ号平板初筛培养基，硝酸钠 2g、磷酸氢二钾 1g、氯化钾 0.5g、硫酸镁 0.5g、硫酸亚铁 0.01g、蔗糖 20g、琼脂 15～20g、聚乙烯醇橄榄油乳化液 50mL、pH 为 9.0 的甘氨酸-氢氧化钠缓冲液 940mL、中性红溶液 10mL，加热溶解；④Ⅳ号平板初筛培养基，去皮马铃薯 200g 切块，用 pH 为 9.0 的甘氨酸-氢氧化钠缓冲液煮沸 30min，用纱布过滤，取滤液，再加入蔗糖 20g、琼脂 15～20g、聚乙烯醇橄榄油乳化液 50mL、中性红溶液 10mL，加热溶解后补加 pH 为 9.0 的甘氨酸-氢氧化钠缓冲液至 1000mL。

（2）平板复筛培养基

包括含指示剂的平板复筛培养基和空白对照平板复筛培养基。前者为上述的Ⅰ、Ⅱ、Ⅳ号平板初筛培养基；后者也为上述的Ⅰ、Ⅱ、Ⅳ号平板初筛培养基，但不添加中性红溶液。

（3）摇瓶复筛培养基

采用如下的3种培养基：①Ⅰ号摇瓶复筛培养基，牛肉膏3g、蛋白胨10g、氯化钠5g、人工海水1000mL，加热溶解，pH 7.2；②Ⅱ号摇瓶复筛培养基，可溶性淀粉20g、硝酸钾1g、氯化钠0.5g、磷酸氢二钾0.5g、硫酸镁0.5g、硫酸亚铁0.01g、人工海水1000mL，加热溶解，pH 7.4；③Ⅳ号摇瓶复筛培养基，去皮马铃薯200g切块，用人工海水煮沸30min，用纱布过滤取滤液，再加入蔗糖20g，加热溶解后补人工海水至1000mL。

（4）种子培养基

胰蛋白胨10g、酵母浸出粉5g、氯化钠10g、人工海水1000mL，pH 7.2。

（5）初始发酵培养基

可溶性淀粉10g、蛋白胨10g、氯化钠5g、人工海水1000mL，pH 7.2。

（6）保藏培养基

牛肉膏0.15g、蛋白胨0.5g、氯化钠0.25g、人工海水50mL、琼脂0.1g，pH 7.2。

2. 产脂肪酶菌株的分离筛选

（1）脂肪酶产生菌的平板初筛

称取13种土壤样品各5g，分别放入含有45mL无菌水和13个玻璃珠的锥形瓶中，用恒温水浴振荡器振荡30min，使土壤与水分充分混匀，然后无菌吸取悬浊液各1mL，用无菌水稀释成7个浓度梯度，取$10^{-5}$、$10^{-6}$和$10^{-7}$这3个浓度梯度的菌液0.1mL，每种浓度分别涂布于Ⅰ、Ⅱ、Ⅲ、Ⅳ号平板初筛培养基，每种土壤悬浊液的每个稀释浓度进行3次重复实验，共制成468个平板。Ⅰ、Ⅱ、Ⅲ、Ⅳ号平板初筛培养基分别倒置在温度37℃、30℃、28℃、28℃培养箱中培养5天，挑选周围具有10mm以上的明显红色圈的菌落，进行平板复筛。

（2）脂肪酶产生菌的平板复筛

某些菌株会向培养基分泌色素而使菌落周围具有明显红色圈。因此，同时使用含指示剂的平板复筛培养基和空白对照平板复筛培养基，观察平板初筛得到的菌株是否因产生脂肪酶而使培养基变红是十分必要的。具体的方法是：选取在初筛平板中菌落周围具有明显红色圈的菌落，分别用接种针针尖蘸取少量菌种接种于含指示剂平板复筛培养基和空白对照平板复筛培养基，每种菌进行3次重复实验。在培养箱培养5天后，选取在含指示剂平板复筛培养基中菌落周围具有明显红色圈的菌落，但在空白对照平板复筛培养基无变色圈的菌株，进行摇瓶复筛。

（3）脂肪酶产生菌的摇瓶复筛

分别用接种环在平板复筛得到的菌落蘸取2环菌体对应接种于Ⅰ、Ⅱ、Ⅳ号摇瓶复筛培养基中，每种菌都进行3次重复实验。分别在温度37℃、30℃、28℃的恒温振荡器中以转速80r/min培养60h。每瓶分别取发酵液12mL，以转速4000r/min离心10min，取上清液测定酶活力，选取酶活力最强的菌株用于后续研究。

(4) 脂肪酶活力的测定

1) 脂肪酸标准曲线的绘制：配制不同浓度的油酸溶液，分别取 4mL 放入 100mL 锥形瓶中，加入显色剂 1mL，磁力搅拌 3min，以转速 4000r/min 离心后取上层有机相，测定 710nm 波长处吸光度。以未加油酸的空白溶液作参比，以吸光度($y$)对油酸浓度($x$)作图，即得脂肪酸标准曲线，相应的回归方程如下：

$$y=0.2238x-0.0143 \qquad R^2=0.9917 \qquad (5-1)$$

2) 脂肪酶活力测定：取 0.2mol/L、pH 9.0 的甘氨酸-氢氧化钠缓冲液 3mL、橄榄油 1mL、聚乙烯醇乳化剂 1mL 放入 100mL 锥形瓶中，将锥形瓶置温度 30℃、转速 150r/min 的恒温振荡器上，预热 5min，用微量进样器注入 100μL 粗酶液，反应 10min 后加入甲苯 8mL，再回旋振荡 2min，终止反应。将溶液转移至离心管中，以转速 4000r/min 离心 10min，使水相和有机相分层澄清。取上层有机相 4mL 放入 100mL 锥形瓶中，加显色剂 1mL，在转速 150r/min 恒温振荡器上回旋振荡 3min，取上层溶液并测定 710nm 波长处吸光度。以不含脂肪酶的空白溶液作参比，根据脂肪酸标准曲线，求得脂肪酸的浓度。脂肪酶活力($L$)的计算公式为

$$L=(C\times V)/(T\times V_1) \qquad (5-2)$$

式中，$C$ 为脂肪酸的浓度(μmol/mL)；$V$ 为脂肪酸/甲苯溶液的体积(mL)；$T$ 为作用时间(min)；$V_1$ 为粗酶液的用量(mL)。

**3. 产脂肪酶菌株的初步鉴定和遗传稳定性实验**

(1) 菌株的初步鉴定

通过菌株平板划线观察菌落形态特征、菌落生长速度，并通过涂片和简单染色后用显微镜观察细菌形态。取一载玻片，在中央加一滴生理盐水，用接种环无菌操作挑取适量菌苔，将蘸有菌苔的接种环放在玻片上的生理盐水中涂抹，使菌悬液在玻片上形成均匀薄膜后用电吹风吹干。把涂菌面朝上，通过火焰 2～3 次。将玻片平放，滴加染液覆盖涂菌部位，先用 0.1%碱性亚甲蓝染色 1.5min，再用草酸铵结晶紫染色 1min，然后倾去染液，用自来水冲洗至水无色为止，注意水流不宜过急、过大，同时勿直接冲涂片处。用吸水纸除去多余的水分，电吹风吹干。将制备好的样片置于显微镜下进行观察、记录。

(2) 菌株遗传稳定性实验

为了探究菌株是否具有较稳定的遗传性能，将菌株进行连续 5 次传代实验，采用初始发酵培养基，每个 250mL 锥形瓶中装液量为 65mL，接种量为 2%，置温度 30℃、转速 80r/min 的恒温摇床上培养 48h，然后测定脂肪酶活力；实验重复 3 次。

(3) 菌株的保藏

选取酶活力稳定且大的菌株在平板上进行划线分离，反复纯化。然后，挑取一个纯化后的单菌落，接种于一个装 50mL 保藏培养基的 250mL 锥形瓶中，置 30℃振荡培养 8～10h，直至菌株在 600nm 波长的吸光度为 1.0～1.5，然后按照种子液：无菌甘油-生理盐水保存液为 1：1($V$：$V$)，混合后分装于灭菌的菌株保存管，置 4℃冰箱保存备用。

（二）结果与分析

1. 红树林土壤脂肪酶菌株的筛选

从 13 个红树林土壤样品中初步筛选得到 26 株能够使菌落周围的培养基变红的菌株，其中菌落周围具有 10mm 以上明显红色圈的菌落有 8 株，它们分别是 Ⅰ 号平板初筛培养基中 1 株，Ⅱ 号平板初筛培养基中 4 株，Ⅳ 号平板初筛培养基中 3 株。进一步在培养基中加入中性红指示剂进行平板复筛发现，Ⅱ 号平板初筛培养基中的 3 号菌株和 12 号菌株可在其菌落周围产生红色圈，说明这 2 个菌株呈假阳性。在空白对照平板复筛培养基中，无变色圈的菌株有 6 株，它们可以作为进一步研究的菌株。通过对摇瓶复筛的 6 个菌株进行发酵液酶活力测定，发现 Ⅰ 号平板初筛培养基中的菌株酶活力最大，为 0.249U/mL，可将其用于后续的研究。

2. 红树林土壤脂肪酶菌株的初步鉴定及其遗传稳定性

将 Ⅰ 号平板初筛培养基中分离筛选出的菌株在平板中分离培养，7 天后其菌落大而平坦，边缘有缺刻，颜色为淡黄色，正反面、边缘与中央部位颜色都比较一致，呈现湿润、稍透明、较黏稠、易挑取的特征，并有特殊的臭味。通过生长曲线的测定，发现细胞生长的速度比较快。经过涂片和简单染色后，采用 100 倍油镜观察，发现细胞被染成蓝紫色，呈杆状，据此初步判断该菌为细菌中的杆菌。将菌株连续进行 5 次传代实验，经测定发现第 5 代的摇瓶发酵液酶活力为 0.352U/mL，而第 1 代的摇瓶发酵液酶活力为 0.357U/mL，两者相差仅 0.005U/mL，说明该菌种具有稳定的遗传性能。

（三）小结

从防城港市北仑河口国家级自然保护区红树林土壤中筛选得到的产脂肪酶菌株为杆菌。

## 二、菌株产脂肪酶的最优发酵条件

（一）实验方法

1. 种子液的制备

挑取经过分离、筛选和纯化后的单菌落，接种于 250mL 锥形瓶中的 50mL 培养基上，然后置温度 30℃、转速 80r/min 的恒温振荡器中回旋振荡培养 12h。

2. 单因素实验

以牛肉膏 0.15g、蛋白胨 0.5g、氯化钠 0.25g、人工海水 50mL 配制发酵培养基。

1）发酵时间：在超净工作台中，无菌操作挑取一个平板划线纯化得到的单菌落，接种于 250mL 锥形瓶中的 50mL 发酵培养基，8 层纱布包扎，置温度 37℃、转速 80r/min 的恒温摇床中培养。按照以下时间节点，即 4h、8h、12h、24h、28h、32h、36h、48h、52h、56h、60h、72h 及 76h 测定菌体吸光度和酶活力。实验重复 3 次。

2）碳源选择：分别以 1% 的牛肉膏、葡萄糖、蔗糖、麦芽糖、乳糖、淀粉、乙醇、甘油作为碳源，观测其对发酵液脂肪酶活力的影响。将接种量为 2% 的培养基放在温度 37℃、转速 80r/min 恒温摇床中培养 48h，然后测定脂肪酶活力。实验重复 3 次。

3) 氮源选择：以 1%可溶性淀粉作为碳源，分别选用 1%硝酸铵、硫酸铵、尿素、蛋白胨、牛肉膏作为氮源，观测其对发酵液脂肪酶活力的影响。实验重复 3 次。

4) 诱导物选择：在初始发酵培养基中分别选用 1%橄榄油、菜籽油、花生油为诱导物，同时以不加诱导物的培养基为空白对照。实验重复 3 次。

5) 自来水实验：将初始发酵培养基中的人工海水替换为自来水，观测其对发酵液脂肪酶活力的影响。实验重复 3 次。

6) 温度：采用初始发酵培养基，接种量为 2%，选取 30℃、33℃、36℃ 3 种温度，在转速为 80r/min 的恒温摇床中培养 48h，然后测定脂肪酶活力。实验重复 3 次。

7) 起始 pH：配制不同起始 pH(7.2、7.6、8.0)的初始发酵培养基，接种量为 2%，在温度 30℃、转速 80r/min 的恒温摇床中培养 48h，然后测定脂肪酶活力。实验重复 3 次。

8) 装液量：采用 45mL、55mL、65mL 不同装液量，观测其对发酵液脂肪酶活力的影响。实验重复 3 次。

3. 正交试验

根据单因素实验结果，对培养基组成和培养条件进行正交试验，选择可溶性淀粉、蛋白胨、pH、装液量 4 个因素，每因素选择 3 个水平，采用正交表 $L_9(3^4)$ 对培养基进行优化，其结果及相关分析如表 5-16 所示。

(二)结果与分析

1. 发酵时间

酶生物合成的模式分为同步合成型、延续合成型、中期合成型、滞后合成型。由图 5-12 可知，红树林土壤脂肪酶的生物合成模式属于同步合成型，即酶的生物合成与细胞生长同步进行，酶的生物合成速度与细胞生长速度紧密联系(郭勇，2009)。根据图 5-12，随着发酵时间的延长，脂肪酶活力逐渐上升，当发酵时间为 48h 时，脂肪酶活力最高，达 0.249U/mL，此后酶活力逐渐降低，这可能是由于进入稳定期后，次级代谢产物逐渐增多，酸度会发生改变，并在一定程度上抑制脂肪酶活力(杨军方，2004)。因此，最佳发酵时间为 48h。

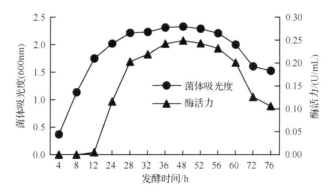

图 5-12　发酵时间对红树林土壤脂肪酶菌体吸光度及酶活力的影响

2. 碳源

碳源既是构成菌体的重要成分，又是产生各种代谢产物和细胞内贮藏物质的主要原料，同时是化能异养型微生物的能量来源(韦革宏和杨祥，2008)。由图 5-13 可知，选用的 8 种碳源中，以 1%可溶性淀粉作为发酵培养基碳源的效果最好，其酶活力达到0.296U/mL。

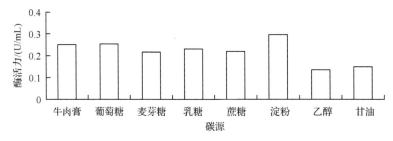

图 5-13　发酵碳源对红树林土壤脂肪酶活力的影响

3. 氮源

氮是构成细胞蛋白质和核酸的主要成分，在发酵过程中氮的种类和浓度对菌体生长与产物合成具有重要作用(韦革宏和杨祥，2008)。由图 5-14 可知，以 1%的蛋白胨作为发酵培养基氮源的效果最好，酶活力达到 0.300U/mL。

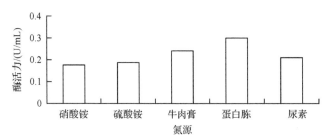

图 5-14　发酵氮源对红树林土壤脂肪酶活力的影响

4. 诱导物

油脂可作为脂肪酶合成的诱导物。由图 5-15 可知，以 1%橄榄油作为诱导物，能较好地提高发酵液中的酶活力，与不加诱导物的空白对照相比较，发酵液酶活力提高了0.069U/mL，达 0.362U/mL。

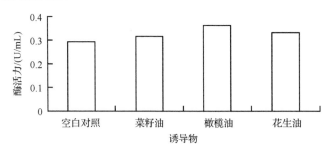

图 5-15　诱导物对红树林土壤脂肪酶活力的影响

### 5. 水

利用初始发酵培养基为发酵液，测得发酵液酶活力为 0.300U/mL。将初始发酵培养基中的人工海水替换为自来水，结果发现发酵液酶活力下降为 0.198U/mL，说明自来水对发酵液酶活力的影响比较大，同时也证明了红树林土壤脂肪酶的菌株属于海洋微生物。

### 6. 温度

温度是细菌生长和产酶的重要条件，它影响着发酵液的物理性质，从而直接影响菌株的生长速度，因此在培养过程中必须保证稳定且合适的温度条件。由图 5-16 可知，红树林土壤脂肪酶的菌株在发酵温度为 30℃时的酶活力比较高，达 0.327U/mL。

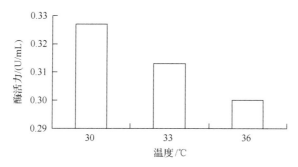

图 5-16　发酵温度对红树林土壤脂肪酶活力的影响

### 7. 起始 pH

不同微生物生长发育的最适 pH 有所不同，控制一定的 pH 不仅是保障微生物良好生长的主要条件，同时也是防止杂菌污染的重要措施(魏向阳等，2008)。由图 5-17 可知，红树林土壤脂肪酶菌株在起始 pH 为 8.0 的偏碱性发酵液中的酶活力较高，达到 0.349U/mL。

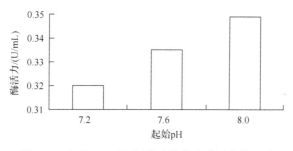

图 5-17　起始 pH 对红树林土壤脂肪酶活力的影响

### 8. 装液量

溶解氧的浓度影响着细菌的生长，在液体发酵培养基中生长的细胞一般只能利用溶解在培养基中的溶解氧，而摇瓶装液量与溶氧量密切相关(魏向阳等，2008)。由图 5-18 可知，在摇瓶装液量为 65mL 时，发酵液酶活力最高，达 0.377U/mL。

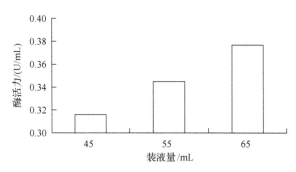

图 5-18　摇瓶装液量对红树林土壤脂肪酶活力的影响

根据表 5-16 正交试验结果，红树林土壤产脂肪酶菌株产脂肪酶的发酵条件最佳组合为 $A_3B_3C_2D_2$，即淀粉含量 1.5%、蛋白胨含量 1.5%、起始 pH 8.5、装液量 70mL。对脂肪酶产酶活力影响程度的主次顺序为：蛋白胨含量＞装液量＞淀粉含量＞起始 pH。根据正交试验得出的最佳参数进行验证，优化后酶活力可提高到 0.656U/mL。

表 5-16　红树林土壤脂肪酶发酵条件的正交试验及其分析

| 实验号 | 因素 | | | | 酶活力/(U/mL) |
|---|---|---|---|---|---|
| | A | B | C | D | |
| 1 | 1(0.5) | 1(0.5) | 1(8.0) | 1(65) | 0.319 |
| 2 | 1 | 2(1.0) | 2(8.5) | 2(70) | 0.542 |
| 3 | 1 | 3(1.5) | 3(9.0) | 3(75) | 0.630 |
| 4 | 2(1.0) | 1 | 2 | 3 | 0.433 |
| 5 | 2 | 2 | 3 | 1 | 0.380 |
| 6 | 2 | 3 | 1 | 2 | 0.612 |
| 7 | 3(1.5) | 1 | 3 | 2 | 0.535 |
| 8 | 3 | 2 | 1 | 3 | 0.564 |
| 9 | 3 | 3 | 2 | 1 | 0.619 |
| $\overline{K_1}$ | 0.497 | 0.429 | 0.498 | 0.439 | |
| $\overline{K_2}$ | 0.475 | 0.495 | 0.531 | 0.563 | $T$=4.634 |
| $\overline{K_3}$ | 0.573 | 0.620 | 0.515 | 0.542 | |
| $R$ | 0.098 | 1.191 | 0.033 | 0.124 | |

注：A 为淀粉含量(%)，B 为蛋白胨含量(%)，C 为起始 pH，D 为装液量(mL)

(三)小结

红树林土壤产脂肪酶菌株产脂肪酶发酵效果较好的碳源、氮源、诱导物分别为可溶性淀粉、蛋白胨、橄榄油，最优发酵条件为淀粉含量 1.5%、蛋白胨含量 1.5%、起始 pH 8.5、装液量 70mL、发酵温度 30℃、摇床转速 80r/min，优化后发酵液中脂肪酶活力达 0.656U/mL，比优化前提高 2.63 倍。

# 第五节　红树林土壤细菌代谢产物对 α 淀粉酶的抑制作用

供试材料为红树林土壤，于 2010 年 8 月采自防城港市北仑河口国家级自然保护区，土层深度为 10～20cm。

## 一、菌株分离及其分类鉴定

### (一)实验方法

1. 菌株的分离纯化及初筛

(1)分离平板的制作

采用高氏 1 号培养基，其组分为可溶性淀粉 20g、硝酸钾 1g、磷酸氢二钾 0.5g、硫酸镁 0.5g、氯化钠 0.5g、硫酸亚铁 0.01g、琼脂 20g、人工海水 1000mL，pH 7.2～7.4。将刚经过湿热灭菌后的高氏 1 号培养基冷却至 55～60℃时倒平板。将平板放入温度 37℃培养箱中 24h，检查无菌落出现且皿盖无冷凝水后备用。

(2)微生物菌株的分离

称取土壤样品 10g，放入装有 90mL 无菌水和玻璃珠的 250mL 锥形瓶中，振荡 20min 得到菌悬液，做 10 倍系列稀释，选取合适的稀释度($10^{-3}$、$10^{-4}$、$10^{-5}$、$10^{-6}$)，每个稀释浓度重复 4 次，各取 0.1mL 涂布于分离平板，倒置，在温度 28℃条件下培养 3～5 天，然后，选取具有不同外观形态的菌落，经过 2～3 次平板划线分离纯化后，转种到高氏 1 号斜面培养基中，置 4℃冰箱保存备用。

采用琼脂平板法对分离的菌株进行降糖活性的初筛。初筛平板的组分为 1%可溶性淀粉和 1.5%琼脂。把厚度 8mm 的滤纸用打孔器将其打成直径为 6mm 的滤纸片，放在初筛平板上，然后滴入样品和 1mg/mL α 淀粉酶各 10μL；以在滤纸片上只滴入 α 淀粉酶和蒸馏水作为空白对照。将初筛平板置温度 37℃条件下保温 24h，然后滴入稀碘液淹没平板，使之变色后用蒸馏水洗涤，脱去多余碘液，观察透明圈，根据平板上有无透明圈及其大小来判断筛选菌株有无淀粉酶抑制剂的存在，由此初步筛选出有降糖活性的菌株。

2. 菌株的初步分类鉴定

将分离得到的菌株 10 倍梯度稀释，取 $10^{-4}$、$10^{-5}$ 的稀释液涂布于平板上，在温度 37℃条件下培养 24h，得到单菌落，观察记录菌落的形状、颜色、大小、透明度、光泽质地、边缘及隆起情况等。挑取在斜面培养基上温度 37℃培养 24h 的菌株，进行革兰氏染色，然后在显微镜下对菌体形态、排列方式、有无芽孢、革兰氏染色反应等进行观察。

### (二)结果与分析

经过培养基平板分离，从红树林土壤中得到 13 株优势菌株，其中霉菌 9 株，具有 α 淀粉酶抑制活性的细菌有 4 株，它们的菌落特征和革兰氏染色反应情况如表 5-17 所示。

表 5-17　红树林土壤菌株特征及其初步鉴定

| 菌株编号 | 菌落特征 | 革兰氏染色 | 分类 |
| --- | --- | --- | --- |
| 1 | 半径约 0.1cm，正面乳白色，光滑湿润、凸起，背面米黄 | – | 细菌 |
| 2 | 圆形，半径约 0.2cm，棕黄色 | – | 细菌 |
| 3 | 圆形，半径约 0.05cm，乳白色 | – | 细菌 |
| 4 | 圆形，半径约 0.6cm，正面米白色，背面米黄色 | – | 细菌 |
| 5 | 分内外圈，内圈菌丝较密，凸起，初乳白色，后变黑 | / | 霉菌 |
| 6 | 半径约 0.2cm，较湿润，稍凸起，乳白色 | / | 霉菌 |
| 7 | 圆形，半径约 0.05cm，砖红色 | / | 霉菌 |
| 8 | 半径约 0.7cm，平板正面上有黑色孢子，背面白色 | / | 霉菌 |
| 9 | 圆形轮生，半径约 0.5cm，颜色内黑外白 | / | 霉菌 |
| 10 | 半径约 0.4cm，正面墨绿色，背面砖红色 | / | 霉菌 |
| 11 | 半径约 0.1cm，黑色菌丝致密 | / | 霉菌 |
| 12 | 半径约 0.2cm，乳白色 | / | 霉菌 |
| 13 | 半径约 0.3cm，表面白色干燥 | / | 霉菌 |

注："–"表示革兰氏染色为阴性，"/"表示没有进行革兰氏染色

### (三)小结

采用高氏 1 号培养基从防城港市北仑河口国家级自然保护区红树林土壤中筛选出的微生物优势菌为细菌和霉菌。

## 二、细菌发酵条件

### (一)实验方法

1. 发酵条件

(1)基础培养基

蔗糖 40g/L、酵母膏 10g/L、蛋白胨 10g/L、磷酸二氢钾 4g/L、硫酸镁 2g/L、乙醇 30mL/L、乙酸 20mL/L、加水至 1000mL，pH 7.0。

(2)基本培养条件

向发酵培养基中接入菌落表面积为 $0.5cm^2$ 的菌种，置于温度 37℃、转速 140r/min 的摇床上发酵 3 天，然后利用福林-酚试剂法测定发酵上清液的蛋白质含量，初步确定菌株的发酵能力。

(3)最优发酵条件

在菌株分离的基础上，对选出的菌株进行培养时间、培养温度、装液量、接种量、转速、初始 pH、碳源、氮源等单因素实验，按照表 5-18 的单因素实验因素水平，对发酵液蛋白质含量的变化进行研究，以获得菌株最佳的培养条件。实验重复 3 次；实验数据采用 $Q$ 检验法进行处理(南京大学《无机及分析化学实验》编写组，2006)。

表 5-18 红树林土壤菌株单因素实验因素水平

| 水平 | 因素 | | | | | | |
| --- | --- | --- | --- | --- | --- | --- | --- |
| | A | B | C | D | E | F | G |
| 1 | 2 | 20 | 25 | 130 | 6 | 蔗糖 | 豆饼粉 |
| 2 | 3 | 25 | 50 | 140 | 7 | 葡萄糖 | 蛋白胨 |
| 3 | 4 | 30 | 75 | 150 | 8 | 可溶性淀粉 | 硫酸铵 |
| 4 | 5 | 35 | 100 | 160 | 9 | 乳糖 | 硝酸铵 |

注：A 为培养时间(d)，B 为培养温度(℃)，C 为装液量(mL)，D 为转速(r/min)，E 为初始 pH，F 为碳源(1%)，G 为氮源(1%)

2. 蛋白质含量的测定

采用福林-酚试剂法测定蛋白质含量(郭勇，2006)。

(1)试剂的配制

1)试剂甲：将碳酸钠 10g、氢氧化钠 2g、酒石酸钾钠 0.25g 溶解于 500mL 蒸馏水中，制成溶液 A；将硫酸铜 0.5g 溶解于 100mL 蒸馏水中，制成溶液 B。使用时，将 50 份溶液 A 与 1 份溶液 B 混合，即为试剂甲。

2)试剂乙：在 2L 磨口回流瓶中，加入钨酸钠 100g、钼酸钠 25g、蒸馏水 700mL，再加入 85%磷酸 50mL，浓盐酸 100mL，充分混合，接上回流管，以小火回流 10h。回流结束时，加入硫酸锂 150g、蒸馏水 50mL、液体溴数滴，开口继续沸腾 15min，以便驱除过量的溴。冷却后溶液呈黄色；若仍呈绿色，须再重复滴加液体溴。然后，稀释至 1L，过滤，滤液置于棕色试剂瓶中保存备用。使用时，用标准氢氧化钠滴定，酚酞作指示剂，然后适当稀释，加水约 1 倍，使酸浓度为 1mol/L 左右。

(2)酪蛋白标准曲线的制作

取 0.25mg/mL 标准酪蛋白溶液 0mL、0.2mL、0.4mL、0.6mL、0.8mL、1.0mL 分别放入试管中，加入不同量蒸馏水定容至溶液为 1mL。每支试管加入试剂甲 5mL，混匀后在约 25℃室温下反应 10min，再加入试剂乙 0.5mL，混匀后反应 30min，然后测定 500nm 波长处吸光度。以吸光度($y$)为纵坐标，酪蛋白含量($x$)为横坐标，绘制得到的酪蛋白标准曲线如图 5-19 所示，相应的回归方程如下：

$$y=0.6147x-0.0006 \qquad R^2=0.9991 \qquad (5\text{-}3)$$

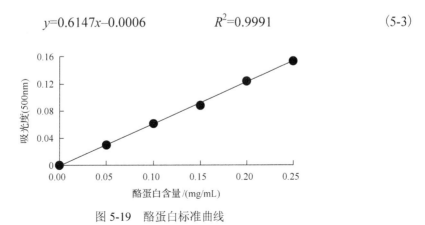

图 5-19 酪蛋白标准曲线

(3)蛋白质含量的测定

吸取样品溶液 1mL,加入试剂甲 5mL,混匀后在约 25℃室温下反应 10min,再加入试剂乙 0.5mL,混匀后反应 30min,然后测定 500nm 波长处吸光度,由此根据图 5-19 的酪蛋白标准曲线求得蛋白质含量。

(二)结果与分析

对筛选出的菌株按照表 5-18 的因素水平进行发酵条件的单因素实验,结果发现菌株单因素时的最好发酵条件如下:碳源为 1%蔗糖、氮源为 1%蛋白胨、装液量为 75mL(250mL 锥形瓶)、培养温度为 20℃、初始 pH 为 8.0、摇床转速为 140r/min、培养时间为 3 天。

(三)小结

影响红树林土壤细菌发酵的主要因素是碳源、氮源、装液量、培养温度、初始 pH 及培养时间。

### 三、细菌代谢产物对 α 淀粉酶的抑制作用

(一)实验方法

1. 供试样品液的制备

采用最优发酵条件对 4 株细菌进行发酵,获得发酵液,将发酵液进行抽滤处理,滤液用等体积乙酸乙酯萃取,分别将上下层用旋转蒸发仪进行蒸馏浓缩,蒸干后乙酸乙酯相用少量甲醇溶解,然后用蒸馏水进行 10 倍梯度稀释,水相也用蒸馏水进行 10 倍梯度稀释,由此得到供活性测定的样液,检测不同微生物菌株发酵样液对 α 淀粉酶活性的抑制情况。称取阿卡波糖 0.5g,定容至 100mL 作为阳性对照。

2. 实验方法

在具塞试管中依次加入 600μg/mL 的 α 淀粉酶液 1mL、提取液 1mL、2mg/L 的可溶性淀粉溶液 1mL,混匀后,置温度 37℃水浴反应。每支试管精确计时 20min 后加入 5mL 3,5-二硝基水杨酸试剂终止反应。沸水浴 5min 显色,冷却至室温后,采用 540nm 波长测定其吸光度。每个样液重复 3 次,抑制率由式(4-13)计算。

(二)结果与分析

由表 5-19 可知,4 种细菌菌株的发酵液对 α 淀粉酶活性都有抑制作用,表明这些微生物能产生对 α 淀粉酶活性起抑制作用的成分,即 α 淀粉酶抑制剂。其中 1、2、3 号菌株水相的抑制作用都比乙酸乙酯相作用强($P<0.05$),尤以 2 号菌株的效果最强,其抑制率达到 94.07%,说明水相中含有较强的抑制活性物质,水相是有效部位。4 号菌株两相的抑制活性没有显著差异,其抑制活性都较强。而阳性对照 0.5mg/mL 阿卡波糖的抑制率为 50.7%,仅比 1 号菌株乙酸乙酯相的抑制率高,其他菌株的稀释到 $10^{-3}$ 的乙酸乙酯相样液和稀释到 $10^{-4}$ 的水相样液的抑制率均比阳性对照强($P<0.05$)。

表 5-19  4 种红树林土壤菌株发酵液对 α 淀粉酶的抑制率

| 菌株编号 | 乙酸乙酯相/% | 水相/% |
| --- | --- | --- |
| 1 | 30.12±0.62 | 74.33±0.85 |
| 2 | 78.16±0.56 | 94.07±0.41 |
| 3 | 66.41±0.93 | 76.27±0.63 |
| 4 | 70.32±0.71 | 71.16±0.62 |

注：所用乙酸乙酯样液为稀释到 $10^{-3}$，水相样液为稀释到 $10^{-4}$

（三）小结

红树林土壤细菌发酵液用乙酸乙酯萃取，获得的水相和乙酸乙酯相都含有对 α 淀粉酶起抑制作用的代谢物，其中水相抑制率比乙酸乙酯相的高，表明降糖活性成分是极性大的化合物。红树林土壤细菌代谢产物具有较强的降糖活性。

# 第六节  红树林产 α 淀粉酶抑制剂微生物菌株的筛选及活性成分纯化

供试材料为红树林海水、土壤及红海榄根、茎样品，于 2012 年 8 月采自北海市山口国家级红树林生态自然保护区，所有样品均装于灭菌的大试管中，放在 4℃冰箱中保存备用。

## 一、产 α 淀粉酶抑制剂微生物菌株的分离筛选

（一）实验方法

1. 微生物培养基

（1）分离培养基

分为海水、土壤分离培养基和内生菌分离培养基 2 种类型。前者包括基本培养基（MM 培养基）、完全培养基（TYEG 培养基）和普通海水培养基（Zobell 2216E 培养基），其中 MM 培养基的组分为葡萄糖 5g、柠檬酸钠 0.5g、硫酸铵 1g、磷酸氢二钾 7g、磷酸二氢钾 3g、硫酸镁 0.1g、琼脂 20g、蒸馏水 1000mL，pH 7.2；TYEG 培养基的组分为葡萄糖 1g、酵母膏 5g、蛋白胨 10g、磷酸氢二钾 3g、琼脂 20g、人工海水 1000mL，pH 7.0；Zobell 2216E 培养基的组分为酵母膏 1g、蛋白胨 5g、磷酸铁 0.01g、琼脂 20g、人工海水 1000mL，pH 7.6～7.8。后者采用 PDA 培养基。

（2）发酵/种子培养基

分为海水、土壤菌株发酵/种子培养基和内生菌 PDA 液体培养基 2 种类型。前者的组分为葡萄糖 10g、蛋白胨 2g、酵母膏 1g、人工海水 1000mL，pH 7.0～7.2。

2. 微生物菌株的分离

（1）海水、土壤菌株的分离

1）分离培养皿：将灭菌（温度 121℃，20min）的分离培养基冷却至 50℃左右，然后在

无菌操作台中倒入培养皿中，每个培养皿约 20mL；每种培养基制作 3 个培养皿，凝固后备用。

2) 海水、土壤稀释液：取土壤样品 1g、海水样品 1mL，分别加入装有 9mL 无菌水的试管中并振摇 5min，使样品与无菌水充分混合，将细胞打散即成浓度为 $10^{-1}$ 的稀释液。用移液器吸取制备好的稀释液 1mL，注入装有 9mL 无菌水的试管中振摇混匀，再在此试管中吸取 1mL 加入另一个装有 9mL 无菌水的试管中，混合均匀，以此类推，制成 $10^{-1}$、$10^{-2}$、$10^{-3}$、$10^{-4}$、$10^{-5}$、$10^{-6}$ 不同浓度梯度的溶液。

3) 接种：用移液器分别从 $10^{-4}$、$10^{-5}$、$10^{-6}$ 3 个浓度梯度的溶液中各取 0.2mL，均匀地接种到相应的分离培养基表面，室温静置约 5min 使菌液浸入培养基。

4) 培养：倒置培养皿，在温度 37℃条件下恒温培养 2～3 天。

5) 菌落挑选：将培养后长出的不同形态的单菌落挑取少许，用划线分离法再次接种到分离培养基上，在温度 37℃条件下恒温培养 3 天左右，待菌苔长出后，观察其外部形态特征是否一致，同时将细胞涂片染色后进行镜检。

(2) 红树植物内生菌的分离

1) 样品消毒：用无菌水冲洗红海榄根、茎样品，将其表面的污物冲洗干净，然后进行消毒。首先，用 75%乙醇浸泡红海榄根、茎样品 5min，用无菌水冲洗 3 次，放入 0.1%的升汞溶液浸泡 10min，然后取出样品放入 75%的乙醇中浸洗 0.5min，再用无菌水振荡洗涤 3 次，每次 5min，将消毒后的样品和最后一次冲洗液放入无菌锥形瓶，在温度 4℃条件下保存备用。在无菌环境下移取 0.2mL 冲洗液至 PDA 培养基平板上，用灭菌涂布棒均匀涂布，设置 3 个重复，在 32℃恒温条件下培养 24h，然后观察是否长菌，未长菌的说明消毒彻底。

2) 内生菌的分离和纯化：取表面消毒的根、茎用灭菌剪刀剪成长 0.5～1cm 的小块，用灭菌解剖刀对半切开，将小块根、茎的内表面分别铺植在 PDA 培养基平板上，置于温度 32℃恒温培养，当发现根茎表面长出菌丝时，马上挑取不同形态特征的菌落转接到新的平板培养基上，经过几次纯化，保存纯菌株于 PDA 培养基斜面。同时，用灭菌的剪刀、解剖刀、镊子除去已表面消毒的根、茎的外表皮和木质部，取韧皮部置于研钵中，加入 2mL 无菌水并充分研磨，然后分别吸取 0.2mL 注入 PDA 培养基，置温度 32℃恒温培养，待菌丝长出后挑取不同形态特征的菌落转接到新的平板培养基上，经过几次纯化，保存纯菌株于 PDA 培养基。

3. 菌株发酵液及其预处理

(1) 发酵培养

用接种铲取 0.5cm×0.5cm 培养基斜面上的菌体，接种到 250mL 锥形瓶中的 50mL 种子培养基上，在温度 32℃、转速 220r/min 恒温摇床上培养 2 天。以 1%接种量吸取该种子培养液接种于装液量为 200mL/1000mL 的发酵培养基中，在温度 32℃、转速 220r/min 恒温摇床上培养 6 天。

(2) 发酵液预处理

发酵结束后将发酵液减压抽滤，初步滤掉杂质和沉淀物，将滤液置于低温高速冷冻离心机中，用温度 4℃、转速 12 000r/min 离心 10min，收集上清液，通过 0.22μm 微孔滤膜以除去不溶物，得到的滤液在 4℃温度条件下保存备用。

4. α淀粉酶抑制活性菌株的初筛

将 1%淀粉与 5%水琼脂等体积混匀加热溶解后，按照每个培养皿 50mL 制作平板，待完全凝固后用内径 1cm 的打孔器呈三角状打孔备用。将预处理过的发酵液与淀粉酶液等体积混合，在温度 37℃条件下培育 20min 后，每个孔分别注入混合液 0.5mL；在温度 37℃恒温反应 24h 后用碘染液显色，根据平板上透明圈的有无及其大小来判断发酵液中是否存在 α淀粉酶抑制剂及其含量多少。

5. α淀粉酶抑制活性菌株的复筛

(1) α淀粉酶活力的测定

取 2 支试管分别标明为空白对照管和测定管，分别加入 0.04%可溶性淀粉 5.0mL，在温度 37℃水浴中预热 2～5min 后，在测定管加入 α 淀粉酶液 0.1mL，混匀后置温度 37℃水浴 7.5min，然后空白对照管和测定管各加入 0.01mol/L 碘应用液 5.0mL。待反应完后立即稀释至 50mL，充分混匀后测定 660nm 波长处吸光度。α淀粉酶活力($U$)的计算公式如下：

$$U=(OD_A-OD_B)/OD_A\times2/10\times30/7.5\times100/0.1=(OD_A-OD_B)/OD_A\times800 \qquad (5-4)$$

式中，$OD_A$ 为样品管的吸光度，$OD_B$ 为空白对照管的吸光度。

(2) α淀粉酶活力标准曲线的绘制

将 0.30mg/mL α淀粉酶分别稀释为 0mg/mL、0.06mg/mL、0.12mg/mL、0.18mg/mL、0.24mg/mL、0.30mg/mL 6 种浓度。取 6 支试管，分别加入蒸馏水 0.25mL 及不同浓度的 α 淀粉酶 0.25mL，置温度 37℃水浴 10min，再加入预热至温度 37℃的 1.5%淀粉溶液 0.5mL，在温度 37℃条件下保温 5min，然后加入 3,5-二硝基水杨酸试剂 1mL，沸水浴 5min，迅速冷却，稀释 10 倍后静置 20min，以蒸馏水为空白对照，测定 540nm 波长处的吸光度。以 α淀粉酶浓度为横坐标，以吸光度为纵坐标作图，由此得到 α淀粉酶活力标准曲线。

(3) α淀粉酶抑制活性菌株的复筛模型

复筛模型采用 3,5-二硝基水杨酸法(贾光锋，2007；吕凤霞和陆兆新，2002)，即取 1mg/mL 淀粉酶液 0.25mL 与初筛模型选出的待测发酵液等体积混合，在温度 37℃条件下恒温培养 10min，然后加入温度 37℃预热、1.5%淀粉溶液 0.5mL，反应 5min 后加入 3,5-二硝基水杨酸试剂 1mL，沸水浴 5min，迅速冷却至室温，稀释 10 倍后静置 20min，测定 540nm 波长处吸光度。抑制率由式(4-13)计算。

6. 阳性对照实验

将有抑制活性的待测发酵液和阿卡波糖稀释至适当倍数，按照复筛的方法测定对 α 淀粉酶的抑制活性。采用 1mg/mL、0.1mg/mL、0.01mg/mL 3 个浓度的盐酸小檗碱进行阳性对照实验。

(二)结果与分析

1. 微生物菌株的分离

从山口国家级红树林生态自然保护区红树林中的海水、土壤及红海榄根和树皮分离得到217个菌株,根据它们的形态特征和镜检初步鉴定出34种菌,分别编号为G-1~G-3、G-5、G-6、G-8(内生菌),TS-1~TS-2R、TS-4~TS-15R(海水),NTS-1~NTS-12(土壤)。其中,从海水和土壤中分离的多数是细菌和真菌,放线菌次之。通过多次划线分离纯化,所得菌株生长周期短,形态特征稳定。

2. α淀粉酶抑制剂产生菌的初筛

将各个菌株的筛选数据与试剂空白对照和发酵液空白对照进行对比,具有抑制活性的菌株发酵液能产生透明圈,且透明圈随着发酵液浓度的升高而变小,透明圈越小则该发酵液中所含的α淀粉酶抑制剂量就越多(表5-20)。

**表5-20 红树林α淀粉酶抑制剂产生菌初筛结果(透明圈直径)** (单位:cm)

| 菌株编号 | 发酵液 | | | 菌株编号 | 发酵液 | | |
|---|---|---|---|---|---|---|---|
| | 原液 | 浓缩5倍 | 浓缩10倍 | | 原液 | 浓缩5倍 | 浓缩10倍 |
| G-1 | 2.25 | 2.16 | 1.89 | TS-12C | 2.68 | 2.65 | 2.68 |
| G-2 | 2.72 | 2.78 | 2.65 | TS-13 | 2.72 | 2.67 | 2.63 |
| G-3 | 2.37 | 2.25 | 1.97 | TS-14Y | 2.66 | 2.52 | 2.61 |
| G-5 | 2.84 | 2.78 | 2.81 | TS-15 | 2.39 | 2.21 | 2.09 |
| G-6 | 2.86 | 2.83 | 2.87 | TS-15R | 2.41 | 2.25 | 2.12 |
| G-8 | 2.91 | 2.87 | 2.84 | NTS-1 | 2.71 | 2.74 | 2.71 |
| TS-1 | 2.84 | 2.88 | 2.85 | NTS-2 | 2.82 | 2.86 | 2.83 |
| TS-2 | 2.75 | 2.72 | 2.77 | NTS-3 | 2.75 | 2.77 | 2.73 |
| TS-2R | 2.34 | 2.15 | 1.83 | NTS-4 | 2.27 | 1.98 | 1.87 |
| TS-4 | 2.75 | 2.73 | 2.79 | NTS-5 | 2.32 | 2.30 | 2.08 |
| TS-5 | 2.26 | 1.91 | 1.88 | NTS-6 | 2.77 | 2.76 | 2.81 |
| TS-6 | 2.28 | 2.14 | 1.63 | NTS-7 | 2.87 | 2.83 | 2.80 |
| TS-7 | 2.75 | 2.78 | 2.73 | NTS-8 | 2.56 | 2.36 | 2.18 |
| TS-8 | 2.73 | 2.79 | 2.74 | NTS-9 | 2.73 | 2.71 | 2.76 |
| TS-9 | 2.31 | 2.17 | 1.94 | NTS-10 | 2.28 | 2.07 | 2.03 |
| TS-10 | 2.79 | 2.73 | 2.74 | NTS-11 | 2.26 | 1.97 | 1.30 |
| TS-11 | 2.76 | 2.75 | 2.79 | NTS-12 | 2.53 | 2.47 | 2.26 |

注:试剂空白(Reagent blank),0cm;发酵液空白(Fermentation broth blank),2.80cm

由表5-20可知,有14株菌对α淀粉酶有明显的抑制作用,分别为海水的TS-2R、TS-5、TS-6、TS-9、TS-15、TS-15R,土壤的NTS-4、NTS-5、NTS-8、NTS-10、NTS-11、NTS-12,红海榄树皮和根内生菌的G-1、G-3。

由图5-20和表5-21可知,初筛时红树林土壤菌株NTS-11形成的透明圈最小,3个浓度梯度的透明圈分别为2.18cm、1.82cm、1.27cm,因此该菌株对α淀粉酶的抑制活性最高。

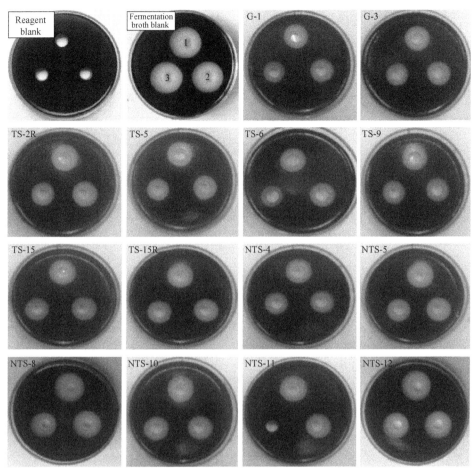

图 5-20　红树林 14 种 α 淀粉酶抑制剂产生菌打孔法结果(彩图请扫封底二维码)

1、2、3 孔样品的浓度依次提高；Reagent blank，0cm；Fermentation broth blank，2.80cm

表 5-21　红树林 14 个菌株对 α 淀粉酶的抑制作用(透明圈直径)　　(单位：cm)

| 菌株编号 | 发酵液 | | | 菌株编号 | 发酵液 | | |
|---|---|---|---|---|---|---|---|
| | 原液 | 浓缩 5 倍 | 浓缩 10 倍 | | 原液 | 浓缩 5 倍 | 浓缩 10 倍 |
| G-1 | 2.21 | 2.17 | 1.93 | TS-15R | 2.47 | 2.23 | 2.14 |
| G-3 | 2.33 | 2.26 | 1.91 | NTS-4 | 2.29 | 2.03 | 1.92 |
| TS-2R | 2.37 | 2.24 | 1.89 | NTS-5 | 2.35 | 2.31 | 2.11 |
| TS-5 | 2.25 | 1.98 | 1.93 | NTS-8 | 2.51 | 2.39 | 2.17 |
| TS-6 | 2.24 | 2.16 | 1.58 | NTS-10 | 2.25 | 2.07 | 2.01 |
| TS-9 | 2.35 | 2.15 | 1.96 | NTS-11 | 2.18 | 1.82 | 1.27 |
| TS-15 | 2.43 | 2.27 | 2.13 | NTS-12 | 2.51 | 2.45 | 2.28 |

注：试剂空白(Reagent blank)：0cm；发酵液空白(Fermentation broth blank)：2.80cm

## 3. α 淀粉酶抑制剂产生菌的复筛

### (1) α 淀粉酶活力

在 660nm 波长处，样品管和空白对照管吸光度分别为 0.573 和 0.016，根据它们之间的差值可得出酶水解淀粉的量。由式(5-4)计算得到 α 淀粉酶活力为 777.66U/100mL。取稀释好的不同浓度的 α 淀粉酶，分别反应后在 540nm 波长处测定其吸光度，得到的 α 淀粉酶活力标准曲线如图 5-21 所示。其中，酶的浓度($x$)与吸光度($y$)呈显著的线性关系，相应的回归方程如下：

$$y=1.7557x+0.0031 \qquad R^2=0.9996 \tag{5-5}$$

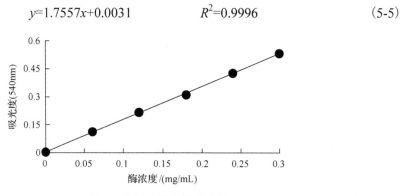

图 5-21 α 淀粉酶活力标准曲线

（2）复筛结果

对初筛的 14 种菌的发酵液原液采用 3,5-二硝基水杨酸法进行复筛，得到各菌株发酵液对 α 淀粉酶的抑制率如表 5-22 所示。其中，在所有菌株的发酵液中，红树林土壤菌株 NTS-11 的发酵液具有对 α 淀粉酶最强的抑制效果，浓缩 10 倍的发酵液抑制率达 86.21%。因此，选取红树林土壤菌株 NTS-11 作为目的菌株，进行发酵条件优化、降糖活性代谢产物纯化等研究。

表 5-22 红树林 α 淀粉酶抑制剂产生菌 3,5-二硝基水杨酸法复筛结果(抑制率)(%)

| 菌株编号 | 发酵液 | | |
| --- | --- | --- | --- |
| | 原液 | 浓缩 5 倍 | 浓缩 10 倍 |
| G-1 | 24.26±0.74 | 31.74±0.62 | 41.68±0.87 |
| G-3 | 20.83±0.62 | 28.04±0.75 | 38.69±0.63 |
| TS-2R | 31.96±0.49 | 54.65±0.58 | 68.41±0.61 |
| TS-5 | 22.65±0.50 | 29.87±0.77 | 44.37±0.43 |
| TS-6 | 29.82±1.09 | 53.62±0.91 | 73.54±0.88 |
| TS-9 | 25.84±0.75 | 34.15±0.84 | 42.53±0.73 |
| TS-15 | 19.27±0.87 | 21.32±1.08 | 28.95±0.69 |
| TS-15R | 18.47±0.56 | 19.68±1.13 | 34.72±0.85 |
| NTS-4 | 27.67±0.94 | 34.61±0.86 | 48.67±0.79 |
| NTS-5 | 15.91±0.72 | 20.15±0.96 | 24.62±0.94 |
| NTS-8 | 10.38±0.68 | 11.26±0.82 | 15.18±0.75 |
| NTS-10 | 22.13±0.64 | 36.84±0.56 | 51.56±0.52 |
| NTS-11 | 41.72±0.85 | 67.85±1.13 | 86.21±0.94 |
| NTS-12 | 13.75±0.92 | 18.79±0.87 | 20.38±1.04 |

4. 优势菌株与空白对照对 α 淀粉酶及唾液淀粉酶的抑制效果

对红树林土壤菌株 NTS-11 发酵液与阳性对照阿卡波糖进行对比研究，测定它们对 α

淀粉酶及唾液淀粉酶的抑制效果。由表 5-23 可知，高浓度、中浓度、低浓度的发酵液和阿卡波糖与空白对照相比较，差异极显著($P<0.01$)，具有较强的抑制率；高浓度和中浓度的发酵液与阳性对照阿卡波糖相比较，差异不显著，低浓度的发酵液与阳性对照阿卡波糖相比较，差异极显著($P<0.01$)。因此，发酵液经浓缩后对 α 淀粉酶抑制效果与阿卡波糖相当，具有较高的抑制率。而与抑制唾液淀粉酶的结果相比较，阿卡波糖具有较高的抑制活性。由表 5-23 可知，1mL 的发酵液原液与 0.02mg 的阿卡波糖抑制效果相当，据此计算得出发酵液原液对 α 淀粉酶的抑制能力为 266.19U/100mL。

**表 5-23　红树林土壤菌株 NTS-11 发酵液的抑制率(%)**

| 样品 | α 淀粉酶 | | | 唾液淀粉酶 | | |
| --- | --- | --- | --- | --- | --- | --- |
| | 低浓度 | 中浓度 | 高浓度 | 低浓度 | 中浓度 | 高浓度 |
| 空白对照 | 0 | 0 | 0 | 0 | 0 | 0 |
| 阿卡波糖 | 40.52±1.04 | 56.76±0.97 | 78.69±1.12 | 35.37±0.85 | 57.45±1.24 | 81.29±1.08 |
| 盐酸小檗碱 | 14.37±1.05 | 12.48±1.34 | 31.85±1.21 | 13.80±1.37 | 15.84±1.25 | 21.36±1.44 |
| 发酵液 | 34.23±0.96 | 57.41±1.26 | 77.53±0.92 | 25.34±0.79 | 51.62±1.08 | 78.83±1.01 |

注：空白对照为用水替代 α 淀粉酶液；阿卡波糖和盐酸小檗碱低浓度、中浓度、高浓度分别为 0.01mg/mL、0.1mg/mL、1mg/mL；发酵液低浓度、中浓度、高浓度分别为发酵原液、浓缩 5 倍、浓缩 10 倍

### (三)小结

从北海市山口国家级红树林生态自然保护区红树林中的海水、土壤及红海榄的树皮和根初步筛选出 14 种菌对 α 淀粉酶具有抑制作用，其中海水有 6 种、土壤有 6 种、树皮和根内生菌有 2 种。采用 3,5-二硝基水杨酸法进行复筛后，我们发现红树林土壤中的一株菌(NTS-11)的代谢产物具有较强的对 α 淀粉酶的抑制作用。

## 二、产 α 淀粉酶抑制剂微生物菌株的分类和鉴定

### (一)实验方法

#### 1. 实验菌株

实验菌株为经 α 淀粉酶抑制剂筛选模型得到的抑制活性最高的红树林土壤菌株 NTS-11。

#### 2. 培养基

(1)形态及培养特征鉴定培养基

采用 Zobell 2216E 培养基、LB 培养基、牛肉膏蛋白胨培养基、高氏 1 号培养基、克氏 1 号培养基、察氏琼脂培养基、葡萄糖酵母膏培养基、PDA 培养基、淀粉无机盐琼脂培养基 9 种。其中，克氏 1 号培养基的组分为葡萄糖 20g、磷酸氢二钾 1g、碳酸镁 0.3g、氯化钠 0.2g、硝酸钾 1g、硫酸亚铁 0.001g、碳酸钙 0.5g、琼脂 20g、人工海水 1000mL，pH 7.0～7.2；察氏琼脂培养基的组分为蔗糖 3g、硝酸钠 2g、磷酸氢二钾 1g、硫酸镁 0.5g、氯化钾 0.5g、硫酸亚铁 0.01g、琼脂 20g、蒸馏水 1000mL，pH 7.2～7.4；葡萄糖酵母膏培养基的组分为葡萄糖 20g、酵母膏 10g、琼脂 20g、蒸馏水 1000mL，pH 7.4；淀粉无机

盐琼脂培养基的组分为可溶性淀粉 10g、磷酸氢二钾 1g、硫酸铵 1g、碳酸钙 2g、琼脂 20g、蒸馏水 1000mL，pH 7.0～7.2。

(2) 理化特性培养基

采用的培养基有如下 7 种，包括：①糖(醇)类发酵培养基，磷酸氢二铵 1g、硫酸镁 0.2g、氯化钾 0.2g、酵母膏 0.2g、糖(醇、糖苷)1%、水洗琼脂 6g、蒸馏水 1000mL；②葡萄糖蛋白胨水培养基，葡萄糖 5g、蛋白胨 5g、氯化钠 5g、蒸馏水 1000mL，pH 7.0～7.2；③明胶液化培养基，葡萄糖 20g、蛋白胨 5g、明胶 200g、蒸馏水 1000mL，pH 7.2～7.4；④菌膜形成培养基，牛肉膏 10g、蛋白胨 5g、氯化钠 5g、蒸馏水 1000mL，pH 7.2；⑤淀粉水解培养基，可溶性淀粉 5g、牛肉膏 5g、氯化钠 5g、琼脂 20g、蒸馏水 1000mL，pH 7.2；⑥硫化氢产生培养基，蛋白胨 10g、柠檬酸铁 0.5g、琼脂 20g、加水 1000mL，pH 7.2；⑦柠檬酸盐利用培养基，柠檬酸钠 2g、磷酸氢二钾 1g、磷酸氢二铵 1g、氯化钠 5g、硫酸镁 0.2g、琼脂 1.5～2g、1%溴麝香草酚蓝或 0.04%苯酚红 10mL、蒸馏水 1000mL。

(3) 碳源利用基础培养基

碳源 2%、酵母膏 0.02%、硫酸铵 0.5%、磷酸氢二钾 0.1%、氯化钠 0.01%、硫酸镁 0.05%、氯化钙 0.01%。

3. 菌株形态及培养特征鉴定

在无菌条件下，取少许红树林土壤菌株 NTS-11 在 Zobell 2216E 培养基平板上划线，在温度 32℃条件下培养 2～7 天，观察其宏观形态特征；分别将菌株接种在 LB 培养基、牛肉膏蛋白胨培养基、高氏 1 号培养基、克氏 1 号培养基、察氏琼脂培养基和葡萄糖酵母膏培养基上，在温度 32℃条件下培养 2～7 天，对其生长速度、形态大小、是否产色素等特征进行观察。同时，挑取少许菌株制成镜检涂片，在显微镜下观察菌落微观形态。

4. 菌株生理生化特性实验

(1) 糖(醇)类发酵实验

不同微生物对糖(醇)的发酵能力主要体现在产酸、产气的差异上。其中，产酸通过溴甲酚紫指示剂的颜色[黄色(pH 5.2)～紫色(pH 6.8)]来判定；产气通过倒置在试管内的小玻璃管有无气泡来判断。取培养 24h 的菌株进行发酵接种，置温度 37℃条件下分别培养 1 天、3 天、5 天后观察，颜色变黄的为阳性，不变的为阴性；有气泡产生的，且气体体积占小玻璃管 10%以上的为产气。

(2) V-P 实验

某些细菌能分解葡萄糖，最后将其氧化为二乙酰，二乙酰能与蛋白胨中的胍基作用，生成红色化合物，该反应即 V-P 反应。将实验菌接种到葡萄糖酵母膏培养基上，在温度 36℃条件下培养 4 天。取 2.5mL 培养液，先加入 α-萘酚溶液 0.6mL，再加入 40%氢氧化钠溶液 0.2mL，摇动 2～5min。若反应呈阳性，则会出现红色；若不出现红色，则应置温度 36℃条件下再培养 2h，再进行测定。

(3) 甲基红实验

某些细菌能分解利用葡萄糖且产生酸，而使培养基酸碱性下降到甲基红指示剂的变色范围内，使甲基红变为红色。挑取少许纯菌株，接种到甲基红实验培养基中，在温度

30℃条件下培养3～5天，其中培养1天后，每1天取5mL培养液，滴加1～2滴甲基红，若呈红色则为阳性，橘红色为弱阳性，黄色为阴性。连续观察5天并检测。

（4）明胶液化实验

有些细菌能分解利用明胶，使培养基由凝固状态变成液态。取经过24h活化的菌株，用穿刺法接种到2/3深度的明胶中，置温度36℃条件下培养5～7天。若发现液化，转放在温度4℃条件下静置，过一段时间后观察其是否凝固，若凝固则为阴性反应，反之为阳性反应。

（5）菌膜形成实验

菌膜的形成是一些菌在液体培养中易于鉴别的一大特征。菌株接种后在30℃温度条件下培养24～48h，观察培养物是否有菌膜形成。

（6）水解淀粉实验

某些菌株能分解并利用淀粉，淀粉水解后，遇碘不再变蓝色。取少许菌株，点植于淀粉配成的琼脂平板中，在温度36℃条件下培养48h。取碘染色液倾倒入平板培养基表面，若培养基为蓝色，而菌落周围有透明圈，说明淀粉被分解利用，此时为阳性反应，反之则为阴性反应。

（7）硫化氢实验

某些微生物能利用含硫的氨基酸而产生硫化氢，硫化氢与培养基中的 $Pb^{2+}$ 或 $Fe^{3+}$ 反应生成黑色沉淀磷酸盐或三硫化二铁，为硫化氢实验阳性反应。将菌株穿刺接种于乙酸铅培养基中，在温度37℃条件下培养24h，若出现黑色则为阳性反应。

（8）柠檬酸盐利用实验

该实验的培养基中，唯一的碳源和氮源分别为二水柠檬酸三钠和磷酸氢二铵。某些微生物能利用该碳源，使培养基 pH≥7，此时培养基中的麝香草酚指示剂由绿色变为深蓝色。取少量实验菌接种到柠檬酸盐培养基上，在温度37℃条件下培养24h后，观察其结果。若培养基变深蓝色，则为阳性；若培养基不变色，则连续培养7天，培养基仍不变色的则为阴性。

5. 菌株对碳源的利用

以葡萄糖、麦芽糖、蔗糖、果糖、乳糖、半乳糖、甘露糖、肌醇、甘油、马铃薯淀粉作为碳源分别加入基础培养基中，然后接种实验菌株，置于温度32℃条件下培养2～5天，记录菌株在不同碳源条件下的生长状况。以未添加碳源的空白培养基作为空白对照。

6. 菌株DNA序列及其系统发育树的构建

（1）提取菌株基因组DNA

从斜面培养基上挑取菌株接种于3mL液体培养基的试管中，放在温度28℃、转速220r/min摇床上振荡培养48～72h。将发酵液放入离心管中，在室温条件下用转速10 000r/min离心2min，收集菌体，尽量吸去上清液；加入TE缓冲液500μL，旋涡振荡悬起沉淀并使反应液充分混匀；加入20mg/mL溶菌酶溶液和10mg/mL蛋白酶K溶液各20μL，充分混匀，在温度37℃条件下反应30min；加入10%十二烷基硫酸钠和0.5mol/L乙二胺四乙酸各51μL，充分混匀，在温度55℃条件下反应1h；加入预冷的7mol/L乙酸铵溶液 408μL，充分混匀，用转速 12 000r/min 离心 10min，保留上清液；加入等体积的酚：三氯甲烷：异戊醇(25：24：1)剧烈振荡 0.5min，用转速 12 000r/min 离心 10min，小心弃上清液；加入异丙醇 612μL，于-20℃醇沉 30min，用转速 12 000r/min 离心 10min，小心弃上清液；加入 70%乙醇充分混匀，洗涤沉淀 1 次，再用无水乙醇洗涤沉淀 1 次，用转速 12 000r/min 离心 10min，小心弃上清液并自然晾干，-20℃保存备用。

(2)菌株 16S rDNA 基因的 PCR 扩增

1)引物：采用细菌 16S rDNA 基因的通用引物，该引物由生工生物工程(上海)股份有限公司提供。

7f　　(5′-CAGAGTTTGATCCTGGCT-3′)

1540r　(5′-AGGAGGTGATCCAGCCGCA-3′)

2)PCR 反应体系：采用的 PCR 反应体系如表 5-24 所示。

**表 5-24　PCR 反应体系(25μL)**

| 组分 | 加样量/μL |
| --- | --- |
| 模板 DNA | 1 |
| 上游引物 | 0.5 |
| 下游引物 | 0.5 |
| dNTP 混合物 | 0.5 |
| 10×扩增缓冲液 | 2.5 |
| *Taq* DNA 聚合酶 | 0.2 |
| 双蒸水 | 19.8 |

3)PCR 程序设定：预变性 94℃ 5min，变性 94℃ 0.5min，退火 55℃ 0.35min，延伸 72℃ 1min，35 个循环，最后延伸 8min。

(3)PCR 产物电泳

将琼脂糖浓度 1%的 TAE 缓冲液用微波炉加热，使琼脂糖完全融化；在制胶板上制备凝胶，待冷却至室温后放入电泳槽中，使 TAE 缓冲液没过凝胶 3～5mm；将 10×上样缓冲液按比例加入样品中混匀并上样，以 3～5V/cm 恒压电泳 40～50min；待电泳结束后，取出凝胶放入 EB 溶液(0.5mg/mL)中染色 0.5h，于 300nm 紫外光下观察。

(4)琼脂糖 DNA 的切胶纯化

由 PCR 产物电泳结果切割所需 DNA 目的条带，进行纯化；在长波长紫外光下用干净手术刀迅速割下含需回收 DNA 的琼脂块，放入 1.5mL 离心管中，切胶时应尽可能减少胶的体积；称量凝胶的重量，以 1mg=1μL 换算凝胶的体积；根据凝胶浓度，按表 5-25 提供的参数加入相应比例的结合缓冲液Ⅱ；置温度 50～60℃水浴 10min，使胶彻底融化；加热时，每 2min 混匀 1 次；将融化的胶溶液转移到套放在 2mL 收集管内的 UNIQ-10 柱中，室温放置 2min；用转速 12 000r/min 室温离心 1min；取下 UNIQ-10 柱，倒掉收集管中的废液，将 UNIQ-10 柱放入同一个收集管中，加入 500μL 清洗缓冲液，用转速 12 000r/min 室温离心 1min；重复该步骤一次；取下 UNIQ-10 柱，倒掉收集管中的废液，将 UNIQ-10 柱放入同一个收集管中，用 12 000r/min 室温离心 2min；将 UNIQ-10 柱放入一根新的 1.5mL 离心管中,在柱子膜中央加 40μL 的洗脱缓冲液放置 5min;用 12 000r/min 室温离心 1min,离心管中的液体即为回收的 DNA 片段,可立即使用或于温度–20℃保存备用。

表 5-25　凝胶浓度与结合缓冲液Ⅱ用量比例

| 凝胶浓度/% | 结合缓冲液Ⅱ/倍胶体积 |
| --- | --- |
| 小于或等于 1 | 3 |
| 小于或等于 1.5 | 4 |
| 小于或等于 2 | 5 |
| 大于 2 | 6 |

(5)16S rDNA PCR 扩增产物的测序

将经 PCR 扩增后纯化获得的 16S rDNA 序列送交生工生物工程(上海)股份有限公司进行测序。

(6)16S rDNA 基因序列分析

将得到的 16S rDNA 序列通过 BLAST 与 GenBank 数据库中的序列进行比对。选取同源性较高的模式菌株,分别下载对应的各个序列,通过 MEGA 4.0 软件导入各模式菌株和红树林土壤菌株 NTS-11 的序列,用 Clustal 软件对 DNA 进行同源性分析,从而构建分子系统树(molecular phylogenetic tree)。

(二)结果与分析

1. 菌株 NTS-11 的形态与培养特征

(1)菌株 NTS-11 的形态特征

将红树林土壤菌株 NTS-11 接种于海洋微生物专用的 Zobell 2216E 培养基上,在温度 32℃条件下培养,结果如图 5-22 所示。菌落生长较慢,96h 时直径为 5～10mm;菌落呈圆形,质地黏稠状,不透明,表面光滑且显淡黄色,中央隆起,边缘整齐,菌落与培养基结合疏松,易挑取。在光学显微镜下,菌体粗长杆状,有厚荚膜;能轻易地找到芽孢,通过对芽孢染色,观察到芽孢呈两种形态,椭圆形或长杆状端生,菌体和芽孢的大小为 2～4μm,初步认为属于芽孢杆菌属。

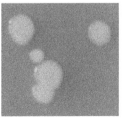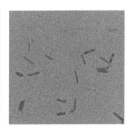

平板菌落图　　　　　　放大的菌落图　　　　　　显微镜下的菌落　　　　　显微镜下的芽孢杆菌

图 5-22　红树林土壤菌株 NTS-11 的形态特征(彩图请扫封底二维码)

（2）菌株 NTS-11 的培养特征

菌株 NTS-11 在 9 种培养基上置温度 32℃条件下培养 2～7 天，其生长结果如表 5-26 所示。菌株 NTS-11 在常用的微生物培养基上都能生长，特别是在 LB 培养基中菌株生长速度较快，菌落形态较大，呈淡黄色；与在海洋细菌专用培养基 Zobell 2216E 中的生长状况相比，除了菌落生长较快外，在形态特征等方面基本一致；葡萄糖酵母膏琼脂培养基相对于其他非葡萄糖碳源培养基而言，菌株生长较好，说明以葡萄糖为碳源能被菌株更好地利用。

表 5-26　红树林土壤菌株 NTS-11 的培养特征

| 培养基 | 生长状况 | 形态 | 边缘 | 可溶性色素 |
|---|---|---|---|---|
| Zobell 2216E 培养基 | ++ | 点状或圆形 | 整齐 | |
| LB 培养基 | +++ | 圆形 | 整齐 | 淡黄色 |
| 牛肉膏蛋白胨培养基 | + | 点状 | 整齐 | |
| 高氏 1 号培养基 | − | − | − | − |
| 克氏 1 号培养基 | + | 点状 | 整齐 | 微黄色 |
| 察氏琼脂培养基 | − | − | − | − |
| 葡萄糖酵母膏培养基 | ++ | 点状或圆形 | 波状 | 微黄色 |
| PDA 培养基 | + | 点状 | 整齐 | 无 |
| 淀粉无机盐琼脂培养基 | − | − | − | − |

注：+++为生长好，++为生长一般，+为生长差，−为不生长

2. 菌株 NTS-11 的生理生化特征

菌株在发酵过程中，利用葡萄糖发酵产酸，pH 不断降低，使甲基红实验结果呈阳性，具有明胶液化能力，能分解含硫的氨基酸产生硫化氢，并在培养液上形成少量的菌膜，结果如表 5-27 所示。

表 5-27　红树林土壤菌株 NTS-11 的主要生理生化特征

| 实验特征 | 实验结果 | 实验特征 | 实验结果 |
|---|---|---|---|
| 葡萄糖发酵 | 产酸不产气 | 菌膜形成 | + |
| V-P 实验 | + | 水解淀粉 | − |
| 甲基红实验 | + | 硫化氢产生 | + |
| 明胶液化 | + | 柠檬酸盐利用 | − |

注：+为实验呈阳性，−为实验呈阴性

3. 菌株 NTS-11 对碳源的利用

菌株 NTS-11 能利用部分常见单糖和二糖碳源，尤其在以 D-麦芽糖和 D-葡萄糖为碳源的培养基中，菌株生长速度较快，2 天时菌落直径可达 5mm；在其他碳源如 D-果糖、D-乳糖、D-甘露糖、马铃薯淀粉培养基中偶见生长，其结果如表 5-28 所示。

**表 5-28　红树林土壤菌株 NTS-11 对碳源的利用**

| 碳源 | 碳源利用结果 | 碳源 | 碳源利用结果 |
|---|---|---|---|
| D-葡萄糖 | ++ | D-半乳糖 | − |
| D-蔗糖 | − | L-肌醇 | − |
| D-麦芽糖 | +++ | D-甘露糖 | + |
| D-果糖 | + | 甘油 | − |
| D-乳糖 | + | 马铃薯淀粉 | + |

注：+++为生长好，++为生长一般，+为生长差，−为不生长

### 4. 菌株 16S rDNA 序列测定

红树林土壤菌株 NTS-11 的 PCR 扩增产物电泳图谱及其测序结果分别如图 5-23 和图 5-24 所示，序列长度为 1500bp。将扩增的序列与 GenBank 数据库中已有的序列进行比较，并构建系统发育树，部分比对的结果及系统发育树如表 5-29 和图 5-25 所示。从系统发育树可知，菌株 NTS-11 的 16S rDNA 序列与 Lim 等（2005）在韩国黄海盐田土中分离并鉴定的海芽孢杆菌属（*Pontibacillus*）的两个模式种 BH030004 和 BH030062 最接近，同源性为 97%；而与 *Bacillus* 属的某些模式种相比，其同源性较低，仅为 95%。从分类学观点来看，一般 16S rDNA 序列和与其同源性最高的序列比对，同源性低于 97%，则极可能为新种。根据菌株的形态、培养、生理生化和碳源利用实验及与上述两个模式种各项实验指标相比较，可以认为菌株 NTS-11 为芽孢杆菌科海芽孢杆菌属（*Pontibacillus*）中度嗜盐菌的一个未定种，暂命名为 *Pontibacillus marine* NTS-11。

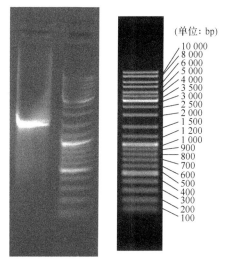

图 5-23　红树林土壤菌株 NTS-11 PCR 产物的电泳图谱

（单位：bp）

TCAACATGATCCCTTCGGGGTGATTGTTGTGGATCGAGCGGCGGACGGGTGAGTAACACGTGGGCAACCTACCTG
CGAGACTGGGATAACTCCGGGAAACCGGGAGCTAATACCGGATAATGTTTTGAACCGCATGGTTCAAAAGTAAAAGGC
GGCTTTTGCCGTCACTCGCAGATGGGCCCGCGGCGCATTAGCTAGTTGGTAAGGTAACGGCTTACCAAGGCGACGATG
CGTAGCCGACCTGAGAGGGTGATCGGCCACACTGGGACTGAGACACGGCCCAGACTCCTACGGGAGGCAGCAGTAG
GGAATCTTCCGCAATGGACGAAAGTCTGACGGAGCAACGCCGCGTGAGCGATGAAGGTCTTCGGATCGTAAAGCTCT
GTTGTTAGGGAAGAACAAGTACCAGAGGAAATGCTGGTACCTTGACGGTACCTAACCAGAAAGCCACGGCTAACTAC
GTGCCAGCAGCCGCGGTAATACGTAGGTGGCAAGCGTTGTCCGGAATTATTGGGCGTAAAGCGCGCGCAGGCGGTTT
CTTAAGTCTGATGTGAAAGCCCACAGCTCAACTGTGGAGGGCCATTGGAAACTGGGGAACTTGAGTACAGAAGAGGA
GAGTGGAATTCCACGTGTAGCGGTGAAATGCGTAGAGATGTGGAGGAACACCAGTGGCGAAGGCGACTCTCTGGTCT
GTAACTGACGCTGAGGCGCGAAAGCGTGGGTAGCAAACAGGATTAGATACCCTGGTAGTCCACGCCGTAAACGATGA
GTGCTAGGTGTTAGGGGGTTTCCGCCCCTTAG

图 5-24　红树林土壤菌株 NTS-11 PCR 扩增产物的测序结果

**表 5-29　红树林土壤菌株 NTS-11 的 16S rDNA 部分比对结果**

| 菌源 | 序列 | 一致性/% |
| --- | --- | --- |
| *Pontibacillus marinus* BH030004（AY603977） | 776/799 | 97 |
| *Pontibacillus chungwhensis* BH030062（AY553296） | 773/799 | 97 |
| *Pontibacillus halophilus* JSM 076056（EU583728） | 757/800 | 95 |
| *Bacillus herbersteinensis* D-1,5a（AJ781029） | 725/765 | 95 |
| *Bacillus litoralis* SW-211（AY608605） | 723/764 | 95 |
| *Bacillus niabensis* 4T19（AY998119） | 723/764 | 95 |

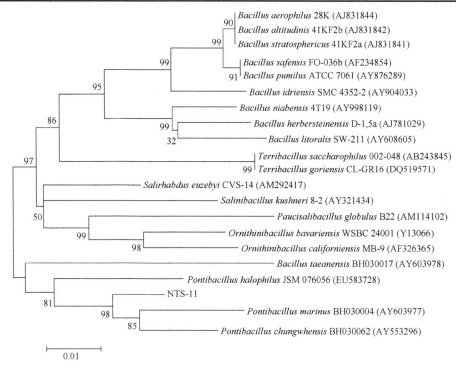

图 5-25　根据 16S rDNA 序列构建的红树林土壤菌株 NTS-11 及相关种属的系统发育树

### (三) 小结

从红树林土壤中筛选出来的具有降糖活性的菌株 NTS-11，根据其外部形态特征和
16S rDNA 序列，认为是芽孢杆菌科海芽孢杆菌属（*Pontibacillus*）中度嗜盐菌的一个未定
种，暂命名为 *Pontibacillus marine* NTS-11。

### 三、菌株发酵条件优化

#### (一) 实验方法

##### 1. 实验菌株

实验菌株为经 α 淀粉酶抑制剂筛选模型得到的抑制活性最高的红树林土壤菌株

NTS-11。

2. 发酵/种子培养基

葡萄糖 10g、蛋白胨 2g、酵母膏 1g、人工海水 1000mL，pH 7.0～7.2，于温度 121℃灭菌 30min。

3. 种子培养

从 4℃冰箱中取出保存的菌株，室温静置 12h，用接种铲取约 1cm×1cm 大小的菌体接种到种子培养基装液量为 50mL 的 250mL 锥形瓶中，置于温度 32℃、转速 160r/min 摇床上培养 24h。

4. 发酵培养

以 1%的接种量取种子培养液，接种到发酵培养基装液量为 200mL 的 1000mL 锥形瓶中，在温度 32℃、转速 160r/min 摇床上培养 144h。

5. 传代稳定性实验

将菌株 NTS-11 在培养基斜面上进行产活性抑制剂菌株传代稳定性实验，经过 6 次传代培养，然后分别进行发酵培养，测定得到各代菌株的抑制活性。

6. 碳源的筛选

保持原发酵培养基中除碳源以外的成分和培养条件不变，在其中分别添加葡萄糖、麦芽糖、果糖、乳糖、淀粉、玉米粉 6 种相当于 1%葡萄糖碳原子的不同碳源作为培养基的单一碳源。取 1%接种量的种子培养液接种到 6 种不同碳源的发酵培养液中，在温度 32℃、转速 160r/min 摇床上培养 144h，将得到的发酵液抽滤、离心，上清液用 3,5-二硝基水杨酸法在 540nm 波长处测定吸光度。然后，根据吸光度和抑制率计算公式得到发酵液对 α 淀粉酶的抑制率，抑制率最高的发酵液中的碳源为筛选的最佳碳源。

7. 氮源的筛选

将碳源换成所筛选的最佳碳源，保持原发酵培养基中除氮源以外的成分和培养条件不变，在其中分别添加蛋白胨、酵母膏、黄豆粉、麸皮、硫酸铵、硝酸钾 6 种相当于原配方的不同氮源作为培养基的单一氮源。取 1%接种量的种子培养液接种到 6 种不同氮源的发酵培养基中，在温度 32℃、转速 160r/min 摇床上培养 144h，将得到的发酵液抽滤、离心，上清液用 3,5-二硝基水杨酸法在 540nm 波长处测定吸光度。然后，根据吸光度和抑制率计算公式得到发酵液对 α 淀粉酶的抑制率，抑制率最高的发酵液中的氮源为筛选的最佳氮源。

8. 发酵时间对抑制活性的影响

(1)菌株生长曲线测定

细菌悬液的浓度与其吸光度成正比，因此可以通过测定细菌悬液的吸光度来推断菌液的浓度，以吸光度为纵坐标，对应的培养时间为横坐标作图，即为该菌在一定条件下的生长曲线。

(2)发酵时间的优化

取 1%接种量接种于 50mL 已确定最佳碳源和氮源的培养基中，pH 调至 7.0，在温度

32℃、转速 160r/min 摇床上分别培养 72h、96h、120h、144h、168h，然后抽滤、离心，收集发酵液，采用 3,5-二硝基水杨酸法在 540nm 波长处测定吸光度，并得出 α 淀粉酶的抑制率，根据抑制率高低来确定最佳发酵时间。

9. 装液量对抑制活性的影响

取 1%接种量分别接种于 50mL、70mL、90mL、110mL、130mL "8." 中已确定最佳的发酵时间、碳源、氮源的培养基中，pH 调至 7.0，在温度 32℃、转速 160r/min 的摇床上培养一定时间后分别抽滤、离心和收集发酵液，采用 3,5-二硝基水杨酸法在 540nm 波长处测定吸光度，并得出 α 淀粉酶抑制率，根据抑制率高低来确定最佳装液量。

10. 培养温度对抑制活性的影响

取 1%接种量接种于已确定最佳的碳源、氮源、发酵时间和装液量的培养基中，pH 调至 7.0，分别置温度 30℃、32℃、34℃、36℃、38℃和转速 160r/min 摇床上培养一定时间，然后抽滤、离心和收集发酵液，用 3,5-二硝基水杨酸法在 540nm 波长处测定吸光度，并得出 α 淀粉酶抑制率，根据抑制率高低来确定最佳培养温度。

11. 初始 pH 对抑制活性的影响

取 1%接种量接种于已确定最佳的碳源、氮源、发酵时间、装液量和培养温度的培养基中，初始 pH 分别为 5.0、6.0、7.0、8.0、9.0，置转速 160r/min 摇床上培养一定时间，然后抽滤、离心和收集发酵液，用 3,5-二硝基水杨酸法在 540nm 波长处测定吸光度，并得出 α 淀粉酶抑制率，根据抑制率高低来确定最佳初始 pH。

12. 最优发酵条件的优化

按照筛选的碳源和氮源的量配制发酵培养基，对发酵时间、装液量、培养温度、初始 pH 进行 4 因素 3 水平正交试验，优化各发酵条件，获取最佳的培养方案。

(二)结果与分析

1. 传代稳定性

菌株 NTS-11 在培养基斜面上进行 6 次传代培养，然后分别进行发酵培养，取发酵液测定对 α 淀粉酶和唾液淀粉酶的抑制率如图 5-26 所示。其中，菌株 NTS-11 经传代后对 α 淀粉酶抑制率无较大变化，抑制率多在 40%以上，体现出较好的稳定性，抑制率最高达 47.29%；同时，发酵液对唾液淀粉酶也有一定的抑制作用，抑制率最高达 43.36%，因此可将菌株 NTS-11 作为优化发酵培养条件的研究菌株。

2. 碳源

在添加葡萄糖、麦芽糖、果糖、乳糖、淀粉、玉米粉 6 种相当于 1%葡萄糖碳原子的不同碳源作为培养基的单一碳源的发酵培养下，以麦芽糖为碳源时，对 α 淀粉酶的抑制率最高，达到 45.71%，同时对唾液淀粉酶的抑制率可达 43.75%；以葡萄糖为碳源时，对 α 淀粉酶的抑制率为 41.56%；以果糖、乳糖、淀粉、玉米粉为碳源时，抑制率较低(图 5-27)。

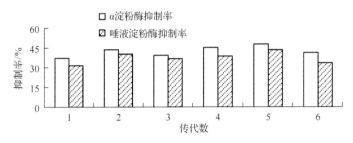

图 5-26　红树林土壤菌株 NTS-11 的传代稳定性实验

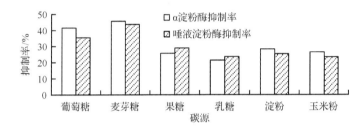

图 5-27　红树林土壤菌株 NTS-11 发酵碳源与淀粉酶抑制率的关系

3. 氮源

红树林土壤菌株 NTS-11 发酵氮源的筛选结果如图 5-28 所示。其中，当使用酵母膏和蛋白胨作为氮源时，对 α 淀粉酶的抑制效果较好，其中以酵母膏作为氮源的发酵液的抑制率达 46.62%，其对唾液淀粉酶也有较好的抑制作用；使用蛋白胨为氮源时，对唾液淀粉酶的抑制率为 38.93%。结合平板上的培养特征来看，菌株 NTS-11 能较好地利用含有酵母膏和蛋白胨的复合氮源培养基，综合考虑选择酵母膏作为氮源来进行后续的发酵条件优化实验。

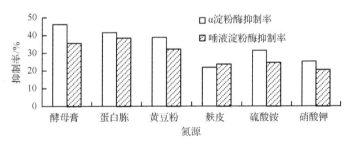

图 5-28　红树林土壤菌株 NTS-11 发酵氮源与淀粉酶抑制率的关系

4. 发酵时间

采用比浊法测定得到菌株 NTS-11 的生长曲线如图 5-29 所示。其中，该菌株在 72～120h 时，处于快速生长的对数期阶段，120～144h 则处于代谢产物大量积聚的稳定期阶段，故将最佳发酵时间的研究条件选取在 72～144h，每 24h 测定一次数据，抑制率最高时则为最佳发酵时间。发酵液对 α 淀粉酶的抑制率从 72h 开始出现，随着培养时间的延长呈现出迅速升高的趋势，144h 时达到 42.78% 的最高抑制率，当培养时间为 168h 时，抑制率为 40.36%。通过多次重复实验，考虑到其对唾液淀粉酶抑制率的高低，可知培养时间为 144h 时，目的代谢产物积累基本达到最大值，因此选取最佳发酵时间为 144h。

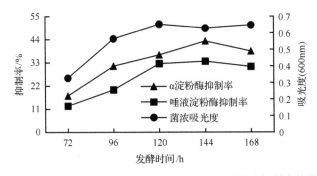

图 5-29　红树林土壤菌株 NTS-11 发酵时间与淀粉酶抑制率的关系

### 5. 装液量

图 5-30 为菌株 NTS-11 培养液不同装液量对淀粉酶抑制率的实验结果。当装液量为 50mL 时，α 淀粉酶和唾液淀粉酶抑制率都比较高；当装液量为 70mL 时，α 淀粉酶抑制率达到最大；而唾液淀粉酶抑制率在装液量为 90mL 时达到最大。由于装液量直接影响到发酵液的溶氧量，对菌株有氧呼吸等生命活动有重要的影响，过多装液量反而会不利于菌株代谢产物的合成，因此最佳装液量选择为 70mL。

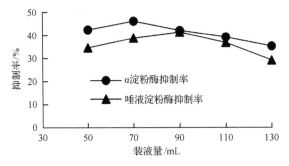

图 5-30　红树林土壤菌株 NTS-11 装液量与淀粉酶抑制率的关系

### 6. 培养温度

温度是细菌培养的主要条件之一，合适的温度对发酵效率和目的代谢产物的合成具有重要影响。图 5-31 为菌株 NTS-11 培养温度的实验结果。当培养温度在 36℃时，发酵液对 α 淀粉酶的抑制率最高，达 48.62%；此时对唾液淀粉酶也有较好的抑制效果，抑制率为 32.54%。因此，选取 36℃为最佳培养温度。

### 7. 初始 pH

图 5-32 为菌株 NTS-11 发酵初始 pH 对淀粉酶抑制率影响的实验结果。当初始 pH=7 时，发酵液对 α 淀粉酶的抑制率最高，达 47.52%，此时发酵液对唾液淀粉酶也具有较好的抑制活性。由于菌株 NTS-11 的海洋生境特殊，pH 为 7～8，因此当培养液的初始 pH 在此范围内时，有利于作为代谢产物之一的 α 淀粉酶抑制剂的合成。

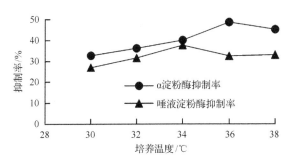

图 5-31　红树林土壤菌株 NTS-11 培养温度与淀粉酶抑制率的关系

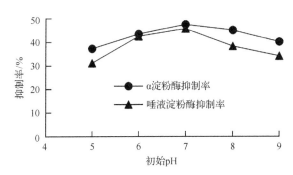

图 5-32　红树林土壤菌株 NTS-11 初始 pH 与淀粉酶抑制率的关系

8. 最佳培养条件正交试验

根据单因素实验结果，选择发酵时间、培养温度、初始 pH、装液量这 4 种因素的三个水平按照 $L_9(3^4)$ 正交因素水平表（表 5-30）进行正交试验，采用 3,5-二硝基水杨酸法进行 α 淀粉酶抑制率的测定，其结果如表 5-31 所示。其中，发酵时间对应的极差最大，达 10.11，由此可以认为发酵时间对菌株产 α 淀粉酶抑制剂的影响最大，其他因素由大到小依次为装液量、培养温度、初始 pH。各因素的最优水平为：发酵时间 144h、培养温度 36℃、pH 9.0、装液量 50mL，即 $A_2B_2C_3D_1$，对 α 淀粉酶的抑制率达 57.34%，同时该组合对唾液淀粉酶也产生较好的抑制作用，抑制率为 46.35%。根据表 5-32，发酵时间和装液量对抑制率的影响最大，说明它们对发酵影响起主要作用。

表 5-30　红树林土壤菌株 NTS-11 发酵条件正交试验的因素水平

| 水平 | 因素 | | | |
| --- | --- | --- | --- | --- |
| | A | B | C | D |
| 1 | 120 | 34 | 7.0 | 50 |
| 2 | 144 | 36 | 8.0 | 70 |
| 3 | 168 | 38 | 9.0 | 90 |

注：A 为发酵时间(h)，B 为培养温度(℃)，C 为初始 pH，D 为装液量(mL)；表 5-31 和表 5-32 同

表 5-31  正交试验结果及极差分析

| 实验号 | 因素 | | | | |
|---|---|---|---|---|---|
| | A | B | C | D | α 淀粉酶抑制率/% |
| 1 | 1 | 1 | 1 | 1 | 37.62 |
| 2 | 1 | 2 | 2 | 2 | 43.41 |
| 3 | 1 | 3 | 3 | 3 | 36.47 |
| 4 | 2 | 1 | 2 | 3 | 39.83 |
| 5 | 2 | 2 | 3 | 1 | 57.34 |
| 6 | 2 | 3 | 1 | 2 | 50.68 |
| 7 | 3 | 1 | 3 | 2 | 46.36 |
| 8 | 3 | 2 | 1 | 3 | 42.74 |
| 9 | 3 | 3 | 2 | 1 | 53.43 |
| $K_1$ | 117.50 | 123.81 | 131.04 | 148.39 | |
| $K_2$ | 147.85 | 143.49 | 136.67 | 140.45 | $T$=407.88 |
| $K_3$ | 142.53 | 140.58 | 140.17 | 119.04 | |
| $R$ | 10.11 | 6.56 | 3.04 | 9.78 | |

表 5-32  方差分析

| 变异来源 | 平方和 | 自由度 | 均方 | $F$ 值 | $F_\alpha$ | 显著性 |
|---|---|---|---|---|---|---|
| A | 175.10 | 2 | 87.55 | 6.375 | | |
| B | 75.22 | 2 | 37.61 | 1.255 | $F_{0.05}$=19 | |
| C | 14.14 | 2 | 7.07 | 0.148 | $F_{0.01}$=99 | |
| D | 153.65 | 2 | 76.83 | 4.470 | | |

注：*表示在 0.05 水平上差异显著，**表示在 0.01 水平上差异极显著

（三）小结

红树林土壤菌株 *Pontibacillus marine* NTS-11 具有较好的传代稳定性，能利用大多数碳源和氮源。其中，麦芽糖（碳源）和酵母膏（氮源）对发酵液代谢产物的合成影响比较大。菌株产 α 淀粉酶抑制剂的最优发酵条件为发酵时间 144h、培养温度 36℃、pH 9、装液量 50mL。

**四、α 淀粉酶抑制剂的纯化**

（一）实验方法

1. 供试材料

供试材料为红树林土壤菌株 NTS-11 所产生的含 α 淀粉酶抑制剂的发酵液。

2. 发酵液活性成分的萃取

将预处理好的发酵液 1L 放入大锥形瓶中，按极性由低到高的顺序分别加入石油醚、三氯甲烷、乙酸乙酯、正丁醇这 4 种有机溶剂进行超声波辅助萃取，每种溶剂萃取 3 次，

萃取温度为 32℃、时间为 30min，其中发酵液与溶剂的比例分别为 1∶1/2、1∶1/4、1∶1/4。把相同的有机相合并，并收集最后所剩的水相，用旋转蒸发仪蒸干，并用甲醇复溶至 5mL，备用。

3. α 淀粉酶抑制活性部位的筛选

采用打孔法和 3,5-二硝基水杨酸法将各相萃取浓缩液进行 α 淀粉酶抑制活性部位筛选，得到降糖活性最强的部位。

4. 降糖活性最强部位的粗分离

取降糖活性最强部位，以甲醇作为洗脱剂，用 D101 型号大孔吸附树脂进行脱脂除盐，洗脱液经浓缩后得到浸膏，在温度 4℃冰箱内保存备用，以备进一步的纯化。

5. 薄层层析检验

称取 15g 薄层层析硅胶放入研钵中，加入蒸馏水 30～50mL，充分研磨均匀后涂布在载玻片表面，自然晾干后放入 105℃烘箱中活化 30min，在干燥器中保存备用。在距离薄板一端约 1cm 处用铅笔平行画一根直线，用毛细管吸取少量样品垂直点样在薄板的直线上。每块薄板每次可点 2～3 次样，每个样点的扩散直径应控制在 2mm 以下。将点好样的薄板放在相应比例展开剂的层析缸中进行实验。

6. 硅胶柱层析法初步纯化

（1）装柱

取 30mm×50mm 的层析柱，把起始浓度的洗脱液注入柱内，保持一定柱体积的液面，打开下端活塞开关，保持洗脱液缓慢流出。将 200～300 目硅胶与起始浓度洗脱液拌成均匀悬液，缓慢注入柱内，待硅胶在柱内自然沉降，直到硅胶在柱内位置不再下降，关闭活塞。

（2）上样

将样品用适量洗脱液充分溶解，用滴管沿柱子内壁缓缓加入。打开下端活塞开关，待样品完全进入硅胶柱内，再覆盖上一层硅胶保护表面。如果样品在洗脱剂中溶解性差，可将其溶解于易挥发的有机溶剂中，加入约 1/10 总硅胶量的硅胶拌匀，待有机溶剂完全挥发后将含有样品的硅胶均匀加入柱子，再覆盖上一层硅胶即可。

（3）洗脱与收集

通过薄层层析选择成点性好的洗脱剂，一般选比移值 $R_f$ 为 0.2～0.3 时的溶剂系统作为洗脱系统，采用极性由小到大的梯度洗脱法。通常，每种浓度洗脱剂洗脱 2～3 个硅胶柱体积，洗脱速度为 1～2 滴/s，按洗脱剂不同分别收集。

（4）薄层层析检测

将依次收集的组分在温度 50℃条件下减压浓缩，用薄层层析进行定性检查，合并相同流分，进一步浓缩得浸膏。用 3,5-二硝基水杨酸法对分离出的不同浸膏进行 α 淀粉酶抑制活性的测试，选取具有最高活性的一组进行多系统的薄层层析测试，根据分离样品中成分的单一程度来选择下一步的分离纯化方法。

7. 凝胶柱层析进一步纯化

采用硅胶柱层析中分离出的具有 α 淀粉酶抑制活性的样品所用洗脱剂的极性来估测样品的极性，极性大者采用甲醇-水洗脱系统，极性小的采用三氯甲烷-甲醇系统。将羟丙基葡聚糖凝胶(Sephadex LH-20)浸泡在选择的洗脱系统中过夜，让其充分溶胀。选取规格为 16.0mm×300mm 的柱子，将充分溶胀的凝胶用湿法装柱，使凝胶达到柱体积的3/4 左右。让凝胶自然沉降至少 30min，打开开关，冲几个柱体积洗脱剂，使凝胶体积在洗脱剂中保持稳定。将硅胶柱层析样品用 2%柱床体积的洗脱剂溶解，过 0.45μm 微孔滤膜除杂，湿法上柱。把流速控制在 0.8～1mL/min，用洗脱剂冲 2～3 个柱体积，采用分管连续顺序收集，每管收集 5mL，用薄层层析定性检查，合并相同组分，将各组分分别用 3,5-二硝基水杨酸法跟踪测试 α 淀粉酶抑制活性，取有效组分低温冻干。

8. 高效液相色谱定性测定

将分离出的样品用适量甲醇溶解，用 0.45μm 针筒式过滤器过滤。高效液相色谱的分析条件为：Waters 515 高效液相色谱仪，Waters 2487 双通道紫外检测器，Sun Fire™ $C_{18}$ 柱(4.6mm×250mm)，进样量 5μL，柱温室温，流速 1mL/min，检测波长 254nm，流动相 A 甲醇，流动相 B 水。对样品进行梯度洗脱。高效液相色谱流动相比例随时间变化情况如表 5-33 所示。

表 5-33　高效液相色谱流动相比例随时间变化情况

| 时间/min | 流动相 A 比例 | 流动相 B 比例 |
| --- | --- | --- |
| 0～5 | 1 | 9 |
| 6～10 | 2 | 8 |
| 11～15 | 3 | 7 |
| 16～20 | 4 | 6 |

9. α 淀粉酶抑制剂的作用条件

(1)温度对 α 淀粉酶抑制活性的影响

取适量抑制剂纯品采用 3,5-二硝基水杨酸法实验，分别测定该纯品在不同温度(30℃、35℃、40℃、45℃、50℃、55℃、60℃)条件下对 α 淀粉酶抑制活性的影响。

(2)pH 对抑制活性的影响

取适量抑制剂纯品溶液，并将其 pH 调节到 4.0、5.0、6.0、7.0、8.0、9.0、10.0，采用 3,5-二硝基水杨酸法对其进行 α 淀粉酶抑制活性的测定。

(二)结果与分析

1. 菌株发酵液抑制 α 淀粉酶的活性部位

红树林土壤菌株 NTS-11 发酵液经过石油醚、三氯甲烷、乙酸乙酯、正丁醇萃取后，采用打孔法对各萃取液抑制 α 淀粉酶活性进行筛选实验，其结果如图 5-33 所示。其中，发酵液原液对 α 淀粉酶的抑制活性与阿卡波糖的相当，它们的透明圈直径分别为 1.62cm 和 1.74cm，而空白对照的透明圈直径为 2.70cm。发酵液各有机溶剂萃取浓缩液对 α 淀粉酶均无明显的抑制活性，而水相的抑制活性最高，基本上无透明圈出现。表 5-34 为采用 3,5-二硝基水杨酸法对发酵液 α 淀粉酶抑制活性部位的筛选结果。其中，与空白对照和阿卡波糖相比较，发酵液原液具有明显的抑制活性，对 α 淀粉酶抑制率达 51.48%。除了水相抑制率达 71.42% 外，其他有机溶剂相抑制率均较低，说明起抑制作用成分的极性较大，具有较好的水溶性，不溶于极性小的有机溶剂。

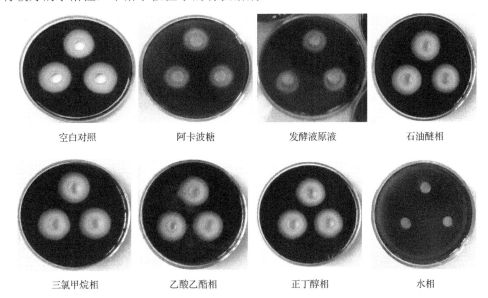

|空白对照|阿卡波糖|发酵液原液|石油醚相|
|三氯甲烷相|乙酸乙酯相|正丁醇相|水相|

图 5-33　打孔法对红树林土壤菌株 NTS-11 发酵液抑制 α 淀粉酶活性的筛选结果（彩图请扫封底二维码）

**表 5-34　红树林土壤菌株 NTS-11 发酵液抑制 α 淀粉酶活性的筛选结果（3,5-二硝基水杨酸法）**

| 样品 | 空白对照 | 阿卡波糖 | 发酵液原液 | 石油醚相 | 三氯甲烷相 | 乙酸乙酯相 | 正丁醇相 | 水相 |
|---|---|---|---|---|---|---|---|---|
| 抑制率/% | 0 | 56.73 | 51.48 | 8.61 | 5.7 | 11.06 | 16.20 | 71.42 |

### 2. 大孔吸附树脂粗分离

水相中的化学成分较为复杂，含有蛋白质、氨基酸、糖类、苷类、生物碱、无机盐等水溶性物质。虽然经过石油醚、三氯甲烷等萃取，可以除去脂类、杂蛋白等物质，但剩余水相的浓缩液中仍存在脂类及发酵培养残余的大量无机盐类，因此除去这些杂质对目标物的纯化具有重要的意义。采用 D101 型号大孔吸附树脂梯度洗脱的方式进行粗分，洗脱剂为甲醇-水系统，洗脱比例为 0：10、2：10、5：10、10：0，每个比例洗脱 3 个柱体积，洗脱液浓缩后进行 3,5-二硝基水杨酸法活性测定，其结果如图 5-34 所示，粗分的 4 个流分中，2：10 组分对 α 淀粉酶的抑制率最高，达 66.32%；其次是 0：10 组分，抑制率为 25.15%。因 2：10 组分抑制率最高，说明该极性洗脱液已将大量抑制剂洗脱下来，因此选取该部分进行进一步的分离纯化。

### 3. 硅胶柱层析初步纯化

根据样品的极性，溶剂系统的选择如表 5-35 所示，对粗分样品进行薄层层析测试，选择成点性好的展开系统作为硅胶柱层析洗脱溶剂系统。4 种展开系统中，苯：甲醇和

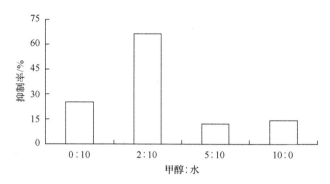

图 5-34　洗脱剂对红树林土壤菌株 NTS-11 发酵液抑制活性的影响

**表 5-35　薄层层析的 4 种展开剂**

| 展开剂 | 展开剂比例 |
| --- | --- |
| 三氯甲烷：甲醇 | 4：1 |
| 甲醇：水 | 1：5 |
| 苯：甲醇 | 1：5 |
| 乙酸乙酯：甲醇：乙酸 | 2：8：1 |

三氯甲烷：甲醇系统成点性较好，而三氯甲烷：甲醇系统成点较多，几个模糊物质团 $R_f$ 值位于 0.2～0.8 的控制范围内，因此将该系统作为硅胶柱洗脱溶剂系统。将大孔吸附树脂粗分的样品采用湿法上 200～300 目硅胶层析柱，洗脱溶剂系统为三氯甲烷：甲醇系统，按极性从小到大梯度洗脱，比例依次为：20：1、15：1、10：1、6：1、4：1、2：1、1：1、1：2、1：4、0：10。每个梯度接 2 个柱体积洗脱液，浓缩成等体积浸膏后分别进行 α 淀粉酶抑制活性检测，结果如图 5-35 所示。随着甲醇比例的不断增大，极性越来越大，在 2：1 比例浓度时洗脱液极性与抑制物极性相近，大量目标抑制物被洗脱出来，浓缩后该流分抑制率达 82.46%。进一步采用甲醇-水及三氯甲烷-甲醇系统进行薄层层析法测试硅胶柱分离出的流分，发现当甲醇：水为 1：5 时，各组分能较好地分离，$R_f$ 值分别为 0.42、0.54、0.67。为进一步纯化所用洗脱剂的选择提供依据。

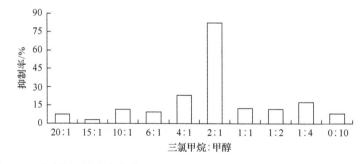

图 5-35　硅胶柱层析分离菌株 NTS-11 发酵液的各组分对 α 淀粉酶的抑制作用

4. 凝胶柱层析进一步纯化

选取甲醇-水系统作为 Sephadex LH-20 层析洗脱剂进行继续分离，洗脱剂比例为 1：5，

洗脱速度为 1mL/min，每管接 5mL，共接得 30 管流分，约 3 个柱体积(150mL)。采用
3,5-二硝基水杨酸法测定 α 淀粉酶的抑制作用，其结果如图 5-36 所示。其中，随着洗脱
时间延长，50～80min 的抑制率波动较大，最高达 94.65%，说明这个阶段大量具有抑制
活性的物质已经被洗脱下来。薄层层析法检测并将 10～35min、40～85min、90～125min、
130～150min 分别合并，测定以上各部分的抑制率，如图 5-37 所示。其中，40～85min
组分 α 淀粉酶抑制率最高，达 92.72%，同时对唾液淀粉酶抑制率达 79.54%。

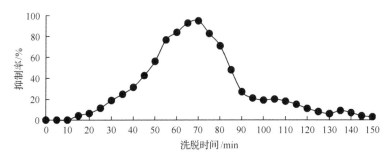

图 5-36 Sephadex LH-20 层析分离菌株 NTS-11 发酵液的各组分对 α 淀粉酶的抑制作用

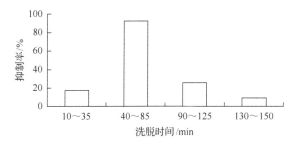

图 5-37 合并组分对 α 淀粉酶的抑制作用

### 5. 高效液相色谱测定结果

取 Sephadex LH-20 柱层析合并后具有抑制活性的流分，用薄层层析法进行纯度验证。
经过凝胶柱层析纯化后 α 淀粉酶抑制成分得到了较好分离，该物质 $R_f$ 值为 0.54。将该纯
化物采用液相色谱进行检测，发现在不同流动相比例的洗脱剂中，极少量极性较大的成
分先后在 12min 前被洗脱出来，12.19min 时出现一单峰，在 1min 左右的时间内大量物
质被洗脱下来，接取单峰成分，通过 3,5-二硝基水杨酸法检验，结果显示该物质对 α 淀
粉酶的抑制率为 87.43%，抑制酶活力为 777.6614×87.43%≈679.91(U/100mL)，因此该物
质是所筛选的 α 淀粉酶抑制剂。通过化学成分预实验，初步认为该物质为糖苷类物质。

### 6. 温度和 pH 对 α 淀粉酶抑制活性的影响

由图 5-38 可知，对 α 淀粉酶活性的抑制在 50℃时达到最高，抑制率为 91.82%，抑
制酶活力为 777.6614×91.82%≈714.0487(U/100mL)，相当于 1.168mg/mL 阿卡波糖的抑
制效果；该纯化物对唾液淀粉酶亦有良好的抑制效果，在温度 45℃时，对唾液淀粉酶的
抑制率达 82%。由图 5-39 可知，在 pH 为 7.0 时，对 α 淀粉酶活性的抑制最高，抑制率
为 94.51%，抑制酶活力为 777.6614×94.51%≈734.9678(U/100mL)，相当于 1.202mg/mL

阿卡波糖的抑制效果；当 pH 为 6.0 时，对唾液淀粉酶的抑制效果最高且比此时对 α 淀粉酶的抑制效果好，达到 88.41%。

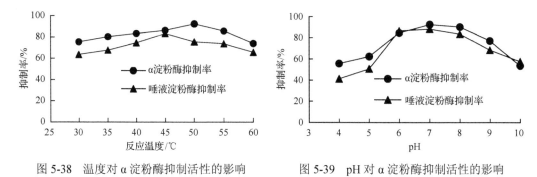

图 5-38　温度对 α 淀粉酶抑制活性的影响　　　图 5-39　pH 对 α 淀粉酶抑制活性的影响

（三）小结

采用石油醚、三氯甲烷、乙酸乙酯、正丁醇对红树林土壤菌株 NTS-11 发酵液进行萃取，我们发现这些有机溶剂相对 α 淀粉酶无明显的抑制活性，而水相的抑制率达 71.42%。抑制物的极性比较大，具有较好的水溶性，不溶于极性小的有机溶剂，属于糖苷类物质。

# 第七节　红树林产纤维素酶菌株的筛选及其酶学性质

供试菌株为从广西北仑河口国家级自然保护区红树林土壤、海水，以及蜡烛果和木榄的根及树皮样品中经微生物纯种分离纯化获得的菌株 GA-44。参考菌株为绿色木霉 G1M3.140，购于广东省微生物菌种保藏中心。

## 一、纤维素降解菌的筛选及其菌株鉴定

（一）实验方法

1. 培养基

包括如下 4 种类型：①分离培养基，采用 PDA 培养基和 PDA 液体培养基；②基础培养基，蛋白胨 5g、酵母膏 3g、葡萄糖 6g、蒸馏水 1L；③初筛培养基，采用纤维素平板培养基，其组分为羧甲基纤维素钠 10.0g、硫酸铵 4.0g、磷酸二氢钾 2g、硫酸镁 0.5g、蛋白胨 1g、琼脂 20g、蒸馏水 1L；④复筛培养基，采用液体发酵培养基，其组分为蛋白胨 10g、酵母提取物 10g、羧甲基纤维素钠 10.0g、氯化钠 1.5g、磷酸二氢钾 1g、硫酸镁 0.5g、蒸馏水 1L。

2. 微生物菌株的分离

将一定量初步处理的样品直接涂布于各分离平板上，在温度为 28℃下恒温培养，其中细菌培养 2～3 天，真菌培养 5～7 天，放线菌培养 3～4 周，然后挑取单菌落于各分离平板划线分离纯化（洪葵和谢晴宜，2006）。分离纯化得到的菌株转接于斜面试管低温保藏。

### 3. 纤维素降解菌的初筛

将分离得到的试管菌株点种到纤维素平板培养基，在温度 28℃条件下培养 72h，然后在培养皿中加入适量浓度为 1mg/mL 的刚果红溶液，染色 3h；弃去染液，加入适量浓度为 1mol/L 的氯化钠溶液，浸泡 1h。若产生纤维素酶，则在菌落周围会出现清晰的透明圈，根据透明圈直径及其与菌落直径之比的大小选择产酶量高的菌株，将其涂布于基础培养基上培养。

### 4. 纤维素降解菌的复筛

将基础培养基上的产纤维素酶菌 $1cm^2$ 接种于装有 100mL 液体发酵培养基的锥形瓶中，在温度 28℃、转速 130r/min 条件下振荡培养，每隔 24h 取样，用转速 4000r/min 离心 20min，收集上清液测定初酶液的内切纤维素酶、外切纤维素酶和滤纸酶的酶活力，最终以酶活力值作为筛选纤维素酶高产菌的标准，筛选内切纤维素酶、外切纤维素酶和滤纸酶活力高的菌株，酶活力采用 3,5-二硝基水杨酸法测定。

### 5. 纤维素酶活力的测定

(1) 3,5-二硝基水杨酸法测定波长的确定

取葡萄糖标准溶液 0.5mL 和蒸馏水 0.5mL 分别置于 25mL 试管中，再各加 3,5-二硝基水杨酸试剂 2mL，沸水浴加热 5min，流水冷却，蒸馏水定容至 25mL，将 3,5-二硝基水杨酸试剂-水(空白)+葡萄糖标准溶液、3,5-二硝基水杨酸试剂(空白)分别在波长 400～750nm 范围内进行扫描，以确定其最佳测定波长。

(2) 还原糖含量的测定

以葡萄糖为标准样品，配制成一系列不同浓度的葡萄糖标准溶液(表 5-36)，测定 520nm 波长处吸光度，绘制葡萄糖标准曲线，结果如图 5-40 所示，相应的回归方程为

$$y=0.6976x-0.0353 \qquad R^2=0.9947 \qquad (5-6)$$

表 5-36　葡萄糖标准溶液的吸光度

| 比色管编号 | 1 | 2 | 3 | 4 | 5 | 6 | 7 | 8 |
| --- | --- | --- | --- | --- | --- | --- | --- | --- |
| 标准溶液/mL | 0.0 | 0.2 | 0.4 | 0.6 | 0.8 | 1.0 | 1.2 | 1.4 |
| 蒸馏水/mL | 2.0 | 1.8 | 1.6 | 1.4 | 1.2 | 1.0 | 0.8 | 0.6 |
| 3,5-二硝基水杨酸试剂/mL | 2.0 | 2.0 | 2.0 | 2.0 | 2.0 | 2.0 | 2.0 | 2.0 |
| 葡萄糖含量/mg | 0.0 | 0.2 | 0.4 | 0.6 | 0.8 | 1.0 | 1.2 | 1.4 |
| 吸光度(520nm) | 0.000 | 0.076 | 0.240 | 0.369 | 0.525 | 0.674 | 0.769 | 0.971 |

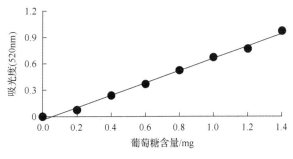

图 5-40　葡萄糖标准曲线

在每支比色管分别加入 2mol/L 氢氧化钠溶液 1mL 和 3,5-二硝基水杨酸试剂 2mL，摇匀后置于沸水浴中加热 5min，然后流水冷却，蒸馏水定容至 25mL，测定 520nm 波长处吸光度，对照葡萄糖标准曲线，得出还原糖含量。

(3) 内切纤维素酶活力的测定

取粗酶液 1mL，置温度 50℃水浴 2min 后加入 4mL 已预热至 50℃的由羧甲基纤维素钠盐 0.625g 和 0.2mol/L、pH 4.6 的乙酸钠溶液 100mL 形成的底物溶液，反应 30min，然后加入 2mol/L 氢氧化钠溶液 1mL 和 3,5-二硝基水杨酸试剂 2mL，摇匀后沸水浴 5min，流水冷却，用蒸馏水定容至 25mL，测定 520nm 波长处吸光度。以不加粗酶液为空白对照，3 组样品平行实验，结果取平均值。还原糖含量以葡萄糖为标准。在此实验条件下，每 30min 产生 1μg 还原糖所需的酶量定义为 1 个酶活力单位(U/mL)(Amritkar et al., 2004；武香玉等，2010；魏艳红，2009)。

(4) 滤纸酶活力的测定

取粗酶液 1mL，加入 1 条 1cm×6cm 卷成圈的滤纸条和 0.2mol/L、pH 4.6 的乙酸-乙酸钠缓冲液 1mL，轻轻摇匀，使滤纸完全浸泡在液体中，温度 50℃水浴 1h，然后按照 3,5-二硝基水杨酸法测定还原糖含量。以不加粗酶液为空白对照，3 组样品平行实验，结果取平均值。在此实验条件下每 1h 产生 1μg 还原糖所需的酶量定义为 1 个酶活力单位(U/mL)(Amritkar et al., 2004；武香玉等，2010；魏艳红，2009)。

(5) 外切纤维素酶活力的测定

取粗酶液 1mL，加入脱脂棉 50mg 和 0.2mol/L、pH 7.2 的磷酸盐缓冲液 1mL，置温度 50℃水浴 24h 后加入 2mol/L 氢氧化钠溶液 1mL 和 3,5-二硝基水杨酸试剂 2mL，摇匀后沸水浴 5min，流水冷却，用蒸馏水定容至 25mL，测定 520nm 波长处吸光度。以不加粗酶液为空白对照，3 组样品平行实验，结果取平均值。在此实验条件下，每 24h 产生 1μg 还原糖所需的酶量定义为 1 个酶活力单位(U/mL)(Amritkar et al., 2004；武香玉等，2010；魏艳红，2009)。

6. 菌株的种属鉴定

(1) 菌株的形态鉴定

将菌株 GA-44 点植于 PDA 培养基平板中央，在温度 28℃条件下培养 48h，观察其宏观形态特征。同时，制作切片在显微镜下观察其微观形态特征。

(2) 菌株的分子鉴定

1) 基因组 DNA 的提取：①将菌株 GA-44 接种到 PDA 液体培养基中，在温度 28℃摇床上培养 48h；②离心沉淀菌丝体，倾去上清，在离心管中加入适量的无水乙醇，用转速 4000r/min 离心 10min；③将沉淀置于温度-20℃保存 12h，然后真空干燥，将菌丝体转移至滤纸，包好，置密闭变色硅胶中保存备用；④取 0.2g 菌丝体转移至研钵中，加入温度 65℃预热的十六烷基三甲基溴化铵抽提液约 4mL，研磨 5min，转入 1.5mL 离心管，温度 65℃水浴 3h；⑤加等体积酚：三氯甲烷：异戊醇(25：24：1)，上下颠倒混匀，用转速 12 000r/min 离心 10min，取上清液，抽提 3 次；⑥加入等体积的三氯甲烷：异乙醇 (24：1)，上下颠倒混匀，用转速 12 000r/min 离心 10min；取上清液；⑦加入 1/10 体积的乙酸钠(3mol/L)，轻轻翻转混匀；再加入等体积的异丙醇，轻轻上下颠倒离心管，

–20℃放置 1h；⑧12 000r/min 离心 10min，倾去上清，70%乙醇洗涤沉淀 1 次；再用无水乙醇洗涤沉淀 1 次；自然晾干，用 30μL 无菌水溶解 DNA，置温度 4℃保存备用。

2）18S rRNA 基因的 PCR 扩增：采用真菌 18S rRNA 基因的通用引物。PCR 扩增供试真菌为 18S rRNA 基因的 V8～V9 片段。

a）18SF：5′-CCTGGTT GATCCTGCCAG-3′。

b）18SR：5′-TTGATCCTTCTGCAGGTTCA-3′。

c）反应体系：

| | |
|---|---|
| 2×*Taq* PCR Master Mix | 12.5μL |
| 模板 DNA | 0.5μL |
| 18SF 引物 | 0.5μL |
| 18SR 引物 | 0.5μL |
| 无菌水 | 11μL |
| 总体积 | 25μL。 |

d）反应程序：预变性 94℃ 3min，变性 94℃ 0.5min，退火 55℃ 0.5min，延伸 72℃ 0.5min，循环 30 次，最后延伸 3min。PCR 产物用 1%的琼脂糖凝胶电泳检测，溴化乙锭染色后，采用紫外分析仪检测。

e）测序：将电泳检测纯化的 PCR 产物，送北京华大基因研究中心测序。

f）18S rRNA 基因序列分析：将测序结果用美国国家生物技术信息中心（National Center of Biotechnology Information，NCBI）数据库的基础局部比对搜索工具（Basic Local Alignment Search Tool，BLAST）进行对比，选取已登陆 GenBank 的与 18S rRNA 同源性较高的模式菌株进行系统发育分析。

（二）结果与分析

1. 纤维素降解菌的筛选

经过平板初筛挑取单菌落得到 184 株菌株，经过刚果红染色（图 5-41）得到 78 株具有降解内切纤维素酶能力的菌株，其中大部分属于真菌，放线菌次之，细菌最少。通过多次反复实验比较，得到透明圈直径与菌落直径比（*D*/*d*）在 2.0 以上的有 7 株（表 5-37）。

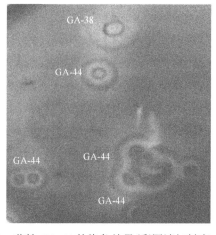

图 5-41　菌株 GA-44 的染色结果（彩图请扫封底二维码）

表 5-37　刚果红染色筛选的菌株

| 菌株编号 | 透明圈直径(D)/cm | 菌落直径(d)/cm | D/d | 菌落生长速度 |
| --- | --- | --- | --- | --- |
| PD-21 | 2.41 | 0.95 | 2.5 | 快 |
| PD-30 | 1.75 | 0.63 | 2.8 | 一般 |
| GA-44 | 2.74 | 1.26 | 2.2 | 很快 |
| QT-53 | 1.49 | 0.51 | 2.9 | 一般 |
| PD-13 | 2.34 | 0.92 | 2.5 | 快 |
| PD-12 | 1.55 | 0.62 | 2.5 | 一般 |
| G1-2 | 1.32 | 0.57 | 2.3 | 一般 |

2. 酶活力的测定

(1)最佳波长的确定

在一定范围内, 还原糖的量和反应液的颜色深浅呈正相关, 考虑到各因素的影响, 对 3,5-二硝基水杨酸试剂-水+葡萄糖标准溶液、3,5-二硝基水杨酸试剂-水两种溶液在 400~750nm 波长进行扫描, 结果发现这两种溶液显色后的生成物在 400~600nm 波长均有吸光度, 其吸收峰在 480nm 处, 但显色剂在 460~510nm 波长范围内有较明显的光吸收。因此, 测定波长的选择应避开此范围以消除显色剂对分析的干扰。在 520nm 波长处, 3,5-二硝基水杨酸本身的吸光度显著降低, 接近于它的最低值, 且生成物仍有较强的光吸收, 在此波长下测定的结果受 3,5-二硝基水杨酸的干扰小, 符合"吸收最大, 干扰最小"的原则。因此, 选择 520nm 作为测定波长, 这样在测定时, 既可保证测定的灵敏度, 又能避免显色剂的干扰, 提高了测定的准确度。

(2)菌株纤维素酶活力

复筛时各个菌株的内切纤维素酶、外切纤维素酶和滤纸酶的酶活力随时间变化情况如图 5-42 所示。其中, 在一定范围内, 菌株 GA-44 内切纤维素酶和外切纤维素酶活力明显高于其他菌株, 滤纸酶活力在培养的第 5 天就超过 600U/mL, 而其他菌株达到同等酶活力所需时间较长, 如菌株 PD-21 需要 6 天, 由此得出菌株 GA-44 的酶活力优于其他菌株。

(3)滤纸崩解实验

不同菌株的粗酶液对滤纸都有一定程度的崩解(表 5-38), 其中菌株 GA-44 在第 5 天时就能对滤纸达到完全崩解。

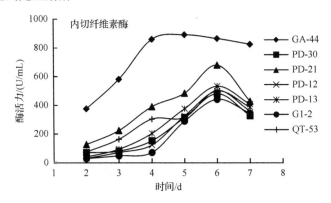

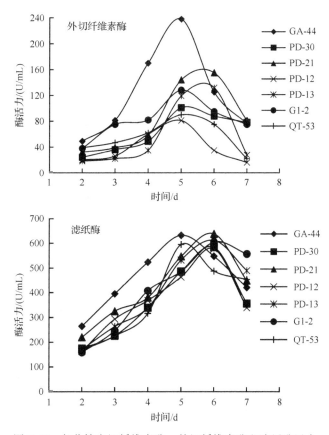

图 5-42　各菌株内切纤维素酶、外切纤维素酶和滤纸酶活力

**表 5-38　不同菌株粗酶液对滤纸的崩解程度**

| 菌株编号 | PD-21 | PD-30 | GA-44 | QT-53 | PD-13 | PD-12 | G1-2 | 空白对照 |
|---|---|---|---|---|---|---|---|---|
| 崩解程度 | ++++ | +++ | +++++ | +++ | +++ | +++ | +++ | 0 |

注：+越多，表示滤纸被崩解得越彻底

综合上述分析，选取产酶活力较高的菌株 GA-44 进行后续的研究。

3. 菌株 GA-44 的鉴定

(1)菌株 GA-44 的培养形态特征

菌株 GA-44 菌落生长快，在 PDA 培养基平板上 28℃培养，菌落最初为白色，48h 后，菌落直径达 2.31cm，菌落表面较粗糙，背面无色，中央有一绿色产孢区，随着菌落的扩大，产孢区也逐渐向外扩展(图 5-43)，老熟的菌落正面为暗绿色，背面无色，呈棉絮丝状，菌落中央凹陷，呈三环状。光学显微镜下孢子呈圆形。菌丝分枝较多，有横隔，分生孢子呈串状排列，直接着生在菌丝和次级孢子梗上(图 5-44)。由此可以初步判定菌株 GA-44 为散囊菌科菌株。

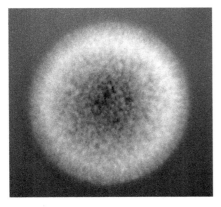

图 5-43 菌株 GA-44 的宏观形态特征
（彩图请扫封底二维码）

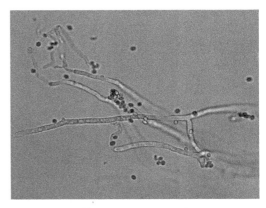

图 5-44 菌株 GA-44 的菌丝和孢子（×400）
（彩图请扫封底二维码）

（2）菌株 GA-44 的 18S rRNA 基因分子鉴定

图 5-45A 为提取得到的菌株 GA-44 基因组 DNA，将其作为 PCR 模板扩增 18S rRNA 基因的 V8～V9 区，在 370bp 处得到该基因的扩增带（图 5-45B）。测序结果表明，菌株 GA-44 的 18S rRNA 基因的 V8～V9 区序列长度为 378bp，该菌的 18S rRNA 基因的 V8～V9 区序列如下：

TTCCGCAGGGGGCACCTACGGAAACCTTGTTACGACTTTTACTTCCTCTAAATG
ACCGAGTTTGACCAACTTTCCGGCTCTGGGGGGTCGTTGCCAACCCTCCTGAGCCA
GTCCGAAGGCCTCACTGAGCCATTCAATCGGTAGTAGCGACGGGCGGTGTGTACAA
AGGGCAGGGACGTAATCGGCACGAGCTGATGACTCGTGCCTACTAGGCATTCCTCG
TTGAAGAGCAATAATTGCAATGCTCTATCCCCAGCACGACAGGGTTTAACAAGATTA
CCCAGACCTCTCGGCCAAGGTGATGTACTCGCTGGCCCTGTCAGTGTAGCGCGCGT
GCGGCCCAGAACATCTAAGGGCATCACAGACCTGTTATTGCCT

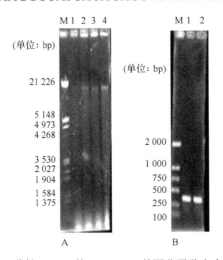

图 5-45 菌株 GA-44 的 18S rRNA 基因分子鉴定电泳图谱

A. GA-44 的 DNA 电泳图谱；M 为 λDNA/EcoRⅠ＋HindⅢ；1～4 为 GA-44 基因组 DNA

B. GA-44 的 18S rRNA 基因 V8～V9 区 PCR 扩增结果；M 为 DL2000；1、2 为 GA-44 的 18S rRNA 基因 V8～V9 区

将获得的菌株 GA-44 的 18S rRNA 基因的 V8～V9 区序列输入 GenBank，利用 BLAST 软件从 GenBank 数据库中搜索相关霉菌菌株的 18S rRNA 相应序列，发现菌株 GA-44 的 18S rRNA 与多种真菌的一致性达到 99%（表 5-39），其中与微紫青霉（*Penicillium janthinellum*）亲缘关系比较近。

表 5-39 GA-44 的 18S rRNA 基因 V8 ~ V9 区与 GenBank 已知序列的对比情况

| 菌原 | 序列 | 一致性/% |
| --- | --- | --- |
| *Penicillium janthinellum* genes for 18S rRNA | 374/377 | 99 |
| *Aspergillus niger* contig An03c0110，genomic contig | 372/377 | 99 |
| *Aspergillus niger* contig An03c0100，genomic contig | 372/377 | 99 |
| *Sagenomella humicola* strain UAMH 2890 18S ribosomal RNA gene，partial sequence | 371/377 | 98 |
| *Aspergillus niger* strain DJH1-13 18S ribosomal RNA gene，partial sequence | 371/377 | 98 |
| *Aspergillus candidus* strain MD-3 18S ribosomal RNA | 370/377 | 98 |

（三）小结

从红树林土壤、海水，以及蜡烛果和木榄的根及树皮分离得到的产纤维素酶菌株大部分属于真菌，其中菌株 GA-44 产纤维素酶活力高，其菌丝分枝，有横隔，孢子呈圆形，分生孢子呈串状排列。菌株 GA-44 的 18S rRNA 与微紫青霉（*Penicillium janthinellum*）亲缘关系较近。

## 二、菌株产酶条件与产酶性能

### （一）实验方法

#### 1. 培养基

采用液体发酵培养基和麦麸培养基。前者的组分为蛋白胨 10g、酵母提取物 10g、羧甲基纤维素钠 10.0g、氯化钠 1.5g、磷酸二氢钾 1g、七水硫酸镁 0.5g、蒸馏水 1L，121℃下湿热灭菌 30min；而后者为在液体发酵培养基中添加 1%的麦麸。

#### 2. 菌株 GA-44 的产酶条件

（1）单因素实验

对底物、碳源、氮源、培养温度、培养时间、起始 pH 等进行单因素实验。

1）底物对菌株产酶能力的影响：在液体发酵培养基中添加 1%的不同底物（羧甲基纤维素钠、甘蔗粉、麸皮、纤维素粉、稻草粉），以 1cm² 的接种量接种，在温度 28℃条件下培养 5 天，然后测定其内切纤维素酶、滤纸酶和外切纤维素酶活力。

2）碳源对菌株产酶能力的影响：在以麸皮为底物的液体发酵培养基中额外添加 1%的不同碳源（D-果糖、蔗糖、乳糖、D-葡萄糖、麦芽糖），将菌株 GA-44 以 1cm² 的接种量接种，在温度 28℃条件下培养 5 天，然后测定其内切纤维素酶、滤纸酶和外切纤维素酶活力。

3）氮源对菌株产酶能力的影响：在以麸皮为底物的液体发酵培养基添加 2%的不同氮

源(蛋白胨：酵母提取物、蛋白胨、酵母提取物、硫酸铵、脲)，将菌株 GA-44 以 1cm$^2$ 的接种量接种，在温度 28℃条件下培养 5 天，然后测定其内切纤维素酶、滤纸酶和外切纤维素酶活力。

4)培养时间对菌株产酶能力的影响：将菌株 GA-44 以 1cm$^2$ 的接种量接种到液体发酵培养基中，在温度 28℃条件下培养 48h、72h、96h、120h、144h、168h，然后测定其内切纤维素酶、滤纸酶和外切纤维素酶活力。

5)培养温度对菌株产酶能力的影响：将菌株 GA-44 以 1cm$^2$ 的接种量接种到液体发酵培养基中，在温度 25℃、28℃、30℃、32℃、35℃条件下培养 5 天，然后测定其内切纤维素酶、滤纸酶和外切纤维素酶活力。

6)起始 pH 对菌株产酶能力的影响：将菌株 GA-44 以 1cm$^2$ 的接种量接种到液体发酵培养基中，分别调节 pH 为 4.0、5.0、6.0、7.0、8.0、9.0，在温度 28℃条件下培养 5 天，然后测定其内切纤维素酶、滤纸酶和外切纤维素酶活力。

(2)正交试验

在单因素实验的基础上，选择对实验结果影响较大的因素，以内切纤维素酶、滤纸酶和外切纤维素酶活力为指标，按照 L$_9$(3$^4$)正交表进行正交试验，以确定最佳产酶的发酵条件。

3. 菌株 GA-44 与绿色木霉 G1M3.140 产酶性能评价

从产酶酶活力大小和崩解滤纸能力两个方面，对菌株 GA-44 和空白对照菌株——绿色木霉 G1M3.140 进行比较，从而评价菌株 GA-44 的产酶性能。其中，酶活力大小测定为在以麸皮为底物、蛋白胨为氮源、温度为 28℃的条件下，将菌株 GA-44 和绿色木霉 G1M3.140 发酵 108h，然后用转速 4000r/min 离心发酵液 10min，收集上清液，即粗酶液，而测其酶活力；崩解滤纸能力大小测定为将 1 条 1cm×6cm 滤纸条放入试管中，然后加入 0.2mol/L、pH 4.6 的乙酸-乙酸钠缓冲液 2mL 和发酵 120h 的粗酶液 3mL，轻轻摇匀，使滤纸条完全浸泡在液体中，在温度 40℃条件下保温，每隔 24h 观察滤纸的崩解情况。

(二)结果与分析

1. 影响菌株 GA-44 产酶能力的主要因素

(1)底物

菌株 GA-44 在以麸皮、甘蔗粉、羧甲基纤维素钠和纤维素粉为底物的发酵培养基中均有较高的内切纤维素酶、滤纸酶和外切纤维素酶活力(图 5-46)，其中以麸皮为底物时内切纤维素酶活力最大，可能是因为麸皮不仅可以为其生长提供必需碳源，还可以提供一些诱导纤维素酶产生的因子。

(2)碳源

菌株 GA-44 在以 D-葡萄糖为额外碳源时表现出的酶活力较纯底物为碳源时高，显示该菌呈现出一定的葡萄糖诱导效应，但是相对只有底物提供碳源的情况下，额外的碳源并没使酶活力成倍提高；相反在乳糖培养基中，各酶活力反而受到抑制，抑制程度达 50%(图 5-47)。

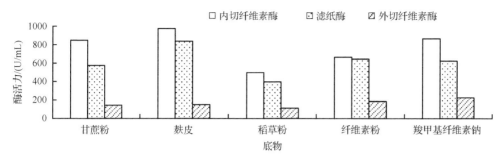

图 5-46　底物对菌株 GA-44 产酶能力的影响

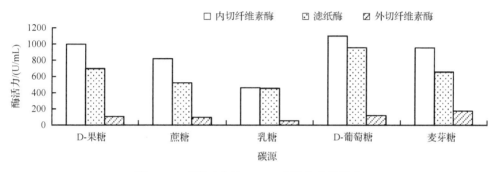

图 5-47　碳源对菌株 GA-44 产酶能力的影响

（3）氮源

菌株 GA-44 在分别以蛋白胨、硫酸铵和蛋白胨：酵母提取物=1∶1 为氮源时表现出相近的滤纸酶活力，但以蛋白胨为唯一氮源时所表现的内切纤维素酶活力稍高于其他，外切纤维素酶活力在以蛋白胨：酵母提取物=1∶1 为氮源的培养基上最高（图 5-48）。

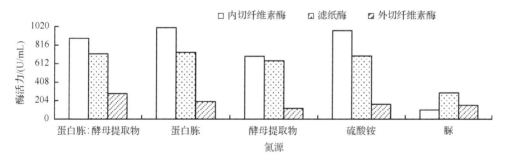

图 5-48　氮源对菌株 GA-44 产酶能力的影响

（4）培养时间

菌株 GA-44 在培养 96h 之前，内切纤维素酶活力上升迅速，之后趋于平稳，滤纸酶活力和外切纤维素酶活力在 120h 达到最大值（图 5-49）。

（5）培养温度

菌株 GA-44 在温度为 28℃时内切纤维素酶和外切纤维素酶的酶活力达最大值，滤纸酶在温度为 30℃时达最大值（图 5-50）。

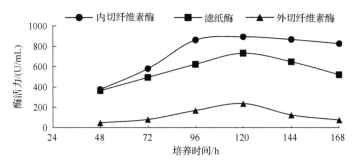

图 5-49　培养时间对菌株 GA-44 产酶能力的影响

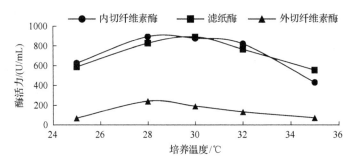

图 5-50　培养温度对菌株 GA-44 产酶能力的影响

(6) 起始 pH

菌株 GA-44 在起始 pH 为 4 时，不能生长，滤纸酶和外切纤维素酶活力在 pH 7.0 左右时达到最高，内切纤维素酶活力在 pH 8.0 时有最高值，当 pH 超过 8.0 时，各种酶活力迅速下降 (图 5-51)。因此，菌株 GA-44 不嗜酸也不嗜碱，pH 7.0 左右是最适合菌株生长的酸碱度。

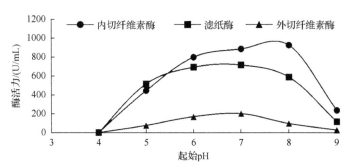

图 5-51　起始 pH 对菌株 GA-44 产酶能力的影响

2. 菌株 GA-44 产酶的最佳条件

在单因素实验的基础上，选择廉价易得的底物和对产酶影响较大的培养时间、培养温度、起始 pH，并设计各因素水平，按照 $L_9(3^4)$ 正交表进行正交试验。由表 5-40 和表 5-41 可知，发酵底物 (A)、培养时间 (B)、培养温度 (C)、起始 pH (D) 4 个因素按照极差大小的排列顺序如下：①内切纤维素酶活力呈现 A>B>D>C；②滤纸酶活力呈现 A>B>D>C；③外切纤维素酶活力呈现 D>B>A>C，由此可知 4 个因素对各酶活性的影响不完全相同。

**表 5-40 菌株 GA-44 产酶条件的因素水平**

| 水平 | 因素 | | | |
| --- | --- | --- | --- | --- |
| | A | B | C | D |
| 1 | 甘蔗粉 | 96 | 28 | 6.5 |
| 2 | 麸皮 | 108 | 30 | 7.0 |
| 3 | 纤维素粉 | 120 | 32 | 7.5 |

注：A 为发酵底物，B 为培养时间(h)，C 为培养温度(℃)，D 为起始 pH；表 5-45 和表 5-46 同

**表 5-41 菌株 GA-44 产酶条件的正交试验及其分析**

| 实验号 | A | B | C | D | 内切纤维素酶/(U/mL) | 滤纸酶/(U/mL) | 外切纤维素酶/(U/mL) |
| --- | --- | --- | --- | --- | --- | --- | --- |
| 1 | 1 | 1 | 1 | 1 | 805±21.4 | 803±13.9 | 113±6.5 |
| 2 | 1 | 2 | 2 | 2 | 835±7.6 | 798±9.7 | 64±9.1 |
| 3 | 1 | 3 | 3 | 3 | 617±13.3 | 570±22.1 | 136±8.8 |
| 4 | 2 | 1 | 2 | 3 | 976±24.4 | 753±13.9 | 206±7.5 |
| 5 | 2 | 2 | 3 | 1 | 1043±12.6 | 1091±21.6 | 125±11.1 |
| 6 | 2 | 3 | 1 | 2 | 793±11.5 | 850±8.4 | 85±9.9 |
| 7 | 3 | 1 | 3 | 2 | 656±23.5 | 487±14.1 | 168±7.1 |
| 8 | 3 | 2 | 1 | 3 | 668±13.6 | 609±9.7 | 168±6.7 |
| 9 | 3 | 3 | 2 | 1 | 702±8.3 | 378±15.8 | 91±8.4 |

| | 内切纤维素酶 | | | | 滤纸酶 | | | | 外切纤维素酶 | | | |
| --- | --- | --- | --- | --- | --- | --- | --- | --- | --- | --- | --- | --- |
| | A | B | C | D | A | B | C | D | A | B | C | D |
| $\overline{K_1}$ | 752 | 812 | 755 | 850 | 724 | 681 | 754 | 760 | 104 | 162 | 122 | 110 |
| $\overline{K_2}$ | 937 | 849 | 838 | 761 | 898 | 833 | 643 | 712 | 139 | 119 | 120 | 106 |
| $\overline{K_3}$ | 675 | 704 | 772 | 754 | 491 | 599 | 716 | 644 | 142 | 104 | 143 | 170 |
| R | 262 | 145 | 83 | 96 | 407 | 234 | 111 | 116 | 38 | 58 | 23 | 64 |
| 较优水平 | $A_2$ | $B_2$ | $C_2$ | $D_1$ | $A_2$ | $B_2$ | $C_1$ | $D_1$ | $A_3$ | $B_1$ | $C_3$ | $D_3$ |
| 主次因素 | A>B>D>C | | | | A>B>D>C | | | | D>B>A>C | | | |

从表 5-41 和表 5-42 可知，发酵底物(A)对内切纤维素酶活力和滤纸酶活力的影响显著，而培养时间(B)和起始 pH(D)影响不显著，由此得出菌株在以麸皮为底物、温度 28～32℃、pH 6.5～7.5 的条件下发酵 108h 是较好的发酵条件。

3. 菌株 GA-44 的酶活力

表 5-43 为菌株 GA-44 和绿色木霉 G1M3.140 发酵后的粗酶液酶活力的测定结果。其中，在同等条件下，菌株 GA-44 比绿色木霉 G1M3.140 具有更高的内切纤维素酶活力和滤纸酶活力，尤其是菌株 GA-44 的内切纤维素酶活力是绿色木霉 G1M3.140 的近 3 倍，由此可以推测菌株 GA-44 具有较高的应用价值和研究价值。

### 表 5-42 正交试验的方差分析

| 变异来源 | | 平方和 | 自由度 | 均方 | $F$ 值 | $F_\alpha$ | 显著性 |
|---|---|---|---|---|---|---|---|
| 内切纤维素酶 | A | 108 798.0 | 2 | 54 399.0 | 7.62 | $F_{0.05}(2,4)=6.944$ | * |
| | B | 33 984.7 | 2 | 16 992.4 | 2.38 | $F_{0.01}(2,4)=18.00$ | |
| | 误差 | 28 569.3 | 4 | 7 142.3 | | | |
| | 总和 | 171 352 | 8 | | | | |
| 滤纸酶 | A | 249 748.7 | 2 | 124 874.4 | 12.94 | $F_{0.05}(2,4)=6.944$ | * |
| | B | 84 116.7 | 2 | 42 058.4 | 4.36 | $F_{0.01}(2,4)=18.00$ | |
| | 误差 | 38 602.6 | 4 | 9 650.7 | | | |
| | 总和 | 372 468 | 8 | | | | |
| 外切纤维素酶 | B | 5 505.6 | 2 | 2 752.8 | 3.06 | $F_{0.05}(2,4)=6.944$ | |
| | D | 7 794.9 | 2 | 3 897.5 | 4.34 | $F_{0.01}(2,4)=18.00$ | |
| | 误差 | 3 593.7 | 4 | 898.4 | | | |
| | 总和 | 16 894.2 | 8 | | | | |

注：*表示在 0.05 水平上差异显著，**表示在 0.01 水平上差异极显著

### 表 5-43 不同菌株酶液酶活力的比较

| 菌株 | 内切纤维素酶/(U/mL) | 滤纸酶/(U/mL) | 外切纤维素酶/(U/mL) |
|---|---|---|---|
| 菌株 GA-44 | 1038 | 1056 | 179 |
| 绿色木霉 G1M3.140 | 347 | 679 | 254 |

### 4. 滤纸崩解特征

由表 5-44 可知，不同菌株的粗酶液对滤纸都有一定程度的崩解，其中菌株 GA-44 在 96h 时就能对滤纸达到完全崩解（图 5-52），而绿色木霉 G1M3.140 需要 144h。因此，在同等发酵条件下菌株 GA-44 比绿色木霉 G1M3.140 具有更高的纤维素酶活力。

### 表 5-44 不同菌株粗酶液对滤纸的崩解程度

| 菌株编号 | PD-21 | PD-30 | GA-44 | QT-53 | PD-13 | PD-12 | G1-2 | 空白对照 |
|---|---|---|---|---|---|---|---|---|
| 崩解程度 | ++++ | +++ | +++++ | +++ | +++ | +++ | +++ | 0 |

注：+越多，表示滤纸被崩解得越彻底

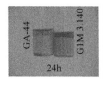

图 5-52 菌株 GA-44 和绿色木霉 G1M3.140 的崩解滤纸能力比较（彩图请扫封底二维码）

（三）小结

从红树林土壤、海水，以及蜡烛果和木榄的根及树皮分离得到的产纤维素酶菌株 GA-44 具有较高的纤维素酶活力，并且有较宽的培养 pH 和温度范围，且发酵时间短，在以麸皮为底物的培养基上，显示较高的酶活力，菌株 GA-44 发酵液在 96h 内可以将滤纸条完全崩解，可为通过物理化学进行诱变或者通过基因改造获得更高酶活力菌株奠定重要基础。

## 三、酶的分离纯化

（一）实验方法

1. 纤维素酶的分离纯化

（1）硫酸铵盐析

将盛有 300mL 粗酶液的烧杯放入装有冰水的大烧杯内，并用磁力搅拌器搅拌，边搅拌边慢慢地加入固体硫酸铵 87.3g，达到 50%饱和度后放入 4℃冰箱中存放约 12h，然后用转速 4000r/min 离心 10min，取上清液，继续加入硫酸铵 37.5g，达到 70%的饱和度后再进行离心。沉淀用 20mL 的 0.05mol/L 乙酸铵缓冲液溶解，使粗酶液体积浓缩 15 倍，测定浓缩液的内切纤维素酶、滤纸酶和外切纤维素酶的酶活力。

（2）Sephadex G-25 脱盐

取盐析浓缩酶液 11mL，上样于装有葡聚糖凝胶 G-25（Sephadex G-25）的 Φ16mm×300mm 层析柱中，柱床体积 55mL，用 0.05mol/L 的乙酸铵缓冲液洗脱，灵敏度 0.5A，洗脱速度为 1mL/2min，每管收集 2mL，跟踪检测 280nm 波长处吸光度，收集酶的活性峰，合并同一洗脱峰对应的收集液，测定酶活力。

（3）Sephadex G-100 柱层析

取 5mL 脱盐的活性峰酶液，上样于装有 Sephadex G-100 的 Φ16mm×300mm 层析柱中，柱床体积 28mL，用 0.05mol/L 的乙酸铵缓冲液洗脱，洗脱速度为 1mL/2min，每管收集 2mL，跟踪检测 280nm 波长处吸光度，收集酶的活性峰，合并同一洗脱峰对应的收集液，测定酶活力。

2. 酶活力实验方法

酶活力实验方法与本节"一、纤维素降解菌的筛选及其菌株鉴定"中的相同。

3. 蛋白质含量测定

以牛血清白蛋白为标准样品，在 280nm 波长处测定吸光度，以蛋白质含量（$x$）为横坐标，吸光度（$y$）为纵坐标，绘制蛋白质标准曲线，结果如图 5-53 所示，相应的回归方程为

$$y=0.5663x+0.0019 \qquad R^2=0.9989 \qquad (5\text{-}7)$$

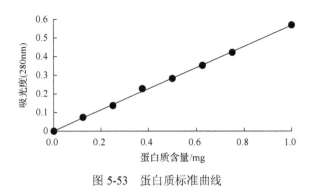

图 5-53　蛋白质标准曲线

　　测定粗酶液，以及经过硫酸铵盐析、Sephadex G-25 脱盐和 Sephadex G-100 柱层析的纯化酶液在 280nm 波长下的吸光度，对照蛋白质标准曲线，求得蛋白质含量。

4. 酶纯度的鉴定

　　将纯化后的酶液轻轻点于薄层层析薄板上，用电吹风将其吹干，然后放进已经充满饱和气体的展开缸中进行展开，待展开剂前沿接近顶端时，停止展层，用铅笔做好标记，用电吹风吹干后，喷上 0.5% 茚三酮溶液染色，电吹风吹干，计算 $R_f$ 值。

（二）结果与分析

1. 纤维素酶分离纯化的跟踪检测

　　Sephadex G-25 脱盐跟踪检测结果如图 5-54 所示。其中，吸光度随时间变化有 2 个峰，分别收集这两个峰值洗脱时间 20～40min 和 74～94min 的酶液，测定它们的内切纤维素酶、滤纸酶和外切纤维素酶的酶活力，结果如表 5-45 所示。

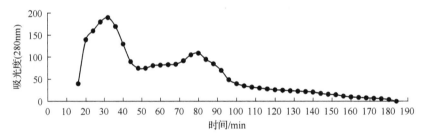

图 5-54　Sephadex G-25 脱盐跟踪检测

表 5-45　不同洗脱时间酶液的酶活力

| 洗脱时间/min | 内切纤维素酶/(U/mL) | 滤纸酶/(U/mL) | 外切纤维素酶/(U/mL) |
|---|---|---|---|
| 20～40 | 867 | 774 | 177 |
| 74～94 | 95 | 285 | 171 |

　　由表 5-45 可知，洗脱时间 74～94min 收集的酶液酶活力要比洗脱时间 20～40min 收集的低，这可能是因为其中含有大量的杂蛋白，故收集 20～40min 的酶液采用 Sephadex G-100 柱层析法进行纯化，其结果如图 5-55 所示。

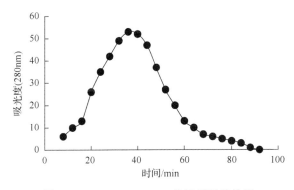

图 5-55　Sephadex G-100 柱层析跟踪检测

根据图 5-55，洗脱时间 28～48min 收集的酶液具有峰值，其内切纤维素酶、滤纸酶和外切纤维素酶的酶活力测定结果如表 5-46 所示。粗酶液经过硫酸铵盐析、Sephadex G-25 脱盐和 Sephadex G-100 柱层析后得到的纯化结果如表 5-46 所示。其中，盐析后除去了大量的非蛋白杂质，内切纤维素酶、滤纸酶和外切纤维素酶分别纯化了 1.6 倍、1.4 倍和 1.5 倍。Sephadex G-25 除去了大量的盐和杂蛋白，内切纤维素酶、滤纸酶和外切纤维素酶分别纯化了 7.4 倍、6.8 倍和 7.7 倍。Sephadex G-100 凝胶柱的分子排阻效应比较明显，内切纤维素酶、滤纸酶和外切纤维素酶分别纯化了 8.5 倍、16.9 倍和 29 倍；纯化后内切纤维素酶、滤纸酶和外切纤维素酶的酶活力回收率分别是 26.5%、57.2%、87.6%。结果表明纯化方法较合适，效果比较理想，Sephadex G-25 脱盐比透析法脱盐效果好，最后的纯化倍数和回收率都处于较高水平。

表 5-46　纤维素酶的分离纯化

| 样品 | 总蛋白/mg | 内切纤维素酶/(U/mL) | 滤纸酶/(U/mL) | 外切纤维素酶/(U/mL) | 回收率/% | | | 比活力 | | | 纯化倍数 | | |
|---|---|---|---|---|---|---|---|---|---|---|---|---|---|
| | | | | | 内切纤维素酶 | 滤纸酶 | 外切纤维素酶 | 内切纤维素酶 | 滤纸酶 | 外切纤维素酶 | 内切纤维素酶 | 滤纸酶 | 外切纤维素酶 |
| 1 | 43.2 | 1008 | 978 | 199 | 100.0 | 100.0 | 100.0 | 23.3 | 22.6 | 4.6 | 1.0 | 1.0 | 1.0 |
| 2 | 26.4 | 962 | 916 | 188 | 95.4 | 93.7 | 94.5 | 36.4 | 30.7 | 7.1 | 1.6 | 1.4 | 1.5 |
| 3 | 5.0 | 867 | 774 | 177 | 90.1 | 84.5 | 94.1 | 173.4 | 154.8 | 35.4 | 7.4 | 6.8 | 7.7 |
| 4 | 1.16 | 230 | 443 | 155 | 26.5 | 57.2 | 87.6 | 198.3 | 381.9 | 133.6 | 8.5 | 16.9 | 29.0 |

注：1 为粗酶液；2 为硫酸铵盐析的样品；3 为过 Sephadex G-25 层析柱的样品；4 为过 Sephadex G-100 层析柱的样品

2. 酶纯度

将 Sephadex G-25 脱盐后得到的洗脱时间为 20～40min 的酶液和 Sephadex G-100 层析后得到的洗脱时间为 28～48min 的酶液分别点样于薄板，层析后发现 Sephadex G-25 组样品形成了几个物质团，但未能充分分离，而 Sephadex G-100 组样品层析分离结果较好，有 3 种比较单一的物质，$R_f$ 值分别是 0.29、0.42 和 0.62，说明粗酶液经 Sephadex G-100 层析后的纯度比较高。

（三）小结

从红树林中筛选得到的青霉属菌株 GA-44 所产的纤维素酶酶液经分离纯化后得到由 3 种单一酶组成的纤维素酶系，3 种单一酶分别为内切纤维素酶、滤纸酶和外切纤维素酶，该酶系纯化后的内切纤维素酶纯化倍数和酶活力回收率分别为 8.5 倍和 26.5%，而外切纤维素酶的分别为 29.0 和 87.6%，总酶（即滤纸酶）的分别为 16.9 倍和 57.2%。纤维素酶系最适反应条件如下：内切纤维素酶为 55℃、pH 3.2；外切纤维素酶为 45℃、pH 3.2；滤纸酶为 55℃、pH 3.6。

## 四、纤维素酶的酶学性质

（一）实验方法

1. 酶相对分子质量的测定

将纯化的酶液真空浓缩后，同对照蛋白胰蛋白酶、透明质酸酶、胰凝乳蛋白酶、牛血清白蛋白一起在 Protein-Pak 125 Column（7.8mm×300mm）色谱柱，流动相 A 乙腈、B 0.05mol/L 乙酸铵（A/B=0.3/0.7），梯度洗脱，流速 1mL/min，进样量 15.0μL，柱温 30℃，检测波长 280nm 条件下进行高效液相分析。根据纯化酶液的保留时间长短同对照蛋白相对分子质量与保留时间的线性方程可以得出纤维素酶的相对分子质量。

2. 酶学性质的测定

（1）最适反应温度

将粗酶液分别在 40℃、45℃、50℃、55℃、60℃温度条件下反应一定时间后，测定内切纤维素酶、滤纸酶和外切纤维素酶活力，以研究温度对酶活力的影响。

（2）最适 pH

在 50℃温度条件下，粗酶液在 pH 分别为 2.6、3.2、3.6、4.2、4.6、5.2、5.6、6.2、6.6、7.2 的磷酸氢二钠-柠檬酸缓冲液条件下反应一定时间，然后测定内切纤维素酶、滤纸酶和外切纤维素酶活力，以研究 pH 对酶活力的影响。

3. 菌株 GA-44 对盐浓度的耐受性

将菌株 GA-44 以 1cm² 的接种量接种到氯化钠含量分别为 1.0%、1.5%、2.0%、2.5%、3.0% 的羧甲基纤维素钠产酶发酵培养基中，在温度 28℃条件下培养 5 天，分别测定其内切纤维素酶、滤纸酶和外切纤维素酶的酶活力。

（二）结果与分析

1. 酶的相对分子质量

将 Sephadex G-25 脱盐得到的洗脱时间 20～40min 的酶液和 Sephadex G-100 层析得到的洗脱时间 28～48min 的酶液，冷冻干燥后，与对照蛋白一起进行高效液相色谱分析，结果发现 Sephadex G-25 脱盐得到的洗脱时间 20～40min 的酶液的峰型比较乱，说明含有较多的杂蛋白，而 Sephadex G-100 层析得到的洗脱时间 28～48min 酶液的成分基本分离，峰型比较单一，因此选择后者进行相对分子质量的测定。以对照蛋白的保留时间为横坐标($x$)，相对分子质量为纵坐标($y$)，绘制得到的线性曲线，其结果如图 5-56 所示，回归方程为

$$y=-5484.3x+97\,971 \tag{5-8}$$

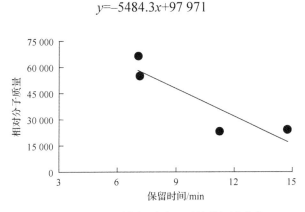

图 5-56　对照蛋白相对分子质量的标准曲线

对照蛋白线性曲线显示 Sephadex G-100 层析得到的洗脱时间 28~48min 的酶液中含有 3 种纤维素酶，相对分子质量分别为 56 454、52 610 和 49 040，初步确定它们分别是β-葡萄糖苷酶、内切葡聚糖酶和外切纤维素酶。

2. 温度对酶活力的影响

图 5-57 为不同反应温度对内切纤维素酶、外切纤维素酶和滤纸酶活力的影响结果。其中，内切纤维素酶活力和滤纸酶活力在 55℃时达到最大，分别为 1074U/mL 和 943U/mL；外切纤维素酶活力在 45℃时达到最大值，为 224U/mL。

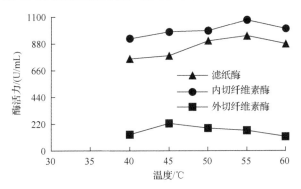

图 5-57　温度对内切纤维素酶、外切纤维素酶和滤纸酶活力的影响

3. pH 对酶活力的影响

图 5-58 为不同 pH 对内切纤维素酶、外切纤维素酶和滤纸酶活力的影响结果。其中，内切纤维素酶活力和外切纤维素酶活力在 pH 为 3.2 时达到最大，分别为 1831U/mL 和 674U/mL；滤纸酶活力在 pH 为 3.6 时最大，达 867U/mL。

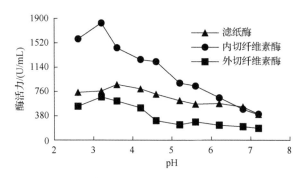

图 5-58　pH 对内切纤维素酶、外切纤维素酶和滤纸酶活力的影响

4. 菌株 GA-44 对盐浓度的耐受性

菌株 GA-44 的内切纤维素酶、滤纸酶和外切纤维素酶在氯化钠浓度为 1%～3%的发酵培养基中均保持较高的活性（图 5-59），并且该菌没有表现出嗜盐现象，由此可以推测该菌株是从陆地转移到海洋的。

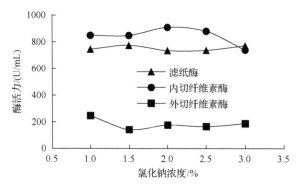

图 5-59　菌株 GA-44 对氯化钠浓度的耐受性

（三）小结

从红树林中分离得到的菌株 GA-44 具有较强的产纤维素酶能力，其发酵后粗酶液内切纤维素酶、滤纸酶、外切纤维素酶的酶活力分别为 1038U/mL、1056U/mL、179U/mL。菌株 GA-44 在含盐量 1%～3%的环境中保持较高的酶活力，但没有表现出嗜盐现象。菌株 GA-44 是红树林重要的微生物资源之一，具有较高的研究和应用价值。

# 第六章　广西红树林生态系统服务及其价值评估

红树林生态系统是一种重要的滨海湿地资源，是全球生产力最高的生态系统之一，对其价值进行定量研究可提供一种有助于衡量海岸带和近海经济可持续发展水平的指标，加深对自然资源的价值和资源再投资重要性的认识(中国环境与发展国际合作委员会，1997)。目前，人们对红树林生态系统服务及其重要性的了解还不够充分，同时由于保护和管理水平低、当地某些经济开发政策导向错误等，破坏红树林的现象时有发生，不仅对红树林生态系统服务造成损害，还危害到当地的生态安全及社会经济发展。例如，海堤、农田、养殖塘等因红树林被砍伐后而容易被潮汐或海浪冲毁。因此，充分认识红树林生态系统服务及其价值，保护和恢复受损的红树林生态系统，加强海岸生态环境建设，应该成为各级政府决策部门的共识。对红树林生态系统服务进行"定价"简单来说就是采用国际公认的价值评估体系来计算红树林生态系统究竟每年给人类创造了多大的价值，能以货币形式让人们去认识红树林生态系统的重要性，有助于提高人们保护和可持续利用红树林生态系统资源的意识。为此，我们主要探讨以下几个方面的问题：①红树林生态系统服务及其价值评估的指标筛选和体系建立；②红树林生态系统服务非市场交易价值的评估方法；③红树林生态系统服务各组分及其与主要环境因子之间的概念模型；④开发红树林生态系统服务的生态风险及受损红树林生态系统服务的评估。此外，分析人类活动对红树林生态系统服务的影响，并提出红树林生态系统服务的保护策略。因此，研究结果将为广西红树林生态系统资源提供货币化价值核算，为决策者提供资源、环境的信息，促使决策者在经济发展的决策中考虑生态环境成本，实事求是地制订计划、做出决策、加强自然资源的管理，建立生态补偿机制和完善红树林生态系统的管理机制，最终建立红树林生态系综合经济与资源环境核算体系。

## 第一节　红树林生态系统服务的分类体系

根据红树林生态系统服务的不同效益类型及表现形式，系统地进行诸如实物使用、资源服务、护岸、维护环境质量、景观美学、文化艺术源泉、精神和宗教信仰等功能型划分，并将各类功能归并为资源、环境、人文等功能组，构建"功能型→功能组"的层次结构关系,建立优化和系统的红树林生态系统服务分类体系。在参考Costanza等(1997)的生态系统服务分类的基础上，把广西红树林生态系统服务划分成三大类七小类17个基本类型(表6-1)。

**表 6-1 广西红树林生态系统服务分类体系**

| 一级分类 | 二级分类 | 三级分类 | 含义 |
|---|---|---|---|
| 资源功能 | 实物使用功能 | 植物资源 | 植物资源主要包括：①食用；②药用；③材用；④薪柴；⑤养蜂；⑥绿肥；⑦饲用；⑧染料 |
| | | 动物资源 | 动物资源主要包括：①食用；②药用；③饲用 |
| | 资源服务功能 | 科学研究 | 提供生物学、生态学、海洋学的研究对象和研究场所 |
| | | 科普教育 | 提供生物学、生态学、海洋学的科普教育场所 |
| | | 生态旅游 | 提供休闲娱乐、生态旅游活动的场所 |
| 环境功能 | 护岸功能 | 保护土壤 | 防止侵蚀，减少养分氮、磷、钾的流失 |
| | | 促淤造陆 | 减缓海水流速，加速海水颗粒物质沉积的速率 |
| | | 防风消浪 | 降低风速和海浪波能，减少灾害 |
| | 维护环境质量功能 | 空气调节 | 固定二氧化碳、释放氧气，维持大气二氧化碳/氧气平衡，减少温室效应气体 |
| | | 气候调节 | 减少温差，增加蒸腾量，增大空气湿度 |
| | | 营养调节 | 制造有机物，贮存养分，促进营养循环 |
| | | 净化环境 | 降解污染物，富集或吸附重金属，净化大气 |
| | | 维护生物多样性 | ①海洋生物栖息地和避难所；②海洋生物产卵、繁殖的场所；③维持生物基因资源；④维护红树林生态系统稳定 |
| | | 传粉作用 | 红树林区昆虫具有传粉的功能 |
| | | 维持近海渔业 | 红树林碎屑物为近海鱼类提供丰富饵料 |
| | | 病虫害防治 | 红树林鸟类起病虫害防治作用 |
| | | 维持海岸景观 | 绿化潮间带光滩及红树林景观 |
| 人文功能 | 景观美学功能 | | 红树林景观的艺术审美功能及情操陶冶 |
| | 文化艺术源泉功能 | | 提供摄影、绘画、文学、音乐等作品的创作素材 |
| | 精神和宗教信仰功能 | | 对沿岸居民宗教、民俗文化和风土人情的影响 |

## 一、资源功能

红树林生态系统的资源功能主要由两个方面组成，一是可以直接利用的实物资源，如海榄雌、蜡烛果、秋茄树、红海榄、木榄、海漆、老鼠簕、银叶树等红树林植物资源，以及贝类、蟹类、虾类、鱼类等各种动物资源；二是整个生态系统资源的存在，为人类的科学研究、文化教育、旅游娱乐提供间接或直接的服务。

### （一）实物使用功能

红树林生态系统直接的实物使用功能主要包括植物资源和动物资源。

1. 植物资源

广西红树林植物可以划分为红树植物、半红树植物、伴生植物、藻类植物 4 大类群，其中前 3 大类群有开发利用价值，常见的种类有 33 科 59 属 76 种，其资源类型有食用、药用、材用、薪柴、养蜂、绿肥、饲用、染料等。对于这些植物资源的开发利用，一些是传统上的习惯利用，另一些则随着红树林生态系统保护力度的加大或者替代品的出现，已经受到限制，甚至被禁止(表 6-2)。

表 6-2　广西红树林主要植物资源及其利用现状

| 科名 | 种名 | 利用部位 | 用途 | 利用现状 |
|---|---|---|---|---|
| 红树科 Rhizophoraceae | 木榄 *Bruguiera gymnorrhiza* | 根皮、树皮、枝条、叶、果实、胚轴 | 药用 | 传统利用 |
| | | 膝状呼吸根 | 观赏 | 传统利用 |
| | | 胚轴 | 观赏、食用 | 传统利用 |
| | | 花 | 观赏 | 传统利用 |
| | | 树皮 | 染料 | 传统利用，但目前已禁止 |
| | | 树干 | 木材 | 传统利用，但目前已禁止 |
| | | 树干、枝 | 薪材 | 传统利用，但目前已禁止 |
| | | 群落 | 观赏、防浪护堤 | 传统利用 |
| | 秋茄树 *Kandelia obovata* | 根、树皮、叶、果实、胚轴 | 药用 | 传统利用 |
| | | 板状呼吸根 | 观赏 | 传统利用 |
| | | 胚轴 | 观赏、食用 | 传统利用 |
| | | 树干 | 木材 | 传统利用，但目前已禁止 |
| | | 树干、枝 | 薪材 | 传统利用，但目前已禁止 |
| | | 群落 | 观赏、防浪护堤 | 传统利用 |
| | 红海榄 *Rhizophora stylosa* | 树皮、叶、根 | 药用 | 传统利用 |
| | | 拱状支柱根 | 观赏 | 传统利用 |
| | | 胚轴 | 观赏、食用 | 传统利用 |
| | | 树皮 | 染料 | 传统利用，但目前已禁止 |
| | | 树干 | 木材 | 传统利用，但目前已禁止 |
| | | 树干、枝 | 薪材 | 传统利用，但目前已禁止 |
| | | 群落 | 观赏、防浪护堤 | 传统利用 |
| 海桑科 Sonneratiaceae | 无瓣海桑 *Sonneratia apetala* | 叶、果实、花 | 药用 | 具有潜在利用价值 |
| | | 笋状呼吸根 | 观赏 | 具有潜在利用价值 |
| | | 树干 | 木材 | 潜在开发利用价值高 |
| | | 树干、枝 | 薪材 | 目前禁止利用 |
| | | 群落 | 观赏、防浪护堤 | 人工造林 |
| 使君子科 Combretaceae | 榄李 *Lumnitzera racemosa* | 树汁、叶、果实 | 药用 | 传统利用 |
| | | 树干 | 材用 | 传统利用，但目前已禁止 |
| | | 树干、枝 | 薪材 | 传统利用，但目前已禁止 |
| | | 群落 | 防浪护堤 | 人工造林 |
| | 拉关木 *Laguncularia racemosa* | 叶、果实、花 | 药用 | 具有潜在利用价值 |
| | | 树干 | 材用 | 具有潜在利用价值 |
| | | 树干、枝 | 薪材 | 目前禁止利用 |
| | | 群落 | 防浪护堤 | 人工造林 |

续表

| 科名 | 种名 | 利用部位 | 用途 | 利用现状 |
|------|------|----------|------|----------|
| 大戟科 Euphorbiaceae | 海漆 *Excoecaria agallocha* | 根、根栓皮、树干、树皮、树汁、木材、叶、种子 | 药用 | 传统利用 |
| | | 表面根 | 观赏 | 传统利用 |
| | | 树干 | 木材 | 传统利用，但目前已禁止 |
| | | 树干、枝 | 薪材 | 传统利用，但目前已禁止 |
| | | 群落 | 防浪护堤 | 传统利用 |
| 紫金牛科 Myrsinaceae | 蜡烛果 *Aegiceras corniculatum* | 树皮、叶 | 药用 | 传统利用 |
| | | 树干、枝 | 薪材、筑堤 | 传统利用，但目前已禁止 |
| | | 枝叶 | 养殖 | 少量使用 |
| | | 花 | 养蜂 | 传统利用 |
| | | 群落 | 观赏、防浪护堤 | 传统利用 |
| 马鞭草科 Verbenaceae | 海榄雌 *Avicennia marina* | 树干、树皮、叶、果实 | 药用 | 传统利用 |
| | | 指状呼吸根 | 观赏 | 传统利用 |
| | | 果实 | 食用 | 传统利用 |
| | | 枝叶 | 养殖 | 少量使用 |
| | | 树干、枝 | 薪材、筑堤 | 传统利用，但目前已禁止 |
| | | 群落 | 观赏、防浪护堤 | 传统利用 |
| | 苦郎树 *Clerodendrum inerme* | 根、树皮、树汁、枝、叶 | 药用 | 传统利用 |
| | | 花 | 养蜂 | 传统利用 |
| | | 群落 | 防浪护堤 | 传统利用 |
| | 单叶蔓荆 *Vitex rotundifolia* | 叶、果实 | 药用 | 传统利用 |
| | | 花 | 观赏 | 具有潜在利用价值 |
| | | 群落 | 观赏、防浪护堤 | 具有潜在利用价值 |
| 爵床科 Acanthaceae | 老鼠簕 *Acanthus ilicifolius* | 全株、根、茎、叶、果实、种子 | 药用 | 传统利用 |
| | | 花 | 观赏 | 传统利用 |
| | | 群落 | 观赏、防浪护堤 | 传统利用 |
| 梧桐科 Sterculiaceae | 银叶树 *Heritiera littoralis* | 根、树干、树皮、枝、叶、种子 | 药用 | 传统利用 |
| | | 树干 | 木材 | 传统利用，但目前已禁止 |
| | | 树干、枝 | 薪材 | 传统利用，但目前已禁止 |
| | | 种子 | 食用 | 民间偶尔利用 |
| | | 群落 | 观赏、防浪护堤 | 人工造林 |
| 豆科 Fabaceae | 水黄皮 *Pongamia pinnata* | 全株、根、树干、树皮、叶、花、种子 | 药用 | 传统利用 |
| | | 树干 | 木材 | 传统利用，但目前已禁止 |
| | | 树干、枝 | 薪材 | 传统利用，但目前已禁止 |
| | | 群落 | 观赏、防浪护堤 | 人工造林 |
| | 鱼藤 *Derris trifoliata* | 根、茎、叶 | 药用 | 传统利用 |

续表

| 科名 | 种名 | 利用部位 | 用途 | 利用现状 |
|---|---|---|---|---|
| 锦葵科 Malvaceae | 黄槿 Hibiscus tiliaceus | 根、树皮、叶、花 | 药用 | 传统利用 |
| | | 嫩枝 | 食用 | 民间偶尔利用 |
| | | 树干 | 材用 | 人工种植并利用 |
| | | 树干、枝 | 薪材 | 人工种植并利用 |
| | | 花 | 观赏、养蜂 | 传统利用 |
| | | 群落 | 观赏、防浪护堤 | 人工造林 |
| | 桐棉 Thespesia populnea | 根、树皮、叶、花、花梗、果实 | 药用 | 传统利用 |
| | | 树干、枝 | 薪材 | 传统利用，但目前已禁止 |
| | | 花 | 观赏、养蜂 | 传统利用 |
| | | 群落 | 观赏、防浪护堤 | 人工造林 |
| 夹竹桃科 Apocynaceae | 海杧果 Cerbera manghas | 根、树皮、叶片、树皮、树汁、果实、种子 | 药用 | 传统利用 |
| | | 树干 | 材用 | 人工种植并利用 |
| | | 树干、枝 | 薪材 | 人工种植并利用 |
| | | 花、果 | 观赏 | 传统利用 |
| | | 群落 | 观赏、防浪护堤 | 人工造林 |
| 菊科 Asteraceae | 阔苞菊 Pluchea indica | 根、茎、皮、枝、叶 | 药用 | 传统利用 |
| | | 群落 | 观赏、防浪护堤 | 人工造林 |
| 凤尾蕨科 Pteridaceae | 卤蕨 Acrostichum aureum | 根状茎、叶 | 药用 | 传统利用 |
| | | 嫩叶 | 食用 | 民间偶尔利用 |
| | | 群落 | 观赏、防浪护堤 | 传统利用 |
| 旋花科 Convolvulaceae | 厚藤 Ipomoea pes-caprae | 全株、叶 | 药用 | 传统利用 |
| | | 嫩茎叶 | 食用 | 民间偶尔利用 |
| | | 花 | 观赏 | 传统利用 |
| | | 群落 | 观赏、防浪护堤 | 传统利用 |
| 苦槛蓝科 Myoporaceae | 苦槛蓝 Pentacoelium bontioides | 根、茎、叶 | 药用 | 传统利用 |
| | | 花 | 观赏 | 传统利用 |
| | | 群落 | 观赏、防浪护堤 | 人工造林 |
| 草海桐科 Goodeniaceae | 草海桐 Scaevola taccada | 全株、叶 | 药用 | 传统利用 |
| | | 花 | 观赏 | 传统利用 |
| | | 群落 | 观赏、防浪护堤 | 人工造林 |
| 石蒜科 Amaryllidaceae | 文殊兰 Crinum asiaticum var. sinicum | 鳞茎、叶 | 药用 | 传统利用 |
| | | 花 | 观赏 | 传统利用 |
| | | 群落 | 观赏 | 人工种植 |
| 露兜树科 Pandanaceae | 露兜树 Pandanus tectorius | 根、叶、花、果 | 药用 | 传统利用 |
| | | 叶 | 编织材料 | 传统利用 |
| | | 果 | 观赏、食用 | 传统利用 |
| | | 群落 | 观赏、防浪护堤 | 人工造林 |

2. 动物资源

红树林生态环境条件优越，食物链第一生产者生产力高，为许多海洋动物提供了理想的生长发育、觅食、栖息、繁殖、躲避敌害的场所。因此，红树林不仅物种多样性丰富，而且动物资源类型多，经济价值高。广西红树林动物可以划分为浮游动物、底栖动物、鱼类、昆虫、鸟类 5 大类群，其中底栖动物、鱼类和鸟类具有较大的开发利用价值，功能作用包括药用、食用、饲用、饵料、观赏、工艺品等方面。在这些红树林动物资源中，底栖动物的资源类型相对较为复杂(表 6-3)；鱼类除了少数种类被民间用作药物之外，多数种类被作为食物；鸟类特别是鹭类具有较高的观赏价值，是重要的红树林生态景观旅游资源。然而，值得注意的是，红树林动物中的一些种类属于世界自然保护联盟、其他国际组织或者中国的保护动物。

**表 6-3　广西红树林底栖动物主要资源及其利用现状**

| 动物类群 | 科名 | 种名 | 用途 | 利用现状 |
|---|---|---|---|---|
| 环节动物门 Annelida | 吻沙蚕科 Glyceridae | 长吻沙蚕 Glycera chirori | 饲用、饵料 | 传统利用 |
| | 沙蚕科 Nereididae | 红角沙蚕 Ceratonereis erythraeensis | 饲用、饵料 | 具有潜在利用价值 |
| | | 角沙蚕 Ceratonereis mirabilis | 饲用、饵料 | 具有潜在利用价值 |
| | | 羽须鳃沙蚕 Dendronereis pinnaticirris | 饲用、饵料 | 具有潜在利用价值 |
| | | 单叶沙蚕 Namalycastis abiuma | 饲用、饵料、环境修复 | 具有潜在利用价值 |
| | | 日本刺沙蚕 Neanthes japonica | 药用、食用、饲用、饵料 | 传统利用 |
| | | 全刺沙蚕 Nectoneanthes oxypoda | 药用、饲用、饵料 | 具有潜在利用价值 |
| | | 双齿围沙蚕 Perinereis aibuhitensis | 药用、饲用、饵料、环境修复 | 具有潜在利用价值 |
| | | 弯齿围沙蚕 Perinereis camiguinoides | 饲用、饵料 | 具有潜在利用价值 |
| | | 斑纹围沙蚕 Perinereis cavifrons | 饲用、饵料 | 具有潜在利用价值 |
| | | 多齿围沙蚕 Perinereis nuntia | 饲用、饵料 | 具有潜在利用价值 |
| | | 软疣沙蚕 Tylonereis bogoyawlenskyi | 饲用、饵料 | 具有潜在利用价值 |
| | 索沙蚕科 Lumbrineridae | 异足索沙蚕 Lumbrineris heteropoda | 药用、饲用、饵料 | 具有潜在利用价值 |
| 星虫动物门 Sipuncula | 革囊星虫科 Phascolosomatidae | 弓形革囊星虫 Phascolosoma arcuatum | 药用、食用 | 传统利用、养殖对象 |
| | 管体星虫科 Sipunculidae | 裸体方格星虫 Sipunculus nudus | 药用、食用 | 传统利用、养殖对象 |
| 软体动物门 Mollusca | 蝾螺科 Turbinidae | 节蝾螺 Turbo brunerus | 药用、食用 | 传统利用 |
| | 蜑螺科 Neritidae | 奥莱彩螺 Clithon oualaniensis | 工艺品 | 具有潜在利用价值 |
| | 锥螺科 Turritellidae | 棒锥螺 Turritella bacillum | 药用、食用 | 传统利用 |
| | | 笋锥螺 Turritella terebra | 药用、食用、观赏 | 传统利用 |
| | 汇螺科 Potamididae | 珠带拟蟹守螺 Cerithidea cingulata | 食用、饲用 | 传统利用 |
| | | 小翼拟蟹守螺 Cerithidea mic’roptera | 食用、饲用 | 传统利用 |

续表

| 动物类群 | 科名 | 种名 | 用途 | 利用现状 |
|---|---|---|---|---|
| 软体动物门 Mollusca | 江螺科 Potamididae | 彩拟蟹守螺 *Cerithidea ornata* | 食用、饲用 | 传统利用 |
| | | 红树拟蟹守螺 *Cerithidea rhizophorarum* | 食用、饲用 | 传统利用 |
| | | 中华拟蟹守螺 *Cerithidea sinensis* | 食用、饲用 | 传统利用 |
| | | 沟纹笋光螺 *Terebralia sulcata* | 食用、饲用 | 传统利用 |
| | 滩栖螺科 Batillariidae | 古氏滩栖螺 *Batillaria cumingii* | 食用、饲用 | 传统利用 |
| | | 纵带滩栖螺 *Batillaria zonalis* | 食用、饲用 | 传统利用 |
| | 玉螺科 Naticidae | 微黄镰玉螺 *Euspira gilva* | 药用、食用 | 传统利用 |
| | | 斑玉螺 *Natica tigrina* | 药用、食用、工艺品 | 传统利用 |
| | | 玉螺 *Natica vitellus* | 食用 | 传统利用 |
| | 冠螺科 Cassididae | 沟纹鬘螺 *Phalium flammiferum* | 药用、食用 | 传统利用 |
| | 骨螺科 Muricidae | 疣荔枝螺 *Thais clavigera* | 药用、食用 | 传统利用 |
| | | 蛎敌荔枝螺 *Thais gradata* | 药用、食用 | 传统利用 |
| | | 可变荔枝螺 *Thais lacerus* | 药用、食用 | 传统利用 |
| | 阿地螺科 Atyidae | 泥螺 *Bullacta exarata* | 药用、食用、饵料 | 传统利用、养殖对象 |
| | 石磺科 Onchidiidae | 瘤背石磺 *Onchidium verruculatum* | 药用、食用 | 传统利用、养殖对象 |
| | 蚶科 Arcidae | 广东毛蚶 *Scapharca guangdongensis* | 药用、食用 | 传统利用、养殖对象 |
| | | 毛蚶 *Scapharca kagoshimensis* | 药用、食用 | 传统利用、养殖对象 |
| | | 泥蚶 *Tegillarca granosa* | 药用、食用 | 传统利用、养殖对象 |
| | 细纹蚶科 Noetiidae | 褐蚶 *Didimacar tenebrica* | 药用、食用 | 传统利用 |
| | 贻贝科 Mytilidae | 曲线索贻贝 *Hormomya mutabilis* | 药用 | 传统利用 |
| | | 短偏顶蛤 *Modiolus flavidus* | 食用 | 传统利用 |
| | | 麦氏偏顶蛤 *Modiolus metcalfei* | 食用 | 传统利用 |
| | | 凸壳肌蛤 *Musculus senhousia* | 药用、食用 | 传统利用、养殖对象 |
| | | 隔贻贝 *Septifer bilocularis* | 药用、食用 | 传统利用 |
| | | 黑荞麦蛤 *Xenostrobus atratus* | 药用 | 传统利用 |
| | 江珧科 Pinnidae | 栉江珧 *Atrina pectinata* | 药用、食用、工艺品 | 传统利用、养殖对象 |
| | 牡蛎科 Ostreidae | 近江牡蛎 *Crassostrea ariakensis* | 药用、食用 | 传统利用、养殖对象 |
| | | 缘牡蛎 *Dendostrea crenulifesa* | 药用、食用 | 传统利用 |
| | | 棘刺牡蛎 *Saccostrea echinata* | 食用 | 传统利用 |
| | | 团聚牡蛎 *Saccostrea glomerata* | 药用、食用 | 传统利用 |
| | | 猫爪牡蛎 *Talonostrea talonata* | 药用、食用 | 传统利用 |
| | 海月蛤科 Placunidae | 海月 *Placuna placenta* | 药用、食用 | 传统利用 |
| | 不等蛤科 Anomiidae | 难解不等蛤 *Enigmonia aenigmatica* | 药用 | 传统利用 |

续表

| 动物类群 | 科名 | 种名 | 用途 | 利用现状 |
|---|---|---|---|---|
| 软体动物门 Mollusca | 扇贝科 Pectinidae | 华贵栉孔扇贝 *Mimachlamys nobilis* | 药用、食用 | 传统利用、养殖对象 |
| | 蛤蜊科 Mactridae | 大獭蛤 *Lutraria maxima* | 药用、食用 | 传统利用、养殖对象 |
| | | 四角蛤蜊 *Mactra veneriformis* | 药用、食用 | 传统利用 |
| | 斧蛤科 Donacidae | 紫藤斧蛤 *Donax semigranosus* | 食用 | 传统利用 |
| | 樱蛤科 Tellinidae | 衣角蛤 *Angulus vestalis* | 食用 | 传统利用 |
| | | 美女白樱蛤 *Macoma candida* | 药用、食用 | 传统利用 |
| | | 拟箱美丽蛤 *Merisca capsoides* | 药用、食用 | 传统利用 |
| | | 彩虹明樱蛤 *Moerella iridescens* | 食用 | 传统利用 |
| | | 虹光亮樱蛤 *Nitidotellina iridella* | 食用 | 传统利用 |
| | 紫云蛤科 Psammobiidae | 双线紫蛤 *Sanguinolaria diphos* | 药用、食用 | 传统利用、养殖对象 |
| | 截蛏科 Solecurtidae | 缢蛏 *Sinonovacula constricta* | 药用、食用 | 传统利用、养殖对象 |
| | 竹蛏科 Solenidae | 大竹蛏 *Solen grandis* | 药用、食用 | 传统利用、养殖对象 |
| | 刀蛏科 Cultellidae | 小刀蛏 *Cultellus attenuatus* | 药用、食用 | 传统利用、养殖对象 |
| | | 尖刀蛏 *Cultellus scalprum* | 药用、食用 | 传统利用、养殖对象 |
| | | 尖齿灯塔蛏 *Pharella acutidens* | 食用 | 传统利用 |
| | | 小荚蛏 *Siliqua minima* | 药用、食用 | 传统利用、养殖对象 |
| | 蚬科 Corbiculidae | 红树蚬 *Gelonia coaxans* | 药用、食用 | 传统利用、养殖对象 |
| | 帘蛤科 Veneridae | 中国仙女蛤 *Callista chinensis* | 食用 | 传统利用 |
| | | 棕带仙女蛤 *Callista erycina* | 食用 | 传统利用 |
| | | 伊萨伯雪蛤 *Clausinella isabellina* | 药用、食用 | 传统利用 |
| | | 突畸心蛤 *Cryptonema producta* | 药用、食用 | 传统利用 |
| | | 青蛤 *Cyclina sinensis* | 药用、食用 | 传统利用、养殖对象 |
| | | 薄片镜蛤 *Dosinia corrugata* | 药用、食用 | 传统利用 |
| | | 凸镜蛤 *Pelecyora derupla* | 药用、食用 | 传统利用 |
| | | 日本镜蛤 *Dosinia japonica* | 药用、食用 | 传统利用 |
| | | 等边浅蛤 *Gomphina aequilatera* | 药用、食用 | 传统利用、养殖对象 |
| | | 丽文蛤 *Meretrix lusoria* | 药用、食用 | 传统利用、养殖对象 |
| | | 文蛤 *Meretrix meretrix* | 药用、食用 | 传统利用、养殖对象 |
| | | 杂色蛤仔 *Ruditapes variegata* | 药用、食用 | 传统利用、养殖对象 |
| | 绿螂科 Glauconomidae | 中国绿螂 *Glauconome chinensis* | 药用、食用、饲用 | 传统利用 |
| | 鸭嘴蛤科 Laternulidae | 渤海鸭嘴蛤 *Laternula marilina* | 食用 | 传统利用 |
| | | 南海鸭嘴蛤 *Laternula nanhaiensis* | 食用 | 传统利用 |
| | | 截形鸭嘴蛤 *Laternula truncata* | 食用 | 传统利用 |

续表

| 动物类群 | 科名 | 种名 | 用途 | 利用现状 |
|---|---|---|---|---|
| 软体动物门 Mollusca | 乌贼科 Sepiidae | 金乌贼 *Sepia esculenta* | 食用 | 传统利用 |
| | | 拟目乌贼 *Sepia lycidas* | 食用 | 传统利用 |
| | 耳乌贼科 Sepiolidae | 双喙耳乌贼 *Sepiola birostrata* | 药用、食用 | 传统利用 |
| | 蛸科 Octopodidae | 短蛸 *Octopus fangsiao* | 药用、食用 | 传统利用 |
| | | 长蛸 *Octopus variabilis* | 药用、食用 | 传统利用 |
| 节肢动物门 Arthropoda | 海蟑螂科 Ligiidae | 海蟑螂 *Ligia exotica* | 药用 | 传统利用 |
| | 虾蛄科 Squillidae | 脊条褶虾蛄 *Lophosquilla costata* | 食用 | 传统利用 |
| | | 黑斑口虾蛄 *Oratosquilla kempi* | 食用 | 传统利用 |
| | | 口虾蛄 *Oratosquilla oratoria* | 药用、食用 | 传统利用 |
| | 对虾科 Penaeidae | 长毛明对虾 *Fenneropenaeus penicillatus* | 药用、食用 | 传统利用、养殖对象 |
| | | 日本囊对虾 *Marsupenaeus japonicus* | 药用、食用 | 传统利用、养殖对象 |
| | | 宽沟对虾 *Melicertus latisulcatus* | 食用 | 传统利用、养殖对象 |
| | | 刀额新对虾 *Metapenaeus ensis* | 食用 | 传统利用、养殖对象 |
| | | 哈氏仿对虾 *Parapenaeopsis hardwickii* | 药用、食用 | 传统利用、养殖对象 |
| | | 亨氏仿对虾 *Parapenaeopsis hungerfordi* | 食用 | 传统利用 |
| | | 斑节对虾 *Penaeus monodon* | 药用、食用 | 传统利用、养殖对象 |
| | 长臂虾科 Palaemonidae | 脊尾白虾 *Exopalaemon carinicauda* | 药用、食用 | 传统利用、养殖对象 |
| | | 罗氏沼虾 *Macrobrachium rosenbergii* | 食用 | 传统利用、养殖对象 |
| | 鼓虾科 Alpheidae | 短脊鼓虾 *Alpheus brevicristatus* | 食用 | 传统利用 |
| | | 鲜明鼓虾 *Alpheus distinguendus* | 药用 | 传统利用 |
| | | 刺螯鼓虾 *Alpheus hoplocheles* | 食用 | 传统利用 |
| | | 日本鼓虾 *Alpheus japonicus* | 药用、食用 | 传统利用 |
| | 虎头蟹科 Orithyidae | 中华虎头蟹 *Orithyia sinica* | 药用、食用 | 传统利用 |
| | 相手蟹科 Sesarminae | 无齿螳臂相手蟹 *Chiromantes dehaani* | 药用 | 传统利用 |
| | | 红螯螳臂相手蟹 *Chiromantes haematocheir* | 观赏 | 具有潜在利用价值 |
| | 梭子蟹科 Portunidae | 锐齿蟳 *Charybdis acuta* | 食用 | 传统利用 |
| | | 近亲蟳 *Charybdis affinis* | 食用 | 传统利用 |
| | | 钝齿蟳 *Charybdis hellerii* | 食用 | 传统利用 |
| | | 变态蟳 *Charybdis variegata* | 食用 | 传统利用 |
| | | 三疣梭子蟹 *Portunus trituberculatus* | 药用、食用 | 传统利用 |
| | | 锯缘青蟹 *Scylla serrata* | 药用、食用 | 传统利用 |
| | 和尚蟹科 Mictyridae | 短指和尚蟹 *Mictyris brevidactylus* | 食用、观赏 | 传统利用 |

续表

| 动物类群 | 科名 | 种名 | 用途 | 利用现状 |
|---|---|---|---|---|
| 节肢动物门<br>Arthropoda | 沙蟹科<br>Ocypodidae | 弧边招潮 *Uca arcuata* | 观赏 | 具有潜在利用价值 |
| | | 屠氏招潮 *Uca dussumieri* | 观赏 | 具有潜在利用价值 |
| | | 清白招潮 *Uca lactea* | 观赏 | 具有潜在利用价值 |
| | | 凹指招潮 *Uca vocans* | 观赏 | 具有潜在利用价值 |
| | 鲎科 Tachypleidae | 圆尾蝎鲎 *Carcinoscorpius rotundicauda* | 药用 | 传统利用 |
| | | 中国鲎 *Tachypleus tridentatus* | 药用 | 传统利用 |
| 腕足动物门<br>Brachiopoda | 海豆芽科<br>Lingulidae | 鸭嘴海豆芽 *Lingula anatina* | 药用、食用 | 传统利用 |
| 棘皮动物门<br>Echinodermata | 槭海星科<br>Astropectinidae | 单棘槭海星 *Astropecten monacanthus* | 药用、工艺品 | 传统利用 |
| | 蛛网海胆科<br>Arachnoididae | 扁平蛛网海胆 *Arachnoides placenta* | 药用 | 传统利用 |
| 脊索动物门<br>Chordata | 蛇鳗科<br>Ophichthyidae | 杂食豆齿鳗 *Pisodonophis boro* | 食用 | 传统利用 |
| | | 马拉邦虫鳗 *Muraenichthys malabonensis* | 食用 | 传统利用 |
| | 塘鳢科 Eleotridae | 乌塘鳢 *Bostrichthys sinensis* | 药用、食用 | 传统利用 |
| | | 葛氏鲈塘鳢 *Perccottus glehni* | 食用 | 传统利用 |
| | 鰕虎鱼科 Gobiidae | 孔鰕虎鱼 *Trypauchen vagina* | 药用 | 传统利用 |
| | 弹涂鱼科<br>Periophthalmidae | 大弹涂鱼 *Boleophthalmus pectinirostris* | 药用、食用 | 传统利用 |
| | | 弹涂鱼 *Periophthalmus cantonensis* | 药用、食用 | 传统利用 |
| | | 青弹涂鱼 *Scartelaos viridis* | 食用 | 传统利用 |

### (二)资源服务功能

红树林生态系统直接资源服务功能主要包括科学研究服务、科普教育服务和生态旅游服务。

### 1. 科学研究

红树林生态系统处于陆地和海洋之间的过渡地带,兼具陆地生态系统和海洋生态系统的特性,是海岸重要生态关键区,受物理、化学、生物、人为等多重影响,因而具有独特的服务功能特征。作为一类高生产力的生态系统,红树林生态系统具有较高的资源存在价值、选择价值、非消耗性利用价值等(Robertson and Alongi, 1992),因此在科学研究方面具有重要价值。例如,林鹏(2001)认为红树林研究具有重要的理论意义和现实的经济意义,体现在:①通过网罗碎屑的方式促进土壤的形成,抵抗潮汐和洪水的冲击,保护堤岸;②过滤陆地径流和内陆带出的有机物质及污染物;③为许多海洋动物(包括渔业、水产生物)提供栖息和觅食的理想生境;④是为近海生产力提供有机碎屑的主要生产者;⑤植物本身的生产物,包括木材、薪炭、食物、药材和其他化工原料等;⑥红树林是可以进行社会教育和旅游的自然及人文景观。

广西红树林生态系统特征有其特殊性,相关的研究目前已经涉及生态环境、植物、动物、微生物、数量与动态、物质与能量、服务功能与价值评估、病虫害、污染、孢粉、恢复与重建、资源开发利用、保护管理等方面(梁士楚，2018)。例如，山口红树林区是我国大陆海岸红树林发育比较好的岸段之一，不仅连片面积大，而且群落类型多、物种多样性丰富，因此在生态、功能等方面具有较高的研究价值。其中的红海榄林是我国该类群落连片面积最大的，而且受人为干扰比较少，自然状态完好，对于研究红树林群落的动态、进展演替及其动力学机制都具有十分重要的科研价值。一些种类，如黄槿、桐棉、海杧果、水黄皮等，通常生长在红树林的向陆林缘，同时又可在陆地上生长，具有两栖性质，这些植物对生态环境的适应性反映了生物进化的一个重要方面，因此研究这些红树植物的种群分化及其遗传多样性特征将有助于探讨它们的起源与演化、红树—半红树—陆生植物的遗传空间分布规律等。

2. 科普教育

红树林生态系统具备给人们提供进行科普文化教育活动载体的功能。红树林生长在海岸潮间带，所处的环境受到海水浸淹，土壤软质、盐渍化且缺氧气，为此红树植物形成了一系列形态、结构、生理和功能的适应性特征，其中的一些特征十分适宜于社会公众教育：①根系发达，形态各异，如红海榄的拱状支柱根、秋茄树的板状根、海漆的表面根、木榄的膝状呼吸根、无瓣海桑的笋状呼吸根、海榄雌的指状呼吸根等；②泌盐现象明显，如海榄雌、蜡烛果等通过自身盐腺系统将吸入的盐分分泌出叶片表面，有时形成肉眼可见的白色晶体；③富含单宁，木榄、红海榄等种类树皮被砍伤时会出现红色；④繁殖方式独特，具胎生现象，即一些红树植物果实成熟后，并没有脱离母树，而是在母树上萌发，下胚轴伸长成 15cm 以上的笔杆状，胚轴成熟后在其重力的作用下可掉落插入母树下的淤泥中。

红树林生态系统的保护需要公众的参与，而公众只有在了解红树林生态系统的重要性后，才会自觉地参与保护行动。过去人们砍伐红树林用作薪材和修建海堤材料的现象比较普遍，原因之一就是老百姓对红树林防风消浪、固岸护堤、保护沿海农业和养殖业等知识还不很了解。自然保护区是宣传教育的理想场所，肩负着普及专业基础知识和开展公众环境保护教育的职责。因此，利用自然保护区资源作为自然保护教育和生态学教育的基地刻不容缓。目前，北海市山口国家级红树林生态自然保护区、防城港市北仑河口国家级自然保护区等已经建立科普教育基地，每年接待大量的中小学生进行科普教育活动。同时，自然保护区也是一些开展大学课程实习、科学研究的重要场所。

3. 生态旅游

生态旅游是以环境教育为核心的一种大自然旅游，在保护环境和当地民俗文化的同时，可以提高居民的收益(张琳婷等，2014)。红树林生态系统不仅具有极其重要的生态、社会和经济效益，同时也是一种新兴的生态旅游资源，具有新、奇、旷、野等特点(胡卫华，2007)。陈燕等(2016)将红树林生态系统生态旅游的主要价值归纳为如下 3 个方面：①景观美学价值。随着生活品质的提高，人们越来越向往小桥流水、如诗如画的自然环境，向往碧波荡漾、鱼鸟成群的生态美观。茂密的树林，欢快的飞鸟，灵活的游鱼，以及涌动的潮水，使红树林散发出独特的魅力，无论是漫步林中还是泛舟水上都令人赏心悦目、心情愉悦。②社会使用价值。红树林要成为一个高品质的公共游览场所，除了要具备优美的自然景观，还要配备完善的基础服务设施，考虑人的需求，以人为本，为人所用，如此才能带给游人舒适的景观体验，才是一个人性化的生态旅游场所。③自然生态价值。红树林的生态价值主要体现在固岸护堤、促淤造陆、净化海水、维持生物多样性和海岸带生态平衡等方面。红树林海岸地貌曲折、滩涂广阔、潮涨潮落，茂密的植被丛林中奇根异花、果实胎生、虾蟹鹭鸟，呈现出神奇、幽静、秀丽的自然景观和人文景观，具有观赏、娱乐、知识和教育等价值，是不可多得的海洋生态旅游资源，无论是漫步堤岸，或是泛舟林间，都让游客赏心悦目、心情欢畅，满足了人类回归自然、远离尘嚣的心理需要。人们可以从事划船、钓鱼、观鸟、野炊、品尝特产海鲜等各种娱乐活动，在优美的环境中休憩游嬉，感受精神上的愉悦（刘怀如等，2010）。

广西海岸的红树林共8374.9hm$^2$，具有分布广、面积大、生境多样复杂、生态景观奇特等特征。例如，北海市山口红树林区生长着我国大陆海岸最好的红海榄林，面积约80hm$^2$，树高达6m，平均树龄70年，支柱根和气生根十分发达，景观奇特。钦州港龙门群岛七十二泾，在100多平方千米的海面上分布着100多个形态各异、小巧玲珑的小岛，而岛与岛之间是无数曲折奇诡的水道，这些水道称为"泾"，故称为"七十二泾"，小岛上生长有红树林，形成了独特的岛群红树林景观。自明清以来七十二泾就一直是钦州八景之一，古有"南国蓬莱"之称，现称为"小澎湖"，可与台湾的澎湖列岛相媲美。目前，广西海岸的英罗港红树林区、大冠沙红树林区、茅尾海红树林区、珍珠港红树林区等已初步建成生态旅游客访中心，架设有深入红树林的栈道，可使游客置身于红树林中，近距离地感受红树林美学价值。

## 二、环境功能

红树林生态系统不仅给人类提供了丰富的物质产品，更重要的是它具有防风消浪、保护土壤、促淤造陆、空气调节、气候调节、营养调节、净化环境、维护生物多样性、维持近海渔业、病虫害防治、维持海岸景观等多种环境功能。

### （一）护岸功能

红树林通过阻挡作用，起到防风消浪、保护土壤、促淤造陆等作用。

#### 1. 防风消浪

红树植物具有发达的根系与庞大的枝叶而能降低风速和减慢水流，起到防风消浪的作用。例如，在强热带风暴影响下，结构茂密的天然红树林背风面林高5倍和15倍处的风速分别降低了56%和30%（郑德璋等，2003）；海南东寨港海桑+无瓣海桑林前1H（平均树高）处与林后1H处风速正常情况下消减幅度为65.35%～77.21%，而热带风暴期间消减幅度为33.29%～53.21%（楼坚等，2009）。波浪是破坏自然海岸和海防工程的主要动力因素，而红树林的消浪作用明显。例如，张乔民（1997）指出，在华南沿海当红树林覆盖度大于0.4，林带宽度大于100m，树高在小潮差区大于2.5m、在大潮差区大于4.0m时，消波系数可达80%以上，并认为红树林高度对防浪功能有着重要影响，不同树种搭配形成的群落层次结构有利于提高消波功能；当波长为21.7m的浪进入覆盖度0.4的林内 50m、100m 和 150m 处,消波系数分别为 72%、85% 与 90%,即浪高衰减为原来的 28%、15% 和 10%,但当潮水淹没红树林使枝干摇动而降低防浪能力时,波高衰减量仅为上述值的 40%,因而在大潮差海岸的红树林要高于 4.0m、小潮差海岸的红树林要高于 2.5m 才能较好地防浪护堤;红树林内潮水流速衰减迅速,林内流速仅为潮沟流速的 1/3～1/2、为裸滩流速的 1/4～1/3(张乔民等,1995;郑德璋等,2003)。

### 2. 保护土壤

红树林对于土壤的保护主要体现在固土、减少土壤流失及保持养分三大方面。红树林具有发达的根系,当海水进入红树林时,这些根系及红树林茂密的枝叶等对海水流动形成障碍,海水与红树林发生强烈的相互作用造成能量损耗而使海水流速明显减缓,因受到红树林及滩面摩擦力的作用,不仅波浪波能被削弱,而且波长缩短,由此直接减弱了波浪对海岸的冲刷,减少对海岸土壤的剥蚀。相反,如果没有红树林的庇护,土壤很容易被侵蚀。例如,北仑河是中越两国的界河,以主航道中心线为界。北仑河河口呈喇叭形自西北向东南伸展,与北部湾相通,而我国一侧面北坐南,常受到台风和海潮袭击,洪水冲刷,加上人为因素影响,如挖沙、捞卵石、开石、取土、砍伐红树林等破坏因素,导致我国一侧沿海滩涂及沙岛受到严重破坏和变迁,使界河主航道逐渐偏向我国一侧,造成约 $8.7km^2$ 我国的固有领土出现了权属争端(高振会,1996)。红树林每年都有大量的凋落物归还土壤,总量为 $6.3～12.6t/hm^2$,凋落物经微生物分解后释放出各种营养元素,这些元素除部分被海水带走外,其余存留于土壤中被植物重新吸收利用,形成营养元素的生物循环作用,土壤的有机质和养分不断得到补给与提高,理化性状得到改善(徐海等,2008)。因此,红树林在消浪护岸、减少土壤侵蚀、维持土壤养分功能等方面发挥着重要的作用。根据测定,我国红树林每年保护土壤养分价值为 115 410 万元,流失土壤林业增益价值为 282 万元,两者之和为保护土壤价值,即 115 692 万元,占我国红树林年生态功能总价值的 48.91%(韩维栋等,2000)。

### 3. 促淤造陆

红树林具有促淤造陆功能,素有“造陆先锋”的美誉。红树林发达的支柱根、板状根、气生根、呼吸根、表面根,以及密集的树干、枝叶纵横交错,可以明显地减慢水流的速度,促进水体中悬浮颗粒物质的沉降,并在林内沉积,沉积物在生物因子等的作用下逐渐发育成土壤。因此,红树林可加快潮间带地表面抬升的速度,从而达到巩固堤岸的作用。根据测定,我国红树林潮滩沉积速率介于 4.1～57mm/a(表 6-4),不同地方红树林的沉积速率变化较大,甚至达 10 倍以上,这主要与当地泥沙来源、红树林发育程度等有关。

**表 6-4　不同地区红树林的沉积速率**

| 研究地区 | 实验方法 | 沉积速率/(mm/a) |
| --- | --- | --- |
| 中国海南东寨港 | 标志桩 | 4.1 |
| 中国广东廉江高桥 | $^{210}Pb$ | 6.2 |
| 中国福建莆田东蔡、惠安奎壁头、晋江江头、云霄竹塔等 | 重复水准测量 | 18～40 |
| 中国西江河口平沙 | 地形图对比 | 57 |

| 研究地区 | 实验方法 | 沉积速率/(mm/a) |
|---|---|---|
| 中国海南清澜港 | 水泥标志桩 | 15 |
| 美国佛罗里达 Rookery 湾 | $^{210}$Pb | 1.6 |
|  | $^{137}$Cs | 1.8 |
| 墨西哥 Terminos 潟湖 | $^{210}$Pb | 2.4 |
|  | $^{137}$Cs | 2.6 |
| 美国佛罗里达 Hutchinson 岛 | $^{137}$Cs | 9.5 |
|  | $^{14}$C | 1.0 |
| 美国佛罗里达 Ten Thousand 群岛 | $^{14}$C | 1.1 |
| 美国佛罗里达 Cape Sable 角 | $^{14}$C | 0.6 |
| 加勒比海 Grand Cayman 岛 | $^{14}$C | 1.0 |
| 澳大利亚东南 Western Port 湾 | 标志桩 | 8 |
|  | 水平标志层 | 4.5 |
| 百慕大 Hungry 湾 | $^{14}$C 测定、$^{13}$C 矫正 | 0.85～1.06 |

资料来源：谭晓林和张乔民，1997

### (二) 维护环境质量功能

Clought 等(1983)发现红树林对高盐度和水渍环境具有较好的适应性，并能耐受高浓度的营养物和重金属；Boto 和 Wellington(1983)认为，给红树林施加氮、磷会促进植物生长和引起组织中营养元素含量上升，红树林对稀释的有机废水也具有较大的净化潜力，其底泥一般可沉积较多的废水污染物；卢昌义等(1995)报道红树林具有较强的净化大气功能，这些研究都说明红树林在环境质量维护方面具有不可替代的作用。

#### 1. 空气调节

和其他绿色植物一样，红树植物也是二氧化碳的消耗者和氧气的释放者。红树林属于阔叶林，根据估算，每公顷阔叶林在生长季节 1 天可消耗二氧化碳 1000kg，释放氧气 730kg。研究表明，红树林具有较强的净化大气功能(表 6-5)。

#### 表 6-5　部分地区红树林净化大气的功能

| 红树林群落类型 | 二氧化碳吸收量/[g/(m²·a)] | 氧气释放量/[g/(m²·a)] |
|---|---|---|
| 福建九龙江口秋茄树林(20 年) | 3 131.2 | 2 277.2 |
| 海南东寨港海莲林(55 年) | 3 935.5 | 2 826.2 |
| 广西英罗港红海榄林(70 年) | 2 051.6 | 1 492.1 |
| 佛罗里达 Fahkahatchee 湾红树林 | 6 424.2 | 4 672.0 |
| 佛罗里达 Fahka 联邦河低滩红树林 | 10 037.6 | 7 300.1 |
| 佛罗里达 Fahka 联邦河高滩红树林 | 8 833.0 | 6 424.0 |
| 佛罗里达 Rookery 沼泽红树林 | 3 747.3 | 2 725.3 |
| 马来西亚马丹红树林 | 3 336.7 | 2 426.7 |

资料来源：卢昌义等(1995)

由表 6-5 可知，广西英罗港 70 年生红海榄林每年二氧化碳吸收量和氧气释放量虽是最低，但是，每年广西英罗港 70 年生红海榄林二氧化碳吸收量为 1641.28t，氧气释放量为 1193.68t，这对于海岸小范围的区域性大气调节还是起到了不可低估的作用。同时，红树林中硫化氢的含量很高，泥滩中大量的厌氧菌在光照条件下能利用硫化氢等为还原剂，使二氧化碳还原为有机物，具有很强的固定二氧化碳的功能，其固定在土壤中的二氧化碳是热带林的 10 倍，这是陆地森林不能达到的。因此，在红树林生态系统中，从大气—潮间带—水体整个体系中，大量二氧化碳被吸收，并且释放出大量氧气，可大大改善河口海湾的生态环境，对净化大气、减弱产生温室效应的根源，无疑都具有十分重要的作用。

2. 气候调节

研究发现，广西山口红树林自然保护区内的红海榄和木榄两种群落 7 月的日平均光照强度分别比空旷地减少 81.9%和 49.8%；平均风速分别降低 64.7%和 67.7%；红海榄林内气温和相对湿度的日较差比空旷地及木榄群落内显著增大。冠幅深厚、密集、盖度大且低矮的红海榄林日变幅比空旷地高 2.4℃，而树高和枝高都较高，郁闭度较小的木榄群落平均日变幅比空旷地小 0.3℃；至于对地温的影响，两种群落降低林地温度、使低温变化缓和的效应极其显著；红海榄林的相对湿度比空旷地要低 1%～14%，而木榄群落的相对湿度则要比空旷地高出 8%～14%，两种群落的小气候特征中大部分气象要素的变化规律与内陆森林基本相似（黄承标等，1999）。这说明红树林具有与内陆森林相似的对区域小环境气候的湿度有调节作用、增加分布区域内空气湿度的功能。

3. 营养调节

红树林的养分循环不仅发生在生物组分、大气组分和土壤组分之间，还发生在水体组分之间。因此，红树林生态系统属于自然补助的太阳供能生态系统类型，其自然补能部分来自潮汐和海洋水体（韩维栋等，2000）。红树植物通过光合作用，将空气中的二氧化碳以有机物的形式固定下来并将太阳能以化学能的形式储存起来，同时利用从土壤或水体吸收的元素进行新陈代谢，这些物质的一部分用于自身生长，固定于植物体内，另一部分则通过凋落物进入生态系统的物质循环，是生态系统物质和能量的主要来源，这个过程就是养分积累和循环。红树植物养分循环与积累的功能主要通过生产力反映出来，生产力高的，养分积累能力强；凋落物归还量大的，营养循环能力强。研究表明，广西英罗港红树植物群落生产力为红海榄林 11.472t/(hm²·a)，秋茄树群落 9.157t/(hm²·a)，木榄群落 5.138t/(hm²·a)，蜡烛果群落 4.407t/(hm²·a)，海榄雌群落 1.477t/(hm²·a)（温远光，1999）。而红树植物叶的生产力在所有组分中是最高的，其平均净生产量占群落总产量的 1/4～1/2，多数种类占 1/3 以上；其次是树枝的生产力；干材的生产力很低，只占群落总产量的 10%～14%。群落中生物量为全积累方式的树干的生产力很小，而且以积累与凋落并重的枝，以及可积累时间不长的叶和花果等组分的生产力又较高，每年相当部分的生物产量以凋落物的形式归还土壤，英罗港红海榄林的年凋落量达 6.31t/(hm²·a)，占年生产力的 55%（尹毅和林鹏，1992）。

从元素归还量与吸收量的比率来看，红海榄氮为 0.45，磷为 0.48；秋茄树氮为 0.61，磷为 0.50；海莲氮为 0.60，磷为 0.58，比率接近或超过 0.50（表 6-6），说明这 3 种群落每年从环境吸收的氮、磷元素有 50% 左右归还到环境中。植物从环境中吸收氮、磷，然后在植物体内进行生物转化，最终合成蛋白质、脂肪、氨基酸等有机物，为红树林生态系统提供养分。从 3 种植物的富集率来看，红海榄氮为 1.11，磷为 1.60；秋茄树氮为 1.57，磷为 1.35；海莲氮为 1.83，磷为 2.03，3 种植物的氮、磷富集率均大于 1。植物在生长中吸收更多的氮和磷，其中一部分经转化后以凋落物或有机碎屑形式归还到环境中，氮和磷元素从土壤经过这一过程进入水体，这是红树林生态系统中海洋生物养分的重要来源。红树植物的换叶周期短，元素归还量高于陆地热带常绿林，使红树林分布的海滩逐渐肥沃（林鹏，1997；郑德璋等，1999），达到了维持土壤肥力的功能。

**表 6-6　红海榄、秋茄树、海莲对氮和磷的积累与循环**

| 树种 | | 红海榄 | | | 秋茄树 | | | 海莲 | | |
|---|---|---|---|---|---|---|---|---|---|---|
| 地点 | | 广西，21°28′N | | | 福建，24°24′N | | | 海南，19°53′N | | |
| 循环 | | 吸收 | 存留 | 归还 | 吸收 | 存留 | 归还 | 吸收 | 存留 | 归还 |
| 含量/(g/m²) | N | 12.91 | 7.04 | 5.86 | 21.33 | 8.38 | 12.95 | 19 | 7.53 | 11.47 |
| | P | 1.27 | 0.65 | 0.61 | 2.17 | 1.09 | 1.08 | 2.41 | 1.1 | 1.4 |
| 归还量/吸收量 | N | | 0.45 | | | 0.61 | | | 0.60 | |
| | P | | 0.48 | | | 0.50 | | | 0.58 | |
| 富集率 | N | | 1.11 | | | 1.57 | | | 1.83 | |
| | P | | 1.6 | | | 1.35 | | | 2.03 | |

### 4. 净化环境

红树林是个天然污水处理系统，是一个"红树林—细菌—藻类—浮游动物—鱼类等生物群落"构成的兼有厌氧—需氧的多级净化系统（陈桂珠，1991）。首先，红树植物通过发达的根系网罗碎屑，过滤海水和陆地径流带来的泥沙、悬浮物、有机物质、污染物等，从而净化水质；红树林生产力高，每年从土壤中吸收大量的养分，一方面通过海洋微生物分解有机质，植物累积氮、磷，减轻由于过度养殖和生活污水排入所产生的富营养化程度，起到生物净化的作用，减少水中氧气的消耗；另一方面通过光合作用，释放氧气，增加水中溶解氧，可以有效抑制浮游生物的异常繁殖，减少赤潮发生。其次，海洋微生物也是红树林区初级生产力的重要组成部分，在红树林生态系统的食物链中起着十分重要的作用。在污染不严重的情况下，红树林区的微生物可以完成污水的降解过程。

对重金属而言，红树林具有吸收、吸附和富集重金属功能，因此可以减少环境中的重金属含量，从而净化环境。红树林区的滩涂属于高腐殖质的还原环境，具有较强的吸附重金属的能力，是潜在的重金属富集区（范志杰等，1995），这些重金属对其中的生物，特别是底栖生物会产生有利或不利的影响，且这些影响会通过食物链在各个不同营养级生物中发生迁移转化和生物放大（梁君荣等，2006）。一些底栖生物较固定地生活在一定区域的沉积物中，或直接以沉积物中的有机颗粒为食，因而从食物中吸收重金属，也可因暴露在含重金属的环境中通过体表吸附和表面膜渗透等方式吸收重金属（张曼平和王菊英，1992）。因此，红树林区的一些底栖生物可能比其他类型滩涂底栖生物富集更多的

重金属。例如，温伟英和何悦强(1985)发现底栖动物对沉积物铅的富集系数达 50～705
倍；何斌源等(1996)发现，英罗港红树林内沉积物的重金属含量比相同滩位潮沟的高，
林内动物的各种重金属含量也高于潮沟，这是因为英罗港红树林区的潮沟底质一般为沙
质或泥沙质，而林内为淤泥质，同时林内植物根系复杂，较潮沟受潮水冲刷小，因而重
金属相对易于在林内沉积。

　　对于油类污染而言，红树林生态系统具有较好的净化油污的作用。例如，秋茄树幼
苗对含油废水有一定的适应能力，秋茄树适宜净化浓度不大于 200mg/L 的含油废水(李
玫和陈桂珠，2000)；海榄雌叶片粘油高达 0.451mg/cm$^2$ 仍能生长正常(卢昌义和林鹏，
1990)，这些说明红树林生态系统对油类污染具有明显的净化作用和较强的耐受能力。

　　对于有害气体而言，红树植物通过叶片吸收二氧化硫、氯气等，并在植物体内转化。

### 5. 维护生物多样性

　　红树林不仅组成植物种类相对较为丰富，而且复杂的林冠结构、发达的根系、软质
的土壤环境、四通八达的潮沟、丰富的有机碎屑和动植物饵料等为许多湿地动物提供了
良好的栖息场所。底栖动物是广西红树林林内动物的主要类群之一，有72科124属184
种，其中一些种类在底质中营底内生活，滤食浮游生物；一些种类附着在红树植物树上，
如藤壶等；有些蟹类营穴居生活，涨潮时退缩在洞穴中或爬行到水淹不到的红树植物枝
干上，退潮时在红树林地表面觅食，并且具有一定的领域性；鼓虾类也为穴居者，在红
树林经常听到"嗒嗒"的响声，就是鼓虾类的大螯上的发声器发出的。广西红树林区鱼
类有 41 科 81 属 125 种，多数种类在涨潮时随海水进入红树林觅食、躲避敌害等。红树
林是鸟类的天堂，广西红树林区鸟类有 16 目 58 科 161 属 346 种，其中旅鸟有 38 种，留
鸟有 92 种，夏候鸟有 40 种，冬候鸟有 172 种，迷鸟有 4 种；红树林为这些鸟类提供了
良好的栖息、觅食和繁衍的场所，从而成为鸟类的重要生境。一些鸟类还在红树林周围
的多个生境中活动，如鹭类有些种类在红树林中筑巢，到附近的农耕地觅食；蓝胸秧鸡
在红树林边缘陆地上的灌丛中营巢，在退潮时到红树林中觅食；雁鸭类经常在涨潮时沿
潮沟进入红树林，退潮时则多见于红树林外。由于广西红树林区处于东北亚与中南半岛、
马来群岛及澳大利亚之间的候鸟迁徙通道上，迁徙的水鸟数量较多，因此红树林作为迁
徙水鸟的栖息地意义重大(周放等，2010)。

　　红树林也是许多海洋动物产卵、繁殖、发育的良好场所，例如，锯缘青蟹的雌蟹产
卵一般在近海中完成，也有部分雌蟹在红树林里产卵，大约一个月后，近海海水中的小
蟹进入红树林，在红树林中度过幼年期，成年后多数回归大海，一部分则永远定居在红
树林里(何斌源等，2001)。红树林区成蟹一般居于洞内，涨潮时各期青蟹均会在红树林
区觅食，因此红树林是青蟹的重要栖息地之一。

### 6. 维持近海渔业

　　红树林是自然辅助的高生产力生态系统，具有高生产力、高归还率、高分解率的特
点，大量的凋落物以有机碎屑形式向外海扩散，成为近海鱼类的主要食物和能量来源，
为近海渔业高生产力的可持续发展提供了物质和能量基础。例如，英罗港红海榄林的年
凋落物产量达 26.31t/(hm$^2$·a)(尹毅和林鹏，1992)，这些凋落物落到水里，经微生物的

降解作用而逐渐变成养分，提高了红树林底质有机质的含量，有利于藻类的大量生长，大量凋落物能流输入，使红树林区浮游生物量比无林区大 7 倍(范航清，1990)。红树林区的大多数鱼类、大型底栖动物主要以浮游动物、浮游植物和红树林碎屑为食，有时还直接啃食红树植物，也有部分种类为肉食和杂食。由于红树林具有复杂的有机碎屑食物链，因此成为许多鱼类、虾类、蟹类、贝类等海洋经济动物躲避敌害、产卵、育苗和生长的良好场所，同时许多有关的海岸国家已经把红树林区作为鱼类、虾类、蟹类、贝类等增殖和养殖的商品基地，并且该方式已逐渐成为红树林生态保护和发展的主要途径之一。利用红树林区进行生态养殖，可获得良好的经济和生态效益。例如，在残留有红树林的半自然状态下养殖的红虾比没有红树林的人工造塘养殖产值增加 55%(林鹏，1984)；钦州大番坡镇石江渡村红树林遭破坏后，每年鱼产量显现较大幅度下降(范航清，1990)。中国近海最大持续捕鱼量为 500 万 t，其中大部分分布在华南红树林分布区的近海海域(郑德璋等，1999)。根据王鹏等(2005)的研究，华南红树林湿地系统输入给华南海岸带的理论渔业生产量应为 200 万 t 以上，而南海潜在的渔获量为 248 万～281 万 t，由此可见红树林湿地与近海渔业生产关系密切。

### 7. 病虫害防治

许多鸟类、两栖类以昆虫为食，因此成了病虫害控制的重要途径。然而，广西的红树林在近代时期经历了两次围垦高峰期，即 20 世纪五六十年代的围海造田和 90 年代的围垦养殖，使得广西红树林面积锐减，由原来约 20 000hm$^2$ 减少至 8000hm$^2$ 左右。红树林生境的大量消失使得依赖红树林生存的底栖动物、鸟类等数量大量减少。此外，城市化、工业、农业、养殖业、旅游业等的快速发展，对红树林造成了较大的影响，致使红树林鸟类等病虫害天敌种类数量减少，物种间的相对平衡被打破，致使灾害性虫害频繁发生。例如，2004 年 5 月，山口红树林区发生了严重的病虫害，有专家就提出是由周边近海环境恶化所引起的。

### 8. 维持海岸景观

红树林具有绿化海岸潮间带的作用。红树林具有根系复杂且发达、繁殖方式为胎生等特征，因而能适应于海岸潮间带的海水浸淹、高盐度等的环境。随着潮涨潮落，红树林时隐时现，蓝天、碧海、绿树融为一体，构成了景色怡人的海岸生态景观。组成红树林的植物种类多种多样，其形态各异的树冠在海水映衬中显得更加迷人。红树林中，根系奇形怪状，蟹类色彩斑斓，弹涂鱼蹦蹦跳跳、互相追逐，鹭鸟洁白优雅，使得红树林成为海岸独特的生态景观。

### 9. 传粉作用

红树林区昆虫或其他动物具有传粉的功能，不仅能够提高传粉的效率，保证红树植物的高繁殖率，维持植物种正常繁衍，还可以为周边农田、林业产量提高提供保障。例如，20 世纪 70 年代马来西亚榴莲树虽然生长健康，但结实较少，造成产量减少；榴莲树主要由一种蝙蝠传播花粉，而这种蝙蝠的数量在减少，其原因是红树林被改造为养殖场，导致蝙蝠的首要食品即红树林中的花源越来越少(世界银行，1999)。

## 三、人文功能

红树林生态系统不仅能提供植物资源、动物资源、科学研究服务、科普教育服务和生态旅游服务等资源功能，以及护岸功能、维护环境质量功能等环境功能，还以其独特的魅力深深地吸引着人们的关注，为人类提供着一系列的人文功能，如景观美学，文化艺术源泉，精神和宗教信仰等。

### (一)景观美学功能

红树林不仅仅是单纯的自然旅游资源，同时也是内涵丰富的人文景观资源。在所有的海岸自然景观中，红树林最为引人入胜，令人神往，因为它具有多方面、多层次的独特审美价值，可以激发人们的观赏情趣。例如，红树林具有神奇的美感，其浸没在海水中，仿佛是在海底生长，让人们感觉到新鲜、神奇；在高潮时，海水浸淹滩涂，红树林通常仅树冠露出海面，如同碧波荡漾中的一座座"绿岛"在水中飘浮摇摆；在低潮时，红树林复杂的根系在地面上裸露，纵横交错，红树林牢固地挺立在软质的潮间带上；各种水鸟，或集群飞翔，或分栖树梢，或独自漫步浅滩，或成群在水面上游嬉，白色的鹭鸟置身于蓝天绿树之间，使人仿佛置身仙境；弹涂鱼依靠胸鳍肌柄爬行跳动，在泥滩上觅食、争夺领地；雄性的招潮蟹挥舞大螯作各种炫耀表演；渔民利用各种渔具捕捞海产品等等，这些都显示红树林呈现一派生气勃勃的景象，体现出人与自然和谐的美景，触发人们爱护大自然和保护生态环境的热情，其维护环境的责任心也不由自主地增强。人们在探索红树林神奇、享受红树林自然美、品尝红树林特色美食、购买红树林特色商品的同时，也在接受环境资源保护的教育。

### (二)文化艺术源泉功能

红树林无论是在旭日东升，还是在夕阳西下时，都呈现出妙趣横生的生态场景，令人产生无穷的遐想，迸发创作灵感。例如，刘镜法(2002)以北仑河口红树林为题材创作了一系列的摄影作品，其视野广阔且独特，赋予了红树林更为瑰丽的艺术色彩，也表现了他深深热爱这片美丽红树林的朴素思想和动人的情怀。红树林优美的自然景色能够给作家进行文学创作提供丰富的素材，白鹭齐飞富有诗情画意，枯枝落叶残败的场景无声地泣诉着人类沉重反思中的苍白。潮声阵阵、水鸟啾啾、涛声依旧的平淡中能弹出优美娴雅的舞曲，由红树林无偿提供的这些题材正等待艺术家的发现和挖掘。红树植物奇形怪状的根及富含鞣质等特点可作为根艺创作的绝佳素材。海杧果木材可用于制作木偶、面具等各种工艺品和饰品，这些都说明红树林资源是珍贵的艺术宝库。

### (三)精神和宗教信仰功能

红树林在沿海地区人类文化历史发展的过程当中也起到重要的作用。长期以来，居住在红树林附近的居民，家庭的收入绝大多数都来自红树林，如在林区中捕挖动物、放养家禽、养蜜蜂等。蜡烛果、秋茄树、红海榄、海榄雌等红树植物的胚轴或果实含有丰富的淀粉，经加工处理后可供食用，曾是沿海居民度过粮食短缺时期的主要食物，这些植物因而被称为"救命树"。因此，红树林成为当地居民心中敬仰的守护神。在防城港市渔洲坪凸幼村，生长有数十亩①的红树林，其中 10 多株特别高大的银叶树十分罕见，当地村民将其称为"红树王"。据 75 岁的村民宣老先生说，这片银叶树林已有数百年的历史，当地村民将其作为村里的吉祥树，并加以保护。合浦县山口镇英罗港生长有一片较大面积的红树林，从红树林向西方向的天空，经常可以看到堆积形态如牛的云彩，被当地村民传说是从西而来的牛，是当地的守护神，是来品尝海中那片葱绿的红树林的，充满着惊奇和神秘，因此当地村民把英罗港红树林所在地称为"西牛地"。在村民的心中，红树林就是平安与吉祥的象征，是他们的精神家园，是永远的依靠，永远的港湾。红树林已经融入当地村民的生活，形成了当地特色的民风民俗，让人感受到天地和谐，人与自然和谐。

## 第二节　红树林生态系统服务的价值体系

### 一、价值体系

生态系统服务一般指人类直接或间接从生态系统得到的利益，主要包括向社会经济系统输入有用的物质和能量，接受和转化来自社会经济系统的废弃物，以及直接向人类社会成员提供服务，这些服务和产生这些服务的自然资本积累对地球生命支持系统至关重要。基于 Costanza 等(1997)提出的生态系统服务分类系统，可将广西红树林生态系统服务划分为资源功能、环境功能和人文功能三大类，在此基础上再划分为植物资源、动物资源、科学研究、科普教育、生态旅游、防风消浪、保护土壤、促淤造陆、空气调节、气候调节、营养调节、净化环境、维护生物多样性、维持近海渔业、病虫害防治、维持海岸景观、传粉作用、景观美学、文化艺术源泉、精神和宗教信仰(表 6-1)。

从价值的使用角度来划分，生态系统服务可分成使用价值和非使用价值两大部分来计算。使用价值又分为直接使用价值和间接使用价值，直接使用价值之下再分直接实物使用价值和直接非实物使用价值；间接使用价值是指生态系统所带来的非商品性的环境服务价值，主要指固定二氧化碳、释放氧气、气候调节、保护土壤、促淤造陆、净化污染物等方面的价值，这些价值不能直接以市场价格来计算，但可通过替代市场法来估算。非使用价值包含选择价值、存在价值和遗产价值。其中，选择价值是建立在为将来能直接或间接利用红树林生态系统及其服务功能进行支付的愿意之上的，它产生于为利用而做出现在保护的意愿所生成的信息的价值，可以人们对红树林资源选择利用进行支付的意愿来估算。之所以没有将选择价值归入间接使用价值是因为选择没有真正的利用，只是在意愿上有潜在的利用可能。当红树林自然保护区建立后就等于国家为红树林的保护投下了保险金。然而，将来红树林的利用方式仍然没有十分确定，或许一直处于被严格保护而无法利用其中资源的状态。选择价值的评估与存在价值和遗产价值一样，都是采用条件价值法进行。一旦红树林区资源可以以某种方式被利用，选择价值就自然转换为直接利用价值或直接服务价值。存在价值是指红树林生态系统本身的内在价值，是不以

① 1 亩≈666.7m²

人的意志为转移的，可提供人们认识和评价其存在意义的价值观基础，它介于经济价值与生态价值之间，可用人们为确保生态系统服务继续存在的支付意愿来估算。存在价值对红树林自然保护区来说是最重要的价值形式，所有的资金投入都应充分体现红树林生态系统的存在价值，因此红树林自然保护区的存在价值可以保护投入来计算。政府拨款、社会团体及社会公众的捐助是构成广西红树林生态系统存在价值的主体。遗产价值是指基于把红树林生态系统当作遗产保护起来留给子孙后代加以利用的意愿而进行的支付意愿价值，即以把红树林生态系统当作遗产保护起来的支付意愿来计算。人们保护生态环境的责任感和社会伦理动机是自然保护区具有显著遗产价值的依据。遗产价值的目的在于使后代将来能够从红树林生态系统资源中获得利用的机会和得到利益。因此，广西红树林生态系统服务的价值体系分类如表 6-7 所示。

**表 6-7 广西红树林生态系统服务的价值体系**

| 一级分类 | 二级分类 | 三级分类 | 四级分类 | 含义 |
| --- | --- | --- | --- | --- |
| 使用价值 | 直接使用价值 | 实物使用价值 | 植物资源价值 | 包括凋落物价值、活立木价值和原料价值。其中，凋落物价值为饵料资源的价值；活立木价值为与活立木蓄积量相当的木材用材价值；原料价值为食用、药用、饲用、工业用途等方面的价值 |
| | | | 动物资源价值 | 包括天然海产品价值和养殖海产品价值，为药用、食用或饲用等价值 |
| | | 非实物使用价值 | 科学研究价值 | 提供生物、生态、地貌等学科开展研究的项目资金，以及科研成果转化为生产力的价值 |
| | | | 科普教育价值 | 主要是开展科普教育活动的花费，传播红树林知识和文化的价值 |
| | | | 生态旅游价值 | 游客的差旅费、门票、享受红树林区服务等费用 |
| | | | 景观美学价值 | 给人以美的熏陶，具有较高的审美价值 |
| | | | 文化价值 | 为摄影、美术、文学、影视、音乐等创作提供素材和灵感的价值 |
| | | | 精神和宗教信仰价值 | 影响精神信仰、宗教信仰、风俗文化形成和发展的价值 |
| | 间接使用价值 | 护岸价值 | 保护土壤价值 | 防止土壤侵蚀，维持氮、磷、钾等养分的价值 |
| | | | 促淤造陆价值 | 加快淤积速度和增加土地的价值 |
| | | | 护堤减灾价值 | 防风消浪、保护海堤，减少灾害的价值 |
| | | 环境价值 | 固定二氧化碳和释放氧气价值 | 减少空气中二氧化碳，生产氧气的价值 |
| | | | 净化污染物价值 | 净化水体、吸附重金属和放射性物质等的价值 |
| | | | 气候调节价值 | 调节气温、大气湿度、风等局部气候条件的价值 |
| | | | 养分循环价值 | 养分获取、贮藏、循环的价值 |
| | | | 维持生物多样性价值 | 维持生态环境、生物多样性及基因库稳定的价值 |
| | | | 传粉价值 | 提高红树林昆虫传粉效率，提高结实率的价值 |
| | | | 近海渔业价值 | 凋落物及红树林区动植物作为近海鱼类的饵料，维持近海渔业产量的价值 |

| 一级分类 | 二级分类 | 三级分类 | 四级分类 | 含义 |
|---|---|---|---|---|
| 使用价值 | 间接使用价值 | 环境价值 | 病虫害防治价值 | 农林益虫和益鸟减少病虫害的价值 |
| | | | 维护海岸景观价值 | 红树林作为海岸优势群落、潮间带绿化树种的价值 |
| 非使用价值 | 选择价值 | | | 为确保红树林资源将来的选择使用而支付的保险金 |
| | 存在价值 | | | 为保护红树林资源的永续存在而进行的支付 |
| | 遗产价值 | | | 为确保将红树林资源和知识当作遗产留给子孙后代的支付 |

## 二、价值构成

根据表 6-7，广西红树林生态系统服务的总价值应为各项功能价值之和。然而，在实际的评估过程中，限于现有的技术水平，一些生态系统服务的价值目前难于评估。针对这一情况，广西红树林生态系统服务的总价值主要评估如下的 18 项功能价值：植物资源价值、动物资源价值、科学研究价值、科普教育价值、生态旅游价值、文化价值、保护土壤价值、促淤造陆价值、护堤减灾价值、固定二氧化碳和释放氧气价值、净化污染物价值、养分循环价值、维持生物多样性价值、近海渔业价值、病虫害防治价值、存在价值、选择价值、遗产价值。

## 三、价值评估方法

对于广西红树林生态系统服务的不同价值类型，采用不同的评估方法（表 6-8）。其中，直接使用价值主要采用市场价值法、替代花费法、成果参数法；间接使用价值主要采用市场价值法、替代花费法、影子工程法、专家评估法、碳税法、生产成本法、成果参数法、条件价值法；而非使用价值采用基于支付意愿调查的条件价值法。在计算生态系统服务价值时，调查数据截止年份为 2005 年；美元对人民币汇率以当年的平均值计算，不同年份的人民币价格通过社会贴现率（4.5%）来转换，由此得出广西红树林生态系统服务价值的有关计算参数如表 6-9 所示。评估过程的技术路线如图 6-1 所示。

**表 6-8　广西红树林生态系统服务价值评估的主要方法**

| 功能类型 | 价值类型 | 评价方法 | 功能类型 | 价值类型 | 评价方法 |
|---|---|---|---|---|---|
| 植物资源 | 直接使用价值 | 市场价值法、替代花费法 | 护堤减灾 | 间接使用价值 | 影子工程法、专家评估法 |
| 动物资源 | 直接使用价值 | 市场价值法、成果参数法 | 固定二氧化碳和释放氧气 | 间接使用价值 | 碳税法、生产成本法 |
| 科学研究 | 直接使用价值 | 成果参数法 | 净化污染物 | 间接使用价值 | 成果参数法 |
| 科普教育 | 直接使用价值 | 成果参数法 | 养分循环 | 间接使用价值 | 替代花费法、市场价值法 |
| 生态旅游 | 直接使用价值 | 成果参数法 | 维持生物多样性 | 间接使用价值 | 替代花费法、条件价值法 |
| 保护土壤 | 间接使用价值 | 替代花费法 | 病虫害防治 | 间接使用价值 | 替代花费法、专家评估法 |
| 促淤造陆 | 间接使用价值 | 市场价值法 | 选择价值、遗产价值、存在价值 | 非使用价值 | 条件价值法 |

表 6-9　广西红树林生态系统服务价值的有关计算参数

| 参数名称及单位 | 文献取值 | 本书取值 | 参考文献 |
|---|---|---|---|
| 红树林面积/hm² | 8 374.9 | 8 374.9 | 李春干 (2004) |
| 红树林材积年平均净生长量/[m³/(hm²·a)] | 4.39 | 4.39 | 韩维栋等 (2000) |
| 原木价格/(元/m³) | 933.45 | 1216 | 韩维栋等 (2000) |
| 单位面积红树林年凋落物量/[t/(hm²·a)] | 9.42 | 9.42 | 韩维栋等 (2000) |
| 红树林凋落物饵料成品率/% | 10 | 10 | 韩维栋等 (2000) |
| 饵料价格/(元/t) | 2 200 | 2 200 | 伍淑婕 (2006) |
| 单位面积红树林年食物生产价值/[元/(hm²·a)] | 466* | 6 518 | Costanza 等 (1997) |
| 单位面积红树林年游憩价值/[元/(hm²·a)] | 658* | 9 203 | Costanza 等 (1997) |
| 单位面积红树林年文化价值/[元/(hm²·a)] | 881* | 12 322 | Costanza 等 (1997) |
| 红树林表土氮、磷和钾含量/% | 1.39 | 1.39 | 韩维栋等 (2000) |
| 保护的土壤厚度/cm | 0.31 | 0.31 | 韩维栋等 (2000) |
| 表土密度/(g/cm³) | 0.77 | 0.77 | 韩维栋等 (2000) |
| 化肥价格/(元/t) | | 2 110 | 本书 |
| 土壤厚度比值 | 0.52 | 0.52 | 韩维栋等 (2000) |
| 单位面积林业年平均收益/(元/hm²) | 400 | 520 | 韩维栋等 (2000) |
| 红树林潮滩平均沉积速率/(cm/a) | | 0.53 | 本书 |
| 耕作土壤平均厚度/m | 0.5 | 0.5 | 谢志发 (2007) |
| 土地使用权转让价格/(万元/hm²) | | 340 | 本书 |
| 单位长度红树林海岸年生态效益/[万元/(km·a)] | 8.02 | 12.45 | 范航清 (1995) |
| 海堤年维护费用/[万元/(km·a)] | 29.81 | 46.29 | 范航清 (1995) |
| 单位长度海堤红树林生态养护的新增效益/[万元/(km·a)] | 64.68 | 100.45 | 范航清 (1995) |
| 红树林海岸长度/km | 1 195.1 | 1 195.1 | 李春干 (2004) |
| 瑞典碳税率/(元/t) | 150* | 1 229 | 韩维栋等 (2000) |
| 单位面积红树林年固碳量/[t/(hm²·a)] | 11.35 | 11.35 | 韩维栋等 (2000) |
| 单位面积红树林年释放氧气量/[t/(hm²·a)] | 30.29 | 30.29 | 韩维栋等 (2000) |
| 氧气生产成本/(元/t) | | 450 | 本书 |
| 单位面积红树林年净化污染物量/[元/(hm²·a)] | 6 696* | 93 656 | Costanza 等 (1997) |
| 单位面积红树林年养分持留量/[t/(hm²·a)] | 0.291 | 0.291 | 韩维栋等 (2000) |
| 森林采伐造成的生物多样性价值损失/(元/hm²) | 400* | 4 716 | 韩维栋等 (2000) |
| 保护森林资源的支付意愿/(元/hm²) | 112* | 1 320 | 韩维栋等 (2000) |
| 平均林地防治费用/(元/hm²) | 3.57 | 5.54 | 薛达元 (1997) |

注：*代表美元

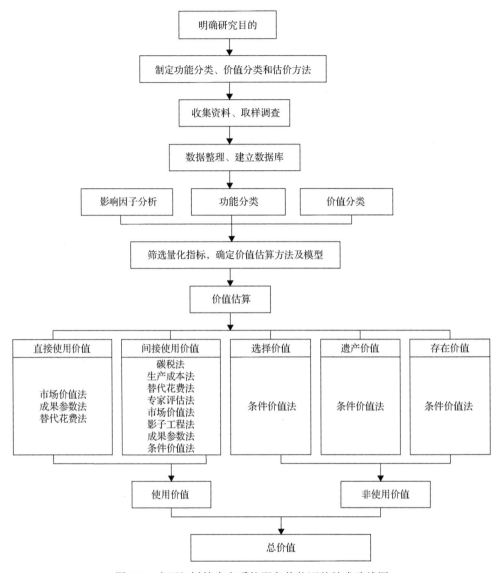

图 6-1　广西红树林生态系统服务价值评估技术路线图

### (一)实物使用价值

实物使用价值是指红树林区内的植物资源价值和动物资源价值,其中植物资源价值主要包括:①凋落物价值,是指凋落物作为饵料资源的价值,红树林凋落物生产量约占红树林生态系统总初级生产力的 1/3(Alongi et al.,2005),为林内及毗邻水域的水生动物提供了食物来源(Robertson,1986),其价值以相当的饵料价值计;②活立木价值,是指与活立木蓄积量相当的木材用材价值,红树林由多种树种组成,采伐后根据其木材特性和大小有不同的用途(表 6-10),以市场价值计算;③原料价值,是指食用、药用、饲用、工业用途等方面的价值,以市场价值计算。动物资源价值包括天然的星虫类、贝类、鱼类、虾类、蟹类等经济动物,以及人工养殖品种的食用、药用、饲用等价值。评价实物使用价值，要考虑到资源利用的方式及其创造的效益，其资源实物获得的市场价值在缺乏市场定价的情况下可以替代花费来衡量。然而，在具体的评估过程中，一些还没有进入市场销售或者缺乏相关数据的实物资源，其潜在的市场价值难以评估。针对这些情况，广西红树林生态系统的实物使用价值主要估算活立木价值(standing tree value，STV)、凋落物价值(litter value，LV)、食物生产价值(food production value，FPV)3 个方面，其中凋落物价值和活立木价值采用市场价值法，食物生产价值采用 Costanza 等(1997)的成果参数，即单位面积食物生产价值指标来估算，它们的计算公式分别为

$$STV = A \times P \times T \tag{6-1}$$

式中，$A$ 为红树林面积，$P$ 为红树林材积年平均净生长量，$T$ 为原木价格。

$$LV = A \times LT \times R \times F \tag{6-2}$$

式中，$A$ 为红树林面积，LT 为单位面积红树林年凋落物量，$R$ 为红树林凋落物饵料成品率，$F$ 为饵料价格。

$$FPV = A \times FD \tag{6-3}$$

式中，$A$ 为红树林面积，FD 为单位面积红树林年食物生产价值。

表 6-10　红树林主要树种木材的用途

| 用途 | 树种 |
| --- | --- |
| 建筑 | 红树属、木榄属、小叶银叶树(Heritiera minor)、格氏海桑(Sonneratia griffithii) |
| 家具 | 木果楝属 |
| 柱杆 | 木榄、银叶树、角果木(Ceriops tagal)、榄李 |
| 枕木 | 红树属、木榄属、格氏海桑 |
| 船板 | 银叶树、木榄、正红树(Rhizophora apiculata) |
| 乐器 | 木果楝(Xylocarpus granatum) |
| 木雕 | 木果楝、海漆、海杧果 |

资料来源：郑德璋等，1995

(二)非实物使用价值

采用 Costanza 等(1997)的游憩价值(recreation value，RV)和文化价值(cultural value，CV)两项成果参数来估算广西红树林生态系统的非实物使用价值，这两项参数实际上涵盖了表 6-7 中的科学研究、科普教育、生态旅游、景观美学、精神和宗教信仰等方面的价值。计算公式为

$$RV = A \times TD \tag{6-4}$$

式中，$A$ 为红树林面积，TD 为单位面积红树林年游憩价值。

$$CV = A \times CD \tag{6-5}$$

式中，$A$ 为红树林面积，CD 为单位面积红树林年文化价值。

### (三) 护岸价值

红树林生态系统的护岸价值主要包括保护土壤价值 (conserving soil value，CSV)、促淤造陆价值 (accelerating deposit and making land value，ADMLV) 和护堤减灾价值 (protecting seawall and reducing disaster value，PSRDV) 3 个方面。

#### 1. 保护土壤价值

红树林生态系统保护土壤价值 (CSV) 采用替代花费法来评估，包括土壤养分价值 (soil nutrient value，SNV) 和流失土壤的林业增益价值 (forest gain value，FGV) 两个方面，即

$$CSV = SNV + FGV \tag{6-6}$$

式中，SNV 和 FGV 的计算公式分别为

$$SNV = A \times NPK \times ST \times SD \times FP \tag{6-7}$$

式中，$A$ 为红树林面积，NPK 为红树林表土氮、磷和钾含量，ST 为保护的土壤厚度，SD 为表土密度，FP 为化肥价格。

$$FGV = A \times R \times P \tag{6-8}$$

式中，$A$ 为红树林面积，$R$ 为土壤厚度比值 (即红树林每年保护 31cm 厚度土壤占林业土壤折算土层厚度 60cm 的比值)，$P$ 为单位面积林业年平均收益。

#### 2. 促淤造陆价值

红树林生态系统促淤造陆价值 (ADMLV) 主要包括加快淤积速度和增加土地两方面。红树林密集交错的根系可减缓水体流速，沉降水体中的悬浮颗粒，加速海水和陆地径流带来的泥沙与悬浮物在林区沉积，促进土壤的形成，增加湿地中的土壤总量，其价值可用市场价值法进行评估，计算公式为

$$ADMLV = (A \times DR)/TS \times TP \tag{6-9}$$

式中，$A$ 为红树林面积 (取值为 8374.9hm$^2$)，DR 为红树林潮滩平均沉积速率，TS 为耕作土壤平均厚度，TP 为土地使用权转让价格。

#### 3. 护堤减灾价值

红树林生态系统护堤减灾价值 (PSRDV) 主要是指防风消浪、保护海堤，减少灾害的价值，采用专家评估法、影子工程法求得红树林护堤减灾价值，计算公式为

$$PSRDV = (S_1 + S_2 + S_3) \times L \tag{6-10}$$

式中，$S_1$ 为单位长度红树林海岸年生态效益，$S_2$ 为海堤年维护费用，$S_3$ 为单位长度海堤红树林生态养护的新增效益，$L$ 为红树林海岸长度。

（四）环境价值

1. 固定二氧化碳和释放氧气价值

红树林同陆生植被一样，通过光合作用把二氧化碳和水同化为有机物，并释放氧气，即红树林具有固定二氧化碳、释放氧气的作用，其价值采用碳税法来评估，固定二氧化碳价值（carbon dioxide fixation value，CFV）和释放氧气价值（oxygen release value，ORV）的计算公式分别为

$$CFV=A×CT×FC \tag{6-11}$$

式中，$A$ 为红树林面积，CT 为国际通用的瑞典碳税率，FC 为单位面积红树林年固碳量。

$$ORV=A×RO×PO \tag{6-12}$$

式中，$A$ 为红树林面积，RO 为单位面积红树林年释放氧气量，PO 为氧气生产成本。

2. 净化污染物价值

红树林生态系统可通过物理作用、化学作用及生物作用对污染物进行降解、吸收或累积而达到净化环境的目的。采用 Costanza 等（1997）的废物处理（waste treatment）成果参数来估算广西红树林生态系统的净化污染物价值（purifying pollutant value，PPV），即

$$PPV=A×PR \tag{6-13}$$

式中，$A$ 为红树林面积，PR 为单位面积红树林年净化污染物量。

3. 养分循环价值

养分循环价值（nutrient cycling value，NCV）是指养分的获取、贮藏和循环的价值，采用市场价值法进行评估，计算公式为

$$NCV=A×NS×FP \tag{6-14}$$

式中，$A$ 为红树林面积，NS 为单位面积红树林年养分持留量，FP 为化肥价格。

4. 维持生物多样性价值

森林采伐造成的生物多样性价值损失约为 400 美元/hm²，全球对保护我国森林资源的支付意愿为 112 美元/hm²（中国环境与发展国际合作委员会，1997），则维持生物多样性价值（biodiversity maintenance value，BMV）计算公式为

$$BMV=A×(BL+PW) \tag{6-15}$$

式中，$A$ 为红树林面积，BL 为森林采伐造成的生物多样性价值损失，PW 为保护森林资源的支付意愿。

5. 病虫害防治价值

红树林病虫害防治的价值包括林地病虫害防治价值(prevention value of forest pest and disease，PVFPD)和一体化病虫害防治价值(integrated prevention value of forest pest and disease，IPVFPD)两个方面，计算公式分别为

$$PVFPD=A \times PV \tag{6-16}$$

式中，$A$ 为红树林面积，PV 为平均林地防治费用，即采用替代花费法，用红树林外林区防治森林病虫害的单位面积费用来替代红树林免于病虫害危害的防治费用。

$$IPVFPD= PVFPD \times 10 \tag{6-17}$$

即根据专家评估法,林地病虫害防治价值占一体化病虫害防治价值的10%(韩维栋等,2000)。

(五)存在价值、选择价值和遗产价值

选择价值、遗产价值和存在价值是红树林生态系统的非使用价值(non-use value，NUV)，即既不能直接利用又不能间接利用的价值。采用条件价值法(contingent valuation method，CVM)，通过支付意愿(willingness to pay，WTP)调查来评估广西红树林生态系统资源的非使用价值，并分析影响支付意愿的主要因子。

1. 调查问卷表

(1)设计原则

调查问卷表设计遵循保守原则，即为了提高调查结果的可信度，支付值低估一些比高估要好，还要尽可能使受访者理解并接受问卷的主题和答题；要为"不回答"留出选择位置，并要求解释原因。同时，要尽量避免各类偏差，向受访者多提供被评价对象信息，如调查时提供广西红树林生态系统介绍材料，以减少理解偏差，增加 WTP 的准确性。为了避免政策偏差和奉承偏差，在调查表前郑重提醒这是虚拟市场中真实的支付意愿，应依据实际收入和真实意愿，量力而行。调查表的设计还要注意不要误导答题人，不要做任何的着重说明和提示，如下划线、加黑字体、顺序提醒等。调查问卷表主要包括受访者的社会特征、受访者对广西红树林生态系统现状的了解、受访者的支付意愿3个部分。

(2)主要内容

设计调查问卷表主要是为了了解人们对于广西红树林生态系统的偏爱程度、最大支付意愿及存在价值、选择价值和遗产价值的评估，主要调查内容如表 6-11 所示。其中，身份信息包括受访者的姓名、工作单位、性别、年龄、职业、文化程度、技术职称、专业知识、经济收入、联络方式共 10 项，经济收入为受访者 2005 年个人总收入，划分为 9 个档次供备选；对红树林生态系统的了解程度主要是让受访者指出其对广西红树林生态系统的了解程度，包括相当熟悉、一定了解、首次了解 3 个选项；对红树林生态系统的偏爱程度主要有经常去、曾经到过、本人或家人很希望近几年能去、本人或家人近几年没有计划去、本人或家人将来也没有计划去 5 个选项；支付意愿是用来表明受访者是否愿意为广西红树林生态系统的可持续发展而每年从个人收入中支付一定的费用，有"是"或"否"2 个选项；意愿支付是用来表示受访者愿意为广西红树林生态系统可持

续发展进行支付的程度，包括支付费用、支付方式、支付频率、支付取向、支付动机 5个方面，共51个选项；不愿意支付有 7 项理由供选择。

**表 6-11 广西红树林生态系统非使用价值调查问卷表的主要内容**

| 项目 | | 填写内容 | 填写方式 |
|---|---|---|---|
| 受访者信息 | 姓名 | | 真实填写 |
| | 工作单位 | | 真实填写 |
| | 性别 | ①男；②女 | 单项选择 |
| | 年龄 | ①30 岁以下；②31～50 岁；③51～60 岁；④61 岁以上 | 单项选择 |
| | 职业 | ①政府行政管理人员；②科研人员；③基层保护设施单位职工；④学生；⑤高校教师；⑥企事业单位职工；⑦其他 | 单项选择 |
| | 文化程度 | ①研究生以上；②大学；③大专；④中专；⑤高中；⑥高中以下 | 单项选择 |
| | 技术职称 | ①高级；②中级；③初级；④其他 | 单项选择 |
| | 专业知识 | ①专门从事自然保护和湿地研究；②熟悉自然保护和湿地研究；③不熟悉自然保护和湿地研究 | 单项选择 |
| | 经济收入/元 | ①5 000 以下；②5 000～10 000；③10 000～15 000；④15 000～20 000；⑤20 000～30 000；⑥30 000～40 000；⑦40 000～50 000；⑧50 000～100 000；⑨100 000 以上 | 单项选择 |
| | 联络方式 | ①通信住地；②电话号码；③电子邮箱 | 真实填写 |
| 对红树林生态系统的了解程度 | | ①相当熟悉；②一定了解，即曾看过有关的资料、图片、纪录片或听过介绍；③首次了解，即以前未曾看过或听说过，通过阅读本次调查的相关介绍才初步了解 | 单项选择 |
| 对红树林生态系统的偏爱程度 | | ①经常去；②曾经到过；③本人或家人很希望近几年能去；④本人或家人近几年没有计划去；⑤本人或家人将来也没有计划去 | 单项选择 |
| 支付意愿 | 是否愿意 | ①是；②否 | 单项选择 |
| 意愿支付 | 支付费用/(元/年) | 0.5；1.0；2.0；3.0；4.0；5.0；6.0；7.0；8.0；9.0；10；15；20；25；30；35；40；50；60；70；80；90；100；150；200；250；300；350；400；450；500；600；700；800；900；1 000 及以上 | 单项选择 |
| | 支付方式 | ①以现金方式直接捐献到广西红树林自然保护区管理机构；②以现金方式捐献到国内某一自然保护基金组织并委托专用；③以纳税方式上缴国家统一支配；④以旅游方式支付；⑤以其他方式(请说明具体方式) | 单项选择 |
| | 支付频率 | ①每月支付；②每年支付；③一次性支付 | 单项选择 |
| | 支付取向 | ①为保护广西红树林这一独特的沿海湿地森林生态系统作为"海上森林"生态旅游资源，这项保护措施占您愿意支付费用的___%(10%；15%；20%；25%；30%；35%；40%；45%；50%；55%；60%；65%；70%；75%；80%；85%；90%；95%；100%)；②为保护广西红树林区动物物种多样性及近岸海洋经济动物资源，如鱼类、鸟类、贝类、虾类等，这项保护措施占您愿意支付费用的___%(10%；15%；20%；25%；30%；35%；40%；45%；50%；55%；60%；65%；70%；75%；80%；85%；90%；95%；100%)③为保护广西红树林区红树植物种群资源的稳定及其可持续发展，这项保护措施占您愿意支付费用的___%(10%；15%；20%；25%；30%；35%；40%；45%；50%；55%；60%；65%；70%；75%；80%；85%；90%；95%；100%)；④为维护和加强广西红树林促淤造陆、防潮消浪、保护堤岸等生态功能进行的保护，这项保护措施占您愿意支付费用的___%(10%；15%；20%；25%；30%；35%；40%；45%；50%；55%；60%；65%；70%；75%；80%；85%；90%；95%；100%) | ①、②、③、④均为单项选择，4 项选择之和为 100% |

| 项目 | 填写内容 | 填写方式 |
|---|---|---|
| 支付动机 | ①为了保护红树林这一自然资源永续存在,而不是为了人类将来利用红树林资源所自愿支付的费用占总支付费用的___%(10%;15%;20%;25%;30%;35%;40%;45%;50%;55%;60%;65%;70%;75%;80%;85%;90%;95%;100%);②为把红树林资源和知识当作一份遗产保留给子孙后代所自愿支付的费用占总支付费用的___%(10%;15%;20%;25%;30%;35%;40%;45%;50%;55%;60%;65%;70%;75%;80%;85%;90%;95%;100%);③为选择利用考虑,即为自己、自己的子孙后代或他人在将来能够有选择地开发利用红树林资源所自愿支付的费用占总支付费用的___%(10%;15%;20%;25%;30%;35%;40%;45%;50%;55%;60%;65%;70%;75%;80%;85%;90%;95%;100%) | ①、②、③均为单项选择,3项选择之和为100% |
| 不愿意支付 | ①本人经济收入较低,家庭负担太重,无能力支付;②本人对自然保护和生物多样性保护不感兴趣;③本人远离广西红树林,难以享用这一资源,因此对它是否存在不感兴趣;④本人不打算享用其资源,也不考虑因子孙或他人会享用此资源而出资;⑤本人认为保护广西红树林应由国家出资,而不是个人出资;⑥本人对此次调查不感兴趣;⑦其他原因(请写明何种原因) | 单项选择 |

2. 调查取样

(1)样本大小

通常,条件价值法调查的样本越大,统计结果质量越高,可信性越大。国内外条件价值法调查的样本大小为 100～3000。我们对广西红树林生态系统的非使用价值调查共发放调查问卷表 1056 份,与国内外同类研究相比较,样本大小合理。

(2)调查对象

条件价值法调查能否顺利进行取决于所选受访者对调查活动重要性的认识,以及被调查对象的个人知识、经验、兴趣和责任心。因此,对广西红树林生态系统非使用价值的调查主要在如下人员中进行:①自然保护区及环保、林业、海洋等有关政府部门的管理人员;②研究单位、高等院校专门从事红树林、湿地、自然保护的研究人员;③自然保护区管理站或环境保护监测站的工作人员;④与自然保护无关的研究单位、高等院校、企事业单位的工作人员。

(3)调查范围

共向全国 18 个省(自治区、直辖市)发放广西红树林生态系统非使用价值的调查问卷表,从所调查的区域都有调查问卷表回收,因此调查问卷表覆盖面较广,代表性较好。

(4)对比实验

在对条件价值法调查结果进行统计分析时,要将受访者社会身份特征及对红树林的了解程度、偏爱程度、支付意愿、支付费用等进行交叉列表,分析各因素之间的相关性,为此进行了如下的对比实验:①不同专业对支付意愿和 WTP 值的影响。为了使调查结果更具代表性,受访者应该是社会方方面面的人员,如果集中在与湿地及自然保护有关的人员,可能会使愿意支付的比率升高,从而使 WTP 值增大。因此,进行了不同专业人员间的对比实验。地点选择在广西梧州市公安局和环境保护局(现生态环境)两个不同的单位。②不同地理区域对支付意愿和 WTP 值的影响。通常，居民越是靠近红树林区，越是关心红树林，因此支付意愿和 WTP 值也应该越高。基于这样的假设，把受访者分为广西区内和区外两类，其中区内发放调查问卷表 350 份，区外发放调查问卷表 230 份，两组样本大小具有可比性。③受访者特征对支付意愿和 WTP 值的影响。把反馈的所有调查表作为一个研究总体，分析研究总体中各有关因素对支付意愿和 WTP 值的相关程度，主要包括性别与支付意愿和 WTP 值的相关性、年龄与支付意愿和 WTP 值的相关性、所在地与支付意愿和 WTP 值的相关性、职业与支付意愿和 WTP 值的相关性、文化程度与支付意愿和 WTP 值的相关性、技术职称与支付意愿和 WTP 值的相关性、专业知识与支付意愿和 WTP 值的相关性、收入与支付意愿和 WTP 值的相关性、了解程度与支付意愿和 WTP 值的相关性、偏爱程度与支付意愿和 WTP 值的相关性、支付形式与支付意愿和 WTP 值的相关性。

3. 统计分析

(1) 数据库建立

首先把反馈的调查表编号，然后为了便于数据的统计分析，将反馈的 969 份调查表信息输入计算机，建立数据库。根据统计分析的需要，在原始数据库的基础上，形成若干索引数据库，主要有：①按受访者性别排序形成的数据库；②按受访者年龄排序形成的数据库；③按受访者所在地排序形成的数据库；④按受访者职业排序形成的数据库；⑤按受访者文化程度排序形成的数据库；⑥按受访者技术职称排序形成的数据库；⑦按受访者专业知识排序形成的数据库；⑧按受访者经济收入排序形成的数据库；⑨按受访者了解程度排序形成的数据库；⑩按受访者偏爱程度排序形成的数据库。

(2) 相关分析

采用列联表来分析两种属性之间的相关性，显著性检验用 $\chi^2$ 检验法进行。

(3) 非使用价值的估算

条件价值法(CVM)是目前湿地资源非使用价值评估的唯一方法，它通过样本调查，计算受访者年平均支付意愿，并把样本扩展到整个研究区域，用平均支付意愿乘以研究区域当前人口数加以测算。条件价值法主要采用两种标准计算平均支付意愿：①直接以支付意愿(WTP)的平均值作为人均 WTP 的标准；②以支付意愿的中位值(即求出累计频率等于 50%时所对应的值)作为人均 WTP 的标准(游巍斌等，2014)。至于应该采用平均值还是中位值，学术界一直存在着较大的争议。国外一些学者认为，由于受访者的 WTP 值在很多情况下都比较离散，平均值容易受极端值的影响而将产生较高的误差，而且可能会掩盖受访者之间偏好的差异，因而主张采用中位值来代替平均值(Loomis and Bateman，1993)。受此观点的影响，国内有关非使用价值评估多采用中位值(董雪旺等，2011)。计算公式如下：

$$NUV = Md \times M \tag{6-18}$$

式中，NUV 为非使用价值(即支付意愿总值)，Md 为支付意愿的中位值，$M$ 为被调查地区的居民总数。

考虑到不支付群体所占的比例，采用 Spike 模型调整支付意愿，将总人数调整为实际总人数乘以样本支付意愿率，因此非使用价值为支付意愿的中位值乘以修正后的总居民总数。计算公式如下：

$$NUV=Md×M×R \qquad\qquad (6\text{-}19)$$

式中，NUV 为非使用价值，Md 为支付意愿的中位值，$M$ 为被调查地区的居民总数，$R$ 为总支付意愿率。

# 第三节　红树林生态系统服务的价值评估

## 一、直接使用价值

### （一）实物使用价值

广西红树林内动植物种类丰富，构成了一个结构复杂、功能多样的生态系统，为人类提供了各种各样的资源，发挥着重要的社会、经济和生态效益。

1. 植物资源价值

红树林植物具有食用、药用、建材、蜜源、绿肥、原料、观赏等多种功能。

(1) 苗木资源价值

在苗木提供上，红树植物具有极大的资源开发空间。研究表明，北海大冠沙海榄雌群落每年每平方米约有 85 个繁殖体有机会增补到原种群或建立成为新种群，这意味着每平方米约有 85 个胚轴将发育成苗木(邱广龙，2005)，而最终有 10%～25%的幼苗能增补成为小树(Clarke and Allaway，1993)，这些苗木如果任其自然生长繁殖，成活率为 10%～25%。如果采集胚轴人工育苗，可以大大提高幼苗生长成树木的概率。莫竹承等(2001)对珍珠港红树林的研究表明，木榄在栽植 1 年后的平均成活率为 67.0%，2 年后的平均保存率为 48.9%；红海榄幼苗造林 1 年后成活率为 58.3%，2 年后的保存率为 42.0%。人工育苗，不仅可以提高红树植物成活率，还能为引种、驯化等造林技术的研究提供实验资源，更能为广西和其他地区的大面积人工造林提供大量苗木资源，创造可观的经济和生态效益。

(2) 材用资源价值

广西红树植物中，木榄的生长个体最为高大，其林分高 5～7m，胸径 7～22cm，在退潮后有淡水调节的淤泥滩段，其高度达 8m，胸径达 26cm(李信贤等，1991)，地上部分生物量中，支柱根与干材比为 0.89∶1。红海榄高 4～5m，在英罗港的最大高度为 6.5m，平均胸径 6cm，最大达 12.6cm，它的支柱根也比较发达，地上部分生物量中，支柱根与干材比为 0.84∶1，这两种红树植物都具有材用价值。而秋茄树、海榄雌和蜡烛果的生长个体都较小，秋茄树和海榄雌的生长高度为 3m 左右，但蜡烛果的生长高度多在 1～2m，而且其主干小、分枝细而多，灌丛化(温远光，1999)，很少用于建材。木榄的材质优良，坚硬耐磨，鞣质含量较高，耐腐蚀，建材价值也较高，适合作为建房横梁、电线杆、船龙骨等。根据温远光(1999)的测定，广西英罗港木榄群落地上部分干材生物量为 19 069.8kg/hm²，即约 19.1t/hm²，这就意味着每公顷木榄就可以提供约 19.1t 的干材。然而，广西红树林木榄群落面积较小，山口红树林区有木榄面积约 21.95hm²，约占红树林总面积的 2.83%(范航清等，2000)。以 2000 年世界原木价格 1000 元/m³ 来计算，红树林群落年平均净材积生长量为 4.39m³/(hm²·a)，则有广西山口木榄林年材用价值= 21.95hm²×1000 元/m³×4.39m³/(hm²·a)，约为 9.64 万元/a。广西红海榄林面积为 271.3hm²(李春干，2004)，红海榄林地上部分干材生物量为 19 226.5kg/hm²(范航清等，2000)，由此得出广西英罗港红海榄林年材用价值约为 119 万元/a。

(3) 食用资源价值

广西沿海群众对红树林的传统利用历史悠久，经验十分丰富。例如，每年的农历七八月，海榄雌果实(榄钱)盛产时，北海市南珠市场出售榄钱的摊点有 20 多个，每个摊点 30～50kg，日销量最多达 1t。大冠沙榄钱年产量约 160t，每年从北海大冠沙采摘的榄钱达 60t，仅占大冠沙海榄雌种群果实年产量的 37.5%。北海各市场每年可销售榄钱约 62t，按 2005 年调查时的平均价格 3.1 元/kg 来计算，在市场上由榄钱直接所产生的经济交易额为 19.22 万元(邱广龙，2005)。如果把大冠沙所有的榄钱全部收获，总价值超过 50 万元。秋茄树、木榄、红海榄的胚轴富含淀粉，经过去涩味等处理后也可食用，如在糕饼的制作中可作为风味调节剂。

(4) 蜜源资源价值

自 20 世纪 70 年代开始，广西沿海地区就有商品红树林蜜(也称海榄蜜)出产。一般年景可取蜜 2～3 次，丰年可取蜜 4～5 次(秦汉荣等，2016)。广西的红树植物种类中，蜡烛果、木榄、海漆等都是良好的蜜源植物，红树林产出的蜂蜜质量较好，蜂蜜淡黄色，其品质仅次于荔枝蜜。根据合浦县山口镇山东村村民林培仁的介绍，1992 年清明节前后仅英罗港两岸的蜡烛果花蜜，产量高达 3.5t。蜡烛果是广西红树林最重要的植物种类之一，花蜜、花粉丰富，中蜂和意蜂均可利用，可出产商品蜜，是广西的主要蜜源植物，具有较高的开发利用价值。广西沿海转地蜂场每年有 2～3 次采集蜡烛果的机会。据不完全统计，每年到蜡烛果场地的蜂场有 20 多家，蜜蜂约 2500 群次，年产蜂蜜 30～50t。广西红树植物蜡烛果的养蜂经济价值可通过测算蜡烛果资源载蜂量来估算，有关计算公式如下：

$$资源载蜂量 = 开花的蜡烛果面积×单位面积载蜂量 \qquad (6\text{-}20)$$
$$= (2807.8hm^2×60\% + 2583.6hm^2×30\%)×4.5群/hm^2 ≈ 11\,068群$$

$$蜂蜜产值 = 资源载蜂量×群均产蜜量×蜂蜜批发价 \qquad (6\text{-}21)$$
$$= 11\,068群×15kg/群×25元/kg ≈ 415万元$$

式中，考虑部分群落或幼林开花率低，蜡烛果群落开花按面积的 60%、蜡烛果混合群落开花按面积的 30% 来计算(秦汉荣等，2016)。

(5)工业原料资源价值

红树植物的树皮富含鞣质，是红树植物抵抗海水腐蚀的一种生理适应，而鞣质是工业制革的必需原料。研究表明，从壳斗科植物中提取的鞣质，制成鞣皮需要 6 个月；而从红树植物中提取的鞣质具有快速渗透的效能，制成鞣皮只要 6 周。因此，在制革工业上，红树植物鞣质在提高皮革质量和降低成本方面具有重要意义。红树植物树皮的鞣质含量达 30%，植物中鞣质的含量决定了其使用质量，鞣质含量越高的，开发利用价值就越高。研究表明，红树植物鞣质含量在红海榄中为 22.73%，木榄为 12.7%～22.7%，秋茄树为 12.4%～30.7%，海漆为 6.8%～9.3%，蜡烛果为 8.9%～19.6%，都达到了可提取开发的价值（林鹏，1984）。过去，沿海渔民常常使用红树植物树皮的浸出液来浸泡渔网，具有很好的防腐效果。广西这些鞣质含量较高的红树植物中，秋茄树林有 75.8hm$^2$，红海榄林有 271.3hm$^2$，蜡烛果林有 2807.8hm$^2$，木榄林有 21.95hm$^2$。根据测定，红树植物树皮生物量在秋茄树中为 7494.0kg/hm$^2$，红海榄为 13 748.5kg/hm$^2$，蜡烛果为 2756.1kg/hm$^2$，木榄为 7903.5kg/hm$^2$，由此得出广西红树林鞣质贮量为 2107.27t，具较大经济价值潜力。

(6)饵料资源价值

红树植物的花、果实、落叶和树枝落到水里，经水体中微生物和微藻的降解，可成为水中生活的鱼、虾、蟹、贝类等动物的饵料。以红海榄为例，1989 年广西英罗港 70 年生红海榄林的年凋落物量为 6.31t/(hm$^2$·a)（尹毅和林鹏，1992），广西红海榄林面积为 271.3hm$^2$，即每年向水体输入凋落物量约为 1711.9t/a，这部分凋落物的饵料成品率为 10%（韩维栋等，2000），参考养虾饵料价格为 2200 元/t，这意味着广西红海榄每年凋落物成为饵料的经济价值约为 37.7 万元。山口红树林区的主要群落类型有海榄雌林、蜡烛果林、秋茄树林、木榄林、红海榄林等，红树林凋落物年生产总量为 4.4t/(hm$^2$·a)（范航清等，2000），则整个山口红树林区年凋落物成为饵料的价值为 70.9 万元，整个广西红树林凋落物的饵料价值是 737 万元。

(7)药用植物价值

木榄、秋茄树、红海榄、海榄雌、老鼠簕、海漆、银叶树、黄槿等在民间作药用，具有消炎解毒、收敛、止血等功效，可用于治疗烧伤、腹泻、炎症、肝炎等（表 2-1）。例如，海榄雌的叶可治疗脓肿，而广西的海榄雌林面积约 2266.9hm$^2$，若以海榄雌林叶的生物量为 1681.3kg/hm$^2$ 作为计算标准（范航清等，2005），广西可入药的海榄雌叶约有 3811.3t；根据市场上具有收敛、止血作用的普通中药白芨的价格 13～14 元/kg 来计算，可入药的广西海榄雌叶价值为 4954.69 万～5335.82 万元。老鼠簕的叶可治风湿骨痛，果实与根捣碎成糊状可治跌打刀伤，植株的各部分都可作为止痛、消肿、解毒药，根捣烂外敷，治毒蛇咬伤；广西的老鼠簕资源也较丰富，如分布在北仑河口红树林区的老鼠簕群落面积为 24.4hm$^2$。海杜果的核、果、叶都有毒，民间主要用其毒性较小的叶、树皮、树汁催吐催泻。红海榄树皮熬汁口服可治血尿症。研究表明，山口红树林区的红海榄林面积约 80hm$^2$，其树皮部分生物量为 13 748.5kg/hm$^2$，由此得出山口红海榄树皮的资源量为 1099.88t，整个广西红海榄树皮蓄积量为 3728t。木榄胚轴水煮口服治腹泻。因此从红树植物中开发收敛止血、消石利尿等药物将具有广泛的市场前景。目前广西红树植物的药用利用多数只是在民间，其还没有在市场上销售；根据目前的资源量状况分析，广西红树植物的药用价值非常大。

(8)生物农药资源价值

农药残留对人体危害的严重性已越来越被人们所认识，因此从植物中提取生物农药是目前的研究热点之一。广西红树植物、半红树植物和伴生植物中，不少的种类具有毒性，如海漆的树汁，海杧果的核、果、叶(尤其是果仁)，蜡烛果的树皮和种子，银叶树的树汁、鱼藤等都可以用来提取生物农药。目前，生物农药的价格较高，达1150元/kg。如果扩大红树林面积，将其作为生物农药资源开发，可为我国生态农业发展奠定重要的基础。

(9)观赏植物资源价值

除在原地观赏之外，红树植物用作盆栽植物目前还不普遍，一些公园和沿海当地居民也有这一方面的尝试。例如，广西南宁人民公园的海底世界水族馆，就引种了秋茄树和海榄雌盆景，供游客观赏，具有较大社会效益，因此把红树植物作为盆景开发具有一定发展前景。

(10)绿肥资源价值

红树植物海榄雌的叶子肥厚，含氮量高，是一种优质的有机绿肥；经过枯枝落叶改良后的海榄雌林土壤养分含量更高，合浦县群众过去种秋薯都以它作基肥。以公馆、白沙、山口等镇生长较多的海榄雌来说，每株可产鲜叶10斤[①]左右，取回后切碎，加草皮灰，淋粪水堆沤10天发热腐烂，用于种红薯，据合浦县林业局李有浦介绍，每亩施用500kg，平均亩产可提高10%，也有人在实践中发现，用这种方法比单用草皮灰增产二至三成，而且薯皮光滑，无虫口，甚至可产单个一斤重的大红薯。

2. 动物资源价值

红树林区动物种类多，具较高经济价值和传统利用的种类也比较多，主要可食用、饲用等。

(1)食用经济动物价值

广西红树林区传统利用的食用经济种类有星虫类、贝类、鱼类、虾类、蟹类5大类群(梁士楚，1999)。

1)星虫类：可食用的种类主要是弓形革囊星虫和裸体方格星虫。韦受庆等(1995)研究发现，钦州小海湾弓形革囊星虫的年平均生物量为102.89g/m²，而钦州小海湾红树林面积为6hm²，按照调查时当地市场弓形革囊星虫平均价格为15~20元/kg计算，弓形革囊星虫的年潜在经济价值为9.26万~12.35万元。裸体方格星虫是广西沿海的名优特产海产品，广西是裸体方格星虫的主要产地，以北海的居多，可捕资源面积在15.3万亩以上，资源量为4027t左右，按照1993年当地市场价格14~20元/kg计算，其总价值为5637.8万~8054万元。然而，由于乱捕滥挖，裸体方格星虫的产量逐年下降；过去每人每天挖1~2h，可得裸体方格星虫5~6kg，现在只得0.5kg左右。根据2005年调查，北海沿海每天都有几百名收购商到海边收购新鲜裸体方格星虫，平均每人每天收购裸体方格星虫35kg左右，有时高达60kg以上，当时新鲜裸体方格星虫的价格约36元/kg。收

---

① 1斤=500g

购的裸体方格星虫被运到市场上出售、贩卖到餐馆或者被制成干品。据估计,广西沿海红树林裸体方格星虫资源量有 4000t,总价值达 1.44 亿元。

2)贝类:青蛤、大竹蛏、褐蛤、文蛤、河蚬、短偏顶蛤、薄片镜蛤、泥蚶等红树林区生物量较大的经济贝类,是当地群众挖掘的主要对象,一年四季几乎都有上市。目前,在红树林里已发现的贝类有上百种,大部分具有一定的经济价值。红树林周边村民最常挖捕的有文蛤、丽文蛤、青蛤、红树蚬、杂色蛤仔、大竹蛏、缢蛏、泥蚶、泥螺、栉江瑶和牡蛎等。泥螺可作药用,在近岸的红树林内生物量最大,达 26g/m²,2015 年调查时市场价格为 12 元/kg,红树林内单位面积泥螺的价值为 0.31 元/m²。大竹蛏市场价格约 20 元/kg,而且红树林潮沟内的大竹蛏个体较大,商品等级较高。文蛤也是红树林区盛产的贝类之一,肉嫩味鲜,素有"天下第一鲜"的美称,营养丰富,每百克肉含蛋白质 13.9g、脂肪 0.8g,还含有人体易吸收的各种氨基酸和维生素及钙、钾、镁、磷、铁等多种人体必需的矿物质,唐代时曾为皇宫海珍贡品。文蛤还具有很高的食疗药用价值,《本草纲目》称它能治疮、疖肿毒,消积块,解酒毒。近代研究还表明,它有清热利湿、化痰、散结的功效,对哮喘、慢性气管炎、甲状腺肿、瘰病等病也有明显疗效。食用文蛤,有润五脏、止消渴、健脾胃、治赤目、增乳液的功能,其深受国内外食客欢迎。2002 年,钦州市钦州港文蛤产出也以红树林区为主,产量达 25 458t,当时的文蛤市场价格为 10 元/kg,因此经济价值近 2.55 亿元。大蚝是钦州四大名贵海产之一,肉可鲜食,亦可加工成蚝豉、蚝油。蚝肉蛋白质含量超过 40%,营养丰富,味道鲜美,素有"海中牛奶"之称,同时还可入药。钦州港茅尾海红树林带是全国最大的大蚝天然苗种繁殖区,苗种品质优良,其他海区不可比美。钦州市是著名的"中国大蚝之乡",全市沿海红树林及周边浅滩涂插养及深水吊养大蚝面积有 14 万多亩,因此其经济价值非常可观。广西沿海红树林滩涂及周边海域牡蛎资源量有 4000t,文蛤资源量有 8500t,毛蚶资源量有 22 000t;按照牡蛎价格 1.8 元/kg 和文蛤价格 10 元/kg 来计,牡蛎资源总价值为 720 万元,文蛤资源总价值为 8500 万元。

3)虾类:广西红树林区虾类以对虾、鼓虾为主。对虾主要种类有长毛对虾、宽沟对虾、墨吉对虾等。成熟的对虾在外海产卵,孵出的幼体在夜间随着涨潮的海水进入红树林水域生长发育,捕食红树林区的浮游生物,发育成稚虾后在涨潮时进入红树林内觅食,红树林中枯枝落叶腐烂后含有较高的蛋白质和能量,是对虾生长的良好饵料。根据调查,钦州红树林区及周边滩涂对虾养殖面积有 10 万亩,年产对虾超过 3 万 t,按照对虾价格 70~80 元/kg 计算,其总价值达 21~24 亿元。

4)蟹类:锯缘青蟹、三疣梭子蟹、合浦绒螯蟹等都是红树林区常见的经济动物。例如,合浦绒螯蟹成体重 150~250g,其肉鲜美味甜,营养价值高,可食部分蛋白质含量达 22%,深受消费者的喜爱,产品远销国内外,当地收购商品蟹 240~380 元/kg(陈琴等,2001)。锯缘青蟹也具有较高的市场价格,是当地群众捕捉的首选对象之一。白水煮青蟹、青蟹生地汤、青蟹粥等是广东、广西沿海盛行的佳肴。据估计,广西红树林区及周边海域的锯缘青蟹资源量约有 140t,按照市场价格 260 元/kg 计算,其总价值达 3640 万元。

5)鱼类:乌塘鳢、杂食豆齿鳗、弹涂鱼、鲅虎鱼等是红树林区经济价值较高的鱼类。其中,弹涂鱼栖息于红树林土壤洞穴和根系之间,是红树林区典型的植食性鱼类,其肉质鲜嫩，营养价值高，是鱼中名贵品种之一，常用于做汤，味道鲜美，也适于清蒸、红烧或做鱼丸子。弹涂鱼在红树林中的个体数量比较多，生物量达 50g/m²。按照弹涂鱼的市场价格 90 元/kg 计算，每平方米红树林土壤的弹涂鱼价值为 4.5 元。乌塘鳢肉质鲜嫩，营养丰富，是名贵的滋补鱼类之一，市场价格 60~80 元/kg。根据范航清等(1996)报道，每年冬季刮北风时，英罗港红树林近海区均有人炸鱼，平均每天炸一炮，时间大多在涨潮期的傍晚或凌晨。少时一炮有几十斤鱼，多时一炮上千斤。在距红树林约 1km 的海区上，1994 年 12 月 13 日有人一炮炸得近万斤鱼，种类主要是斑鳑，但多为幼鱼，每尾平均重约 40g，如按照当时价格 1.6 元/kg，这一炮的价值约为 8000 元。这反映了红树林区鱼类的产量及其价值，当然，炸鱼是违法的，应严令禁止。

(2)饵料资源价值

广西沿海潮间带生长有大量的底栖螺类，至今尚未得到有效的开发利用，这也是极具价值的动物饵料资源。例如，红树林滩涂上的底栖螺类也较多，如拟蟹守螺(*Cerithidea* spp.)过去从来没人利用，但近年来被大量收购，价格约 0.3 元/kg(范航清等，1996)，这些底栖螺类被粉碎后可作为对虾养殖的补充饵料，即用作鱼虾蟹类的饲料和配合饵料的蛋白源。

利用红树植物树上的固着动物养殖青蟹是广西沿海群众的创举。例如，北海市大冠沙红树林面积约 67hm²，主要由海榄雌组成，其树上固着动物生物量为 298.4g FW/m²，总生物量达 199.928t；英罗港红树林区蜡烛果面积 20.6hm²，其树上固着动物仅白条地藤壶的生物量就为 1719.05g FW/m²，总生物量达 354.1243t。如果按照收购价格 0.3 元/kg 计算，大冠沙和英罗港红树林树上固着动物作为饵料的价值分别约 6 万和 10.6 万元。广西沿海群众传统上习惯把长满固着动物的红树植物枝条砍下，抛入池塘内喂食青蟹，过一段时间后再把它们捞起来，拿回家中作薪柴，一举两得。

韦受庆等(1995)在钦州小海湾红树林区调查时发现，约有 2000 只鸭和 300 只鸡在红树林区觅食，对鸭嗉囊进行解剖检查，雄鸭内含物为 29.49g，可辨认出底栖动物有 3.36g，占内含物的 11.39%，种类有脊尾白虾、橄榄胡桃蛤(*Nucula tenuis*)、纹斑棱蛤(*Trapezium liratum*)、江户明樱蛤(*Moerella jedoeusis*)、鰕虎鱼等；雌鸭内含物有 1.77g，由于消化程度较高，仅能辨认出一些鱼虾的碎屑。每次退潮时，红树林内会滞留很多的小鱼、小虾、小蟹等，这些海洋小动物是家禽良好的天然饵料，使得在潮间带觅食的鸭子体肥蛋多，蛋黄晶红、味美鲜香，"海鸭蛋"就是在红树林滩涂上觅食的鸭子所产的蛋，这种喂养方式的鸭子不仅产蛋率高，而且鸭蛋品质优，当地群众称为"红银蛋"。根据钦州市沿海群众反映，在红树林滩涂上觅食的鸭子生长快，肉质鲜美，售价比其他鸭子高 5%~10%。2001 年，钦州钦南区沿海红树林区饲养母鸭 56 万羽，其中蛋鸭 38 万羽，年产量 4800t，产值 2880 万元；种鸭 18 万羽，孵化销售鸭苗 2500 万羽，产值 2750 万元；年出栏肉鸭 125 万羽，产值 1875 万元。

(3)其他资源价值

1)蟹苗：根据红树林周边的锯缘青蟹养殖户介绍，红树林内出产的锯缘青蟹幼苗品质优良；相比之下，人工孵化苗在较小时就开始繁殖，而且有膏期短。养殖青蟹的最大利润来自体形大且膏肥满的膏蟹，膏蟹的价格达 80 元/kg。因此，红树林内产出的锯缘青蟹幼苗倍受青睐，潜在价值高。

2) 珍珠：广西沿海是珍珠的重要生产基地，特别是合浦县，其产的珍珠名为南珠，细腻器重、玉润浑圆，瑰丽多彩、光泽经久不变，素有"东珠不如西珠，西珠不如南珠"之美誉，是我国国家地理标志产品。优质的珍珠也得益于大面积的红树林对珍珠养殖具有得天独厚的、不可替代的保护和涵养作用。红树林区可为珠母贝提供丰富的饵料和适合的水环境，在红树林内的潮沟和红树林水系流经的浅海区养殖珠母贝将会获得优质高产的珍珠。正是红树林的生态功能作用，为珍珠生产提供了良好的生态环境，因此红树林成为珍珠生产的生态保险。目前，广西的海水珍珠基地主要集中在北海市的铁山港区营盘镇和合浦县山口镇及防城港市的白龙尾，养殖珍珠面积已达 5 万多亩，养殖场 1970多家，从业人员 2 万多人，珍珠产量达 8～10t，年产值 1.3 亿元(何锦锋等，2008)。

3) 观赏动物：红树林区是鸟类的重要栖息地，素有"鸟类天堂"之称，有些种类是珍贵的濒危物种。凌晨，鸟鸣声从四面传来，此起彼伏，叫人数不清到底有多少"咏晨歌手"在合唱。太阳初升，白鹭扇动着雪白的翅膀，在林中嬉戏；日轮西沉，林中苍鹭东岸呼西岸应，红树林中呈现着"千鹭鸣红林"的壮观场面。在红树林外水域活动的儒艮、白海豚、中国鲎等濒危野生动物，都可以作为观赏资源，每年吸引了不少的游客前来观赏。

红树林中栖息有多种农林业益鸟。据估计，单位面积红树林能给周边的农田减少病虫害防治费用 10 元/hm$^2$，这对于病害虫防治、提高农林业产量具有重要的意义。一些鸟类的鸟羽可加工成装饰品或工艺品出售。

由于缺乏详尽的动植物资源测定数据，不能逐一计算每种动植物的资源量及其价值，只能采用现行方法来评估红树林生态系统的实物使用价值。根据式(6-1)~式(6-3)，得到广西红树林生态系统的年活立木价值(STV)=8374.9hm$^2$×4.39m$^3$/hm$^2$×1216 元/m$^3$≈4 470.722 62 万元，年凋落物价值(LV)=8374.9hm$^2$×9.42t/hm$^2$×10%×2200 元/t≈1 735.614 38 万元，年食物生产价值(FPV)=8374.9hm$^2$×6518 元/hm$^2$≈5 458.759 82 万元，三者之和为广西红树林生态系统的年实物产品价值，即 11 665.096 72 万元。

(二)非实物使用价值

1. 科研资源价值

广西红树林生态系统含有丰富的科研资源。例如，北仑河口国家级自然保护区现有红树林面积 1206.7hm$^2$，是我国大陆海岸面积最大的红树林生态自然保护区，其跨越 3 个典型的特殊区域：一是西端的北仑河口，这是我国大陆海岸线最西南端的入海河口，又是中越两国的界河河口，因此该河口红树林的保护对防止海岸侵蚀、维护国土权益具有举足轻重的作用；二是中部的汅尾岛，该岛是广西京族唯一的聚居地，红树林生态系统的维持与稳定对当地京族社区经济的可持续发展具有重要意义；三是东端的珍珠港，该港湾红树林连片分布面积大，是国际上为数不多的典型港湾红树林。因此，这些区域的红树林生态系统极具科学研究价值。据不完全统计，以广西红树林生态系统作为主要研究对象的国家自然科学基金资助项目有 20 多项(表 6-12)，主要的研究单位有广西红树林研究中心、广西大学、广西师范大学、广西师范学院、广西壮族自治区林业勘测设计院(简称广西林业勘测设计院)、厦门大学、国家海洋局第一海洋研究所(现自然资源部第一海洋研究所)等(表6-13)。

**表 6-12 国家自然科学基金资助的广西红树林生态系统主要研究项目**

| 年度 | 项目名称 | 负责人 | 工作单位 |
|---|---|---|---|
| 1993 | 广西英罗湾红树林幼苗库的研究 | 梁士楚 | 广西红树林研究中心 |
| 1994 | 广西英罗港红树林区昆虫物种多样性的研究 | 蒋国芳 | 广西科学院生物研究所 |
| 1996 | 山口红树林鸟类多样性研究 | 周放 | 广西大学 |
| 1998 | 红树植物木榄种群的分形生态研究 | 梁士楚 | 广西海洋研究所 |
| 1998 | 广西边境海岸红树林的恢复生态学研究 | 范航清 | 广西红树林研究中心 |
| 2006 | 人为干扰下广西海榄雌红树林湿地衰退的机理与管理对策 | 范航清 | 广西红树林研究中心 |
| 2006 | 外来种大米草入侵红树林生态学机理与受损红树林恢复模式 | 梁士楚 | 广西师范大学 |
| 2009 | 广西山口红树林共生微生物活性代谢产物研究 | 佘志刚 | 中山大学 |
| 2010 | 广西北部湾沿岸红树林区域仔稚鱼的群落结构及其多样性研究 | 吴志强 | 桂林理工大学 |
| 2011 | 基于斑块的红树林空间分布动态变化定量分析方法研究 | 代华兵 | 广西林业勘测设计院 |
| 2011 | 基于虚拟筛选从广西北仑河口红树内生真菌发现活性次生代谢产物 | 陈海燕 | 广西大学 |
| 2012 | 广西北部湾红树林根际放线菌生物多样性及其次生代谢产物的研究 | 姜明国 | 广西民族大学 |
| 2012 | 广西英罗湾中全新世以来红树演变的沉积物有机碳同位素和孢粉记录及其对气候变化的响应 | 夏鹏 | 国家海洋局第一海洋研究所 |
| 2013 | 河口红树林湿地沉积与地貌过程研究 | 刘涛 | 广西红树林研究中心 |
| 2013 | 广西红树林害虫综合防控数学模型研究 | 梁志清 | 玉林师范学院 |
| 2013 | 河口红树林湿地沉积与地貌过程研究 | 刘涛 | 广西红树林研究中心 |
| 2013 | 中全新世以来广西典型红树林群丛林分结构演替对海平面变化的响应：沉积物埋藏红树叶片 C、N、O 同位素示踪 | 孟宪伟 | 国家海洋局第一海洋研究所 |
| 2014 | 广西红树林土壤放线菌新型抗肿瘤活性物质研究 | 黄大林 | 桂林医学院 |
| 2015 | 不同造林模式红树林的促淤固滩作用对比 | 杜钦 | 桂林理工大学 |
| 2015 | 近百年来广西典型红树林区泥炭土崩解事件的有机碳埋藏通量示踪及其对极端气候事件和人类活动的响应 | 夏鹏 | 国家海洋局第一海洋研究所 |
| 2015 | 全新世大暖期广西北海红树林演化及其对亚洲季风的响应：海岸带埋藏泥炭土记录 | 孟宪伟 | 国家海洋局第一海洋研究所 |
| 2015 | 基于生态化学计量学的北部湾红树林生态系统退化过程与驱动机制研究 | 胡刚 | 广西师范学院 |
| 2016 | 广西红树林海洋放线菌 Rpf 样蛋白及其生物学活性的研究 | 姜明国 | 广西民族大学 |

**表 6-13 开展广西红树林生态系统研究的主要单位**

| 地区 | 单位 | 开展的主要工作 |
|---|---|---|
| 广西 | 广西红树林研究中心 | 生态环境、鱼类、底栖动物、环境污染、生态评价、遥感、沉积物、碳储量、病虫害、恢复与重建、外来入侵种、资源利用、生态养殖 |
| | 广西大学 | 鸟类、景观生态、微生物、法律制度、遥感、动态、生理生态、沉积速率、运行机制、分子生态、生态承载力、服务功能、种群结构与动态、群落类型与演替、生物量 |

续表

| 地区 | 单位 | 开展的主要工作 |
|---|---|---|
| 广西 | 广西师范大学 | 种群结构与动态、群落类型与演替、物种多样性、遥感、微生物、抗菌活性、碳通量、生物农药、入侵种、药物研发 |
| | 广西师范学院 | 种群结构与动态、表层沉积物、碳储量、土壤有机碳、计量化学、服务功能 |
| | 钦州学院 | 景观格局、生态环境、微生物、群落特征、物种多样性、种群结构与动态 |
| | 广西壮族自治区林业科学研究院 | 碳储量、土壤肥力、计量化学、立地类型 |
| | 广西林业勘测设计院 | 遥感、空间分布、恢复与重建、病虫害 |
| | 广西科学院 | 微生物、昆虫、表层沉积物、环境污染、病原真菌 |
| | 桂林理工大学 | 鱼类、服务功能、重金属污染 |
| | 广西民族大学 | 微生物、生态文化 |
| | 广西壮族自治区中国科学院植物研究所 | 群落类型、生物量、植物分类、入侵种、民族植物学、土壤养分 |
| | 桂林医学院 | 土壤微生物、抗菌活性 |
| | 桂林电子科技大学 | 景观格局、生态环境 |
| | 广西海洋研究所 | 生态环境、群落分类、微生物 |
| | 广西中医药大学 | 微生物、药物研发 |
| | 玉林师范学院 | 底栖动物、病虫害 |
| | 防城港市海洋环境监测预报中心 | 生态环境 |
| | 广西北仑河口国家级自然保护区管理处 | 保护管理 |
| | 国家海洋局北海海洋环境监测中心站 | 生态评价 |
| | 广西山口红树林生态自然保护区管理处 | 保护管理 |
| | 广西经济管理干部学院 | 微生物 |
| | 广西壮族自治区环境保护科学研究院 | 生物多样性 |
| | 广西北海滨海国家湿地公园管理处 | 保护管理 |
| | 广西养蜂指导站 | 养蜂 |
| | 广西经贸职业技术学院 | 生态旅游 |
| | 北海市林业科学研究所 | 病虫害 |
| | 玉林师范学院 | 抗菌活性 |
| | 国营北海防护林场 | 造林技术 |
| | 钦州市林业局 | 人工造林、保护管理 |
| | 钦州市气象局 | 气象灾害 |
| 广东 | 中山大学 | 生态生物学特性、抗菌活性、分子生态 |
| | 华南理工大学 | 法律制度 |
| | 深圳大学 | 遥感 |
| | 广东海洋大学 | 抗菌活性 |
| | 华南农业大学 | 土壤微生物 |
| | 华南师范大学 | 污损动物 |

续表

| 地区 | 单位 | 开展的主要工作 |
|------|------|----------------|
| 福建 | 中国环境科学研究院 | 底栖动物 |
| | 厦门大学 | 群落类型及特征、植物化学、底栖硅藻 |
| 北京 | 北京师范大学 | 生态系统健康 |
| | 中国医学科学院 | 微生物 |
| 湖南 | 中南林业科技大学 | 服务功能、园林景观 |
| 江苏 | 南京信息工程大学 | 遥感 |
| | 南京大学 | 遥感 |
| 山东 | 国家海洋局第一海洋研究所 | 遥感、演替、沉积速率、海平面上升、孢粉学 |
| | 中国海洋大学 | 服务功能 |
| | 青岛大学 | 抗菌活性 |
| | 烟台大学 | 海平面上升 |
| 上海 | 华东师范大学 | 土壤有机碳、重金属、生态评价、群落演替 |
| | 同济大学 | 孢粉学、演替 |
| 重庆 | 西南大学 | 生态旅游、生态保护 |

在国际合作方面,广西有关红树林研究机构和管理部门十分重视对外合作与交流,参与了联合国环境规划署(United Nations Environment Programme,UNEP)、全球环境基金(Global Environment Facility,GEF)等资助的项目研究。广西丰富的红树林生物资源已经引起国外专家的重视,联合国环境规划署官员及美国、越南、柬埔寨、泰国、马来西亚、印度尼西亚、菲律宾等国专家曾来此进行过考察交流或合作研究。例如,由联合国环境规划署/全球环境基金 2001 年资助的"扭转南中国海及泰国湾环境退化趋势"项目中,广西红树林生态系统为主要的研究对象之一;2004 年防城港市成为中国首个 GEF 红树林国际示范区,联合国环境规划署/全球环境基金与中国政府各出资 40 万美元,支持防城港国际红树林示范区的建设。

2. 科普教育价值

山口国家级红树林生态自然保护区、北仑河口国家级自然保护区、茅尾海红树林自然保护区等不仅是普通社会公众生态体验的良好场所,而且是海洋学、生物学、生态学、林学、地质学、地貌学、水文学等专业大专院校学生野外实习的理想基地,同时也是中小学开展环境教育或者社会实践活动的极佳场所。例如,山口国家级红树林生态自然保护区是联合国教育、科学及文化组织世界生物圈保护区网络成员、广西青少年科技教育基地、广西绿色环保教育基地、北海市科普教育基地、广西师范大学教学科研基地等。北仑河口国家级自然保护区是首批全国中小学环境教育社会实践基地,江山乡中心小学、江山乡石角小学等防城港市沿海学校师生每年都携手保护区共种红领巾红树林防护林带;江山乡中心小学还在保护区设立了爱国主义教育基地,培养学生的爱国主义情怀;江山乡中心小学的同学因常年参与红树林的保护而获得共青团中央颁发的"鄂尔多斯杯"环保大奖;在保护区的宣传和带动下,学校、社区及政府机关等社会各界力量积极参与红树林种植的环境教育实践活动，人数从 2006 年的 500 多人次增长到 2015 年的 5000 多人次，种植红树林近 50 亩，红树林生态系统得到了很好的恢复(陆娟等，2015)。2004 年，广西医科大学绿色沙龙环保协会成立红树林项目组，并与厦门大学合作开展北仑河 入海河口红树林生态系统保育工作，在共青团广西壮族自治区委员会、广西壮族自治区 林业局、北仑河口国家级自然保护区、中国红树林保育联盟等支持下，组织中小学生进 行红树林复种、红树林义务巡护等活动。

### 3. 生态旅游价值

随着旅游业的不断发展，越来越多的人已经把目光聚集到了生态旅游和特色旅游上。 红树林生态旅游是回归大自然的主要方式之一，潜藏着巨大的商机。由于红树林生态旅 游充分地尊重了红树林生态系统价值的独特性，强调保护生态环境并谋福当地社区居民， 倡导人们认识自然、享受自然、保护自然，因而被认为是沿海旅游业可持续发展的最佳 模式之一。红树林生态旅游不仅使游客通过自身体验及从中受到的宣传教育促进对红树林 生态系统保护的热情和自觉性，而且使旅游部门和保护区增加了经济收入，为加强红树林 生态系统保护管理奠定了重要的经济基础。例如，山口国家级红树林生态自然保护区英罗 港红树林区以其内自然生长的大面积红海榄纯林而闻名，吸引了大量来自不同省(自治区、 直辖市)的游客慕名前来一睹风采。英罗港的红树林不仅连片面积大，而且红树植物高大， 盘根错节，外部形态十分壮观，在我国极为罕见。1992 年，山口国家级红树林生态自然保 护区在马鞍半岛建成了园林式的英罗管理站，并在高处修建了观景凉亭，在红树林中修建 了游览步道，旅游设施在逐年完善，已经发展成为北海市的主要观光旅游点之一，每年可 接待游客 15 万人次左右，如果按照每人次收 30 元的门票，则每年仅门票收入就达 450 万 元左右。刘镜法等(2006)测算的北仑河口红树林生态系统的游憩价值为 267 万(表 6-14)。

#### 表 6-14　北仑河口红树林生态系统的经济价值

| 生态作用 | 经济价值/万元 | 生态作用 | 经济价值/万元 |
| --- | --- | --- | --- |
| 有机质生产 | 709.78 | 营养循环 | 49.38 |
| 固定 $CO_2$ | 1598.61 | 污染物降解 | 33.94 |
| 释放 $O_2$ | 342.67 | 病虫害防治 | 12.43 |
| 防风消浪护堤 | 1962.9 | 游憩 | 267 |
| 保护土壤 | 1147.54 | 文化 | 827.24 |
| 动物栖息地 | 490.40 | 合计 | 7441.89 |

资料来源：刘镜法等(2006)

### 4. 文化价值

目前，在互联网上或者出版物中已经涌现出了一大批关于广西红树林的散文、摄影 作品等文化产品。例如，刘镜法的红树林摄影作品《走进红树林——中国北仑河口国家 级自然保护区》于 2002 年由海洋出版社正式出版，第一次印数就达到了 3000 册，每本 售价 168 元，价值 50.4 万元。刘镜法等(2006)测算的北仑河口红树林生态系统的文化价 值为 827.24 万元(表 6-14)。

按照 Costanza 等(1997)的划分方法，红树林生态系统的非实物使用价值主要由游憩价值(RV)和文化价值(CV)两部分组成，其中游憩价值是指提供娱乐活动的机会，如生态旅游、垂钓和其他户外活动；文化价值是指提供非商业使用的机会，如美学、艺术、教育、精神、科学价值。根据式(6-4)和式(6-5)，广西红树林生态系统的年游憩价值(RV)=8374.9hm$^2$×9203 元/hm$^2$≈7 707.420 47 万元，年文化价值(CV)= 8374.9hm$^2$×12 322 元/hm$^2$≈10 319.551 78 万元，两者之和为广西红树林生态系统的年非实物使用价值，即 18 026.972 25 万元。

## 二、间接使用价值

### (一)护岸价值

#### 1. 保护土壤价值

广西红树林保护土壤价值是按照其年保护表土(0～30cm)和林地年积累表土估算均值 1cm 的氮、磷、钾来估算的。根据式(6-7)和式(6-8)，年土壤养分价值(SNV)=8374.9hm$^2$×1.39%×0.31cm×0.77g/cm$^3$×2110 元/t≈58 631.270 43 万元，流失土壤的林业增益价值(FGV)=8374.9hm$^2$×0.52×520 元/hm$^2$≈226.457 30 万元，上述 2 项之和为广西红树林保护土壤价值(CSV)，即 58 857.727 73 万元。

#### 2. 促淤造陆价值

红树林通过截留进入林内的泥沙，可增加林下土壤的总量，其价值可采用市场价值法进行评估，即以当地土地使用权转让价格乘以每年造地面积。根据式(6-9)，广西红树林年促淤造陆价值(ADMLV)=(8374.9hm$^2$×0.53cm)/0.5m×340 万元/hm$^2$=30 183.139 60 万元。

#### 3. 护堤减灾价值

红树林是海堤抵御海浪和潮汐冲击的重要屏障，失去了这道屏障的保护，海堤将会变得异常脆弱。例如，合浦县原营盘村外一百多米处的潮间带上生长有大片红树林，但因人为砍伐后红树林被毁，在海浪和潮汐冲击作用下，海岸被侵蚀后退，原来的一百多间房屋和一条圩镇现已被高潮潮水所淹没(林鹏和胡继添，1983)。1986 年，第 9 号强台风在广西沿海登陆，登陆之处的 80%海堤被冲垮，经济损失达 2.98 亿元，而幸存的海堤堤外都生长有红树林。合浦县山口英罗港海堤长 1.8km，海堤虽然几十年都未曾维修，但由于堤外有面积约 86hm$^2$、平均高约 6m 的红树林保护，海堤被台风破坏较轻，损失较小。而无红树林生长的海堤，即使是石砌的也损失惨重(范航清，1995)。1996 年 9 月9 日，第 15 号台风袭击北部湾沿岸，停泊在英罗港的渔船受红树林保护减少灾害损失就达 1600 多万元，而当时整个北海市沿岸就有 372 处、48.3km 长的海堤在风暴潮的冲击下崩溃，未决口但严重损坏的海堤长 47.3km，水利工程直接经济损失达 1.32 亿元，全市经济损失高达 19 亿元。由此可见，红树林在防风消浪、减少灾害损失中发挥的作用显著。

在广西 14 个海湾中，红树林岸线长度最大的是大风江，达 34.71km，其次是铁山港(24.48km)，长度超过 10km 的海湾还有珍珠港(17.81km)、防城港东湾(15.31km)、茅尾海(20.77km)、七十二泾(16.28km)、廉州湾(20.61km)、北海东海岸(16.43km)、单兜湾(13.42km)和英罗港(10.90km)，它们总长为 190.72km(李春干，2004)。根据式(6-10)，整个广西红树林年护堤减灾价值(PSRDV)=(12.45 万元/km + 46.29 万元/km + 100.45 万元/km)×1195.1km=190 247.969 00 万元。

### (二)环境价值

#### 1. 固定二氧化碳和释放氧气价值

红树林具有较强的固定二氧化碳和释放氧气的功能。例如，英罗港红海榄林面积约 80hm$^2$，70 年生的红海榄林二氧化碳年吸收量 2051.6g/m$^2$，氧气年释放量 1492.1g/m$^2$，因此英罗港红海榄林每年固定二氧化碳量为 1641.28t，释放氧气量为 1193.68t。若采用国际通用的瑞典碳税率来计算固定二氧化碳的价值，英罗港红海榄林年固定二氧化碳价值为 201.71 万元；以人工制造氧气的成本 450 元/t 计算，英罗港红海榄林年释放氧气价值为 53.72 万元。广西红海榄林总面积为 271.5hm$^2$，则其固定二氧化碳和释放氧气的价值为 866.86 万元。根据式(6-11)和式(6-12)，广西红树林年固定二氧化碳价值(CFV)= 8374.9hm$^2$× 1229 元/t×11.35t/hm$^2$≈11 682.273 63 万元，年释放氧气价值(ORV)= 8374.9hm$^2$×30.29t/hm$^2$× 450 元/t≈11 415.407 45 万元，两者之和为红树林固定二氧化碳和释放氧气价值，即 23 097.681 08 万元。

#### 2. 净化污染物价值

红树林生态系统对海水中的悬浮颗粒、污染物等具有较好的净化作用而被称为天然的污水净化厂。根据式(6-13)，采用 Costanza 等(1997)的废物处理成果参数进行估算可得广西红树林生态系统年净化污染物价值(PPV)=8374.9hm$^2$×93 656 元/hm$^2$≈78 435.963 44 万元。

#### 3. 养分循环价值

根据测定，英罗港 70 年生红海榄林碳、氢、氮现存量分别为 14 117.7g/m$^2$、1446.4g/m$^2$ 和 158.5g/m$^2$，年净固定碳为 798.51g/m$^2$，结合氢为 86.31g/m$^2$，吸收氮为 12.33g/m$^2$。其中，用于群落增长而年存留碳、氢和氮分别为 441.22g/m$^2$、45.01g/m$^2$ 和 5.37g/m$^2$，年经凋落物输出碳、氢和氮分别为 357.29g/m$^2$、41.30g/m$^2$ 和 6.96g/m$^2$(郑文教等，1995)，两者之间的比值分别为 1.23：1、1.09：1 和 0.77：1。从这些比值来看，红海榄林碳、氢的年存留量稍高于凋落物量，这意味着红海榄林碳、氢每年有较大部分以凋落物的形式归还到周围环境中供动植物再利用。这种养分循环特性对于红树林生态系统及近海生态系统具有非常重要的意义。

养分积累与循环价值通常采用替代花费法或者市场价值法来评估，主要计算林分持留氮、磷、钾养分的价值。根据式(6-14)，广西红树林生态系统年养分循环价值(NCV)= 8374.9hm$^2$×0.291t/hm$^2$×2110 元/t≈514.227 23 万元。

#### 4. 维持生物多样性价值

红树林在维持生物多样性方面的作用主要体现在生长茂盛的红树林为许多动物提供了良好的生长发育、中途歇息、觅食、躲避敌害、繁殖等场所，因为红树林有"生物超市"之称。根据式(6-15)，广西红树林生态系统维持生物多样性价值(BMV)= 8374.9hm$^2$×

(4716 元/hm$^2$+1320 元/hm$^2$)≈5 055.089 64 万元。

5. 病虫害防治价值

受高温、人为干扰等影响，红树林病虫害时有发生。例如，2004 年 5 月广西沿海受螟蛾侵害的海榄雌林面积累计达到 700hm$^2$，其中北海市 200hm$^2$、钦州市 300hm$^2$、防城港市 200hm$^2$(范航清和邱广龙，2004)。因此，在红树林生长的益虫和益鸟对病虫害防治具有重要意义，它们不仅保护了红树林本身，还保护着周边的农田、森林等，因而有助于农业和林业产量的增加。根据式(6-16)和式(6-17)，红树林林地病虫害防治价值(PVFPD)=8374.9hm$^2$×5.54 元/hm$^2$≈4.639 69 万元，一体化病虫害防治价值(IPVFPD)=4.6397 万元×10=46.396 90 万元，两者之和为广西红树林的病虫害防治价值，即 51.036 59 万元。

根据上述的分析和计算，广西红树林生态系统服务年使用价值的总和=活立木价值(4 470.722 62 万元)+凋落物价值(1 735.614 28 万元)+食物生产价值(5 458.759 82 万元)+游憩价值(7 707.420 47 万元)+文化价值(10 319.551 78 万元)+保护土壤价值(58 857.727 73 万元)+促淤造陆价值(30 183.139 60 万元)+护堤减灾价值(190 247.969 00 万元)+固定二氧化碳和释放氧气价值(23 097.681 08 万元)+净化污染物价值(78 435.963 44 万元)+养分循环价值(514.227 23 万元)+维持生物多样性价值(5 055.089 64 万元)+病虫害防治价值(51.036 59 万元)=416 134.906 28 万元，其中活立木价值、凋落物价值、食物生产价值、游憩价值、文化价值为直接使用价值，共 29 692.068 97 万元，占使用价值总和的 7.14%；保护土壤价值、促淤造陆价值、护堤减灾价值、固定二氧化碳和释放氧气价值、净化污染物价值、养分循环价值、维持生物多样性价值、病虫害防治价值为间接使用价值，共 386 442.834 31 万元，占 92.86%(表 6-15)。根据表 6-15，广西红树林生态系统服务中，护堤减灾价值最大，为 190 247.969 00 万元，占 45.72%；其次是净化污染物价值，为 78 435.963 44 万元，占 18.85%；再次是保护土壤价值，为 58 857.727 73 万元，占 14.14%；这充分说明红树林在保护海岸、防灾减灾、净化环境方面的作用极其显著。

表 6-15　广西红树林生态系统的年使用价值　　　　　(单位：万元)

| | | | |
|---|---|---|---|
| 直接使用价值 | 实物使用价值 | 活立木价值 | 4 470.722 62 (1.07) |
| | | 凋落物价值 | 1 735.614 28 (0.42) |
| | | 食物生产价值 | 5 458.759 82 (1.31) |
| | 非实物使用价值 | 游憩价值 | 7 707.420 47 (1.85) |
| | | 文化价值 | 10 319.551 78 (2.48) |
| 间接使用价值 | 护岸价值 | 保护土壤价值 | 58 857.727 73 (14.14) |
| | | 促淤造陆价值 | 30 183.139 60 (7.25) |
| | | 护堤减灾价值 | 190 247.969 00 (45.72) |
| | 环境价值 | 固定二氧化碳和释放氧气价值 | 23 097.681 08 (5.55) |
| | | 净化污染物价值 | 78 435.963 44 (18.85) |
| | | 养分循环价值 | 514.227 23 (0.12) |
| | | 维持生物多样性价值 | 5 055.089 64 (1.21) |
| | | 病虫害防治价值 | 51.036 59 (0.01) |

注：括号内的数字表示该项占各项总和的百分比(%)

### 三、非使用价值

#### (一)调查问卷表的反馈情况

按照每人一份的标准发放调查问卷表，共发放了 1056 份，其中广西区外发放了 286 份，回收 275 份，反馈率 96.2%；广西区内发放了 770 份，返回 694 份，反馈率 90.1%。总共收回调查问卷表 969 份，反馈率为 91.8%(表 6-16)。在进行支付意愿率和 WTP 值分析时，反馈的 969 份样本数据全部采用。

表 6-16　广西红树林生态系统非使用价值调查问卷表发放和反馈情况

| 地区 | 发放数 | 回收数 | 反馈率/% |
|---|---|---|---|
| 广西区内 | 770 | 694 | 90.1 |
| 钦州 | 200 | 190 | 95.0 |
| 桂林 | 170 | 166 | 97.6 |
| 北海 | 80 | 75 | 93.8 |
| 防城港 | 70 | 58 | 82.9 |
| 南宁 | 100 | 80 | 80.0 |
| 贺州 | 50 | 46 | 92.0 |
| 柳州 | 10 | 6 | 60.0 |
| 梧州 | 80 | 72 | 90.0 |
| 百色 | 10 | 1 | 10.0 |
| 广西区外 | 286 | 275 | 96.2 |
| 福建三明 | 80 | 78 | 97.5 |
| 福建厦门 | 150 | 143 | 95.3 |
| 福建福州 | 1 | 1 | 100.0 |
| 广东 | 35 | 33 | 94.3 |
| 湖北 | 2 | 2 | 100.0 |
| 江苏 | 2 | 2 | 100.0 |
| 安徽 | 1 | 1 | 100.0 |
| 河南 | 2 | 2 | 100.0 |
| 黑龙江 | 1 | 1 | 100.0 |
| 湖南 | 1 | 1 | 100.0 |
| 北京 | 1 | 1 | 100.0 |
| 云南 | 2 | 2 | 100.0 |
| 青海 | 2 | 2 | 100.0 |
| 辽宁 | 2 | 2 | 100.0 |
| 山西 | 1 | 1 | 100.0 |
| 四川 | 1 | 1 | 100.0 |
| 浙江 | 1 | 1 | 100.0 |
| 上海 | 1 | 1 | 100.0 |
| 总计 | 1056 | 969 | 91.8 |

（二）受访者特征

对回收的 969 份样本人群的性别、年龄、专业知识、文化程度、技术职称、职业、居住地、年经济收入、对广西红树林了解程度、对广西红树林偏爱程度和支付形式进行统计分析。

1. 性别

受访者的性别中，男性有 463 人，占总人数的 47.78%；女性有 506 人，占 52.22%；两者人数相对较为接近。

2. 年龄

受访者的年龄在 30 岁以下的有 603 人，占 62.23%；31～50 岁的有 321 人，占 33.13%；51～60 岁的有 41 人，占 4.23%；60 岁以上的有 4 人，占 0.41%。以 30 岁以下的人数居多，为较年轻的群体，支付能力相对较弱。

3. 专业知识

受访者从事自然保护和湿地研究的有 43 人，4.44%；熟悉自然保护和湿地的有 264 人，占 27.24%；不熟悉自然保护和湿地的有 662 人，占 68.32%。虽然考虑到从事或熟悉湿地和自然保护专业的人员会对调查做出比较科学合理的判断，但是公众意愿调查要考虑其全面性，应该代表大多数人的意愿，所以在发放调查问卷表时对不熟悉湿地和自然保护人群加强了调查。

4. 文化程度

受访者的文化程度中，研究生以上学历的有 123 人，占 12.69%；本科毕业或本科在读的有 524 人，占 54.08%；大专毕业或大专在读的有 194 人，占 20.02%；中专毕业或中专在读的有 80 人，占 8.26%；高中毕业或高中在读的有 36 人，占 3.71%；高中以下的有 12 人，占 1.24%。具有大专以上文化程度的有 841 人，占 86.79%，说明受访者的文化程度较高。

5. 技术职称

受访者具有高级职称的有 109 人，占 11.25%；中级职称 233 人，占 24.04%；初级职称 206 人，占 21.26%；其他 421 人，占 43.45%。高、中级职称共有 342 人，占 35.29%，这在支付人群中的比例比较合适。

6. 职业

受访者所从事的职业中，行政管理人员有 116 人，占 11.97%；科研人员 38 人，占 3.92%；保护区人员有 7 人，占 0.72%；学生有 400 人，占 41.28%；高校教师有 119 人，占 12.28%；企业人员有 181 人，占 18.68%；其他人员有 108 人，占 11.15%。本次调查问卷主要在校园发放，因此学生所占的比例较大；而专门从事科学研究的人员相对比较少，这在一定程度上会影响支付额和支付比例，从而导致 WTP 值产生偏差。

7. 居住地

在桂林、柳州、南宁、贺州、钦州、北海、防城港、梧州、百色等广西区内居住的受访者有 694 人，占 71.62%；在广东、福建、湖北、江苏、安徽、河南、黑龙江、湖南、北京、云南、青海、辽宁、山西、四川、浙江、上海等广西区外居住的受访者有 275 人，占 28.38%。由于红树林生长在热带、亚热带海岸潮间带，因此内陆地区的居民多数对红树林从未听说过，或者即使听说过但也不熟悉。因此，红树林生态系统的有效保护管理主要依赖于当地居民。基于这个观点，本次调查问卷主要在广西钦州、北海和防城港 3 个城市的沿海地区进行，共发放调查问卷 350 份，占总数的 33.14%。而在广西区外进行的调查问卷也是集中在有红树林分布的福建省厦门市进行，共发放调查问卷 150 份，占总数的 14.20%。

### 8. 年经济收入

受访者年经济收入 5000 元以下的有 386 人，占 39.83%；5000～10 000 元的有 136 人，占 14.04%；10 000～15 000 元的有 212 人，占 21.88%；15 000～20 000 元的有 143 人，占 14.76%；20 000～30 000 元的有 53 人，占 5.47%；30 000～40 000 元的有 20 人，占 2.06%；40 000～50 000 元的有 12 人，占 1.24%；50 000 元以上的有 7 人，占 0.72%。由此可见，调查人群以中低收入者为主。但值得注意的是，受访者在选择收入档次时可能会选择比实际低的档次，因而存在年经济收入偏低的情况。

### 9. 对广西红树林了解程度

受访者对广西红树林相当熟悉的有 44 人，占 4.54%；看过有关资料，有一定了解的 560 人，占 57.79%；没有多少了解的 365 人，占 37.67%。熟悉和有所了解的人共 604 人，占 62.33%，他们应该是潜在愿意支付人群的主体。

### 10. 对广西红树林偏爱程度

被调查者本人经常去广西红树林的有 64 人，占 6.61%；本人到过广西红树林的 253 人，占 26.11%；本人或家人希望去广西红树林的 342 人，占 35.29%；本人或家人将来打算去广西红树林的 193 人，占 19.92%；本人或家人将来也不打算去广西红树林的 117 人，占 12.07%。因此，对广西红树林有偏爱的共有 852 人，占 87.93%。

### 11. 支付方式

受访者愿意为广西红树林保护支付费用的共有 574 人，占 59.24%；不愿支付的有 395 人，占 40.76%。愿意支付的人群中，有 197 人选择以现金的形式交付广西红树林管理机构，占 34.32%；有 122 人选择以现金的形式捐献到国内某一自然保护基金组织并委托专用，占 21.25%；有 73 人选择纳税的形式上缴国家统一支配，占 12.72%；有 171 人选择以旅游的形式支付，占 29.79%；有 11 人选择以其他形式支付，占 1.92%。

### (三)支付意愿率与 WTP 值

对返回的 969 份有效调查问卷进行支付意愿率和 WTP 值统计分析，其结果如表 6-17 所示。选择愿意支付的有 574 人，占总样本的 59.24%。若以 WTP 值的中位值(50 元/年)作为受访者年平均支付意愿，其对应的累计频率为 51.55%。

表 6-17　广西红树林非使用价值受访者支付意愿(WTP)值的频度分布

| WTP/(元/年) | 绝对频数/人 | 相对频度/% | 调整频度/% | 累计频度/% |
|---|---|---|---|---|
| 0.5 | 5 | 0.52 | 0.87 | 0.87 |
| 1 | 8 | 0.83 | 1.39 | 2.26 |
| 2 | 8 | 0.83 | 1.39 | 3.65 |
| 3 | 3 | 0.31 | 0.52 | 4.17 |
| 4 | 3 | 0.31 | 0.52 | 4.69 |
| 5 | 36 | 3.72 | 6.27 | 10.96 |
| 6 | 2 | 0.21 | 0.35 | 11.31 |
| 7 | 0 | 0 | 0 | 11.31 |
| 8 | 6 | 0.62 | 1.05 | 12.36 |
| 9 | 0 | 0 | 0 | 12.36 |
| 10 | 79 | 8.15 | 13.76 | 26.12 |
| 15 | 8 | 0.83 | 1.39 | 27.51 |
| 20 | 25 | 2.58 | 4.36 | 31.87 |
| 25 | 12 | 1.24 | 2.09 | 33.96 |
| 30 | 13 | 1.34 | 2.26 | 36.22 |
| 35 | 0 | 0 | 0 | 36.22 |
| 40 | 3 | 0.31 | 0.52 | 36.74 |
| 50 | 85 | 8.77 | 14.81 | 51.55 |
| 60 | 12 | 1.24 | 2.09 | 53.64 |
| 70 | 1 | 0.1 | 0.17 | 53.81 |
| 80 | 10 | 1.03 | 1.74 | 55.55 |
| 90 | 3 | 0.31 | 0.52 | 56.07 |
| 100 | 118 | 12.18 | 20.56 | 76.63 |
| 150 | 35 | 3.61 | 6.1 | 82.73 |
| 200 | 24 | 2.48 | 4.18 | 86.91 |
| 250 | 4 | 0.41 | 0.7 | 87.61 |
| 300 | 10 | 1.03 | 1.74 | 89.35 |
| 350 | 2 | 0.21 | 0.35 | 89.7 |
| 400 | 6 | 0.62 | 1.05 | 90.75 |
| 450 | 0 | 0 | 0 | 90.75 |
| 500 | 31 | 3.2 | 5.4 | 96.15 |
| 600 | 7 | 0.72 | 1.22 | 97.37 |
| 700 | 1 | 0.1 | 0.17 | 97.54 |
| 800 | 0 | 0 | 0 | 97.54 |
| 900 | 1 | 0.1 | 0.17 | 97.71 |
| 1000 及以上 | 13 | 1.34 | 2.26 | 99.98 |
| 拒绝支付 | 395 | 40.76 | | |
| 总数 | 969 | 100.01 | | |

注：相对频度 = 绝对频数/被调查总人数；调整频度 = 绝对频数/愿意支付总人数；合计不等于 100% 是因为有些数据进行过舍入修约，全书同

### (四)支付取向

对调查问卷进行统计分析发现，偏爱保护红树林生态系统整体资源的支付意愿值占支付意愿总值的 26.52%，偏爱保护红树林动物资源的占 24.46%，偏爱保护红树植物资源的占 29.21%；偏爱保护红树林生态系统服务的占 19.81%。由此可见，偏爱保护红树林植物资源的比例相对较高，说明人们认识到了红树植物的重要性。正是红树植物资源的存在为整个红树林生态系统服务价值的形成和发挥作用奠定了重要基础。

### (五)支付动机

对返回的调查问卷进行统计分析得出，出于为了保护红树林生态系统永续存在而愿意支付的有 429 人，占返回调查问卷总人数的 44.27%；出于为了把红树林资源和知识当作一份遗产保留给后代子孙而愿意支付的有 283 人，占 29.21%；出于将来自己、他人或子孙后代能够有选择地开发利用红树林生态系统资源而愿意支付的有 257 人，占 26.52%。从调查结果看，存在价值是非使用价值的主要形式，这也符合生态学规律，只有在资源存在的基础上，才有选择价值和遗产价值。

### (六)不愿意支付的原因

根据调查问卷表，对 395 人不愿意支付的原因进行统计，其结果如下：①54.94%的人认为自己经济收入较低，家庭负担太重，无能力支付；②2.53%的人认为自己对自然保护和生物多样性保护不感兴趣；③5.82%的人认为自己远离广西红树林，难以享用这一资源，因此对它是否存在不感兴趣，因而不愿意支付；④1.77%的人认为自己不打算享用其资源，也不考虑因子孙或他人会享用此资源而出资；⑤23.54%的人认为保护广西红树林应由国家出资，而不是由个人出资；⑥8.61%的人认为自己对此次调查不感兴趣而不愿意支付；⑦2.78%的人认为是其他原因，但没有阐明何种原因。

### (七)不同因素与支付意愿和 WTP 值的相关分析

由表 6-18 和表 6-19 可知，除了年龄以外，职业、文化程度、了解程度、偏爱程度、技术职称、收入水平与支付意愿呈极显著相关，而性别与支付意愿呈显著相关；年龄、职业、了解程度、偏爱程度、技术职称、收入水平与 WTP 值呈极显著相关，文化程度与WTP 值呈显著相关，而性别与 WTP 值相关性不显著。保护意识强弱对支付意愿与 WTP 值的影响较大，例如，保护区人员、企业人员、科研人员、高校教师及行政人员的文化程度较高，能较好地认识红树林生态系统价值及其存在的意义，保护意识较强，支付率也较高；技术职称高，关注社会积极性高，其支付率也较高；环境保护意识一旦形成，支付意愿就会较高，支付额也会相应增加。了解程度、偏爱程度与支付意愿和 WTP 值呈极显著相关，这一结果符合客观规律。年龄与支付意愿相关性不显著，但与 WTP 值相关性极显著，说明保护红树林生态系统的意愿不分年龄大小，但年龄较大的经济实力可能会较强，支付额会较高，调查发现以 51~60 岁的人群支付额最高。性别与支付意愿相关性显著，但与 WTP 值相关性不显著，说明男性对生态环境保护等热点问题较为关注，保护意识也较强，但支付额与性别关系不大。收入水平与支付意愿和 WTP 值呈极显著相关，说明收入水平高的人群，参与社会的意识和能力较强，支付意愿和支付能力较大。

**表 6-18　不同因素与支付意愿的相关性**

| 因素 | 自由度 | $\chi^2$ 计算值 | $\chi^2(0.01)$ 临界值 | $P$ 值 | 相关程度 | 支付率 |
|---|---|---|---|---|---|---|
| 性别 | 1 | 3.76 | 6.63 | 0.05 | 显著 | 男性 62.20%，女性 56.52% |
| 年龄 | 3 | 1.10 | 11.84 | 0.78 | 不显著 | 30 岁以下 59.87%，31～50 岁 58.57%，51～60 岁 53.66%，61 岁以上 75.00% |
| 职业 | 6 | 32.03 | 16.81 | 0.00 | 极显著 | 行政人员 70.69%，科研人员 78.95%，保护区人员 14.29%，学生 54.00%，高校教师 71.43%，企业人员 54.70%，其他 56.48% |
| 文化程度 | 5 | 64.03 | 15.09 | 0.00 | 极显著 | 研究生以上 65.85%，本科 64.89%，大专 58.25%，中专 23.75%，高中 55.56%，高中以下 8.33% |
| 技术职称 | 3 | 24.74 | 11.84 | 0.00 | 极显著 | 高级职称 76.15%，中级职称 59.66%，初级职称 47.57%，其他 60.33% |
| 收入水平 | 7 | 22.66 | 18.48 | 0.00 | 极显著 | <5 000 元 58.29%，5 000～10 000 元 55.88%，10 000～15 000 元 51.89%，15 000～20 000 元 65.03%，20 000～30 000 元 81.13%，30 000～40 000 元 70.00%，40 000～50 000 元 83.33%，≥50 000 元 42.86% |
| 了解程度 | 2 | 14.85 | 9.21 | 0.00 | 极显著 | 相当熟悉 68.18%，有一定了解 63.57%，初步了解 51.51% |
| 偏爱程度 | 4 | 30.13 | 13.28 | 0.00 | 极显著 | 本人经常去 67.19%，本人到过 61.66%，希望去 64.91%，将来打算去 56.48%，不打算去 37.61% |

**表 6-19　不同因素与 WTP 值的相关性**

| 因素 | 自由度 | $\chi^2$ 计算值 | $\chi^2(0.01)$ 临界值 | $P$ 值 | 相关程度 | ≤100 元 WTP 值的支付率 |
|---|---|---|---|---|---|---|
| 性别 | 4 | 2.04 | 13.28 | 0.25 | 不显著 | 男性 77.43%，女性 80.77% |
| 年龄 | 12 | 42.51 | 26.22 | 0.00 | 极显著 | 30 岁以下 78.12%，31～50 岁 77.13%，51～60 岁 45.45%，61 岁以上 100.00% |
| 职业 | 24 | 133.58 | 42.98 | 0.00 | 极显著 | 行政人员 69.51%，科研人员 70.00%，保护区人员 100.00%，学生 90.28%，高校教师 48.24%，企业人员 79.80%，其他 75.41% |
| 文化程度 | 20 | 33.64 | 37.57 | 0.02 | 显著 | 研究生以上 64.20%，本科 79.71%，大专 75.22%，中专 78.95%，高中 85.00% |
| 技术职称 | 12 | 91.36 | 26.22 | 0.00 | 极显著 | 高级职称 48.19%，中级职称 71.22%，初级职称 81.63%，其他 87.01% |
| 收入水平 | 28 | 145.94 | 48.28 | 0.00 | 极显著 | <5 000 元 86.22%，5 000～10 000 元 77.63%，10 000～15 000 元 73.64%，15 000～20 000 元 79.57%，20 000～30 000 元 62.79%，30 000～40 000 元 7.14%，40 000～50 000 元 30.00%，50 000 元以上 33.33% |
| 了解程度 | 8 | 29.20 | 20.09 | 0.00 | 极显著 | 相当熟悉 50.00%，有一定了解 76.12%，初步了解 81.91% |
| 偏爱程度 | 16 | 50.54 | 32.00 | 0.00 | 极显著 | 本人经常去 69.77%，本人到过 71.79%，希望去 74.77%，将来打算去 83.49%，不打算去 93.18% |

### (八)非使用价值评估

#### 1. 非使用价值及其构成

虽然广西红树林景区的知名度不如卧龙自然保护区、王朗国家级自然保护区等知名，但调查结果表明，广西区外样本的支付意愿率为 57.5%，而区内的为 60.1%，两者较为接近。考虑离广西较远的人群到广西红树林区旅游的可能性比较小，所以选择广西及其邻近省份广东、湖南、云南、福建的城镇人口总数来估算广西红树林的非使用价值。国家统计局公布资料表明，2005 年，广东城镇总人口 5573 万人、广西 1656 万人、云南 1312.9 万人、湖南 2490.88 万人、福建 1672 万人，五省(区)城镇人口总数 12 704.78 万人。根据式(6-19)，广西红树林生态系统非使用价值(NUV)=50 元/人×12 704.78 万人×59.24%= 376 315.583 60 万元。

非使用价值包括选择价值、存在价值和遗产价值。根据支付动机比例计算，选择价值=非使用价值×26.52%=376 315.583 60 万元×26.52%≈99 798.892 77 万元，存在价值=非使用价值×44.27%=376 315.583 6 万元×44.27%≈166 594.908 86 万元，遗产价值=非使用价值×29.21%=376 315.583 6 万元×29.21%≈109 921.781 97 万元。

#### 2. 非使用价值偏差分析

1)样本偏差：CVM 调查结果依赖于 CVM 调查的样本数据。样本数据在原则上应该具有广泛代表性和随机性。本次调查中，教师、学生的样本数为 519 人，占样本总数的 53.56%，所占比例较大，说明样本的随机性和广泛代表性存在一定的问题。

2)奉承偏差：调查中，选择的对象难以避免为自己的亲人、朋友或者学生，因此会出现为了奉承调查人进行的支付愿意和高于其收入水平的 WTP 值，由此引起 WTP 值偏高。例如，梧州市公安局的受访者多是发放问卷者的好朋友。

3)隐私偏差：根据调查问卷表的统计数据并结合当地经济发展水平进行分析发现，受访者所填写年经济收入普遍偏低，有些只填写工资收入。部分收入较高的受访者明显存在着隐瞒收入的情况，导致调查结果偏低。

4)理解偏差：有些人认为工薪阶层收入微薄，不应该再增加工薪阶层的负担，所以拒绝支付；有些人因为不知道什么是红树林，所以对问卷调查不感兴趣；有些人对调查内容有误解，或者没有认真填写，例如，在支付意愿处填"否"，却又在支付费用处填写费用。

5)身份偏差：调查中，有些受访者是政府官员，碍于自己的身份和地位或者出于责任感，填写的 WTP 值可能偏高，但这不一定是他们的真实意愿，这样的偏差会导致总体 WTP 值增高。有些学生认为他们还没有固定收入，不应该做出任何支付。

## 四、总价值

由图 6-2 可知，广西红树林生态系统服务总价值为 792 450.486 88 万元，其中使用价值为 416 134.903 28 万元，占总价值的 52.51%，包括直接使用价值 29 692.068 97 万元，占 3.75%，间接使用价值 386 442.834 31 万元，占 48.77%；非使用价值 376 315.583 60 万元，占 47.49%，包括选择价值 99 798.892 77 万元，占 12.59%，存在价值 166 594.908 86 万元，占 21.02%，遗产价值 109 921.781 97，占 13.87%。直接使用价值量最小，主要原因是限于目前的技术条件和研究基础许多实物资源还缺乏调查数据而无法进行全面的价值评估，同时表明直接使用价值不是广西红树林生态系统的主要价值类型。直接使用价值不以人类意志为转移，但与人类利用强度具有一定关系，更与资源量有关，当资源缺乏的时候，这部分价值将会因为价格上涨而有所提高。游憩价值、文化价值等方面的非实物使用价值由于尚未得到充分的开发利用，所以其评估价值也明显偏低。间接使用价值最大，说明广西红树林生态系统在保护土壤、促淤造陆、护堤减灾、固定二氧化碳和释放氧气、净化污染物、养分循环、维持生物多样性、病虫害防治等方面发挥着重要的作用，具有较大的经济效益和生态效益。非使用价值比使用价值小约 9.6%，包括存在价值、遗产价值和选择价值，其中选择价值实际上就是未来的使用价值，只是目前没有使用、无法使用或者不想使用。

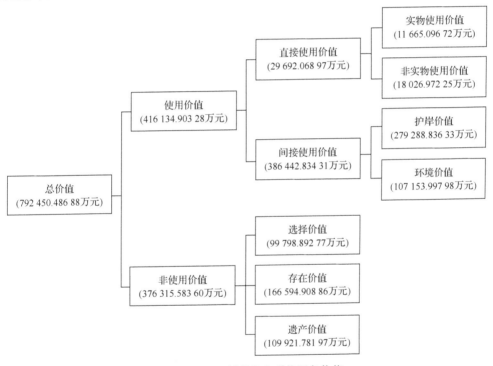

图 6-2　广西红树林生态系统服务价值

## 第四节　人为活动对红树林生态系统服务的影响

过去，人们对生态系统服务及其重要性的了解较少，对自然生态系统无序无节制的开发、破坏活动导致了生态系统服务的损害和削弱，产生了一系列的生态环境危机。然而，随着对维持生态系统服务重要性认识的深入，人们正以加强生态系统管理等积极的方式来恢复和保育生态系统服务，取得了良好的效果。开展人为活动对红树林生态系统服务的影响及其保护策略的研究对于更好地维持红树林生态系统服务及促进当地经济社会可持续发展具有重要的意义。

## 一、人为活动对红树林生态系统服务的影响方式

从是否能够维持生态系统服务的标准来看，人为活动对红树林生态系统服务的影响可分为积极影响和消极影响两种类型。积极影响方式有生态系统管理、生态工程、生态恢复与重建、生态评价与规划等；消极影响方式主要包括破碎或破坏生境、消减生境生态功能、改变生态系统的生物地球化学循环等，具体来说有红树林林地的围垦、红树林林木采伐、林区过度的捕获活动、城市化与工业化用地侵占林地、污染排放、海水养殖等方式，其中围垦建养殖池、造田、造盐场、修海堤，进行城市建设、港口码头建设等利用形式都是以破坏红树林为前提的，属于转换性利用。红树植物资源利用、林区挖掘捕获、围栏或网箱海水养殖、污水排放处理等则属于非转换性利用。前者会导致红树林的毁灭，后者因利用过度会造成红树林生态系统的破坏，红树林植被的退化，但只要限制利用程度，还是可以实现持续利用的。由于沿海人口、经济增长较快，我国红树林在20世纪五六十年代和90年代先后两次遭到大面积的破坏，主要原因分别是填海造田和围垦养殖。长期以来，红树林遭受到人类种种侵害的影响，红树林经历着由多变少，由高大乔木林向矮小灌丛演替，现存的红树林是漫长历史时期的自然环境条件、植被演替和人类干预的产物。我国脆弱、珍稀的红树林生态系统已日趋濒危状态，本节主要对人为活动方式及其对红树林的消极影响作重点讨论，期望能为潜在的生态危机敲响警钟。人为活动对广西红树林生态系统服务的负面影响的主要干扰形式、主要危害对象、对生态系统服务的影响及其结果如表6-20所示。

**表6-20　人为活动对广西红树林生态系统服务的负面影响**

| 人为活动方式 | 危害强度 | 对生态系统的影响 | 主要危害对象 | 对生态系统服务的影响 | 对生态系统服务影响的后果 |
|---|---|---|---|---|---|
| 农业用地 | 强 | 生境破碎 | 红树林生态系统 | 生物多样性维持能力下降，影响生态系统对大气和气候的调节过程，改变养分贮存与循环过程，破坏土壤形成与保护，使灾害缓冲能力下降，损害生态系统净化环境的能力 | 生境消失，物种减少甚至灭绝，土地退化、荒漠化，水体富营养化，减少温室效应气体，动植物产量下降，小气候变化，导致国土流失 |
| 盐业用地 | 强 | | 红树林生态系统 | | |
| 围塘养殖 | 强 | | 红树林生态系统 | | |
| 修筑海堤 | 强 | | 红树林生态系统 | | |
| 加固海堤 | 中 | | 堤边木榄林 | | |
| 城市用地 | 强 | | 红树林生态系统 | | |
| 盗伐林木 | 中 | 改变生态系统结构 | 木榄等高大林木 | 影响生态系统产品提供，使生物多样性维持能力下降，影响生态系统大气和气候调节，影响养分贮存与循环，影响护岸减灾的功能 | 物种减少甚至灭绝，农林产品减少，减少苗木量，小枝被折断，影响植物自然更新，生态系统消失 |
| 放牧 | 弱 | | 海榄雌林 | | |
| 采集果实 | 中 | | 尤其是海榄雌林 | | |
| 收集绿肥 | 中 | | 海榄雌林 | | |
| 采集饲料 | 中 | | 海榄雌林 | | |
| 砍伐薪柴 | 弱 | | 蜡烛果林 | | |
| 收集饲料 | 中 | | 海榄雌林 | | |
| 采集药物 | 弱 | | 海榄雌、老鼠簕等个别种 | | |

| 人为活动方式 | 危害强度 | 对生态系统的影响 | 主要危害对象 | 对生态系统服务的影响 | 对生态系统服务影响的后果 |
|---|---|---|---|---|---|
| 挖捕动物 | 强 | 改变生态系统结构 | 红树林生态系统 | 生物多样性维持能力下降，生态系统产品供给能力下降 | 物种减少甚至灭绝，渔业产量下降，影响植物生长 |
| 放养家禽 | 弱 | | 无大危害 | 增加生态系统产品的提供能力 | 影响很小 |
| 放蜂采蜜 | 弱 | | 无害 | 影响近海渔业资源，土著种基因库资源被破坏 | 无影响 |
| 海水养殖 | 中 | | 土著种 | 生态系统退化，净化环境能力下降，生物多样性维持能力下降，近海渔业产量下降 | 病害导致渔业产量下降，生物入侵，土著种减少甚至灭绝，产生新种 |
| 污染排放 | 强 | 改变生物地球化学循环 | 红树林生态系统 | 环境污染，生物多样性降低甚至有些鸟类迁移消失，净化环境能力降低，病虫害防治和传粉能力降低 | 富营养化，物种减少或灭绝，红树林甚至消失 |
| 旅游 | 中 | 生境破碎 | 潮沟红树林和鸟类 | 生物多样性降低，物种简单化，潮沟退化，净化环境能力降低，病虫害防治能力降低 | 生境退化，物种减少，水体富营养化，环境污染，动植物产量下降，小气候变化 |

（一）围垦

填海造陆，围垦养殖，这是红树林大面积消失的主要原因。广西沿海群众围滩修堤、开垦良田的历史悠久。历史上海堤围垦的重要原则是：单位长度海堤获取最大的围垦面积；围垦的滩涂土壤有机质丰富，便于发展农业；围垦地海浪较小，潮水较浅，易于修筑海堤，这些标准使海堤围垦地往往是红树林滩涂(范航清和黎广钊，1997)。

1. 农业用地和盐业用地

20 世纪 50 年代末期至 70 年代中期，中国沿海掀起了全民围海造地活动，广西的红树林也被大片围垦，海堤的建设毁坏了约 70%的原生红树林(范航清和黎广钊，1997)，现存总面积仅为 8374.9hm²，围垦红树林用作盐田、鱼塘、农田、码头、海堤等。红树林不仅面积大量减少，而且林分质量下降。例如，合浦县竹林盐场和钦州市大榄坪面积都在 700hm² 左右，原来均生长着高大的红树林，然而现在却严重灌丛化；1963～1964 年大榄坪造田毁掉红树林 333.3hm²，由于淡水供给不足，土壤盐碱化严重，除极少部分可种植甘蔗、香蕉外，绝大部分盐碱田一片荒芜，多被弃荒或零星生长盐沼植物。据当地政府官员介绍，60 年代中后期，防城县被围垦的红树林面积不下 1500hm²，在淡水供应不足的海岸围垦红树林滩涂发展农业，结果往往是以失败告终，或者需要付出巨大的财力和物力引水淡化。据调查，80 年代广西围田、养殖塘和盐田的利用率分别为 45%、18%和 81%，利用率很低。

2. 围塘养殖

随着人们生活水平的提高和食物结构的变化，海鲜成为市场上的热销产品，这大大促进了海水养殖业的发展，但也造成了一些区域红树林遭受毁灭性的破坏。例如，钦州市港口区新基围村 1953 年砍伐红树林 1000hm²；北海市合浦县 4 名村民 1994～2001 年破坏红树林近 3hm²。近 40 年来，广西的红树林面积已减少 43%。总之，由 60 年代至 1998 年，广西红树林面积由 20 000hm² 减至 8000hm²；邻近省份也不乐观，如海南省红树林由 10 000hm²，减至 4700hm² 左右，广东省红树林面积锐减最为厉害，由 20 000hm²，减至 4700hm² 左右（广东省海岸带和海涂资源综合调查大队和广东省海岸带和海涂资源综合调查领导小组办公室，1987）。东南亚地区的红树林区也遭到严重破坏。据不完全统计，随着 80 年代世界养虾业的发展，印度尼西亚改建了 20 万 hm² 虾池；菲律宾 1968 年红树林面积为 44.8 万 hm²，由于改建遮目鱼池塘，1988 年只剩 13.9hm²，整整 20 年红树林区损失了 69%；泰国在 1979～1986 年，红树林面积损失 38.8%，用于改建水产养殖池塘。广西海岸带有红树林分布的地段群众擅自围塘养殖对虾、乌塘鳢和青蟹。由于长期的水渍，被围的红树林不是自然死亡就是被连根拔起，以便清塘。围塘时，所用的材料往往是红树林。围塘头 1～2 年都有较好的收成，以后因塘内底质厌氧分解，塘底和水体酸化，鱼病发生，产量急剧下降。于是就围一处养几年后废弃，再围一块红树林地养殖。这种废弃塘现象越来越多，造成越来越多的红树林遭受破坏，这种情况若不能及时制止，广西的红树林将遭受大面积的毁灭。

3. 修建、加固海堤

在广西沿海地区，人们还利用红树林建筑海堤。20 世纪 60 年代中后期，当时的防城县修建海堤的方法是迎浪面为石块，夹层为一层泥土一层红树植物。据介绍，木榄用得最多，蜡烛果则是扎成捆后铺垫。群众认为这种石-土-植物混合而成的海堤造价低，施工方便，而且可抗蚁害。对当地群众而言，在石块缺乏的情况下用红树林围堤就是就地取材、降低成本的方法，但对红树林的破坏却是毁灭性的。到 2001 年，我国红树林面积不到 20 世纪 50 年代保有量的一半，大部分地区 50%～70%的红树林被砍伐围垦。目前红树林被砍伐的现象还时有发生，这些地区的红树林面积仍然有减少的趋势。

广西北部湾沿海地区每年 7～9 月台风季节常出现海堤险情。抢修海堤所需的泥土就近从堤外红树林滩涂中获取，使堤边的木榄林出现了大块的天窗，难以恢复。例如，山口英罗港红树林区海堤边的荒滩就是加固海堤时遗留下来的产物。在险情严重的地段，抢修海堤需要大量的石料，这些石料绝大多数情况下都需要从海上运输。为了高潮时运石船能靠近海堤，就把靠近海堤的木榄砍掉，形成一条靠近海堤的航道，这在单兜湾红树林区十分明显。抢修海堤破坏了红树林，红树林结构的简化又加剧了险情，这是一种恶性循环。这一类的人为干扰对红树林的破坏虽然是局部的，但在将来相当长的时期内不可能减弱。

4. 城市用地

由于沿海城市经济的发展，红树林林地常常被转化为城市建设用地，既占用了大量的红树林林地，土地使用性质的转变也缩减了红树林区能正常维持的面积。港口、房地产和工业开发用地对红树林的破坏是最近在广西沿海几个城市发展中出现的新情况。例如，广西防城港扩建二期工程需要围海约 10km²，港内近 340hm² 的红树林被砍伐，钦州市钦州港的建设虽然也只是围了 20hm²，但是对港湾内近 400hm² 的红树林的间接影响难以评估。合浦金滩工程围海 15.6km² 用以发展城市房地产，岸边的红树林已荡然无存。北海市铁山港工业区的开发使铁山港内近 550hm² 的红树林命运难测。

### (二) 砍伐

#### 1. 收集饵料

锯缘青蟹喜食贝类和藤壶，市场价格日益上涨，因而锯缘青蟹的育肥利润丰厚。海缘的红树茎枝上固着有大量的藤壶、牡蛎和黑荞麦蛤，而且往往以蜡烛果茎枝上的固着量为最大，所以群众将有固着生物的林子砍伐，投入蟹塘内喂锯缘青蟹，喂完后将枝条捞起来晒干用作薪柴。但这种利用的合理性是建立在牺牲长远利益的基础上的。目前，这种喂养锯缘青蟹的方法还比较普遍。

#### 2. 砍伐薪柴

红树林曾经是广西沿海群众薪柴和绿肥的重要来源之一。大量的红树林木材用于生产优质木炭和用作薪柴。例如，蜡烛果分布广，萌生力强，是最主要的红树林薪柴。由于红树植物一般富含鞣质，直接燃烧烟雾大，且火不旺，当地群众常常将砍伐好的蜡烛果枝条置于水中浸泡，浸出鞣质后晒干再用。

#### 3. 收集绿肥

在绿肥方面，如海榄雌叶含氮量高达 2%～3%，常被用来作种植红薯的肥料，其与草木灰一起混合施肥能使红薯增产二至三成。然而，随着化肥的普遍使用，广西沿海群丛砍伐红树植物用作绿肥的现象已经不存在。

此外，沿海居民还砍伐红树林树枝用作作物攀缘或是篱笆墙的支架；将树枝插在鱼塘中，撒网时，可使网不能沉入水底，收网时又可将网缠住，从而能有效地防止他人偷捕养殖的鱼虾。对红树林乱砍滥伐，不仅导致红树林面积锐减，而且造成大面积红树林灌丛化。

### (三) 采集果实

海榄雌果实扁球形，直径约 1.2cm，富含淀粉，7～10 月为成熟期。广西沿海群众将海榄雌果实俗称"榄钱"，并广为食用。食用前用水煮脱果皮，清水浸泡一天即可。其略带苦味，常作配料，炒煮皆可，清凉解毒。仅北海市南珠市场盛市时一天销售量可达1t，每千克销售价 1.6～4.0 元不等。海榄雌群落不仅分布面积大，而且成熟植株果实产量大，可达几十千克甚至一百千克以上，因此对海榄雌果实开发利用具有良好的发展前景。然而，必须重视采摘时不合理的行为，例如，沿海部分群众为了方便进入海榄雌群落，经常要砍掉一些低矮的枝干，有时还把枝干砍下再采摘果实，这些做法对海榄雌的生长发育影响较大。

### (四) 放牧

海榄雌、秋茄树都是牛羊的补充饲料。红树植物叶片中因为含 N、K 较为丰富，家畜喜啃食，可作为动物饲料，较高含量的鞣质酸还有助于牛羊的消化。在低潮时，群众常常将牛羊放养于高潮带的红树林中。牛羊虽只啃食叶片和幼枝，但它们的活动直接危及林地上的红树植物幼苗的生存。不少地方正是因为牛的频繁活动，所以人工造林彻底失败。另外，牛羊的啃食使林子矮化和稀疏化，群落难以自然更新。但这一传统放牧形式一时还难以制止，对红树林的恢复和重建十分不利。

### (五)采集药物

红树植物具有许多潜在的药用功能。例如，广西沿海群众使用海榄雌叶治疗脓肿，老鼠簕叶治疗风湿骨痛、果实和根治疗跌打刀伤，木榄胚轴治疗腹泻，红海榄树皮治疗血尿症，等等。将红树林植物作为药材使用，因用量少对广西红树林的影响不大。

### (六)挖捕动物

随着沿海地区人口增多、社会经济快速发展，以及对海鲜需求量猛增和价格猛涨，红树林区的渔业活动达到前所未有的规模。例如，英罗港海区为全日潮，每月除 2~3 天因潮水没有完全退干之外，其他时间都可以进入红树林区及其附近滩涂挖捕动物，每天平均 100 人次左右。根据调查，滩涂被翻过一遍的时间，林外约 20 天，林内约 45 天。当地群众长年不断地挖捕动物，已经造成滩涂生境严重的破碎化，破坏了滩涂生境的完整性和稳定性，极大地妨碍了有关海洋动物的正常生长发育，导致渔获产量明显下降。同时，人为挖捕活动使整个滩涂土壤的结构不断地发生变化，对底栖动物生存环境的影响非常剧烈。

广西红树林区经济价值高的物种比较多，例如，弓形革囊星虫(俗称"泥丁")和裸体方格星虫(俗称"沙虫")是广西红树林区最为重要的经济物种，它们味道鲜美，营养价值高，是当地群众较偏爱的挖捕对象。弓形革囊星虫栖息在红树林下的土壤，所以挖掘弓形革囊星虫对红树林影响比较大。通常，群众在低潮时进入红树林内挖捕动物，林下土壤每个月就会被翻过一遍，致使红树植物根系周期性受伤，造成整个群落营养不良，严重地妨碍群落的生长发育。同时，挖掘及人为踩踏还极大地危害了林下的幼苗和繁殖体库，使群落自然更新困难。此外，在挖捕动物时，将整株红树植物砍死的现象也比较普遍。

不合理的捕获行为是造成红树林区生物多样性及经济动物产量下降的因素。例如，群众的捕获带走了作为游泳动物主要饵料的底栖动物和游泳动物本身，使食物网上的物质和能量减少，红树林生态系统食物网通量萎缩，造成食物网支持高营养级动物的能力下降，进而影响到近海渔业，使其产量出现显著的下降。由于滥捕红树林区鱼类，1994年英罗港红树林区的渔业产量比 1990 年下降了 80%(范航清等，1996)。

### (七)污染排放

随着红树林周边村镇社会经济的发展和人口的增长，红树林及其附近海域污染的现象呈现增长趋势。污染物多为生产生活污水、垃圾、化肥或农药残余物，甚至石油、重金属及各种高毒性的有机化合物等。当污染物超过环境的自净承载力时，就会出现各种环境恶化现象。例如，污水中的磷酸盐和氮化合物会刺激藻类生产量增加，使水体中藻类大量增多，由此会引发赤潮；海水富营养化会大量消耗水中的氧气，当溶解氧被耗尽后会导致有机物在厌氧条件下分解，释放出有毒有害物质，致使海洋生物大量死亡，红树植物也会因根部缺氧而死亡；油污污染对红树植物也有较大的危害，主要体现在油污会堵塞红树植物呼吸根或支持根的皮孔，造成供氧量不足而使其窒息死亡，黑色油膜还会增加日光吸收，引起高温而对红树植物造成不利影响(李玫，2000)；高浓度的重金属对红树植物和底栖生物的毒害作用也会造成其大量死亡。因此，环境污染不仅影响到红树林生态系统净化功能的发挥，甚至会导致整个红树林生态系统功能的丧失。

### (八)海水养殖

海水养殖满足了人们对水产品不断增长的需求而获得了迅猛发展。海水养殖结构和养殖方式的缺陷，会造成近海生态环境恶化，生物多样性减少，近海生态系统结构和功能发生变化。例如，养殖物种通常有许多不是当地的种类，它们逃逸野生后容易造成生物入侵，与土著种争夺生存空间和食物，给土著种造成生存危机，或者是与土著种杂交繁殖而影响土著种基因库的维持和稳定。由于海水养殖的发展，大量的沿海湿地被围垦为养殖塘。根据统计，近年来全世界有$(1\sim1.5)\times10^3hm^2$的沿海低地被围垦为养虾池，这些低地大部分原来是红树林、盐碱地和沼泽地及农业用地。红树林是许多生物物种栖息、觅食、繁殖、越冬等的良好场所，对于维持生物多样性稳定具有极为重要的作用。在红树林区盲目围垦，建造养殖塘，不仅会破坏物种的自然栖息环境，还会引发一些生态环境问题，例如，红树林被破坏后，在红树林栖息或觅食的鸟类的种类、数量减少，害虫缺少天敌而能大量繁殖，由此导致虫害发生。

大规模的海水养殖缺乏系统规划和技术支撑，急功近利的行为和对资源的掠夺式开发，威胁着岸线和近海的生态平衡。例如，大规模发展对虾和贝类养殖，将导致生物物种单一化。

### (九)旅游

广西红树林区的旅游从 1992 年起就已形成雏形。然而，不合理的开发方式和经营行为已导致红树林生态系统遭受破坏。例如，当地群众擅自用自己的机动船招揽游客，横冲直撞，不仅使潮沟两侧的红树林树枝被折断，甚至将其连根拔起，同时机动船噪声和人员嘈杂声使林区内的鸟类受到惊吓而飞离红树林，由此也造成了红树林旅游品质的下降。根据调查，英罗港红树林区停泊游船海堤闸门处，1992 年底以前还有两株高 3.5～4m、支柱根高 2.0m、支柱根非常发达的红海榄，因被游船不断地碰撞，如今已不复存在。

## 二、人为活动对红树林生态系统服务的影响后果

人为活动通过改变红树林生态系统的生境、生态系统结构、生物地球化学循环从而影响着它的生态系统服务。世界上将近 50%的红树林生态系统已被人为活动所改变或毁灭(World Resource Institute，1996)。

### (一)生境改变或破碎化

以造田、养殖、修堤和城市化为目的围垦，以及砍伐、环境污染等多种人为活动都会导致红树林生境的毁灭或破碎化。例如，围垦导致红树林由自然生态系统转变成为人工生态系统，生态环境特征发生了显著变化，原来栖息的生物物种遭受严重威胁或者丧失，导致物种单一化，甚至原有生态系统的毁灭，同时还影响到相邻生态系统的稳定，造成生态环境质量的下降。例如，英罗港红树林区滩涂和光滩潮水中大型底栖动物及游泳动物过去非常丰富，挖掘、毒鱼等不当的捕获方式使生境破碎化，食物网通量萎缩，造成当地物种多样性下降(范航清等，1996)。

海堤的修建对红树林生态系统的影响也比较大。据范航清等(1995)的研究，广西大部分海堤修建于最繁茂的红树林地，约85%的现存红树林为堤前红树林，且因为潮滩高程较低，都是以海榄雌林、蜡烛果林为优势群落的红树群落，这部分林子低矮，树高平均1.7m，最高3m，林分质量低影响了红树林防风消浪的能力，减弱了红树林缓冲灾害的能力。海堤的建立将高潮带滩涂人为压缩为海堤坡面到堤前一般0～5m的狭窄地带，其结果是当地红树林面积锐减甚至消失。例如，红海榄群落和木榄群落如今只在个别港湾及岸段有分布，且数量不多；老鼠簕和榄李在广西已无林可言；角果木从广西海岸消失可能与海堤建设有关，因为在潮浸受阻的情况下，角果木较易死亡。海堤建设，改变了中潮中带、上带的生境，也引发了广西红树群落结构简单、物种单一、生态系统脆弱、受人类干扰难以自然恢复和演替、生态防护效益差的不良局面(范航清和黎广钊，1997)。

工农业废水废渣、生活污水、垃圾等大量污染物的排放也严重损害红树林生态系统的生境质量，造成红树植物幼苗和成树的死亡或生长不良，使红树林的林分质量受到极大影响。红树林生境的变化，林区温差增大，不利于微生物的分解作用，使分解速率下降，也影响了红树林净化环境的功能。当残余农药中的甲胺磷等浓度过高时会对红树林区生物产生毒害作用。总之，红树林生境的改变损害了红树林生态系统维持生物多样性和提供生态系统产品的能力，也降低了其净化环境的生态功能，以及一系列生态系统服务的质量。

### (二)生态系统结构被破坏

广西沿海地区海堤的建设曾毁坏了约70%的原生红树林(范航清和黎广钊，1997)，这些红树林原来种类繁多，高大挺拔，林分质量较好，防浪效益高。如今的红树林不仅面积少，而且林分结构简单，物种多样性低，质量不高，红树林低矮且灌丛化明显，防浪护岸效益降低。依靠红树林发达根系和繁茂枝叶具有的消浪缓流、促淤造陆、防止侵蚀、防灾减灾的生态防护功能也会因为红树林成分简单化而大大减弱。同时，生态系统结构简单化也会使海岸带生物多样性的维持能力下降，影响红树林生态系统对大气和气候的调节过程，以及红树林生态系统养分贮存与循环过程。

随着红树林资源被人们过度开发利用，红树林区的渔业资源已经越来越贫乏，有的甚至面临枯竭。例如，英罗港红树林区的大型底栖动物和游泳动物的数量由于人为过捕滥捕已经分别下降了60%和80%(范航清等，1996)。对红树林区大型底栖动物的成体和幼体皆捕，以及小目网捕鱼、炸鱼、毒鱼等掠夺式利用，严重地削减了动物的亲体数量(何斌源和范航清，2002)，威胁着种群的繁衍并将导致渔业生态系统的崩溃。

红树林区初级生产者的减少或者消失使枯枝落叶等凋落物缺乏，直接导致生态系统结构的变化。林区底栖生物、游泳动物资源利用过度，许多生物因食物链的中断而迁移或消逝，近海生物的食物网萎缩，导致生物种类减少，种群数量下降，结构发生变化。在海洋养殖过程中，养殖物种的逃逸会促使可能存在的疾病的传播及野生种群遗传基因的改变，由此给红树林生态系统和近海生态系统带来潜在的危机，降低了生态系统的稳定性、生物多样性的维持能力、生物资源基因库的稳定性和生态系统产品的供给能力。

### (三)生物地球化学循环改变

人为排放到红树林及其附近海域的污水、固体垃圾等有害物质严重地影响了红树林生态系统功能。生态系统的功能特征之一是物质循环，通过对碳、氮、水等生物体基础组分良性循环的维持，生态系统不仅调节了大气组分及气温、降水等气候过程，而且为生物及其生命过程提供了必不可少的养分。红树林生态系统的物质积累和循环不仅发生在生物组分、大气组分和土壤组分之间，还发生在水体组分之间。当生态系统物质循环过程遭受破坏时，红树林固定二氧化碳、释放氧气的服务功能将会下降。红树林从土壤和水体中吸收养分，养分通过凋落物的形式归还土壤和水体。凋落物在还原者的作用下，分解成碎屑物质，这些碎屑物质是红树林及其附近海域贝类、蟹类、虾类、鱼类等海洋动物的主要食物来源。因此，物质循环不仅仅发生在红树林内部，还与近海生态系统存在着千丝万缕的关系。环境污染将会导致红树林生态系统的生物地球化学循环失衡。首先，如果环境中的氮、磷、重金属、油污等含量过高，会导致钾离子与钙离子流失速度加快，土壤酸度增大，同时铅离子处于活跃状态而破坏土壤的理化性质，使红树植物生理代谢受到影响；其次，生境中的重金属等有毒有害物质含量过高，不仅直接危害区域内的红树林及其附近海洋动物，而且通过食物链和食物网的传递与生物放大作用使区域外的生态系统也会遭受危害。

## 三、维持红树林生态系统服务的途径与策略

生态系统服务的维持和保育既是人类生存与现代文明的基础，也是实现可持续发展的前提。可持续发展的核心应是通过规范人为活动来维持和保育生态系统的服务功能，进而保护人类的生存环境，保护地球生命支持系统，维持一个可持续发展的生物圈。

### (一)维持红树林生态系统服务所面临的问题

红树林生态系统服务的维持一直都存在着困难，面临的问题很多。就广西而言，虽然通过建立红树林自然保护区，红树林生态系统服务得到了良好的保障，但是由于管理体制、经济等，同样也存在着诸多的问题。

1)缺乏统一管理。广西红树林自然保护区的管理归属不同的部门。例如，山口国家级红树林生态自然保护区为广西壮族自治区海洋局直属的处级单位，人员工资和经费由自治区财政拨付；而北仑河口国家级自然保护区为防城港市海洋局直属的科级单位，除

国家和自治区财政按规定划拨有关经费之外，人员工资等由市财政拨付，因市级财政困难，许多经费无法得到保障，由此妨碍了红树林自然保护区的建设。因此，只有正确理顺和协调好有关部门在红树林生态系统保护与管理中的责任及权力，才能从管理体系上优化和加强对红树林的保护管理。根据我国的实际情况，红树林的调查、规划、设计、动态监测、保护管理等工作目前主要由林业部门负责组织实施。

2)经费不足，管理未能落到实处。一些地方级自然保护区还存在机构不全的现象，省级和国家级自然保护区虽然成立了相应的管理机构，但因专项经费不足，装备落后，人员待遇低，许多保护管理工作没做到位。红树林自然保护区的经费主要来自财政，有条件的自然保护区还可以依靠自身的经营收入来维持部分经费。民间资金投入尚未成为自然保护区经费来源渠道，因此自然保护区的经费投入严重不足。目前，自然保护区的财政经费由中央财政、省级财政或者市县财政投入，经费额度差别比较大，地方财政一般投入比较少，特别是经济不发达的省(区)。自然保护区的经费投入问题是制约自然保护区建设和发展的主要因素之一，影响到自然保护区开展工作和红树林生态系统的有效保护管理。由于缺乏经费，红树林生态系统的基础和应用研究也受到了制约。虽然红树林自然保护区、科研单位和高等院校已经开展部分研究工作，但从现状看来，如红树林管护技术，以及红树植物育种、引种、驯化、改造等方面技术研究仍然不足，造林效果仍不能令人满意。

3)保护的法律不够完善。立法是红树林有效保护管理的重要保障。我国现行的法律法规中还没有专门的红树林生态系统保护法，但许多法律法规涉及红树林生态系统保护，如《中华人民共和国森林法》《中华人民共和国环境保护法》《中华人民共和国海洋环境保护法》《中华人民共和国防治海岸工程建设项目污染损害海洋环境管理条例》《沿海国家特殊保护林带管理规定》等，同时还有《中国湿地保护行动计划》《国家林业局关于加强红树林保护管理工作的通知》等。自20世纪90年代以来，与红树林保护密切相关的一些地方性法律法规陆续出台，如海南省人民政府1991年发布的《关于严格保护珊瑚礁、红树林和海岸防护林的布告》，广西壮族自治区人民政府1997年发布的《广西壮族自治区山口红树林生态自然保护区管理办法》等。然而，法律法规中的一些条款涉及多个管理部门，同时可能有不可预见性问题的出现，给法律法规的具体执行带来一定的困难，尚有待于进一步完善。

4)规划没有全面实施。自然保护区的总体规划没有得到切实有效的落实是目前红树林自然保护区保护管理的另一个重要问题。虽然每个红树林自然保护区都进行了总体规划，但是由于资金投入不足、部门利益冲突、部分规划内容缺乏针对性和可操作性等，许多规划内容无法及时实施。

5)环境污染日趋严重。由于红树林自然保护区多地处江河的入海口或者靠近居民区，因此生活污水、废弃物、工农业生产中的有毒有害物质等容易进入红树林区，造成环境污染。

6)围垦较为严重。人为干扰是红树林生态系统保护管理面临的主要问题之一，其影响方式是多种多样的。以北仑河口国家级自然保护区为例，人为干扰因素主要有港口和城镇的建设、海河堤建设、修建养殖鱼塘、挖捕动物、废水污染等。这些因素的影响可以划分为两个阶段，一是改革开放以前，主要是围垦建造养殖塘、农田或盐田；二是改革开放以后，主要是围垦建造港口、码头和城镇建设用地。

### (二)维持红树林生态系统服务的可持续利用方式

#### 1. 生态养殖

1)基围养殖。基围是在红树林内部分地区人工建造的养殖浅塘，塘的四边内缘均有较深的水道，塘内水通过闸口与海水交流，利用红树林特别高的生物生产率，即利用红树植物丰富的凋落物形成的食物链提供天然饵料。基围是靠潮汐的涨落把鱼、虾、蟹等带进塘内，这些动物随涨潮进入围塘，退潮时因闸口处有围网而不能游离，从而被滞留在塘内。这种围塘遍布整个亚洲，是一种历史悠久的特殊捕捞方式，围塘通常建在红树林后面。

2)围网养殖。这种养殖模式是在红树林区内选择红树植物较少、涨潮时风浪较平静的区域或适合养殖的潮沟，用适当网目的网圈围，然后将苗放入围网内养殖。满潮时海水不能淹过围网的上部，退潮时围网外露，围内有适量积水。亦可在围内人工挖掘一些沟渠，可以是与海堤相平行的人工凹沟，既可当排洪沟，又可供养殖的动物在退潮时能正常生活或躲避敌害等。这种模式适合养殖青蟹、弹涂鱼、乌塘鳢、对虾、鳕(Sillago spp.)、鲻等。

3)封滩轮育。这种养殖模式主要是针对底栖生活型的星虫类和双壳类。红树林区弓形革囊星虫、裸体方格星虫及体形较大的经济贝类，一直是当地居民挖掘的主要对象。只有采取合理的捕获方式和强度，才能保证有关的动物资源持续地发展和被利用，封滩轮育就是将红树林区的有关滩涂进行封滩培育，使目标动物有足够的时间在相对稳定的条件下自然地生长和繁殖，然后才开放，当挖掘到一定程度后，又进行封滩培育，如此循环往复。其间，亦可辅以一定人为措施，如投苗和施肥等，以缩短目标动物复壮的周期(梁士楚，1999)。

#### 2. 发展海洋农牧业

海洋不仅可以提供丰富的食物，还是一个取之不尽的蛋白质和脂肪仓库。发展海洋牧业，向水面要食物，被称为21世纪的"蓝色革命"，主要环节包括种苗培育工厂化、科学养殖、建立海底牧场等。例如，建立种苗养殖场，从采卵、孵化直至育成幼体，实现规模生产；人工建立鱼类产卵场、改造滩涂、种植海底饲料、投入人工鱼礁等。红树林区是许多海洋鱼、虾、蟹等生长、发育、繁殖、避难等的良好场所，发展海洋农牧业前景广大(梁士楚，1999)。

#### 3. 生物修复技术

生物修复技术之一为以生物特别是微生物催化降解有机污染物，从而去除或消除环境污染的受控或自发进行的过程。目前，生物修复已经发展成为一种可靠的生态环境修复技术，1995年美国生物修复服务和产品的营业额达3亿美元。我国的研究人员开发出的不同浓度石油污染土壤生物修复技术，为微生物降解有机污染尤其是石油污染生态工程提供了有力的技术支撑，也为在红树林生态系统构建富有成效的微生物净化污染体系提出了方向，在红树林区利用生物修复服务将达到环境质量维护和经济效益提高的双重目的。

### 4. 综合开发红树林资源

红树林生态系统服务的维持就是通过采取一切有利于红树林生态系统中各生物种群及其生存环境的科学措施，促进其中生物资源不断繁衍发展，使其生态功能得到不断改善和有效发挥。红树林资源的可持续开发利用就是在能维持其生态系统自然特征的前提下，为人类利益对其进行适度的开发利用。强调保护并不意味着强调完全保持其原始状态，而是在合理利用和改造过程中进行保护。红树林产品丰富多样，对其进行可持续地开发利用不仅不会削减红树林生态系统的服务功能，反而会对它的良性发展有所促进。根据生态学原理，生态系统中的生物种群在环境容纳量的 1/2 时可保持最大增长量，从而有利于生物资源的自然更新。研究表明，对植物资源进行适度的人为疏伐或者采摘可使其保持较好的生长态势。例如，每年从北海市大冠沙采摘的海榄雌果实(榄钱)的鲜重达 60t，但是仅占大冠沙海榄雌种群果实年产量(160t FW/a)的 37.5%(邱广龙，2005)，即每年有 62.57%的海榄雌果实不被采摘而可进行自然更新，因此人为采摘果实不会对其繁殖产生较大影响，反而可使海榄雌种群一直保持着良好的增长态势。在红树植物资源传统利用方面，黄槿、卤蕨的嫩叶、嫩枝可作蔬菜；秋茄树、木榄、红海榄的胚轴经处理除去鞣质后可食用；蜡烛果、木榄等是较好的蜜源植物，红树植物蜜可与荔枝蜜相媲美；海榄雌、红海榄、木榄、秋茄树等的树叶可作为牛羊等家畜的饲料；从红树植物中提取鞣质可用作制革、人造板黏合剂、防锈剂、杀虫剂，浸染渔网和船帆等的原料；从红树属植物中可提取一种称为"纤维素黄原酸酯"的物质，用于生产轮胎帘子布、工业传送带、玻璃纸和纸浆；海漆的树汁和木材可以作导泻剂，种子磨粉可治腹泻；海杧果的果和果核油具有催吐下泻的功效，可作药用。在红树林中放养鸭，其所产的蛋营养丰富，比普通鸭蛋价格高。红树林优美的景观为当地生态旅游资源增添了特色。所有这些红树林资源的综合开发利用将会极大地推动当地社会和经济的发展。

### (三)广西红树林生态系统服务的保护策略

要维持和保护好红树林生态系统的服务功能，一方面必须保护好红树林生态系统的各种组分，包括生境、植物、动物和微生物，以及维护各组分之间的物质流和能量流，使生态系统功能充分发挥；另一方面必须遵循和灵活应用生态学原理，正确处理和协调红树林生态系统资源开发利用与保护之间的关系，在有效保护的前提下采用科学的开发利用模式，使人类活动影响红树林生态系统服务的规模与强度控制在一定的水平内。因此，需要做好如下几个方面的工作。

### 1. 合理评估红树林生态系统服务，加强红树林自然保护区建设

红树林生态系统服务的价值主要体现在促进海岸生态系统的良性循环和维护当地社会经济的可持续发展上，因此必须充分评估红树林生态系统的生态效价，使人们充分认识红树林生态系统所蕴含的巨大社会效益、经济效益和生态效益，从而树立保护红树林生态系统的意识，加强对红树林生态系统的动态监测和保护管理。首先，对红树林自然

保护区进行综合评价，重点进行生物稀缺性、生物多样性、生态系统典型性和完整性、物质生产、净化污染物、防止海岸侵蚀等方面的评估，对于价值比较高的自然保护区，不论从政策上还是从经费和资源上都给予倾斜，加强自然保护区建设及其红树林生态系统资源的保护管理。其次，进一步发展红树林自然保护区，建立完善的红树林保护管理网络。国际上公认的保护红树林生态系统最有效的办法就是建立红树林自然保护区（林中大和刘惠民，2003）。目前，广西的红树林总面积为 8374.9hm$^2$，只有 3 个红树林自然保护区，即山口国家级红树林生态自然保护区、北仑河口国家级自然保护区和茅尾海红树林自然保护区，保护区的红树林总面积为 4239.1hm$^2$，占广西红树林总面积的 50.6%，即仍然有约一半的红树林没有纳入自然保护区保护管理范围。因此，应该针对不同的保护对象，加强红树林自然保护区建设。根据广西红树林自然保护区建设的需求，沿海各级人民政府应当把建立红树林自然保护区和加强保护区建设作为重点工作来抓，在经费预算、基础设施建设、人员等方面给予充分保障，同时协调林业、环保、海洋、水利、水产等部门，发挥各部门的积极性，另外发动当地村民成立各种形式的共管小组，制定或者完善保护红树林及其宜林滩涂的乡规民约，加强法制宣传，以法护林。严格控制在红树林地及适宜红树林生长的潮汐滩涂的经济开发活动，对宜林地要尽快进行红树林造林。对于邻近区域经济效益不高的池塘应该采取退塘还林，由政府牵头，各部门协调合作，以点带面，推动退塘还林工作。采取适宜红树林的分点分片进行保护和管理的办法，实行点、面结合和管、种结合。

2. 加强红树林法律法规建设，加大执法力度，提高保护管理成效

我国目前尚未建立完善的关于红树林管理、保护、利用和恢复的法律法规，现有的法律法规对于红树林生态系统管理存在一定的局限性，可操作性也不强。因此，首先要加强红树林法律法规的建设，使得在红树林生态系统保护管理工作中有法可依，有章可循。其次要强化主管部门的责任和管理职能，应该以法律的形式明确由林业部门牵头开展红树林生态系统保护管理工作。对于红树林自然保护区，要明确管理范围，标桩立界，明确权属；同时还要健全机构，配足装置和人员，加强野外巡护工作，确保自然保护区利益不受侵害。最后是加大执法力度，加强有关海洋环境保护、湿地保护、生物多样性保护等法律法规的宣传和贯彻，同时依据《广西壮族自治区湿地保护条例》，真正做到有法必依、违法必究、执法必严，将红树林生态系统保护管理纳入法制化的轨道。此外，建立和完善广西红树林生态系统的保护管理考核评价体系，强化责任意识，奖惩分明，充分调动管理人员积极性，提高管理成效。

3. 协调好红树林生态系统资源保护和合理开发利用之间的关系

提高各级政府部门对保护红树林生态系统重要性的认识，将红树林生态系统保护纳入当地社会、经济和环境可持续发展的规划，把自然保护区的管理经费纳入财政预算，保证自然保护区日常管护和科研监测有充足的经费。把合理保护与开发利用红树林生态系统资源列入当地的土地利用规划中，严格审批红树林区用地。在城镇化建设中，公路、港口、码头、住宅、厂房等的修建应该尽量避开红树林地，实在无法避开的应注意对野生动物的栖息地、繁殖地、鸟类迁徙路线、鱼类洄游路径等的保护。对红树林及其附近

滩涂倡导生态利用模式，要求做到同步规划和实施，正确处理好人口、资源、环境和经济发展之间的关系，实现经济效益、环境效益和社会效益的统一。红树林生态系统资源的保护还体现在对退化红树林生态系统实施生态修复上，因此必须加强红树林生态系统生态修复技术和方法的研究，同时制订合理的生态修复规划，加快退化红树林生态系统的生态修复进程。对于已经遭受破坏和退化的红树林生态系统，各级人民政府应首先明确保护目的，不同的目的会有完全不同的要求和方法(Field, 1995)。例如，修复和重建红树林海岸防浪护堤林，要求红树林具有一定的覆盖度、宽度、高度，才能保证其有良好的消浪护堤效果(张乔民和于红兵, 1999)。针对那些适宜于红树林生长的裸露潮间带滩涂，首先应根据潮位、潮速、潮期、浸水时间、基底性质、海水盐度等因素，划定红树林适宜生长区域，选择合适的树种和种苗，采取必要的提高造林成活率的技术措施，特别应注重封滩育林工作，育林工作中应注意责任的落实，加强人造幼苗林的管护，确保造林成效，以及红树林的林分质量，最终达到人工造林修复红树林生态系统的目的，增强红树林的生态系统服务。对于那些曾经生长过红树林，但目前已被围垦用作鱼塘或被海堤、滨海大道等工程所占用、分割或阻隔的沿海宜林滩涂，则应针对具体情况，分别采取退塘还林、开闸引水、建立生物走廊等配套措施，使消失的红树林得以恢复，使破碎化的红树林湿地相互联通，形成连片群落，发挥红树林生态系统的整体功能，以保障红树林生态系统资源不仅可以开发利用，而且得以可持续发展。

4. 树立红树林品牌意识，招商引资，加强交流与合作

经费缺乏是目前制约红树林生态系统保护管理的关键问题之一。红树林生态系统本身蕴含着不菲的商业价值，因此"红树林"完全可以作为一个品牌，通过招商引资，开发一系列特色鲜明的红树林商品或者服务，如红树林的动植物产品、海洋药物及其保健品、景观生态旅游等。富有宣传教育意义的红树林生态展览馆、观鱼场、观鸟站等都非常引人入胜，不仅可以让人们学习到生物、生态、海洋等方面的知识，还有助于旅游市场的开发。

加强国际合作，积极开展与有关政府组织、非政府组织、学术机构、基金组织及友好人士的合作与交流，争取外援资金，对于弥补保护管理资金的不足十分重要，同时也是开展红树林生态系统保护研究和维护红树林生态系统服务的重要举措。例如，山口国家级红树林生态自然保护区1997年5月与美国佛罗里达州鲁克利亚湾国家河口研究保护区建立了姐妹保护区关系，开展红树林海水养殖、红树林恢复、红树林生物和水质监测、旅游业等方面的合作。其中旅游业的发展可以改善自然保护区及周围地区财政短缺的状况，从而也有助于保证自然保护区的长期稳定。

5. 加强公众宣传教育，提高保护红树林生态系统意识

面对红树林生态系统退化的现实，各级人民政府应当充分利用网络、广播、电视、报纸、杂志等宣传媒体进行广泛的红树林生态系统保护宣传教育。利用"2月2日世界湿地日""3月21日世界森林日""4月22日世界地球日""6月5日世界环境保护日"等举办以红树林生态系统为主题的展览活动，同时沿海地区学校在课堂上可以适当增加海洋生态系统及红树林生态系统保护方面的内容。此外，还可以公开募集环保志愿者、

成立红树林生态系统保护组织等，通过各种途径，让社会公众了解红树林生态系统的服务功能，认识红树林生态系统的生态价值，提高全民保护红树林生态系统的意识，使保护红树林生态系统成为一种社会风尚。

6. 建立红树林生态系统监测网络和信息系统

利用地理信息系统等现代技术手段，以及通过建立不同类型的红树林生态定位研究站，开展红树林分布、群落特征、鸟类、底栖动物、微生物、水体和土壤理化特性等方面的动态监测，并建立监测数据信息管理系统，如监测网点系统、数据库系统、分析系统、规划和评价系统、决策管理系统等，将有助于推动红树林生态系统保护管理的科学化、标准化和规范化，有助于有效地评估和利用红树林生态系统的各项信息及其共享，提高决策层的决策能力。

# 参 考 文 献

安彩贤, 李治姗. 2004. 大孔吸附树脂分离纯化葛根与山楂叶中总黄酮的研究. 中成药, 26(9): 698-701

白秀峰. 2003. 发酵工艺学. 北京: 中国医药科技出版社

贲永光, 吴铮超. 2010. 超声联合酶法提取黄芪总多糖的影响因素分析. 广东药学院学报, 6(2): 134-137

蔡建秀, 黄艳艳, 许婉珍. 2005. 乌蕨黄酮类化合物薄层层析及紫外光谱研究. 泉州师范学院学报(自然科学), 23(6): 82-86

曹雷雷, 田海妍, 王友绍, 等. 2013. 红树植物海芒果果实的化学成分研究. 中国药学杂志, 48(13): 1052-1056

曹泽民, 刀云莲. 2000. 神奇的傣药——骂碧色. 中国民族医药杂志, (6): 48

陈桂珠. 1991. 研究保护和开发利用红树林生态系统. 生态科学, 11(1): 116-119

陈桂珠, 缪绅裕, 章金鸿. 1996. 深圳福田红树林生态学研究. 中山大学学报(自然科学版), 35(S1): 294-300

陈虹, 金国虔, 李萍, 等. 2008. 红树植物秋茄根提取物的体外抑菌与抗肿瘤活性. 中国海洋药物杂志, 27(5): 15-17

陈冀胜, 郑硕. 1987. 中国有毒植物. 北京: 科学出版社

陈坚, 范航清, 陈成英. 1993a. 广西英罗港红树林区水体浮游植物种类组成和数量分布的初步研究. 广西科学院学报, 9(2): 31-36

陈坚, 何斌源, 梁士楚. 1993b. 广西英罗港红树林区水体浮游动物的种类. 广西科学院学报, 9(2): 43-44

陈建荣, 杨扬, 杨月. 2010. 文殊兰抗肿瘤研究进展. 医学综述, 16(22): 3423-3425

陈木森, 上官新晨, 徐睿庸. 2007. 大孔树脂纯化青钱柳多糖的研究. 西北农业学报, 16(4): 275-278

陈琴, 陈晓汉, 曾辉, 等. 2001. 合浦绒螯蟹的生物学特性及开发前景. 齐鲁渔业, 18(5): 7-8

陈荣忠, 杨丰, 王初升. 1999. 牡蛎肉提取物主要营养成分的分析. 台湾海峡, 18(2): 195-198

陈若华, 蒲瑾, 戴焱焱, 等. 2011. 海芒果种子提取物 nerifolin 对人肝癌细胞系 HepG2 增殖和凋亡的影响. 中国肿瘤生物治疗杂志, 18(1): 51-54

陈森洲, 梁爽, 刘菁, 等. 2010. 北海山口·大冠沙红树林放线菌的筛选与鉴定. 安徽农业科学, 38(30): 16784-16785, 16788

陈铁寓, 龙盛京. 2006. 秋茄的化学成分和药理作用研究概况. 西北药学杂志, 21(3): 137-138

陈细香, 林秀雁, 卢昌义, 等. 2008. 方格星虫属动物的研究进展. 海洋科学, 32(6): 66-70

陈晓伟, 韦媛媛, 周吴萍, 等. 2009. 一点红总黄酮分离及抑菌研究. 食品科技, (1): 163-165

陈学勤. 1996. 抗氧化研究实验方法. 北京: 中国医药科技出版社: 499-500

陈燕, 郑松发, 武锋, 等. 2016. 基于生态旅游功能的红树林景观评价指标体系构建. 西北林学院学报, 31(2): 275-279

陈业高. 2004. 植物化学成分. 北京: 化学工业出版社

陈珍. 2014. 单叶蔓荆的化学成分初探. 大家健康, 8(20): 39

程秀丽. 2004. α 淀粉酶抑制剂的活性测定. 药剂探讨, (4): 71-72

褚衍亮, 王娜, 张明川. 2010. 葎草多糖的超声提取及抑菌活性研究. 时珍国医国药, 21(2): 342-344

崔保山, 杨志峰. 2006. 湿地学. 北京: 北京师范大学出版社

崔长虹, 梁鸿, 赵玉英, 等. 2004. 老鼠簕属植物化学成分及其活性研究进展. 中国海洋药物, 23(3): 39-44

代岐昌, 季宇彬, 于淼. 2015. 文殊兰全株活性成分及其抗肿瘤作用研究. 哈尔滨商业大学学报(自然科学版), 31(3): 257-258

邓家刚, 杨柯, 施学丽, 等. 2008. 广西海洋药用资源及民间应用的调查. 广西中医院学报, 11(4): 34-37

邓培雁, 刘威. 2007. 湛江红树林湿地价值评估. 生态经济, (6): 126-128, 133

邓志会. 2010. 一种新型日本刺沙蚕纤溶酶的分离、特性及质量标准. 长春: 吉林大学博士学位论文

邓祖军, 曹理想, 谭红铭, 等. 2007. 红树林内生真菌抗细菌和抗真菌活性的初步研究. 广东药学院学报, 23(5): 563-568

丁林生, 孟正木. 2005. 中药化学. 南京: 东南大学出版社

董兰芳, 张琴, 童潼, 等. 2013. 方格星虫多糖抗菌和抗氧化活性研究. 广西科学, 20(4): 289-293

董雪旺, 张捷, 刘传华, 等. 2011. 条件价值法中的偏差分析及信度和效度检验——以九寨沟游憩价值评估为例. 地理学报, 66(2): 267-278

豆海港. 2007. 香辛料提取物抗氧化作用研究. 海口: 华南热带农业大学硕士学位论文: 38-41

杜钦, 韦文猛, 米东清. 2016. 京族药用红树林民族植物学知识及现状. 广西植物, 36(4): 405-412

杜士杰, 朱文. 2006. 海芒果的毒性研究及其开发利用. 亚热带植物科学, 35(4): 79-81

范航清. 1990. 红树林的生态经济价值及其危机与对策. 自然资源, 5(4): 55-58

范航清. 1993. 成立中国红树林研究中心的必要性和中心任务. 广西科学院学报, 9(2): 122-129

范航清. 1995. 广西沿海红树林养护海堤的生态模式及其效益评估. 广西科学, 2(4): 48-52

范国珍, 宋文东, 韩维栋, 等. 2008. 红树植物木榄叶的基本化学成分的分析. 理化检验(化学分册), 44(8): 754-756

范航清, 陈光华, 何斌原, 等. 2005. 山口红树林滨海湿地与管理. 北京: 海洋出版社

范航清, 程兆第, 刘师成, 等. 1993. 广西红树林生境底栖硅藻的种类. 广西科学院学报, 9(2): 37-42

范航清, 何斌源, 韦受庆. 1996. 传统渔业活动对广西英罗港红树林区渔业资源的影响与管理对策. 生物多样性, 4(3): 167-174

范航清, 何斌源, 韦受庆. 2000. 海岸红树林地沙丘移动对林内大型底栖动物的影响. 生态学报, 20(5): 722-727

范航清, 黎广钊. 1997. 海堤对广西沿海红树林的数量、群落特征和恢复的影响. 应用生态学报, 8(3): 240-244

范航清, 邱广龙. 2004. 中国北部湾海榄雌红树林的虫害与研究对策. 广西植物, 24(6): 558-562

范润珍, 宋文东, 谷长生, 等. 2009. 红树植物木榄胚轴油中的挥发性成分和脂肪酸成分分析. 植物研究, 29(4): 500-504

范润珍, 宋文东, 韩维栋, 等. 2008. 红树植物木榄叶的基本化学成分的分析. 理化检验(化学分册), 44(8): 754-756

范志杰, 宋春印, 郭晋萍. 1995. 海洋盐沼环境中金属的行为研究. 环境科学, 16(5): 82-86

方笑, 张坚强, 朱丹丹, 等. 2017. 苦郎树研究进展综述. 绿色科技, (15): 125-126, 129

方旭波, 陈小娥, 江波, 等. 2008. 海榄雌中性糖蛋白的分离鉴定及生物活性研究. 林产化学与工业, 28(2): 28-32

方旭波, 江波, 王晓岚. 2006. 海榄雌酸性多糖的分离纯化及抗补体活性研究. 林产化学与工业, 26(4): 100-104

冯妍, 李晓明, 王斌贵. 2007. 红树林植物海榄雌化学成分研究. 中草药, 38(9): 1302-1303

福建省中医研究所草药研究室. 1959. 福建民间草药. 福州: 福建人民出版社

傅立国, 陈潭清, 郎楷永, 等. 1999. 中国高等植物(第九卷). 青岛: 青岛出版社

高雪, 陈刚. 2015. 单叶蔓荆果实中多甲氧基黄酮类成分的分离、鉴定及细胞毒活性分析. 植物资源与环境学报, 24(2): 118-120

高振会. 1996. 运用科学方法保护祖国海疆——以中越界河北仑河口的整治研究为例. 海洋开发与管理, (3): 42-44

葛玉聪, 罗建光, 吴燕红, 等. 2016. 厚藤化学成分研究. 中药材, 39(10): 2251-2255

耿鹏, 石倩, 张奇, 等. 2008. 一株新的 $\alpha$-淀粉酶抑制剂生产菌株 ZG0656 及其产物的发酵、分离、性质与应用. 生物工程学报, 24(6): 1103-1107

管华诗, 王曙光. 2009. 中华海洋本草. 第 3 卷. 海洋无脊椎动物药. 上海: 上海科学技术出版社

管远志, 王艾琳, 李坚. 2006. 医学微生物学实验技术. 北京: 化学工业出版社

广东省海岸带和海涂资源综合调查大队, 广东省海岸带和海涂资源综合调查领导小组办公室. 1987. 广东省海岸带和海涂资源综合调查报告. 北京: 海洋出版社

广东省植物研究所. 1974. 海南植物志(第三卷). 北京: 科学出版社

广西壮族自治区中医药研究所. 1986. 广西药用植物名录. 南宁: 广西人民出版社

广州部队后勤卫生部. 1969. 常用中草药手册. 北京: 人民卫生出版社

郭先霞, 周如金, 宋文东. 2009. 红树植物红海榄蛋白氨基酸的测定. 食品科技, 34(8): 247-249

郭晓庄. 1992. 有毒中药大辞典. 天津: 天津科技翻译出版公司

郭勇. 2006. 现代生化技术. 广州: 华南理工大学出版社

郭勇. 2009. 酶工程. 3 版. 北京: 科学出版社

国家药典委员会. 2010. 中华人民共和国药典. 北京: 中国医药科技出版社

国家中医药管理局《中华本草》编委会. 1999. 中华本草(第五册). 上海: 上海科学技术出版社

韩丽, 符健. 2009. 秋茄提取物的体外抗菌活性研究. 海南大学学报(自然科学版), 27(1): 30-33

韩维栋, 高秀梅, 卢昌义, 等. 2000. 中国红树林生态系统生态价值评估. 生态科学, 19(1): 40-45

韩维栋, 王秀丽. 2013. 银叶树研究进展. 广东林业科技, 29(6): 80-84

何斌源, 戴培建, 范航清. 1996. 广西英罗港红树林沼泽沉积物和大型底栖动物中重金属含量的研究. 海洋环境科学, 15(1): 35-41

何斌源, 范航清. 2002. 广西英罗港红树林潮沟鱼类多样性季节动态研究. 生物多样性, 10(2): 175-180

何斌源, 范航清, 莫竹承. 2001. 广西英罗港红树林区鱼类多样性研究. 热带海洋学报, 20(4): 74-79

何海军, 温家声, 张锦炜, 等. 2015. 海南红树林湿地生态系统服务价值评估. 生态经济, 31(4): 145-149

何锦锋, 唐丽永, 黄若谷. 2008. 当前广西海水养殖珍珠业存在的问题及原因分析. 经营管理与策略, (5): 114-115

何磊, 王友绍, 王清吉. 2004. 红树林植物红茄苳化学成分及其药理作用研究进展. 中草药, 35(11): 附 5-7

何庭玉, 谷文祥, 莫莉萍, 等. 2005. 苦槛蓝挥发油化学成分的研究. 华南农业大学学报, 26(3): 114-116

何伟, 李伟. 2005. 大孔树脂在中药成分分离中的应用. 南京中医药大学学报, 21(2): 134-136

洪葵, 谢晴宜. 2006. 药用微生物资源研究技术. 北京: 中国农业大学出版社

侯元兆, 张佩昌, 王琦, 等. 1995. 中国森林资源的核算研究. 北京: 中国林业出版社

胡宝清, 毕燕. 2011. 广西地理. 北京: 北京师范大学出版社

胡谷平, 佘志刚, 吴耀文, 等. 2002. 南海海洋红树林内生真菌胞外多糖的研究. 中山大学学报(自然科学版), 41(1): 121-122

胡卫华. 2007. 深圳红树林湿地的现状及生态旅游开发对策. 湿地科学与管理, 3(1): 52-55

胡学智, 凌晨, 侯琴芳, 等. 1991. 高温 α-淀粉酶生产菌种选育的研究. 微生物学报, 31(4): 267-273

黄承标, 温远光, 黄志辉, 等. 1999. 广西英罗湾红海榄和木榄两种红树群落小气候的初步研究. 热带亚热带植物学报, 7(4): 342-346

黄福勇, 丁理法, 竺俊全. 2004. 可口革囊星虫的生物学特性与养殖技术. 齐鲁渔业, 21(7): 11-12

黄金田. 2005. 石磺及其物种保护. 水产养殖, 26(6): 30, 41

黄丽莎, 朱峰, 黄美珍. 2009. 海榄雌果精油化学成分的 GC/MS 分析. 精细化工, 26(3): 255-257

黄梁绮龄, 苏美玲, 陈培榕. 1994. 香港地区红树植物资源研究(Ⅱ)——红树植物 Lumnitzera racemosa(榄李)抑制植物真菌有效成分的分离与鉴定. 天然产物研究与开发, 6(2): 6-11

黄欣碧, 龙盛京. 2004. 半红树植物水黄皮的化学成分和药理研究进展. 中草药, 35(9): 1073-1076

黄秀梨, 辛明秀. 2008. 微生物学实验指导. 北京: 高等教育出版社

霍长虹, 赵玉英, 梁鸿, 等. 2005. 老鼠筋化学成分的研究. 中国中药杂志, 30(10): 763-765

贾光锋. 2007. α-淀粉酶抑制剂的制备及检测. 食品与药品, 9(2): 34-36

贾睿, 郭跃伟, 侯惠欣. 2004. 中国红树林植物海榄雌化学成分的研究. 中国天然药物, 2(2): 16-19

江纪武. 2003. 肯尼亚、印度等国民族药. 国外医学: 中医中药分册, 25(2): 61-64

江苏新医学院. 1977. 中药大辞典. 上海: 上海科学技术出版社

姜凤梧, 张玉顺. 1994. 中国海洋药物辞典. 北京: 海洋出版社

姜琼, 谢好. 2013. 苯酚-硫酸法测定多糖方法的改进. 江苏农业科学, 41(12): 316-318

蒋隽. 2013. 广西典型区红树林生态系统价值评价. 南宁: 广西师范学院硕士学位论文

蒋延玲, 周广胜. 1999. 中国主要森林生态系统公益的评估植物. 生态学报, 23(5): 426-432

赖俊翔, 姜发军, 许铭本, 等. 2013. 广西近海海洋生态系统服务功能价值评估. 广西科学院学报, 29(4): 252-258

蓝福生, 李瑞棠, 陈平, 等. 1994. 广西海滩红树林与土壤的关系. 广西植物, 14(1): 54-59

雷晓燕. 2010. 土壤中淀粉酶产生菌的筛选及产酶条件优化. 沈阳化工大学学报, 24(3): 203-208

李宝才, 董玉莲. 2002. 秋茄叶中芦丁的分离与鉴定. 热带海洋学报, 22(1): 62-69

李伯庭, 王湘, 李小进. 1990. 大孔吸附树脂在天然产物分离中的应用. 中草药, 21(8): 42-44

李承祜. 1953. 生药学. 北京: 科学出版社

李春干. 2004. 广西红树林的数量分布. 北京林业大学学报, 26(1): 47-52

李大婧, 宋江峰, 刘春泉, 等. 2009. 超声波辅助提取黑豆皮色素工艺优化. 农业工程学报, 25(2): 273-279

李德伟, 孙艳红, 谭敏, 等. 2008. 一种新兴的高蛋白海产品——可口革囊星虫. 水产科技情报, 35(4): 174-176

李昉. 2008. 红树林植物木榄和一株海藻内生真菌的化学成分研究. 北京: 中国科学院研究生院博士学位论文

李昉, 李晓明, 王斌贵. 2010. 海洋红树林植物木榄化学成分研究. 海洋科学, 34(10): 24-27

李凤鲁, 孔庆兰, 史贵田, 等. 1990. 中国沿海方格星虫属(星虫动物门)的研究. 青岛海洋大学学报, 20(1): 93-99

李海生, 陈桂珠, 缪绅裕. 2007. 红树林植物桐花树和海榄雌及其湿地系统. 广州: 中山大学出版社

李结雯, 蔡国贤, 何庭玉, 等. 2012. 苦槛蓝总黄酮含量测定及其提取工艺研究. 广东化工, 39(7): 159-161

李军德, 黄璐琦, 曲晓波. 2013a. 中国药用动物志(第2版)(上). 福州: 福建科学技术出版社

李军德, 黄璐琦, 曲晓波. 2013b. 中国药用动物志(第2版)(中). 福州: 福建科学技术出版社

李玫. 2000. 含油废水对秋茄模拟湿地的影响及湿地净化效应. 广州: 中山大学硕士学位论文

李玫, 陈桂珠. 2000. 含油废水对秋茄幼苗的几个生理生态指标的影响. 生态学报, 20(3): 528-532

李敏, 刘红星, 黄初升, 等. 2015. 草海桐叶的主要挥发性化学成分及抑菌活性. 化工技术与开发, 44(1): 10-14

李平华, 王兴文. 2003. 大孔吸附树脂在中药有效成分分离纯化中的研究进展. 云南中医学院学报, 26(3): 43-46

李谦, 李泰明, 王香琴, 等. 1998. 毛蚶提取物生化性质初步分析. 药物生物技术, 5(4): 245-247

李瑞光, 刘邻渭, 郑海燕, 等. 2009. 大孔树脂分离纯化芦苇叶总黄酮. 食品研究与开发, 30(3): 60-64

李俶, 李莉, 倪永年. 2008. 大孔吸附树脂分离纯化槲寄生中黄酮的研究. 食品科学, 29(2): 68-71

李显珍, 李春远, 吴伦秀, 等. 2011. 苦槛蓝叶化学成分研究. 中草药, 42(11): 2204-2207

李想, 姚燕华, 郑毅男, 等. 2006. 红树林植物海漆的化学成分(Ⅰ). 中国天然药物, 4(3): 188-191

李晓丽. 2004. 中草药对食用油脂的抗氧化作用. 雅安: 四川农业大学硕士学位论文: 34-35, 40-41

李信贤, 温光远, 温肇穆. 1991. 广西海滩红树林主要建群种的生态分布和造林布局. 广西农学院学报, 10(4): 82-89

李晔, 苏秀榕, 李太武. 2005. 泥螺抗菌肽的初步研究. 台湾海峡, 24(2): 145-149

李勇, 李青山. 2010. 红树植物桐花树的化学成分研究. 中国海洋药物杂志, 29(3): 33-37

李月娟. 2012. 银叶树树叶化学成分研究. 南宁: 广西大学硕士学位论文

李志敏, 王伯初, 周菁, 等. 2004. 植物多糖提取液的集中脱蛋白方法的比较分析. 厦门大学学报(自然科学版), 40(2): 592-603

梁静娟, 庞宗文, 詹萍. 2006. 红树林海洋细菌的分离鉴定及其活性物质初步分析. 热带海洋学报, 25(6): 47-51

梁君荣, 唐川宁, 陈长平, 等. 2006. 底栖硅藻新月筒柱藻对锌胁迫的生理学效应. 厦门大学学报(自然科学版), (S1): 225-229

梁士楚. 1993. 广西的红树林资源及其开发利用. 植物资源与环境, 2(4): 44-47

梁士楚. 1996. 广西英罗湾红树植物群落的研究. 植物生态学报, 20(4): 310-321

梁士楚. 1999. 广西的红树林资源及其可持续利用. 海洋通报, 18(2): 77-83

梁士楚. 2000. 广西红树植物群落特征的初步研究. 广西科学, 7(3): 210-216

梁士楚. 2018. 广西滨海湿地. 北京: 科学出版社

梁士楚, 罗春业. 1999. 红树林区经济动物及生态养殖模式. 广西科学院学报, 15(2): 64-68

梁士楚, 董鸣, 王伯荪, 等. 2003. 英罗港红树林土壤粒径分布的分形特征. 应用生态学报, 14(1): 11-14

梁云. 2008. 几种天然抗氧化剂抗氧化性能比较研究. 无锡: 江南大学硕士学位论文

廖振林, 刘菁, 陈建宏, 等. 2010. 广西北海红树林土壤放线菌的分离与鉴定. 安徽农业科学, 38(23): 12693-12694, 12702

林海生, 宋文东, 陈金瑞, 等. 2009. 超声波提取红海榄果实总黄酮工艺研究. 食品研究与开发, (9): 4-7

林海生, 宋文东, 郭瑞, 等. 2010. 红海榄胚轴中挥发油和脂肪酸的GC-MS分析. 福建林业科技, 37(1): 48-51

林桧文. 1987. 黄槿治疗流行性腮腺炎30例. 广西中医药, (4): 48

林吕何. 1991. 广西药用动物. 南宁: 广西科学技术出版社

林鹏. 1984. 我国药用的红树林植物. 海洋药物, 12(4): 45-51

林鹏. 1997. 中国红树林系. 北京: 科学出版社

林鹏. 2001. 中国红树林研究进展. 厦门大学学报(自然科学版), 40(2): 592-603

林鹏, 傅勤. 1995. 中国红树林环境生态及经济利用. 北京: 高等教育出版社

林鹏, 胡继添. 1983. 广西的红树林. 广西植物, 3(2): 95-102

林鹏, 林益明, 杨志伟, 等. 2005. 中国海洋红树林药物的研究现状、民间利用及展望. 海洋科学, 29(9): 78-81

林益明, 向平, 林鹏. 2005. 红树林单宁的研究进展. 海洋科学, 29(3): 56-63

林永成. 2003. 海洋微生物及其代谢产物. 北京: 化学工业出版社

林中大, 刘惠民. 2003. 广东红树林资源及其保护管理的对策. 中南林业调查规划, 22(2): 35-38

刘凤, 陶慧卿, 何培民. 2007. 条斑紫菜多糖脱蛋白方法与条件优化. 上海水产大学学报, 16(2): 140-143

刘红燕, 彭艳丽, 万鹏. 2006. 蔓荆子本草学考证. 山东中医杂志, 25(2): 126-128

刘怀如, 袁怡圃, 梁美霞, 等. 2010. 泉州湾红树林生态旅游价值及其开发探讨. 福建林业科技, 37(3): 136-138, 161

刘晖. 1996. 广西药用海洋动物资源及其应用. 广西科学院学报, 12(3-4): 54-60

刘镜法. 2002. 走进红树林——中国北仑河口国家级自然保护区. 北京: 海洋出版社

刘镜法, 良思, 梁士楚. 2006. 广西北仑河口国家级自然保护区综合价值的研究. 海洋开发与管理, (2): 89-95

刘可云, 朱毅, 陈国彪. 2007. 水黄皮根抗实验性胃溃疡活性部位的筛选研究. 中国中药杂志, 32(21): 104-107

刘敏, 郭丽梅, 张丽. 2010. 苯酚-硫酸法测定油松花粉多糖含量研究. 时珍国医国药, 21(6): 1526-1528

刘硕谦, 刘仲华, 黄建安. 2003. 紫外分光光度法检测水皂角总多酚的含量. 食品工业科技, (6): 75-76

刘锡建, 王艳辉, 马润宇. 2004. 沙棘果渣中总黄酮提取和精制工艺的研究. 食品科学, 25(6): 138-141

刘宪华, 鲁逸人. 2006. 环境生物化学实验教程. 北京: 科学出版社

刘湘, 汪秋安. 2010. 天然产物化学. 北京: 化学工业出版社: 14-16

刘小丽, 宋保军, 侯睿林. 2006. 测定 α-淀粉酶活性的 2 种方法的比较研究. 农业科技与信息, (9): 36-38

刘英. 2015. 红树植物木榄胚轴胰淀粉酶抑制剂活性成分的筛选. 桂林: 广西师范大学硕士学位论文

刘育梅. 2010. 药用红树植物化学成分研究进展. 福建林业科技, 37(2): 170-173

娄予强, 叶燕萍, 张林辉, 等. 2010. 生物农药资源——鱼藤的研究进展. 农业科技通讯, (1): 108-110

楼坚, 王旭, 周光益, 等. 2009. 海南东寨港海桑+无瓣海桑红树林生态系统防风效应研究. 安徽农业科学, 37(26): 12776-12784

卢昌义, 林鹏. 1990. 利用红树植物监测海岸油污染方法初探. 生态学杂志, 9(1): 57-59

卢昌义, 林鹏, 叶勇, 等. 1995. 红树林抵御温室效应负影响的生态功能//范航清, 梁士楚. 中国红树林研究与管理. 北京: 科学出版社: 33-37

陆娟, 黄志宁, 罗正顺. 2015. 爱在北部湾红树林——记全国中小学环境教育社会实践基地、广西北仑河口国家级自然保护区. 环境教育, (9): 81-84

吕凤霞, 陆兆新. 2002. α-淀粉酶抑制剂的研究进展. 食品科学, 23(3): 152-155

罗景慧, 杨迎暴, 林永成, 等. 2004. 中国南海海岸红树真菌 Xylaria sp.代谢产物在体外对乙酰胆碱酯酶活性的影响. 中药材, 27(4): 261-264

罗志刚, 杨景峰, 罗发兴. 2007. α-淀粉酶的性质及应用. 食品研究与开发, 28(8): 163-167

马建, 吴学芹, 陈颖, 等. 2014. 水黄皮的化学成分和药理作用研究进展. 现代药物与临床, 29(10): 1183-1189

马建新, 刘爱英, 王世信. 1998. 日本刺沙蚕的生态特性及在对虾养殖中的应用. 海洋科学, 3(1): 7-8

马旭闽, 吴萍茹. 2004. 植物内生真菌——一类生物活性物质的新的资源微生物. 海峡药学, 16(4): 11-12

毛雪石, 徐世平. 1995. 黄酮类化合物的抗肿瘤活性. 国外医学: 药学分册, 22(2): 92-96

梅乐和, 姚善泾, 林东强. 2000. 生化生产工艺学. 北京: 科学出版社

孟诜, 张鼎. 1984. 食疗本草. 北京: 人民卫生出版社

孟宪伟, 张创智. 2014. 广西壮族自治区海洋环境资源基本现状. 北京: 海洋出版社

莫德娟, 李敏一. 2017. 中国海南半红树植物海漆的化学成分研究. 天然产物研究与开发, 29: 52-57

莫竹承. 1998. 红树植物的药用和食用. 海洋信息, (8): 12-13

莫竹承, 范航清, 何斌源. 2001. 木榄母树下 2 种红树植物幼苗生长特征研究. 广西科学, (3): 218-222

南京大学《无机及分析化学实验》编写组. 2006. 无机及分析化学实验. 4 版. 北京: 高等教育出版社: 35-36

南京中医药大学. 2006. 中药大辞典. 上海: 上海科学技术出版社

宁小清, 林莹波, 谈远锋, 等. 2013. 广西药用红树植物种类及其民间药用功效研究. 中国医药指南, 11(18): 73-75

牛荣丽, 唐健红. 2012. 可口革囊星虫抗疲劳作用的研究. 食品工业科技, 33(24): 389-391

裴月湖. 2016. 天然药物化学实验指导. 4版. 北京: 人民卫生出版社

彭丽华, 成金乐, 詹若挺, 等. 2010. 露兜树属植物化学成分和药理活性研究进展. 中药材, 33(2): 640-643

彭少伟, 吴湛霞, 范润珍. 2010. 红树植物红海榄叶中总生物碱提取工艺研究. 广州化工, 38(9): 76-77, 7

秦汉荣, 闭正辉, 许政, 等. 2016. 广西红树林蜜源植物桐花树蜜蜂利用调查研究. 中国蜂业, 67: 40-42

覃亮, 刘艳清, 路宽. 2010. 秋茄多糖的提取及其成分研究. 时珍国医国药, 21(11): 2892-2893

邱广龙. 2005. 红树植物海榄雌繁殖生态研究与果实品质分析. 南宁: 广西大学硕士学位论文

邱蕴绮, 漆淑华, 张偲. 2008. 阔苞菊属植物化学成分与药理活性研究进展. 中草药, 39(7): 1101-1105

曲林静. 2012. 广东省红树林生态系统服务价值评估. 海洋信息, (3): 40-44

《全国中草药汇编》编写组. 1996a. 全国中草药汇编(上册). 北京: 人民卫生出版社

《全国中草药汇编》编写组. 1996b. 全国中草药汇编(下册). 北京: 人民卫生出版社

任安定, 高玉葆. 2001. 植物内生真菌———一类应用前景广阔的资源微生物. 微生物学通报, 28(6): 90-93

沙美, 丁林生. 2001. 文殊兰属植物中生物碱的研究进展. 国外医药: 植物药分册, 16(5): 193-195

尚随胜, 龙盛京. 2005. 红树植物木榄的活性成分研究概况. 中草药, 36(3): 465-467

邵长伦, 傅秀梅, 王长云, 等. 2009. 中国红树林资源状况及其药用调查. III. 民间药用与药物研究状况. 中国海洋大学学报, 39(4): 712-718

邵力平, 沈瑞祥, 张素轩, 等. 1984. 真菌分类学. 北京: 中国林业出版社

沈建平. 1994. 裸体方格星虫———威力无比的杀虫剂. 海洋世界, (5): 10

沈先荣, 蒋定文, 陆敏, 等. 2008. 方格星虫提取物的抗辐射作用. 中国海洋药物杂志, 27(2): 33-36

石碧, 狄莹. 2000. 植物多酚. 北京: 科学出版社

世界银行. 1999. 1998/99年世界发展报告: 知识与发展. 北京: 中国财政经济出版社: 1-101

宋文东, 范润珍, 奚旦立. 2008b. 红树植物红海榄叶化学组成研究. 海洋湖沼通报, (4): 13-18

宋文东, 林海生, 郭先霞, 等. 2008a. 红海榄果实中氨基酸和微量元素分析. 食品科技, (8): 61-64

宋晓凯. 2004. 天然药物化学. 北京: 化学工业出版社: 72-105

苏学素, 陈宗道, 焦必林, 等. 2000. 四川甜茶抗过敏有效成分的分离鉴定. 西南农业大学学报, 26(5): 419-420

孙变娜, 沈和定, 吴洪喜, 等. 2013. 石磺营养价值、活性物质的研究现状及开发前景. 江苏农业科学, 41(8): 14-17

孙国强, 赵丰丽, 刘哲瑜, 等. 2010. 海榄雌黄酮提取及抗氧化活性研究. 中国酿造, (11): 95-100

孙明礼. 2008. 半枝莲多糖的提纯、结构解析及其抗氧化活性的研究. 西安: 陕西师范大学硕士学位论文

孙同秋, 韩松, 鞠东, 等. 2009. 渤海南部毛蚶营养成分分析及评价. 齐鲁渔业, 26(8): 10-12

孙晓瑞, 王娜, 谢新华, 等. 2011. 超声波辅助提取红枣多糖的研究. 林产化学与工业, 31(4): 58-62

谭红胜, 沈征武, 林文翰, 等. 2010. 阔苞菊化学成分研究. 上海中医药大学学报, 24(4): 83-86

谭仁祥. 2007. 功能海洋生物分子———发现与应用. 北京: 科学出版社: 3-6, 241-264

谭晓林, 张乔民. 1997. 红树林潮滩沉积速率及海平面上升对我国红树林的影响. 海洋通报, 16(4): 29-35

谭业华, 陈珍. 1999. 药用植物露兜簕的新功能. 海南医学, 10(1): 63

汤忠华. 1987. PDA培养基制作法的改进. 食用菌, (9): 41

唐岚, 姜燕清, 计燕萍, 等. 2016. 大孔树脂纯化秋茄叶总黄酮及其抗氧化活性研究. 浙江工业大学学报, 44(5): 519-523

滕丽丽, 杨增艳, 范航清. 2008. 广西滨海生态过渡带的药用植物及其可持续利用研究. 时珍国医国药, 19(7): 1586-1587

滕瑜, 王印庚, 王彩理. 2004. 沙蚕的营养分析与功能研究. 海洋科学进展, 22(2): 215-218

田敏卿. 2007. 两种红树林植物海漆和海桑化学成分研究. 北京: 中国科学院研究生院博士学位论文

田艳, 吴军, 张偲. 2003. 半红树药用植物杨叶肖槿的化学成分和药理作用研究进展. 中草药, 34(1): 82-84

田莹. 2007. 老鼠簕多糖的分离纯化及其抗氧化性研究. 无锡: 江南大学硕士学位论文

汪何雅, 杨瑞金, 王璋. 2003. 牡蛎的营养成分及蛋白质的酶法水解. 水产学报, 27(2): 163-168

汪家政, 范明. 2000. 蛋白质技术手册. 北京: 科学出版社: 189-229

汪开治. 1996. 苦槛蓝的开发应用. 植物杂志, (1): 13

王岸娜, 徐山宝, 刘小彦, 等. 2008. 福林法测定猕猴桃多酚含量的研究. 食品科学, (7): 398-401

王锋, 左国营, 韩峻, 等. 2013. 20 种清热解毒中草药体外抗金黄色葡萄球菌活性筛选. 中国感染控制杂志, 12(5): 321-325

王关林, 方宏筠. 1998. 植物基因工程原理与技术. 北京: 科学出版社: 370-376

王国强. 2016. 全国中草药汇编(卷二). 北京: 人民卫生出版社

王慧. 2010. 黄酮类化合物生物活性的研究进展. 食品与药品, 12(9): 347-350

王继栋, 董美玲, 张文, 等. 2006a. 红树林植物榄李的化学成分. 中国天然药物, 4(3): 185-187

王继栋, 董美玲, 张文, 等. 2006b. 红树林植物桐花树的化学成分. 中国天然药物, 4(4): 275-277

王继栋, 董美玲, 张文, 等. 2006c. 中国广西红树林植物海漆的化学成分研究. 天然产物研究与开发, 18: 945-947, 967

王继栋, 董美玲, 张文, 等. 2007. 红树林植物海杧果的化学成分研究. 天然产物研究与开发, 19: 59-62

王健, 裴月湖, 林文翰, 等. 2008. 半红树植物阔苞菊茎叶的化学成分. 沈阳药科大学学报, 25(12): 960-963

王立娟, 李坚, 谷肆静. 2007. 超声波辅助提取旱柳树叶中的总黄酮. 林产化学与工业, 27(增刊): 134-135

王丽华, 段玉峰, 马艳丽, 等. 2008. 槐花多糖的提取工艺及抗氧化研究. 西北农林科技大学学报, 36(8): 213-217, 228

王鹏, 戴学军, 杨旸. 2005. 华南红树林湿地系统与海岸带渔业生产关系初步研究. 衡阳师范学院学报, (3): 107-110

王强, 李盛钰, 杨帆, 等. 2010. 玉竹中性多糖的分离纯化及单糖组成分析. 食品科学, 31(5): 100-102

王清吉, 王友绍, 何磊, 等. 2010. 厚藤(Ipomoea pes-caprae (L.) Sweet)化学成分研究 II. 中国海洋药物杂志, 29(1): 41-44

王维香, 王晓君, 黄潇, 等. 2010. 川芎多糖脱色方法比较. 离子交换与吸附, 26(1): 74-82

王晓婧, 薛仁凤, 李梅, 等. 2009. 微生物源 α-淀粉酶抑制剂研究进展. 生物技术通报, (4): 52-55

王一兵, 柯珂, 何碧娟, 等. 2011. 广西近江牡蛎酶解工艺研究. 食品研究与开发, 32(5): 16-19

王一农, 尤仲杰, 陈舜, 等. 1995. 海水比重对微黄镰玉螺 Lunatica gilva 胚胎发育、浮游幼虫生存与生长影响. 浙江水产学院学报, 14(4): 231-237

王友绍, 何磊, 王清吉, 等. 2004. 药用红树植物的化学成分及其药理研究进展. 中国海洋药物, (2): 26-31

王祝年, 李海燕, 王建荣, 等. 2009. 海杧果化学成分与药理活性研究进展. 中草药, 40(12): 2011-2012

王宗君, 廖丹葵. 2010. 茶树菇多糖抗氧化活性研究. 食品研究与开发, 31(1): 50-55

韦革宏, 杨祥. 2008. 发酵工程. 北京: 科学出版社: 150-152

韦受庆, 何斌源, 范航清. 1995. 红树林区大型底栖动物及其与家禽关系的调查//范航清, 梁士楚. 中国红树林研究与管理. 北京: 科学出版社: 146-152

魏景超. 1979. 真菌鉴定手册. 上海: 上海科学技术出版社: 5-201, 495-499

魏向阳, 陈静, 许冰. 2008. 产脂肪酶菌株 L42 的筛选及最佳生长条件的研究. 淮海工学院学报: 自然科学版, 17(3): 62-65

魏艳红. 2009. 纤维素酶产生菌的分离鉴定及产酶条件优化. 武汉: 华中师范大学硕士学位论文

魏玉珍, 张玉琴, 赵莉莉, 等. 2010. 广西山口红树林内生放线菌的分离、筛选及初步鉴定. 微生物学通报, 37(6): 823-828

温伟英, 何悦强. 1985. 伶仃洋河口湾的铅污染. 热带海洋, (3): 53-58

温扬敏, 高如承. 2009. 泥蚶的营养与药用价值. 经济动物学报, 13(3): 168-182

温远光. 1999. 广西英罗港 5 种红树植物群落的生物量和生产力. 广西科学, 6(2): 142-147

翁新楚, 吴侯. 2000. 抗氧化剂的抗氧化活性的测定方法及其评价. 中国油脂, 25(6): 119-122

吴军, 李庆欣, 黄建设, 等. 2003. 药用红树林植物老鼠簕的化学成分研究进展. 中草药, 34(2): 6-7

吴立军. 2003. 天然药物化学. 4 版. 北京: 人民卫生出版社

吴其濬. 1959. 植物名实图考长编. 北京: 商务印书馆

吴仁协, 苏永全, 王军, 等. 2008. 尖刀蛏生化成分和营养价值评价. 台湾海峡, 27(1): 22-25

吴雄宇, 李曼玲, 胡谷平, 等. 2002. 南海红树林内生真菌 2508 代谢物研究. 中山大学学报(自然科学版), 41(3): 34-36

吴雅清, 许瑞安. 2018. 可口革囊星虫研究进展. 水产科学, 37(6): 855-861

吴湛霞, 范润珍. 2012. 红树木榄胚轴基本化学组分研究. 福建分析测试, 21(2): 1-5

伍淑婕. 2006. 广西红树林生态系统服务功能及其价值评估. 桂林: 广西师范大学硕士学位论文

伍淑婕. 2007. 广西红树林生态系统服务功能分类体系研究. 贺州学院学报, 23(2): 122-125

伍淑婕，梁士楚. 2008a. 广西红树林湿地资源非使用价值评估. 海洋开发与管理，(2)：22-28

伍淑婕，梁士楚. 2008b. 人类活动对红树林生态系统服务功能的影响. 海洋环境科学，27(5)：537-542

武香玉，陈存社，张京，等. 2010. 绿色木霉固态发酵生产纤维素酶的研究. 中国酿造，(5)：93-95

席世丽，曹明，曹利民，等. 2011. 广西北海红树林生态系统的民族植物学调查. 内蒙古师范大学学报(自然科学汉文版)，40(1)：63-67，73

肖胜蓝，雷晓凌，佘志刚，等. 2011. 广西山口 8 种红树林内生真菌的分离鉴定及抗菌活性菌株的筛选. 热带作物学报，32(12)：2259-2263

萧步丹. 1932. 岭南采药录. 广州：广州萧灵兰室

谢丽源. 2002. 菌源性 α-淀粉酶抑制剂研究进展. 四川食品与发酵，38(4)：14-16

谢志发. 2007. 长江河口互花米草盐沼与大型底栖动物群落之间生态学关系研究. 上海：华东师范大学硕士学位论文

辛琨，赵广孺，孙娟，等. 2005. 红树林土壤吸附重金属生态功能价值估算——以海南省东寨港红树林为例. 生态学杂志，24(2)：206-208

熊宗贵. 2000. 发酵工艺原理. 北京：中国医药科技出版社：64-79

徐桂红，程华荣，李瑜. 2014. 我国半红树植物银叶树资源现状及保护对策. 湿地科学与管理，10(1)：17-20

徐海，陈少波，张素霞，等. 2008. 红树林土壤基本特征及发展前景. 安徽农业科学，36(4)：1496-1497，1504

徐佳佳，龙盛京. 2006. 桐花树化学成分及其生物活性作用的研究进展. 时珍国医国药，17(12)：2393-2395

徐鲁荣，李杉，吴军，等. 2007. 三叶鱼藤的鱼藤酮化学成分. 中药材，30(6)：660-662

徐叔云，卞如濂，陈修. 1982. 药理实验方法学. 2 版. 北京：人民卫生出版社

徐威. 2004. 微生物学实验. 北京：中国医药科技出版社

徐秀卉，杨波. 2011. 超声法提取黑木耳多糖的工艺. 药学与临床研究，9(2)：189-190

徐艳，张秀国，童万平，等. 2014. 毛蚶的生物活性成分研究进展. 中国药房，25(19)：1805-1807

许建林. 2009. 福建泉州湾红树林生态系统价值评价初探. 农技服务，26(9)：103-104，131

宣小龙，史远刚. 2006. 中药连翘酯苷成分的提取和薄层层析检测. 安徽农业科学，34(6)：1114，1116

薛达元. 1997. 生物多样性经济价值评估——长白山自然保护区案例研究. 北京：中国环境科学出版社

薛杨，杨众养，王小燕，等. 2014. 海南省红树林湿地生态系统服务功能价值评估. 亚热带农业研究，10(1)：41-47

严守雷，王清章，彭光华. 2003. 藕节中总酚含量的福林法测定. 华中农业大学学报，22(4)：412-414

阎应举. 1974. 海杧果甙的强心作用. 青岛医学院学报，(2)：20-26

杨建香，佘志刚，林永成. 2011. 南海红树林内生真菌 ZH-111 代谢产物研究. 化学研究与应用，23(12)：1657-1661

杨军方. 2004. 产脂肪酶细菌的筛选和酶学性质研究. 南京：南京理工大学硕士学位论文

杨力龙，梁芳，张小军，等. 2014. 红树植物老鼠簕的研究进展. 宁夏农林科技，55(5)：37-38

杨明琰. 2010. α-淀粉酶抑制剂产生菌的分离鉴定及其生物活性的研究. 中国抗生素杂志，35(11)：831-834

杨润亚，冯培勇，李清. 2006. 植物内生真菌农药活性的研究进展. 农药，45(7)：440-444

杨胜远，韦锦. 2014. 副溶血性弧菌拮抗菌的筛选及其拮抗条件. 水产科学，33(12)：757-763

杨维. 2011. 海榄雌果实中黄酮类化合物的提取、分离纯化及抗氧化活性研究. 湛江：广东海洋大学硕士学位论文

杨秀平，尉芹，辛转霞，等. 2007. 单宁提取与测定实验的改进. 科教文汇(中旬刊)，(5)：106

杨旭红，李怀标，陈虹，等. 2008. 红海榄叶的化学组成及其生物活性. 药学学报，43(9)：974-978

杨巡纭，马瑞婧，王利勤，等. 2013. 鱼藤属植物的化学成分及药理作用研究进展. 天然产物研究与开发，25：117-128

姚如永，初晓，陈守国，等. 2006. 海洋泥蚶多肽抗肿瘤作用的实验研究. 中国药学杂志，41(11)：868-870

叶日娜. 2012. 木榄叶多糖的提取、分离纯化及其抗氧化活性研究. 桂林：广西师范大学硕士学位论文

易湘茜，高程海，何碧娟，等. 2013. 红树植物木榄胚轴中苯丙素类化学成分研究. 广西植物，33(2)：191-194

易湘茜，谢文佩，颜栋美，等. 2014. 海榄雌果实中抗氧化活性成分研究. 广西科学院学报，30(4)：253-256

尹浩，张偲，吴军. 2004. 水黄皮中黄酮类化合物的研究. 中药材，27(7)：493-495

尹利昂. 2009. 不同海参多糖的分离纯化及生化性质分析. 青岛：中国海洋大学硕士学位论文

尹毅，林鹏. 1992. 广西英罗湾红海榄群落凋落物研究. 广西植物，12(4)：359-363

游巍斌, 何东进, 洪伟, 等. 2014. 基于条件价值法的武夷山风景名胜区遗产资源非使用价值评估. 资源科学, 36(9): 1880-1888

于淼. 2014. 文殊兰种子中总生物碱提取方法的比较. 中草药, 45(8): 1089-1095

于淼, 柏云娇, 代岐昌, 等. 2013. 响应曲面法优化文殊兰中生物碱的提取工艺. 中草药, 44(10): 1286-1289

余婷婷, 鲁晓翔, 连喜军. 2008. 玉米须黄酮类化合物的薄层层析及紫外光谱研究. 食品科学, 29(11): 477-481

余晓琴, 车晓彦, 张丽平. 2007. 食品货架寿命预测研究. 食品研究与开发, 28(3): 84-87

袁金金, 李争光, 吴昌平. 2013. 鱼藤素抗肿瘤作用机制研究进展. 现代肿瘤医学, 21(5): 1123-1125

袁菊丽. 2011. 超声提取杜仲多糖的工艺优化. 应用化工, 40(5): 817-818

袁婷, 王成芳, 费超, 等. 2012. 杨叶肖槿叶挥发油成分的分析. 中国实验方剂学杂志, 18(3): 48-51

曾广庆. 2010. 广西沿海地区资源环境影响及对策研究. 环境与可持续发展, (4): 40-42

曾涌, 罗建军, 何文生, 等. 2015. 海漆属植物二萜类成分及其药理活性的研究进展. 中国药房, 26(28): 4017-4020

张道敬, 吴军, 张偲. 2005. 红树药用植物蜡烛果化学成分的研究. 中成药, 27(11): 1308-1309

张道敬, 张偲, 吴军. 2007. 半红树药用植物杨叶肖槿树皮的化学成分. 时珍国医国药, 18(9): 2156-2157

张和钰, 陈传明, 郑行洋, 等. 2013. 漳江口红树林国家级自然保护区湿地生态系统服务价值评估. 湿地科学, 11(1): 108-113

张慧玲, 任秀莲, 魏琦峰, 等. 2008. 海带多糖的脱蛋白研究. 中成药, 30(9): 1370-1373

张纪忠. 1990. 微生物分类学. 上海: 复旦大学出版社

张俊杰. 2013. 红树蚬的生物学研究. 南宁: 广西大学硕士学位论文

张蕾. 2007. 荷叶黄酮提取、富集分离及抗氧化功能研究. 泰安: 山东农业大学硕士学位论文

张蕾. 2011. 海洋植物秋茄根中二萜类化合物及其抗妇科肿瘤活性的研究. 青岛医药卫生, 43(3): 169-171

张琳华. 2005. 桑叶多糖提取分离纯化工艺的研究及其结构性质的初探. 天津: 天津大学硕士学位论文

张琳婷, 陶伊佳, 王文卿. 2014. 海南东寨港红树林生态旅游及环境教育. 湿地科学与管理, 10(3): 31-34

张玲. 2007. 微生物学实验指导. 北京: 北京交通大学出版社

张龙翔, 张庭芳, 李令媛. 1997. 生化实验方法和技术. 2 版. 北京: 高等教育出版社

张曼平, 王菊英. 1992. 海水中重金属对生物毒性——机理和微观研究. 海洋湖沼通报, (3): 81-87

张培成. 2009. 黄酮化学. 北京: 化学工业出版社: 227-237

张鹏, 仲伟, 冀德伟, 等. 2013. 微黄镰玉螺营养成分分析与评价. 浙江海洋学院学报(自然科学版), 32(5): 398-401, 456

张乔民. 1997. 红树林防浪效益定量计算初步分析. 南海研究与开发, (3): 1-6

张乔民, 于红兵. 1999. 中国红树林海岸研究进展//中国地理学会地貌与第四纪专业委员会. 地貌、环境、发展. 北京: 中国环境科学出版社: 331-334

张乔民, 于红兵, 陈欣树, 等. 1995. 红树林潮汐动力学初步研究//范航清, 梁士楚. 中国红树林研究与管理. 北京: 科学出版社: 13-20

张秋霞, 龙盛京. 2006. 红树林植物榄李化学成分及生物活性的研究概况. 时珍国医国药, 17(10): 1912-1913

张惟杰. 2006. 糖复合物生化研究技术. 2 版. 杭州: 浙江大学出版社

张小亮, 介眉, 仲明. 1998. 宽叶韭及其近缘种不同居群的黄酮类化合物薄层层析研究. 植物研究, 18(2): 158-162

张艳军, 彭重威, 钟秋平, 等. 2013. 广西红树植物银叶树不同部位提取物体外抗氧化性分析. 南方农业学报, 44(12): 2066-2070

张媛溶, 周昭曼, 卢卫平. 1986. 上海沿海蛤蟆石磺的初步研究//中国贝类学会. 贝类学论文集 第二辑. 北京: 科学出版社: 153

张纵圆, 张玲, 彭秋. 2010. 分光光度法测定新疆紫花苜蓿中单宁. 理化检验(化学分册), 46(1): 99-100

赵蔡斌, 郭小华, 孙妩媚. 2011. 微波辅助艾叶多糖的热水浸提工艺研究. 化学工程师, 25(9): 1-3

赵凯, 徐鹏举, 谷广烨, 等. 2008. 3,5-二硝基水杨酸比色法测定还原糖含量的研究. 食品科学, 29(8): 534-536

赵可夫, 冯立田. 2001. 中国盐生植物资源. 北京: 科学出版社

赵梅, 赵立慧, 程瑞, 等. 2006. 分光光度法测定油脂氧化物的过氧化值. 中国皮革, 35(11): 39-40

赵亚, 郭跃伟. 2004. 真红树林植物化学成分及生物活性研究概况. 中国天然药物, 2(3): 135-140

赵亚, 宋国强, 郭跃伟. 2004. 中国红树植物红海榄(*Rhizophora stylosa*)的化学成分研究. 天然产物研究与开发, (1): 23-25

赵炎成. 2006. "八宝"合一——角鲨烯的食疗保健功能. 东方食疗与保健, (11): 6-7

赵云涛, 国兴明, 李付振. 2003. 金樱子多糖的抗氧化作用. 云南中医中药杂志, 24(4): 35-37

赵云涛, 李倩茹, 陈绍红, 等. 2005. 红树林内生真菌的抗氧化作用. 湛江海洋大学学报, 25(6): 93-96

郑德璋, 李玫, 郑松发, 等. 2003. 中国红树林恢复和发展研究进展. 广东林业科技, 19(1): 10-14

郑德璋, 廖宝文, 郑松发. 1999. 红树林主要树种造林与经营技术研究. 北京: 科学出版社

郑德璋, 郑松发, 廖宝文, 等. 1995. 红树林湿地的利用及其保护和造林. 林业科学研究, 8(3): 322-328

郑瑞生, 李裕红, 康晓春, 等. 2010. 海榄雌果实加工及其品质特性的研究. 泉州师范学院学报(自然科学), 28(6): 26-29

郑文教, 林鹏, 薛雄志, 等. 1995. 广西红海榄红树林 C、H、N 的动态研究. 应用生态学报, 6(1): 17-22

郑燕影, 张少华, 刘睿, 等. 2008. 影响木榄叶片总黄酮含量的主因素分析. 中国天然药物, 6(5): 362-366

郑耀辉, 王树功. 2008. 红树林湿地生态系统服务功能价值定量化方法研究. 中山大学研究生学刊(自然科学、医学版), 29(2): 73-83

郑忠辉, 缪莉, 黄耀坚, 等. 2003. 红树林内生真菌的抗肿瘤活性. 厦门大学学报(自然科学版), 42(4): 513-516

中国环境与发展国际合作委员会. 1997. 中国自然资源定价研究. 北京: 中国环境科学出版社: 1-215

中国科学院华南植物研究所. 1965. 海南植物志(第二卷). 北京: 科学出版社

中华人民共和国国家质量监督检验检疫总局, 中国国家标准化管理委员会. 2004. 中华人民共和国国家标准 GB 1536—2004: 菜籽油. 北京: 中国标准出版社

中华人民共和国国家标准化管理委员会. 2015. 中华人民共和国国家标准 GB10146—2015: 食品安全国家标准食用动物油脂. 北京: 中国标准出版社

钟惠民, 冯献起. 2009. 红树林植物露兜树营养成分分析. 氨基酸和生物资源, 31(2): 79-80

钟晓, 刘红星, 黄初升, 等. 2012. 红树林植物卤蕨属的化学成分及生物活性研究进展. 广西师范学院学报(自然科学版), 29(3): 41-45

周存山, 马海乐. 2006. 条斑紫菜多糖的含量测定及其部分理化性质研究. 食品科学, 27(2): 38-42

周放, 王颖, 邹发生, 等. 2010. 中国红树林区鸟类. 北京: 科学出版社

周化斌, 张永普, 吴洪喜, 等. 2006. 可口革囊星虫的营养成分分析与评价. 海洋湖沼通报, (2): 62-68

周婧, 李钢, 徐静. 2017. 红海榄不同部位总酚和总黄酮含量分析及抗氧化活性研究. 食品科技, 42(6): 220-224

周志权, 黄泽余. 2001. 广西红树林的病原真菌及其生态学特点. 广西植物, 21(2): 157-162

朱海霞, 石瑛, 张庆娜, 等. 2005. 3,5-二硝基水杨酸(DNS)比色法测定马铃薯还原糖含量的研究. 中国马铃薯, 19(5): 266-269

朱秋燕, 张晓燕, 龚受基, 等. 2010. 红海榄叶挥发油的提取及 GC-MS 分析. 安徽农业科学, 38(14): 7274-7275

庄礼珂, 王潘, 梁木森, 等. 2010. 海芒果叶挥发油化学成分及杀虫活性研究. 天然产物研究与开发, 22: 812-815

Abe F, Yamauchi T, Wan A S C. 1989. Studies on *Cerbera* Ⅸ. Cerberalignans J-N and trilignans from stems of *Cerbera manghas* L. Phytochemistry, 28(12): 3473-3476

Aburaihan S M. 1995. Chemical investigation of *Bruguira gymnorrhiza*. Journal of the Bangladesh Chemical Society, 8(2): 101-104

Aksornkoae S. 1985. Traditional uses of the mangrove in Thailand. *In*: Field C D, Dartnall A J. Mangrove Ecosystems of Asia and the Pacific Proceeding of the Research for Development Seminar. Townsville: Australian Committee for Mangrove Research

Ali S, Singh P, Thomson R H. 1980. Naturally occurring quinones. Part 28. Sesquiterpenoid quinones and related compounds from *Hibiscus tiliaceus*. Cheminform, 11(15): 257-259

Alongi D M, Pfitzner J, Trott L A, et al. 2005. Rapid sediment accumulation and microbial mineralization in forests of the mangrove *Kandelia candel* in the Jiulongjiang Estuary, China. Estuarine Coastal and Shelf Science, 63(4): 605-618

Amritkar N, Kamat M, Lali A. 2004. Expanded bed affinity purification of bacterial α-amylase and cellulase on composite substrate analogue-cellulose matrices. Process Biochemistry, 39: 565-570

Ananda K, Sridhar K R. 2002. Diversity of endophytic fungi in the roots of mangrove species on the west coast of India. Canadian Journal of Microbiology, 48(10): 871-878

Anjaneyulu A S R, Murthy Y L N, Rao V L, et al. 2003. A new aromatic ester from the mangrove plant *Lumnitzera racemosa* Willd. Arkivoc, 36 (3): 25-30

Anjaneyulu A S R, Rao V L. 2003. Seco diterpenoids from *Excoecaria agallocha* L. Phytochemistry, 62 (4): 585-589

Babu B H, Shylesh B S, Padikkala J, et al. 2002. Tumour reducing and anticarcinogenic activity of *Acanthus ilicifolius* in mice. Journal of Ethnopharmacology, 79 (1): 27-33

Bandaranayake W M. 1998. Traditional and medicinal uses of mangroves. Mangroves and Salt Marshes, 2 (3): 133-148

Barros I M C, Lopes L D G, Borges M O R, et al. 2006. Anti-inflammatory and anti-nociceptive activities of *Pluchea quitoc* DC. ethanolic extract. Journal of Ethnopharmacology, 106: 317-320

Belury M A, Nickel K P, Bird C E, et al. 1996. Dietary conjugated linoleic acid modulation of phorbol ester skin tumor promotion. Nutrition and Cancer, 26 (2): 149-157

Boto K G, Wellington J T. 1983. Nitrogen and phosphorus nutritional status of a northern Australian mangrove forest. Marine Ecology Progress Series, 11: 63-69

Chang L C, Gills J J, Bhat K P L, et al. 2000. Activity-guided isolation of constituents of *Cerbera manghas* with antiproliferative and antiestrogenic activities. Bioorganic & Medicinal Chemistry Letters, 10: 2431-2434

Chee Y E. 2004. An ecological perspective on the valuation of ecosystem services. Biological Conservation, 120 (4): 549-565

Clarke P J, Allaway W G. 1993. The regeneration niche of the grey mangrove (*Avicennia marina*): effects of salinity, light and sediment factors on establishment, growth and survival in the field. Oecologia, 93 (4): 548-556

Clought B F, Boto K G, Attiwill P M. 1983. Mangrove and sewage: a reevaluation. *In*: Teas H J. Biology and Ecology of Mangroves. The Hague: Dr W Junk Publishers

Costanza R, d'Arge R, de Groot R, et al. 1997. The value of the world's ecosystem services and natural capital. Nature, 387: 253-260

Costanza R, Daily G C. 1992. Nature capital and sustainable development. Conservation Biology, 6 (1): 37-46

Deng Y C, Yang Z, Yu Y Z, et al. 2008. Inhibitory activity against plant pathogenic fungi of extracts from *Myoporum bontioides* A. Gray and identification of active ingredients. Pest Management Science, 64 (2): 203-207

Dey K L, Mair W. 1973. The Indigenous Drugs of Indian. 2nd ed. New Delhi: The Chronica Botanica

Durgam V R, Fernandes G. 1997. The growth inhibitory offect of conjugated linoleic acid on MCF-7 cells is related to estrogen response system. Cancer Letters, 116: 121-130

Fauvel M T, Taoubi K, Gleye J, et al. 1993. Phenylpropanoid glycosides from *Avicennia marina*. Planta Medica, 59 (4): 387

Field C. 1995. Restoration of Mangrove Ecosystems. Okinawa: The International Society for Mangrove Ecosystems (ISME): 18-35

Ghosh A, Misra S, Dutta A K, et al. 1985. Pentacyclic triterpenoids and sterols from seven species of mangrove. Phytochemistry, 24 (8): 1725-1727

Hamilton L S, Snedaker S C. 1984. Handbook for Mangrove Area Management. Paris: United Nations Educational, Scientific and Cultural Organization (UNESCO)

Hemwimol S, Pavasant P, Shotipruk A. 2006. Ultrasound-assisted extraction of anthraquinones from roots of *Morinda citrifolia*. Ultrasonics Sonochemistry, 13 (6): 543-548

Hiên T T M, Navarro-Delmasure C, Vy T. 1991. Toxicity and effects on the central nervous system of a *Cerbera odollam* leaf extract. Journal of Ethnopharmacology, 34 (2-3): 201-206

Ip C, Scimeca J A. 1997. Conjugated linoleic acid and linoleic acid are distinctive modulators of mammary carcinogenesis. Nutrition and Cancer, 27: 131-135

Jayaweera D M A. 1980. Medicinal plants (indigenous and exotic) used in Ceylon. Monograph Collection, 2: 214-215

Kanchanapoom T, Kasai R, Chumsri P, et al. 2001. Megastigmane and iridoid glucosides from *Clerodendrum inerme*. Phytochemistry, 58: 333-336

Karalai C, Wiriyachitra P, Operkuch H J, et al. 1994. Cryptic and free skin irritants of the daphnane and tigliane in latex of *Excoecaria agallocha*. Planta Medica, 60: 351-355

Kokpol U, Chittawong V, Mills H D. 1984. Chemical constituents of the roots of *Acanthus illicifolius*. Journal of Natural Products, 49: 355-356

Konoshima T, Konishi T, Takasaki M, et al. 2001. Anti-tumor-promoting activity of the diterpene from *Excoecaria agallocha*(Ⅱ). Biological and Pharmaceutical Bulletin, 24(12): 1440-1442

Laphookhieo S, Cheenpracha S, Karalai C, et al. 2004. Cytotoxic cardenolide glycoside from the seeds of *Cerbera odollam*. Phytochemistry, 65: 507-510

Li H, Prodesimo L, Weiss J. 2004. Hight intensity ultrasound-assisted extraction of oil from soybeans. Food Research International, 37: 731-738

Lim J M, Jeon C O, Park D J, et al. 2005. *Pontibacillus marinus* sp. nov., a moderately halophilic bacterium from a solar saltern, and emended description of the genus *Pontibacillus*. International Journal of Systematic and Evolutionary Microbiology, 55: 1027-1031

Lin T C, Hsu F L, Cheng J T. 1993. Antihypertensive activity of corilagin and chebulinic acid, tannins from *Lumnitzera racemosa*. Journal of Natural Products, 56(4): 629-632

Loomis J B, Bateman I. 1993. Some empirical evidence on embedding effect in contingent valuation of forest protection. Journal of Environmental Economics and Management, 24(1): 45-55

Nadkarni K M, Nadkarni A K, Chopra R N. 1996. Indian Materia Medica. Mumbai: Popular Prakashan Ltd

Narender, Kumar S, Kumar D, et al. 2009. Antinociceptive and anti-inflammatory activity of *Hibiscus tiliaceus* leaves. International Journal of Pharmacognosy and Phytochemical Research, 1(1): 15-17

Norton T R, Bristol M L, Read G W, et al. 1973. Pharmacological evaluation of medicinal plants from Western Samoa. Journal of Pharmaceutical Sciences, 62(7): 1077-1082

Peter K L Ng, Sivasothi N. 1999. A Guide to the Mangroves of Singapore Ⅰ: The Ecosystem and Plant Diversity. Singapore: Bulletin of Singapore Science Center

Robertson A I. 1986. Leaf-burying crabs: their influence on energy flow and export from mixed mangrove forests (*Rhizophora* spp.) in northeastern Australia. Journal of Experimental Marine Biology and Ecology, 102: 237-248

Robertson A I, Alongi D M. 1992. Tropical Mangrove Ecosystem. Washington: American Geophysical Union

Sarkar A. 1978. Gymnorhizol, a new triterpene alcohol from *Brugiera gymnorrhiz*a. Indian Journal of Chemistry, 16B(8): 742

Sarma V V, Hyde K D, Vittal B P R. 2001. Frequency of occurrence of mangrove fungi from the east coast of India. Hydrobiologia, 455(1): 41-53

Sen T, Dhara A K, Bhattacharjee S, et al. 2002. Antioxidant activity of the methanol fraction of *Pluchea indica* root extract. Phytotherapy Research, 16: 331-335

Singh R K, Pandey B L. 1996. Anti-inflammatory activity of seed extracts of *Ponamia pinnata* in rat. Indian Journal of Physiology and Pharmacology, 40(4): 355-358

Spalding M, Kainuma M, Collins L. 2010. World Atlas of Mangroves. London: Earthscan

Srinivasan K, Muruganandan S, Lal J, et al. 2001. Evaluation of anti-inflammatory activity of *Pongamia pinnata* leaves in rats. Journal of Ethnopharmacology, 78: 151-157

Strobel G, Daisy B, Castillo U, et al. 2004. Natural products from endophytic microorganisms. Journal of Natural Products, 67(2): 257-268

Taha E, Mariod A, Abouelhawa S, et al. 2010. Antioxidant activity of extracts from six different Sudanese plant materials. European Journal of Lipid Science and Technology, 112(11): 1263-1269

Thongproditchote S, Matsumoto K, Temsiririrkkul R, et al. 1996. Neuropharmacological actions of *Pluchea indica* Less root extract in socially isolated mice. Biological and Pharmaceutical Bulletin, 19(3): 379-383

Tian Y, Wu J, Zhang S. 2004. Flavonoids from Leaves of *Heritiera littoralis* D. Journal of Chinese Pharmaceutical Sciences, 13(3): 214-216

Wang G F, Guo Y W, Feng B, et al. 2010. Tanghinigenin from seeds of *Cerbera manghas* L. induces apoptosis in human promyelocytic leukemia HL-60 cells. Environ mental Toxicology and Pharmacology, 30(1): 31-36

Weissmann G. 1985. Chemical study of mangrove bark. Holz als Roh-und Werkstoff, 43(12): 518

World Resource Institute. 1996. World Resource 1996-1997. Oxford: Oxford University Press

Yamauchi T, Abe F, Wan A S C. 1987. Cardenolide monoglycosides from the leaves of *Cerbera odollam* and *Cerbera manghas* L. (*Cerbera*. III). Chemical and Pharmaceutical Bulletin, 35(7): 2744-2749